植物生产与保护丛书　　　　第 34 号

世界草原

J. M. Suttie, S. G. Reynolds 和 C. Batello　主编

张英俊　李兵等 译

钱　钰 译审

中国农业出版社

联合国粮食及农业组织

北京·2011

图书在版编目（CIP）数据

世界草原/张英俊等译 . —北京：中国农业出
版社，2011.6
ISBN 978-7-109-15600-5

Ⅰ.①世…　Ⅱ.①张…　Ⅲ.①草原–概况–世界
Ⅳ.①S812

中国版本图书馆 CIP 数据核字（2011）第 069884 号

中国农业出版社出版
（北京市朝阳区农展馆北路 2 号）
（邮政编码 100125）
责任编辑　郭永立

中国农业出版社印刷厂印刷　　新华书店北京发行所发行
2011 年 10 月第 1 版　　2011 年 10 月北京第 1 次印刷

开本：700mm×1000mm　1/16　　印张：24　　插页：38
字数：448 千字
定价：148.00 元
（凡本版图书出现印刷、装订错误，请向出版社发行部调换）

本出版物的原版系英文，即 *Grasslands of the World* （*FAO Production and Protection Series No.34*），由联合国粮食及农业组织于 2005 年出版。中文翻译由农业部草原监理中心组织、中国农业大学草业科学系承担。如有出入，应以英文原版为准。

本信息产品中使用的名称和介绍的资料，并不意味着联合国粮食及农业组织（粮农组织）对任何国家、领地、城市、地区当局的法律或发展状态、或对其国界或边界的划分表示任何意见。提及具体的公司或厂商产品，无论是否含有专利，并不意味着这些公司或产品得到粮农组织的认可或推荐，优于未提及的其他类似公司或产品。本出版物中表达的观点系作者的观点，并不一定反映粮农组织的观点。

译 者 前 言

我国是一个草原大国，拥有天然草原近 4 亿公顷，占国土面积的
41.7%。我国草原类型多样、分布广，具有多种生态功能，是重要的生态屏
障，也是优质特色畜产品生产基地。改革开放以来，我国草原保护建设取得
了长足进步，草原法制和政策不断完善，但由于不合理利用而导致的草原退
化、沙化和盐碱化问题依然严重，制约草原可持续发展的深层次矛盾并未得
到根本性解决。了解世界草原的概况和发展历史，借鉴世界各地草原保护管
理中的成功经验，吸取其中的失败教训，将有助于我国草原的保护和建设。
正是这一使命，我们决定翻译出版联合国粮农组织（FAO）出版的《世界草
原》，让更多的草业工作者了解世界草原的整体状况。

草原是全球最重要的陆地生态系统，面积约为 5 250 万平方千米，占除
南极和格陵兰岛外全球陆地面积的 40.5%，其中稀树草原占 13.8%，灌丛草
原占 12.7%，无树草原占 8.3%，苔原占 5.7%。本书共分 12 章，系统介绍
了世界草原的概况、现状、历史沿革、管理利用，详细分析了社会、经济和
环境等影响因子对草原发展的影响，并对世界草原未来的发展进行了展望，
是一本不可多得的、全面介绍世界草原的经典书籍。

《世界草原》中文版的出版得到了 FAO 的授权，尤其是得到 Caterina Batello,
Tucker Rache, Fu Yongd 等大力支持。在农业部草原监理中心的支持和组织下，
由中国农业大学、兰州大学、内蒙古农业大学等院校翻译完成，并得到国家牧草
产业技术体系支持。本书主译有张英俊、李兵、戎郁萍、王成杰、候扶江等，成
员包括（按姓氏笔画排序）王晓亚、石丹、包晓影、朱晓艳、刘楠、闫敏、李振
华、杨春华、杨高文、张钊、张贤、张涛、张志如、陈先江、林立军、周翰舒、
姜超、格格、殷国梅、陶伟国、黄顶、常书娟、谢越、阚海明等，译审钱钰，中
国农业出版社对本书的编辑出版付出了艰辛劳动，在此一并表示诚挚谢意。由于
译者水平有限，加之书中涉及很多国家的地理名称、特有的动植物名词等，许多
没有相应的中文名词，编译错误在所难免，敬请读者给予批评指正。

译　者

前　言

联合国粮食及农业组织（以下简称联合国粮农组织）长期以来一直关注着草原、饲料作物和畜牧业发展问题，这也是草原与饲料作物部从事牧草和草原服务各项活动和日常工作的重点。

草原覆盖着地球表面积的很大部分，是牲畜饲料的重要来源和野生动物栖息地，对于环境保护和植物遗传资源就地保护非常重要。发达国家和发展中国家数百万牧民、农场主生活在草原上，通过储备一定的物质来维持生计，如干草、青贮饲料和一定量的饲料作物。人类和家畜数量的快速增长给世界草原带来巨大压力，尤其是干旱和半干旱地区。因此，现在比以往任何时候都需要了解世界草原的状况。

联合国粮农组织草原与饲料作物部经过多年的努力，汇集了世界草原的信息资料，呈现给读者。引用的书籍包括《农业中的豆科植物》（Whyte，Nillson-Leissner 和 Trumble，1969），《农业牧草》（Whyte，Moir 和 Cooper，1975），《热带牧草》（Kerman 和 Riveros，1990），《热带豆科饲草》（Skerman，Cameron 和 Riveros，1988），《牧草—牛—椰子复合系统》（Reynolds，1995）和《非洲草地的流动性管理》（Niamir-Fuller，1999）。引用最近出版的书籍以及文章有《干草和稻草维护》（Suttie，2000），《热带地区青贮饲料》（t' Mannetje，2000），《草地资源评价》（Harris，2001），《亚洲温带季节性放牧系统》（Suttie 和 Reynolds，2003），《什么时候轮牧、怎么轮牧》（Schareika，2003），《特定地点的牧草和草药》（Krautzer，Peratoner 和 Bozzo，2004），《野生和播种牧草》（Peeters，2004），《饲用燕麦：世界概况》（Suttie 和 Reynolds，2004），《温带草原豆科牧草》（Frame，2005），《草原：发展、机遇与展望》（Reynolds 和 Frame，2005）。以上出版物提供了草原物种详细的信息，许多国家的草地资源概况可参见联合国粮农组织的草原网站：http：//www. fao. org/ag/grassland. htm。

本书提供了一个全球范围内的草地系统概述,有许多地区专家参与,并在最后一章简要评估了各地区草原、管理、草地资源、种植牧草和饲料的互补作用、饲料作物和天然草场,总结了各地区的社会、经济和环境因素。

本书适用于研究人员、科学家和草原政策制定者,有助于对世界草原更全面的了解。联合国粮农组织就作者们在传播草原和畜牧业系统上所做出的努力给予了极高的肯定,对编辑们为本书出版所做的努力特别表示感谢,包括进行作物和草地服务的草原与饲料作物部的退休工作人员 James Suttie、Stephen Reynolds 和 Caterina Batello。所有这些人的努力确保了本书的出版。

Mahmoud Solh　主管

联合国粮食及农业组织农业及消费者保护部

植物生产及保护司

致　　谢

　　本书由各大洲和国家的研究专家参与编撰，在此表示感谢。特别感谢 Wolfgang Bayer，他参与了一些章节的前期审查。在指定和联系作者编写文章方面，以下专家提供了大量的帮助：Klaus Kellner 教授（南非波切夫斯特鲁姆大学环境科学与发展学院）、Dennis Cash 和 Bok Sowell 博士（美国蒙大拿州立大学）、Denis Child 教授（美国科罗拉多州立大学）和 Rod Heitschmidt 博士（美国蒙大拿州迈尔斯市农业研究局）。

　　第二章由 Jim Ellis 和 Peter de Leeuw 撰写。两位作者对东非草原科学作出了重要贡献，这在本章中会提到。Jim 死于 2002 年的一起空难，Peter 于 2003 年去世。

　　巴西阿雷格里港的 Paulo César de Faccio Carvalho 和 Faculdade de Agronomia 提供了第五章巴西的照片。Pablo Borrelli 翻译了第五章手稿中的西班牙语，Ing. Ag. Oscar Pittaluga 编写了初稿，对此表示感谢。对第七章的作者 B. Erdenebaatar 和 N. Batjargal 表示感谢。感谢 Jonathan Robinson 博士的陈述和 Petra Staberg 对联合国粮农组织网站的协助，尤其是对国家牧场/饲料资源描述的定稿。Mary Reynolds 对本书进行了校对。

　　J. Boonman 博士在与 Sergey Mikhalev 教授起草第十章前不幸去世，但 J. Boonman 博士在准备稿中表明他希望以本章来缅怀 David Pratt 博士和他对东部非洲草原早期工作的贡献。

　　感谢以下作者：M. A. Al-Jaloudy, O. Berkat, M. Tazi, A. Coulibally, M. Dost, A. R. Fitzherbert, M. F. Garbulsky, V. A. Deregibus, D. Geesing, H. Djibo, Z. Hu, D. Zhang, H. Kagone, A. Karagöz, C. Kayouli, M. Makhmudovich, A. Masri, B. K. Misri, D. Nedjraoui, K. Oppong-Anane, D. Pariyar, J. H. Rasambainarivo, N. Ranaivoarivelo, O.

Thieme，R. R. Vera 和 K. Wangdi 对联合国粮农组织网站（http：//www. fao. org/ag/grassland. htm）中许多国家牧场/饲料资源的概述，从网站中能获取信息，尤其是第十一章的编写。

除了已经感谢的以外，其余照片都是由每章的作者或编辑所拍摄。Stephen Reynolds 为本书挑选了自己拍摄的照片，Cathleen J. Wilson 同意了她的 3 张照片用在第二章中，在此申明，她的照片不能用于其他方面或未经她的许可不能复制，Marzio Marzot 在几章的照片同样如此。Peter Harris、美国农业部尼日利亚红十字会 Jeff Printz 博士、联合国粮农组织合作项目办公室 Alice Carloni 提供了大量的照片。

加拿大农业和农业食品部（AAFC）和加拿大马尼托巴草原牧场（PFRA）生物学家 Mae Elsinger 博士提供了他们机构不同摄影师所拍摄的大量照片，这些用在第六章的照片已得到她的许可。其他的照片由南非研究与发展研究所、加拿大农业与农业食品拉科姆研究中心的 M. Halling 博士、Martín Garbulsky 博士、V. Alejandro Deregibus 博士、Alain Peeters 和 Duane McCartney 教授提供。Constantin Melidis 和 Elena Palazzani 先生扫描了大量的照片。几幅草原地图由 Christopher Aurich 联合国粮农组织的 Lucie Herzigova 绘制。另外，他还绘制了许多图。封面由罗马 Studio Bartoleschi 设计。封面照片由 Daniel Miller、Stephen Reynolds 和 Marzio Marzot 拍摄。Thorgeir Lawrence 确保了编辑语言和风格的一致性和编辑出版。

作　　者

Ainslie，Andrew M. 南非格雷厄姆斯敦农业草场/饲料研究所。

Batello，Caterina 联合国粮农组织作物与草地服务的草原和牧场工作组。

Berretta，Elbio J. 主管，乌拉圭塔夸伦博省国家农业研究协会。

Boonman，Joseph G. （去世），荷兰海牙博马咨询。

Borrelli，Pablo R. 阿根廷布宜诺斯艾利斯圣达菲省第二十一 OVIS

Cibils，Andrés F. 美国拉斯克鲁塞斯新墨西哥州立大学动物与草地科学学院，邮编：NM 88003

Hanson，Jean 埃塞俄比亚亚的斯亚贝巴国际家畜研究所。

McIvor，John G. 澳大利亚圣露西亚卡莫迪路 306 昆士兰州生物科学专区联邦科学与工业研究组织的可持续生态系统研究组。

Maraschin，Gerzy E. 巴西南大河联邦大学农学院教授。

Mikhalyov，Sergey S. 俄罗斯联邦莫斯科季米里亚泽夫农业科学院农学系草业科学教授。

Miller，Daniel J. 美国华盛顿特区西北宾夕法尼亚大道 1300 号美国国际开发署，邮编：20523。

Nyabenge，M. 肯尼亚内罗毕国际家畜研究所。

Palmer，Anthony R. 南非格雷厄姆斯敦农业—草原与饲料研究所。

Pieper，Rex D. 美国新墨西哥拉斯克鲁塞斯新墨西哥州立大学。

Reid，Robin S. 肯尼亚内罗毕国际家畜研究所。

Reynolds，Stephen G. 联合国粮农组织作物与草地服务的草原和牧场工作组高级官员。

Royo Pallarés，Olegario 阿根廷科林特斯省梅赛德斯市贝尔格拉诺 841，3470。

Serneels，S. 肯尼亚内罗毕国际家畜研究所。

Suttie，James M. 联合国粮农组织草原与饲料作物部工作人员（退休）。

本书的技术术语和缩写词汇

ABARE	澳大利亚农业和资源经济局
AFLP	扩增片段长度多态性
aimag	蒙古最大的农村管理单位，≈省，由几个苏木组成
airag	含有轻度酒精的发酵马奶酒
AMBA	阿根廷美利奴羊育种者协会
ANPP	年地上净初级生产力
AR	积累率
ARC	农业研究局（南非）
ARC-RFI	草地与饲料研究所（南非）
ARC-ISCW	土壤、气候和水研究所（南非）
ARS	农业研究服务中心（美国）
AUM	月动物单位
AUY	年动物单位
AVHRR	高级超高分辨率辐射仪
bag	蒙古最小的行政单位比苏木小，取代了前苏联的组
badia	半荒漠放牧草场（阿拉伯）
bod	传统的蒙古大牲畜单位
brigalow	镰叶相思树林
BSE	牛海绵状脑病（疯牛病）
CAM	景天酸代谢
camp	围场（南非）
CCD	[联合国] 防止荒漠化公约，遭受严重干旱和/或荒漠化的这些国家，尤其是非洲
CEC	阳离子交换容量

CIS	独立国家联盟
CISNR	全国资源综合调查委员会（中国）
CONICET	国家科学技术研究协会（阿根廷）
CP	粗蛋白
CRP	保护区计划（美国）
CRSP	合作研究支援计划（美国）
CSIRO	联邦科学与工业研究组织
CYE	用比较方法的产量估算
DGR	日增长率
DLWG	每天增重收益
DSS	决策支持系统
DWR	干重排名
EEA/EEPRI	埃塞俄比亚经济协会/埃塞俄比亚经济政策研究所
ENSO	厄尔尼诺（圣婴）
ephemeroids	俄罗斯术语，含义是多年生植物，其营养器官每年死亡（如鳞茎早熟禾）
foggage	生长季放牧结束后地上剩余的牧草
FO	牧草供应
FSAU	粮食安全分析单位（索马里）
FSU	前苏联
garrigue	地中海盆地由草本香料植物和矮灌木形成的次生植被所构成
GEF	全球环境基金
ger	移动的蒙古牧民的居所（俄罗斯蒙古包）
GIS	地理信息系统
GLASOD	全球土地退化评估（由联合国环境规划署、国际土壤查询和信息中心与国际土壤科学协会、荷兰综合研究中心、联合国粮农组织和国际航空航天测量与

地球科学研究所合作编著的全球研究报告，于 1990
年出版）

GSSA	南非草地协会
GTZ	德国技术合作署
HPG	高效放牧
HUG	高利用率放牧
IBP	国际生物方案
IEA	意大利罗马应用生态研究所
IGAD	政府间发展组织
IGBP	国际地圈-生物圈计划
INIA	国家农业研究所
INTA	全国农业技术研究所（阿根廷）
IFEVA-UBA	布宜诺斯艾利斯大学生理与生态研究所（阿根廷）
IUCN	世界自然保护联盟
Khainag	牦牛×牛 杂交（蒙古）
khot ail	传统的以家庭为单位的放牧和协作（蒙古）
Kolkhoz	苏联的集体或合作农场
Kray	领土（俄罗斯联邦）
LADA	干旱土地的退化评估
LAI	叶面积指数
Landsat TM	土地遥感卫星-专题制图仪
LAR	出叶率
LER	叶伸长率
LEWS	家畜早期预警系统
LFA	景观功能分析
liman	水漫滩地（俄罗斯联邦）
LLS	叶寿命
LSU	家畜单位

LTER	长期生态研究（美国的一个计划/方案）
LWG	家畜增重
malezales	沼泽化的低洼湿地-南美洲
masl	海拔（米）
matorral	抗旱的地中海灌木丛，比地中海常绿矮灌丛要高
MAP	年平均降水量
negdel	蒙古的前合作社——被苏木所取代
NDVI	归一化植被指数
NIRS	近红外光谱
NOAA	美国国家海洋和大气管理局（美利坚合众国）
nomadism	通常所说的游牧，没有固定的居所，伴随不稳定的暴风雨
Oblast	区域（俄罗斯联邦）
OM	有机质
otor	家畜移到遥远的牧场改善生活条件
PAGE	温室效应的政策分析
PAR	光合有效辐射
PAP	航测初级生产力
ppm	百万分之
PROLANA	阿根廷改善羊毛品质计划
rakhi	从马奶酒中提炼出酒精饮用
RAPD	随机扩增多态 DNA
RASHN	俄罗斯农业科学院
RCE	特有种分布中心
SAGPyA	阿根廷农业部畜牧、渔业和粮食局
SETCIP	科技部，技术和生产创新
Sovkhozy	前苏联国营农业村规模化专业生产
SP	第二性生产

SPOT	实验卫星对地观测（地球观测系统实验）
SPUR2	模拟牧场的生产和利用（软件）
sum	蒙古省以下的行政单位
transhumance	放牧系统牧民和家畜在不同的季节性牧场间移动，牧场间有相当大的距离或海拔
tugrik or togrog	蒙古货币
UFRGS	南大河州联邦大学（巴西南里奥格兰德州联邦大学）
UNEP	联合国环境计划署
USGS/EDC	美国地质调查局/地球资源观测系统中心数据
UVB	中波紫外线
veldt	南非天然草原
WWF	世界自然基金会
zud	影响牲畜的气候灾难——通常深度冰冻雪，无法放牧，无水可饮，异常寒冷或干旱（蒙古）

目　　录

第一章　绪　　论

广义上讲，草原是世界上最大的生态系统（彩图 1-1），其面积大约有 5 250 千米²，占除格陵兰岛和南极洲外 40.5％的陆地面积（世界资源协会，2000，基于 IGBP 数据）。其中稀树草原占 13.8％，灌丛草原占 12.7％，无树草原占 8.3％，苔原占 5.7％。但狭义来讲，草原定义为以草本植物为优势种、稀树或无树的土地覆被类型。联合国教科文组织将植被中树木和灌木覆盖度小于 10％的草地都定义为草原，将覆盖度介于 10％～40％的草地定义为有树草原（White，1983）。在此书中，草原是具有更广泛意义的"放牧地"。世界各地对草原的定义较多，含义都有所差异。联合国粮农组织于 2000 年召开的关于"统一与森林有关术语定义的第二次专家会议"上，用 11 页来总结介绍各地关于草原的定义。本书认为《牛津植物科学辞典》（Allaby，1998）给出的定义简洁清晰。"'草原'是指能满足草本植物生长、但不完全满足树木生长的水热与人文条件，降水介于森林和荒漠之间，包括因放牧或火烧森林发生的偏途演替后形成的草地群落。"

本书由联合国粮农组织草原和饲料作物部组织编写，这里的草原均指放牧草地，而且重点强调的是粗放型经营的放牧草地（彩图 1-2），这些草地面积大，易于遥感辨认。镶嵌分布在农田的小块草地，在此并未涉及（彩图 1-3）。但其仍然是家庭牧场系统中家畜饲料的一个重要来源，在现代农业生产中，其作为野生动物栖息地和生物多样性的保护地显得更加重要。

任何天然草原都存在不同程度的干扰：如火，不论是自燃或是人为放火，都持续而广泛地影响着草地；家畜和野生动物的采食，是草地受到的另一种重要干扰。更大程度的干扰还包括高效的放牧利用或开垦种植农作物而进行的伐木、围栏和水源点建设，以及一系列"改良措施"等，如松耙、补播等。Semple（1956）曾总结草原利用方面的实用技术，其中大部分与目前的技术和问题相关，一些技术仅在细节上有所进步。一般来说，如果没有在草原上进行耕作或者播种，那就是自然的。当然，许多长期利用的栽培草地已与当初建植时的播种无关。

世界许多水分条件较好的草原被开垦为农田，特别是北美大草原、南美盘帕斯草原和东欧斯太普草原，放牧均是在不适宜耕种的边际土地上进行，而且在这些地区人们的基本生活资料靠家畜提供。在非洲，只有一小部分草原未被开垦，原因是这部分草原地区的降水量不能满足农作物生长的需要。开垦草原种植农作物对仍然放牧利用的草地有负面影响，如阻碍牲畜移动的传统迁徙路线使牲畜不能到达饮水点等。

在迁移家畜生产系统中，"游牧"与"季节性迁徙放牧"这两个术语的使用有时会被混淆。但实际上，季节性迁徙放牧指的是人和家畜在两个截然不同的季节性牧场间迁移的放牧系统，两个牧场间距离较远或海拔相差较大（彩图1-4）。游牧是指无固定营地放牧畜群，跟随降水而迁移。

目前仍然存在广阔的放牧地，其中最主要的是从蒙古国（彩图1-5）和中国北部延伸至欧洲的斯太普草原；青藏高原（彩图1-6和1-7）及邻近喜马拉雅-兴都库什山脉的放牧山地（彩图1-8）；北美大草原；南美盘帕斯草原，恰克平原，热带坎普斯草原（彩图1-9），南美高大禾草草原和稀树草原，巴塔哥尼亚草地和高原地区（彩图1-10）；澳大利亚草原；地中海地区和西亚地区大面积的半干旱放牧地；撒哈拉沙漠南部广阔的萨赫勒地区及苏丹吉萨赫勒地区，以及从非洲好望角到海峡的非洲东部大部分地区。

本书未提两个相当重要的草地类型。一是以白茅（*Imperata cylindrica*）为主或全部由白茅组成的热带草原；这种草家畜不采食，其地下茎很难根除，可以通过焚烧清除，但会使森林重建变得非常困难。通常森林被砍伐清除后，白茅会快速繁殖，遍及热带地区。Garrity等（1997）估计，在亚洲白茅草原有3 500万公顷。在另外一些热带地区，林下放牧草地面积很大（彩图1-11），有些已经被利用，但是有些还未被开发用于家畜生产。这类草地的利用方式在联合国粮农组织的另一出版物，《牧场-家畜-椰子复合系统》（Reynolds，1995）中有更详细的介绍。

粗放型放牧利用是天然草原生态系统管理利用的一种主要方式。这种非种植作物的土地利用方式与诸如农作物、野生动物、森林和娱乐业等其他土地利用方式存在竞争。草地利用方式不是固定的，主要取决于经济、土壤、气候等影响因素，受地形、贫瘠土壤或短生长季（生长季受水分供给和温度的制约）的影响，一般不适宜集约耕作而用作放牧生产。在许多国家，放牧利用的土地均是干旱、多石砾、洪泛区、山区或者偏远地区的植被类型。因此，有关草原的所有讨论都必须在动物生产和人类谋取生计的背景下进行（Riveros，1993）。

栽培草地（彩图1-12）在商业化经营农业系统中十分重要，由于要与其他作物竞争土地和投入，因此与其他作物相比必须具有经济可行性。在水分充足的地区，通常与农作物生产相结合，取代天然草原饲草生产。栽培草地在其建植早期生产力最高，但随后产量逐渐下降。为保证产量稳定在较高水平，通常需要精细的管理和较大的投入，如定期补播，同时栽培草地通常需要安装围栏和供水系统。由于放牧需要大面积的有界区域以便进行有效管理，所以栽培草地不适合小型农场。

在半干旱地区灌溉饲料地，可提供贮藏牧草用于冬季饲喂家畜，这在北美草原、巴塔哥尼亚草原、俄罗斯草原和南美草原章节中均有论述。在一些小型农场种植饲草是一种传统，不像人工草地只能用于大型牧场，栽培饲料地可用于任何规模的农场，无论是作青饲还是贮藏。Dost（2004）描述了在巴基斯坦、印度西北部的一些地方，饲草是如何变得有重要经济价值的。牧民长期利用来自天然草地的干草（彩图 1-13），传统的牧民很少种植饲草。王（2003）描述了中国新疆阿尔泰山的一个有意思的生活方式，那里哈萨克牧民在春、秋季迁徙放牧期间，利用灌溉低地生产冬季饲喂家畜的苜蓿（*Medicago sativa*）干草。

在商业化和传统农业生产系统中农副产品、特别是秫草和秸秆（彩图 1-14）是非常重要的家畜饲料。在商业化农业经营中，它们通常是家畜日粮组成中的主要粗饲料部分，还需补充其他饲草和精饲料；在传统自然经济放牧系统中，当不能放牧家畜时，它们可能是主要饲料。在南亚的水田，稻草往往是大型反刍动物全年的主要饲料来源。大多数研究中对农副产品都没有详细讨论，但是联合国粮农组织草原与饲料作物部近期出版的著作（Suttie, 2000）中描述了农副产品的保存和利用。在一些邻近作物种植区域的粗放型放牧系统中，农副产品同样作为低产季的主要粗饲料。低产季一般指冬季，在地中海地区是干热夏季，热带地区为旱季。农副产品对于西非季节性放牧系统很重要，农作物种植和饲养家畜有互补性：雨季（以及作物占用土地时）一般迁移到沙漠边缘放牧，旱季农作物收获后返回。

本书中还描述了在南美草原、北美草原和澳大利亚引入外来植物通常伴随着施肥对原生植被有不同程度的破坏。随着对保护生物多样性的日益关注人们也更关注原生植被，对引进"改良"植物的态度正在发生变化。改良植物的一个主要的特性是其扩散和无性繁殖能力很强，但现在这种特性可能会导致其被列为外来入侵种。

放牧系统可以粗略地分为两种主要类型——商业型和传统型，传统型主要以维持生计为目标。

天然草场商业化放牧经营规模通常较大，一般以某个单一畜种为主，如肉牛或者毛用羊。19 世纪，从未放牧家畜的草地上规模化放牧生产系统逐渐发展起来，这主要源于美洲和大洋洲的移民，而在非洲东部和南部的发展水平较低。

传统的畜牧业生产系统根据气候和区域农业系统类型的不同有所调整，饲养家畜种类较多，除牛、羊外还包括水牛、驴、山羊、牦牛和骆驼等。所有的家畜在后面的章节中都会提到，但却很少提到在全世界多达 1.7 亿头的水牛（2004年联合国粮农组织统计数据库），这是因为水牛大部分分布在亚洲热带和亚热带（其他地区只有埃及和巴西有一定数量）的农业区或农牧交错带，以农副产品为主要饲料，而不是以草地饲草为主。传统家畜生产系统中牲畜通常有多种用途，供给肉、奶、纤维、役力及以粪便形式提供常用燃料。在很多文化当中，牲畜数量还与社会地位相关。

传统家畜生产系统多在农牧交错区，通常会发生作物生产与家畜生产的相互耦合，家畜利用秸秆和农作物副产品，同时也可以利用不适宜种植作物的草地。然而，广袤的草原仍然作游牧或季节性放牧利用，在放牧地之间畜群按照季节进行迁移。有些也按照温度进行迁移或按照可供利用的饲料进行迁移。其他因素也会影响家畜迁移，如在蒙古国的大湖盆地地区，6 月份由于昆虫叮咬传播疾病（彩图 1-15），牧民不得不离开乌布苏湖附近较低的放牧地，进入山地，秋季再返回；但在冬季又不得不迁移到山里以避免盆地的极度低温（Erdenebaatar，2003）。在蒙古国和中国青藏高原这两章会详细介绍游牧和家畜移动生产系统。游牧通常采用混合畜群，这有助于减少放牧的风险，同时能充分利用可利用的植被——不同的畜种可以采食不同的植物。

过去 150 年的政治和经济变革对草原分布、生产状况和利用有显著影响，这些在许多章节中都进行了描述。定居、放牧以及开垦草地种植作物在前面已经提到。随着殖民地国家的独立，专制制度下国家的民主化，通常会导致传统权威和放牧权的丧失，但在公共草地放牧私有牲畜的问题仍然存在。中亚、中国和俄罗斯联邦的草原由封建制度变为集体管理，但随后 20 年中，集体经济减弱。国与国之间管理方式及规定有所不同，这在后面的俄罗斯联邦、蒙古国和中国青藏高原的各章节中均进行了描述。

放牧草地的植被通常是禾草，但并不总是由禾草覆盖，在大面积的放牧区域还生长有一些其他科的植物，如莎草科植物。小蒿草是许多水分充足、放牧牦牛压力较重草场的优势植物，尤其是在高寒草甸。草本和灌木类的盐土植物，特别是藜科植物在干旱和半干旱草场的碱性及盐碱土壤上非常普遍。在冻土区域，地衣、尤其是石蕊属植物和苔藓为驯鹿的主要食物来源。半灌木也非常重要，不同种类蒿属植物的分布从北非向东到斯太普草原的北线和北美。杜鹃科的亚灌木，帚石楠属（Calluna）、欧石楠属（Erica）和越橘（Vaccinium）植物在英国沼泽地是羊和鹿的重要食物来源。

灌木通常被作为一种重要的饲料来源，一般家畜在歉收季采食，在某种情况下，果实也被采食。木本饲料在热带和亚热带干湿季交替时尤其重要，这在非洲和澳大利亚的章节中进行讨论（在当地它们被作为"高层饲料"）。不同的混合灌木群系（地中海常绿矮灌丛、地中海沿岸的灌木地带）在地中海区被用来放牧。乔木和灌木、特别是柳属（Salix spp.）植物，在一些寒冷地区也是重要的冬季饲料。

大面积的草地除了作为牲畜饲料的重要来源和农牧民的生活来源外，还有多种用途。大多数草原是重要的水源区，对其植被的管理对于下游土地的水资源尤为重要；草场管理不善不仅会破坏草原，且草场的破坏会加剧土壤侵蚀和径流，严重破坏农业用地及其基础设施，并造成灌溉系统和水库淤积。良好的集水管理对草原区以外的人们有益，但是需要由生长在这片草原的农牧民来进行维护。这些草地也是生物多样性的主要基因源，不仅提供了重要的野生动物栖息地并就地保护了这些遗传资源。在一些地区，草原是重要的旅游和休闲地，也是重要的宗教活动地点（彩图 1-16）。在其他领域，草原还是野生植物、药品和其他产品的来源地（彩图 1-17）。

草原在全球水平上是一个巨大的碳库。Minahi 等（1993）论述了草原在温室气体再循环方面的重要性几乎与森林相当，并且草原的地下有机质和树木生物一样重要；避免耕翻可以增加草原的碳储存能力。

一、撰写本书的目的

本书的主要阅读对象是草原和土地利用领域的农业科学家、教育工作者和管理者。本书汇集了世界上主要天然草原的特征、状况、利用现状及其存在的问题。本书关注与每一种主要草地类型相关的家畜生产系统。当然，考虑到除简单家畜生产外草地的多功能性，放牧地资源不仅仅包括可食牧草，其他因素也必须加以考虑，特别是所在区域的水资源和寒冷冬季的棚圈。饲料供应的季节性几乎是所有草原的一个共性，书中也探讨了牧草短缺季节的应对策略。书中还阐述了各种草原类型的主要问题，并讨论了可持续管理的策略，着重关注草原的多功能性而非简单的家畜生产。

二、本书的框架

本书包括九个地区或国家的研究成果，每一地区单独成章。

第二章是非洲东部草地生态系统，广义上覆盖了非洲东部，即从厄立特里亚和苏丹南部到卢旺达和布隆迪。不仅包括广泛的半干旱至干旱草原、萨王纳草原、灌丛和林地，且也包括该区域广泛的高原放牧区。放牧是该区域传统、长期的土地主要利用方式。从事放牧生产的民族很多，但牧民一般与农区或农牧交错带农民不同。大多数放牧生产系统分布在半干旱地区，只有很小面积在极度干旱区和半湿润地区。资源的使用根据国家法律法规执行，但传统的土地使用权一般给予当地社区。在国家独立后，引入的全国土地租赁制度与传统的土地利用方式不同。由于自由放牧越来越少，种植饲草在畜牧业生产体系中变得非常重要。

第三章主要描述的是南非草地生产。从南非最南部的冬季降水到低纬度的夏季降水，有一系列的不同气候。南非草原大部分为半干旱粗放型放牧利用，尤其西部地区。草原主要分布在中部和高海拔地区。南非酸性草原主要分布于降水量高的酸性土壤区，无过量酸性物质的草原出现在半干旱区土壤肥沃的地区。萨王纳草原主要分布在北部和东部地区，并延伸至喀拉哈里沙漠。畜牧业和农牧业生产属于物质依赖型、劳动密集型产业，耕地一般为家庭所有，而草地为集体共享。商品化草场通常是围栏草场，许多水分条件好的草地已经被开垦为农田，零星分布的人工草地对于奶牛场以外的牧场生产系统并不重要。

第四章为巴塔哥尼亚草原，主要是无树的半干旱草原和灌木草原，已经被放牧利用了一个多世纪，从北到南气温逐渐下降。放牧绵羊使大部分植被发生了很大的变化，尤其在过去40～50年间，适口性好的牧草被适口性极差的木本植物所取代。19世纪末欧洲移民开始商业养羊，草原区几乎只有养羊单种经营。过牧和较落后的放牧管理导致严重的草场退化，加上畜产品价格低廉，给草场拥有者带来严重的经济问题。

第五章是具有少量树木或灌丛的坎普斯草原，该草原包括巴西、巴拉圭和阿根廷的部分地区和所有乌拉圭地区。该区域草原畜牧业非常重要，大部分天然草原已被开发利用。家畜养殖规模大，权属明确，商业化程度高。饲草质量差是该区域草原畜牧生产的一个主要限制因子，这在潮湿的亚热带草原很普遍。培育草地需用4年时间。幼畜的集约育肥通常利用人工草地，可种植国外引进的温性豆科牧草。也在当地天然草原补播一些豆科牧草。草地一旦建植，豆科植物将促进冬季牧草的生长。

第六章主要讲述北美中部的草地。在欧洲移民时，从加拿大到墨西哥湾主要的平坦地域上有广阔的大草原分布，通常称为大平原草原。大平原草原从北向南分为三个类型区：高草草原区、混合草草原区与矮草草原区（在西部水分条件好的地区分布有高草）。美国大约一半的牛肉产品来自大平原草原，植物种类随纬度改变各不相同。北纬30°~42° C4植物占80%以上，在北纬42°以上C3植物显著增加。牛是主要的畜种，羊的数量很少并逐年下降。大部分草场为私营小型牧场，在干旱区有大牧场。北方实行夏季放牧、冬季舍饲。许多小型经营的牧场已不再经济可行，逐渐消失。

第七章主要讲述蒙古国的草原。这个国家80%是粗放型放牧利用草地，10%为森林或森林灌木，但也作为放牧草原利用。属干旱半干旱气候，大部分草原的无霜期为100天，天然草场季节性放牧是唯一可持续利用的方式。饲养的家畜主要有牛、牦牛、马、骆驼、绵羊和山羊。过去的一个世纪草原管理方式由传统游牧转变为20世纪50年代后的集体放牧，到1992年畜群私有化。游牧采用混合放牧，畜群的组成各地区间有差异，草场分四季草场。现在家畜是私人所有，但放牧权还没有进行分配，这就造成了牧场基础设施维护及如何保持有序的放牧管理等方面的问题。

第八章主要讲述的是中国青藏草原。是另外一个寒冷、干旱的游牧放牧区，该区从寒冷的沙漠到半干旱草原和灌丛，再到高山草原和湿润的高山草甸，大部分在海拔4 000米以上，一些地方甚至高达5 100米。该地区是传统的季节性畜牧业生产区，在过去的半个世纪里发生了巨大变迁——从封建制度到集体经济再到牲畜私有化，并划定家庭放牧权，这就限制了畜群为避免恶劣气候而进行迁移。青藏草原包括亚洲许多主要河流的源头，拥有丰富的动植物群等，其中许多是濒危物种。因此，草原放牧管理不仅对于牧民的生计非常重要，而且对于集水区的维护和就地保护遗传资源和生物多样性都很重要。

第九章是澳大利亚的草原。澳大利亚位于南纬 $11°\sim44°$，年降水量 $100\sim4\ 000$ 毫米，有大面积的草原。天然草原是畜牧业生产的基础。大部分牧场依赖草原生产动物产品，大多数草原畜产品用于出口。干旱和半干旱热带地区多放牧牛，自流井和钻井供给水源是必不可少的。牧草的生长具有季节性，在干旱季节供草量会减少。在降水量中等的地区，种植作物与养羊相结合；草地农田系统，以 $2\sim5$ 年的豆科植物为主的牧草与 $1\sim3$ 年的农作物轮作，已经广泛地应用于南部地区。人工草地技术在温带地区得到较好的发展，以外来物种选育和利用为基础，重点是豆科植物。人工草地的发展在热带地区非常慢，柱花草（*Stylosantbes*）病害严重，人工草场损失较大。

第十章是俄罗斯草原，作为自然资源修复的案例。过去大草原的畜牧业生产依赖的是广阔的面积而不是生产力。20 世纪 50 年代大面积的原生草地被翻耕，用于生产谷物和饲料作物。其中，以青贮玉米和谷物为基础的大规模舍饲育肥经营极具代表性。但实践表明其缺乏可持续性，在过去十年里牲畜数量已减少到一半。目前，直接放牧利用又有所恢复。幸运的是，从休耕地向"典型"草原植被演替非常迅速，跃过几个演替阶段直接进入冰草（*Agropypon* spp.）阶段，这比演替顶级的针茅属（*Stipa* spp.）植物和沟叶羊茅（*Festuca sulcata*）草原能够提供更多的牧草资源。为帮助休耕地恢复到最佳植被组成，草地生态监测至关重要。

上述内容有一些明显的不足，但在一本书中进行涵盖所有草原的详细阐述是不可能的。第十一章对以上 9 部分研究中未涉及的许多大放牧区进行了概述性介绍，包括以下几个部分：①非洲——北非，西非和马达加斯加；②拉丁美洲的利亚诺斯和格兰查科；③西亚的土耳其、伊朗、阿拉伯、叙利亚共和国和约旦；④中亚——乌兹别克斯坦和吉尔吉斯斯坦；⑤喜马拉雅及兴都库什区；⑥除青藏高原外的中国其他地区。这部分的许多信息来自于联合国粮农组织"国家牧场概况"。关于不同国家牧草和饲料资源的研究信息，通常由各国家的科学家所起草。正如第十一章所描述的，这些信息都可以从联合国粮农组织网站上获得。关于温带亚洲的许多信息还可以从联合国粮农组织草原与饲料作物部出版的《亚洲温带草原游牧生产系统》一书中获得（Suttie 和 Reynolds，2003）。

最后一章讨论草原利用的前景。

三、补充信息

联合国粮农组织草原与饲料作物部最近有四本著作出版，都是有关粗放型经营草地的，分别是《草地资源评估》（Harris，2001）、《非洲草原的移动管理》（与科技出版和贝耶尔农业经济研究所协作）（Niamir-Fuller，1999）、《草原：发展机遇和前景》（Reynolds 和 Frame，2005）和《亚洲温带草原游牧生产系统》（Suttie 和 Reynolds，2003）。联合国粮农组织草原网站有许多国家的牧场概况，介绍了国与国之间以草地为基础的生产系统的差异。迄今为止，共介绍了 80 个国家，网址为 http：//www.fao.org/ag/AGP/AGPC/doc/pasture/forage.htm。这些简介为第十一章提供了基础，并在该章进行了介绍。《未来是一个古老湖泊——乍得湖盆地生态系统的食物与农业传统知识，生物多样性及遗传资源》一书解析了草地、作物、牲畜和其他草地资源的相互关系（Batello，Marzot 和 Touré，2004）。

人工草地和饲草贮藏在许多联合国粮农组织的出版物中都进行了讨论，包括《干草和秸秆保存》（Suttie，2000），其中还涉及饲草种植；《以小农户为重点的热带地区的青贮制作》（t'Mannetje，2000）；《野生和人工牧草》（Peeters，2004）；《特定地区的牧草和草本植物》；《种子生产和山地环境恢复的利用》（Krautzer，Peratoner 和 Bozzo，2004）；《温带草地豆科牧草》（Frame，2005）；《饲用燕麦：世界概况》（Suttie 和 Reynolds，2004）。热带饲草在《热带禾草》（Skerman 和 Riveros，1989）和《热带豆科牧草》（Skerman，Cameron 和 Riveros，1988）中进行论述。

联合国粮农组织草地索引对各类饲草进行了描述，并提供相关的农艺学信息，见 http：//www.fao.org/ag/AGP/AGPC/doc/GBASE/Default.htm。

参 考 文 献

Allaby，M. 1998. *Oxford Dictionary of Plant Sciences.* Oxford，UK：Oxford University Press.

Batello，C.，Marzot，M. & Touré，A. H. 2004. *The Future is an Ancient Lake. Traditional knowledge，biodiversity and genetic resources for food and agriculture in Lake Chad Basin ecosystems.* Rome，Italy：FAO. 309 p.

Dost，M. 2004. Fodder Oats in Pakistan. pp. 71 - 91，*in*：J. M. Suttie and S. G. Reynolds（eds）. *Fodder oats，a world overview. FAO Plant Production and Protection Series*，No. 33.

Erdenebaatar，B. 2003. Studies on long-distance transhumant grazing systems in Uvs and Khuvsgul aimags of Mongolia，1999 - 2000. pp. 31 - 68，*in*：J. M. Suttie and S. G. Reynolds（eds）. *Transhumant grazing systems in temperate Asia. FAO Plant Production and Protection Se-

ries, No. 31.

FAO. 2000. Second expert meeting on harmonizing forest-related definitions for use by various stakeholders. See: http: //www. fao. org/DOCREP/005/Y4171E/ Y4171E37. htm

FAOSTAT. 2004. Agriculture data. Agricultural production-Live animals. Data downloaded from http: //faostat. fao. org

Frame, J. 2005. *Forage Legumes for Temperate Grasslands*. Rome, Italy, and Enfield, USA : FAO, and Science Publishers Inc. 309 p.

Garrity, D. P. , Soekardi, M. , van Noordwijk, M. , de la Cruz, R. , Pathak, P. S. , Gunasena, H. P. M. , Van So, N. , Huijun, G. & Majid, N. M. 1997. The *Imperata* grassland of tropical Asia: Area, distribution and typology. pp. 3 - 29, *in*: D. P. Garrity (ed). *Agroforestry innovations to rehabilitate Imperata grasslands. Agroforestry Systems (Special Issue)*, 36 (1 - 3) .

Harris, P. S. 2001. Grassland resource assessment for pastoral systems . *FAO Plant Production and Protection Paper*, No. 162. 150 p.

Krautzer, B. , Peratoner, G. & Bozzo, F. 2004. *Site-Specific Grasses and herbs. Seed production and use for restoration of mountain environments. FAO Plant Production and Protection Series*, No. 32. 111 p.

Minahi, K. , Goudriaan, J. , Lantinga, E. A. & Kimura, T. 1993. Significance of grasslands in emission and absorption of greenhouse grasses. *In*: M. J. Barker (ed) . *Grasslands for Our World*. Wellington, New Zealand: SIR Publishing.

Niamir-Fuller, M. (ed) . 1999. *Managing mobility in African Rangelands. The legitimization of transhumance*. London: Intermediate Technology Publications, for FAO and Beijer International Institute of Ecological Economics.

Peeters, A. 2004. *Wild and Sown Grasses. Profiles of a temperate species selection: ecology, biodiversity and use*. London: Blackwell Publishing, for FAO. 311 p.

Reynolds, S. G. 1995. *Pasture-cattle-coconut systems*. FAO-RAPA Publication, Bangkok. 668 p.

Reynolds, S. G. & Frame, J. 2005. *Grasslands: Developments Opportunities Perspectives*. Rome, Italy, and Enfield, USA : FAO, and Science Publishers Inc. 565 p.

Riveros, F. 1993. *Grasslands for our world*. In: M. J. Barker (ed) . Grasslands for Our World. Wellington, New Zealand: SIR Publishing.

Semple, A. T. 1956. *Improving the World's Grasslands. FAO Agricultural Studies*, No. 16.

Skerman, P. J. & Riveros, F. 1989/90. *Tropical grasses. FAO Plant Production and Protection Series*, No. 23.

Skerman, P. J. , Cameron, D. G. & Riveros, F. 1988. *Tropical forage legumes*. (2nd edition, revised and expanded) . *FAO Plant Production and Protection Series*, No. 2. 692 p.

Suttie J. M. 2000. *Hay and straw conservation for small-scale and pastoral conditions. FAO Plant Production and Protection Series*, No. 29. 303 p. Available online-see http: // www. fao. org/documents/show _ cdr. asp? url _ file=/docrep/005/X7660E/ X7660E00. htm

Suttie J. M. & Reynolds, S. G. 2004. *Fodder Oats: a World Overview. FAO Plant Production*

and Protection Series, No. 33. 251 p.

Suttie J. M. & Reynolds, S. G. 2003. *Transhumant grazing systems in temperate Asia. FAO Plant Production and Protection Series*, No. 31. 331 pp.

t' Mannetje, L. (ed). 2000. *Silage making in the tropics with particular emphasis on smallholders. FAO Plant Production and Protection Paper*, No. 161. 180 p.

Wang, W. L. 2003. Studies on traditional transhumance and a system where herders return to settled winter bases in Burjin county, Altai Prefecture, Xinjiang, China. pp. 115 – 141, in: J. M. Suttie and S. G. Reynolds (eds). *Transhumant grazing systems in temperate Asia. FAO Plant Production and Protection Series*, No. 31.

White, F. 1983. *The Vegetation of Africa*; *a descriptive memoir to accompany the Unesco/ AETFAT/UNSO vegetation map of Africa*. Natural Resources Research Series, XX. Paris, France: UNESCO. 356 p.

World Resources Institute-PAGE. 2000. Downloaded from http: //earthtrends. wri. org/text/forests-grasslands-drylands/map-229. htm

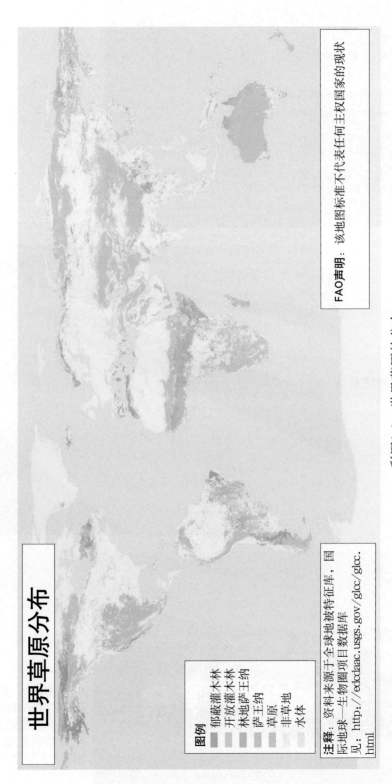

彩图1-1　世界草原的分布

彩图1-2　草原——春季放牧绵羊

彩图1-3　栽培草地和农田

彩图1-4　蒙古国——Tarialan夏季迁移放牧途中在临时宿营地挤奶

彩图1-5　蒙古国——阿日杭爱省附近草地用于放牧马

彩图1-6　中国——青藏高原草地

彩图1-7　中国——西藏自治区纳木错湖附近的高原草地

彩图1-8 巴基斯
坦——加甘谷、苏瑞
帕亚的亚高山带牧场

彩图1-9 南美草
原——乌拉圭北部玄
武岩草原冬季景色

彩图1-10 巴塔哥尼
亚——科伊尔河附近麦
哲伦草原放牧绵羊

彩图1-11 椰林下
放牧家畜

彩图1-12　巴西——改良草场

彩图1-13　中国——内蒙古牧民准备冬季饲喂家畜的草地干草

彩图1-14　巴基斯坦——穆扎法拉巴德用于冬季饲喂家畜的堆积稻草

彩图1-15 蒙古国——图尔根山海拔较高的夏季牧场被用于预防较低的乌布苏湖盆地虫害

彩图1-16 尼泊尔——拉梅查普区Sailung的舍利塔（尼泊尔语中叫Mane），约3000米高，供佛教徒用来祈祷和平

彩图1-17 中国——青海地区夏季营地的干燥牧草

第二章 非洲东部放牧草地生态系统的不断变迁

R. S. Reid，S. Serneels，M. Nyabenge 和 J. Hanson

摘要

整个非洲东部都处于热带，但是由于海拔高度的变化，草地覆盖的范围相当广泛。在干旱和半干旱地区广泛分布的草地，易受到干旱和高强度放牧的影响。该地区的植被主要为荒漠和半荒漠，灌丛和林地，仅有一小部分为真正的草地，但其他形式的草本植被层对野生动物和家畜非常重要。非洲东部 75% 的面积是草地，其间常混有数量不等的木本植被，这些草地一直是千百万家畜和野生动物的牧场和栖息地。非洲东部草地也是植物遗传多样性的中心，被划分为 6～11 种草地类型区。有些草地由政府控制管理，有些可自由支配，也有的是社区公共资源。草地资源的利用须遵循国家法律，但传统土地使用权常由当地的社区给予。国家土地所有制与传统土地所有制不同，政府支持将土地用于作物生产，减少公共放牧地；缩减放牧地减少了牧民能使用的资源范围。牧民的差别较大——通常是由农业人口或半农半牧人口等不同族群组成的。多数牧区是半干旱区，小部分处于极干旱和半湿润地区。传统上将家畜及其产品看做生存必需品和财富，但现在许多家畜产品已进入市场。随着放牧系统的改进，草地逐渐被融入作物生产中，农区也普遍种植牧草。与人口分布一样，非洲东部的大多数牛饲养在非放牧区（70%），但是少数缺乏高生产潜力土地的国家除外。牛、骆驼、绵羊、山羊和驴是牧民生活所必需的家畜，多数是混合畜群，且以本土品种为主，高海拔地区饲养的奶牛为引进品种。牧区广泛分布的野生动物在旅游业中发挥着重要作用。野生动物和放牧家畜可利用水资源有限是制约该地区农业发展的主要因素。

一、范围

本章主要关注布隆迪、厄立特里亚、埃塞俄比亚、肯尼亚、索马里、苏丹、坦桑尼亚联合共和国和乌干达的草原或放牧地（彩图 2 - 1）。包括广阔的干旱半干旱草原、稀树草原、灌丛和林地，还包括高原天然牧场，Holechek，Pieper 和 Herbel（1989）对放牧地的定义"可用于放牧或家畜采食的未开垦土地"。

　　非洲东部的放牧管理系统是由生活在该地区的本土游牧民族在过去的三四千年中形成的，这些牧民以家畜维持生计。这些传统的、可持续的生产方式，正在受到现代农业发展、生产力低的边际土地开垦、人口增长及全球气候变化的威胁。索马里有 7 000 万人口，大部分是牧民，降水量和干旱的波动是牧区经常面临的问题，这使他们长期遭受食物缺乏的威胁（FAO，2000）。该地区非常贫困，超过一半的人口日生活费不足 1 美元（Thornton 等，2002）。自 1974 年以来人口已翻了一番，到 2015 年还将再增加 40％（FAO，2000）。为应对这一现状，传统的游牧生活方式在不断改变，许多人开始（或已经）定居下来，并且收入方式也多元化，包括从事作物生产、打工及其他一些活动，同时还有一些家庭成员继续随家畜游牧。

　　此章主要考察近年来非洲东部放牧草原系统的变化，并估测未来由全球气候变化、人口增长和市场机遇等因素而可能引起的该地区草原的变化。

草原、家畜和放牧人口分布

　　非洲东部各地生产潜力的差异非常大，彩图 2 - 2（Fischer，Velthuizen 和 Nachtergaele，2000）说明了各地区生长季节的差异。这幅图上标注为棕色和黄色的地区生长期短于 60 天 *，因此很难种植作物（干旱气候，White，1998）；浅绿色区域生长季 60～120 天，适于短季作物生长（半干旱气候）；生长季为 121～180 天的区域用绿色标注，可供需较长生长季的作物生长（少雨半湿润气候）；生长期长于 180 天的区域用深绿色标注，作物生长几乎不受限制（多雨半湿润气候）。整个地区约 37％的面积（约 2 300 万千米²）只适合野生动物和家畜放牧（干旱和半干旱地区），同时其他 63％的面积（3 900 万千米²）适合农作物耕种、造林和其他用途。这些干旱和半干旱地区主要适合放牧，其中约 1 600 万千米²（约占草地面积的 70％）是干旱区，完全不适合农作物生产（零生长日），大概仅在少有的雨量充足年份或是正常或低雨量年份中的几周或几个月时间可供放牧。极度旱地包括整个苏丹北部、埃塞俄比亚东部、厄立特里亚和索马里的大部分，而肯尼亚北部、坦桑尼亚、卢旺达、布隆迪和乌干达大部分地区相对湿润。这 4 个高雨量国家和肯尼亚南部、埃塞俄比亚高地和苏丹南部发展集约化作物—家畜生产的潜力较大，除苏丹南部地区外，以上地区都已经种植作物（见彩图 2 - 10）。

　　非洲东部的植被主要为荒漠和半荒漠（占陆地面积的 26％）、矮灌丛（33％）和林地（21％）（彩图 2 - 3；White，1983）。这个区域仅有 12％是天然

---

　　* 生长天数的定义为降水量超过潜在蒸发量的一半，来自储存于土壤剖面的过量降水且蒸发量大于 100 毫米的时间段（FAO，1978）。生长期间的平均日温度超过 5℃（Fischer，Velthuizen 和 Nachtergaele，2000）。

森林，而纯草地植被则更少（7%）。非洲山地植被有较高的放牧潜力，但面积很小（0.5%）且大多分布在埃塞俄比亚，在肯尼亚、乌干达、卢旺达和坦桑尼亚的火山上也有少量分布。尽管纯草地植被仅分布在苏丹的中部和东南部、坦桑尼亚的北部和西部，以及肯尼亚的西北部，但半荒漠、矮生灌木和林地草本层的优势植物都是禾草，它们对家畜和野生动物很重要，所以也被包含在了非洲东部"以草为主的地区"之内。这意味着非洲东部 75%的面积不是被纯草地植被，就是被在草地中或草层上有一些木本的草地所占据。大面积林地仅分布在苏丹东部、坦桑尼亚、厄立特里亚、乌干达北部和埃塞俄比亚西部。

非洲东部因拥有数量庞大且种类多样的食草和采食灌木的野生动物而闻名（彩图 2-4，彩图 2-5 和彩图 2-6）。通过叠加 281 个动物种分布图［彩图 2-7，由 Reid 等（1998）基于对 IEA 数据库（1998）的分析绘制］，得到了非洲东部中型和大型哺乳动物种密度（每平方千米）图。图上有两块相邻的大中型哺乳动物分布密度最高的区域：一个是肯尼亚中南部的裂谷和坦桑尼亚中部，另一个是乌干达西南部卢旺达鲁文佐里山及其东部和卢旺达的北部。这是非洲也可能是全世界哺乳动物丰富度最高的地区（Reid 等，1998）。布隆迪、肯尼亚、卢旺达、坦桑尼亚和乌干达的草地有很多大型哺乳动物种群，而吉布提、厄立特里亚和索马里则较少。该图没有包括稀有或地方特有的大型哺乳动物，它们的分布与总体多样性分布不同。

与预期相同，非洲东部多数人居住在较湿润的地区和高地上（彩图 2-8；Deichmann，1996；Thornton 等，2002）。人口密集的地区有埃塞俄比亚高地、维多利亚湖盆地和坦桑尼亚高地南部。相当数量的人群生活在厄立特里亚的阿斯马拉周边土地生产力低、勉强适于耕作的地区，包括苏丹中部，以及肯尼亚、坦桑尼亚和索马里的沿海地区。人口密度较大的干旱地区，仅有苏丹北部的尼罗河沿岸，索马里首都摩加迪沙周围和索马里北部的西索马里兰。人口较少的地区有非洲东部的干旱地区，苏丹南部的湿润地区，坦桑尼亚的保护区。

非洲东部家畜的分布模式与人口大致相似（彩图 2-9；Kruska，2002），维多利亚湖周边和埃塞俄比亚高地的分布密度高。家畜少的干旱地区主要有苏丹北部、埃塞俄比亚东部和中部、厄立特里亚和索马里东北部。潮湿地区的家畜也较少，如湿润的苏丹南部（Sudd 地区）和乌干达北部，以及半湿润的坦桑尼亚南部的林地。许多家畜分布在非牧区：70%在农田和城市，另 30%在放牧地。这个比例在各国间差异较大，部分原因是高生产潜力土地数量的差异。例如，肯尼亚有 35%的土地生产潜力较高，全国 80%的家畜分布于此区域。相反，索马里和吉布提的高产土地则很少，因此在这些国家所有的家畜都在干旱区。

以前的全球放牧系统分析（来自于 Reid 等，2003）已被用于评估非洲东部以禾草为主的放牧系统的范围。该放牧系统分布图（彩图 2-10）采用了四个地理信息系统（GIS）数据层：土地覆被（USGS/EDC，1999；Loveland 等，2000）、生长期长度（Fischer，Velthuizen 和 Nachtergaele，2000）、降水量（IWMI，2001；Jones 和 Thornton，2003）和非洲的人口密度（Deichmann，1996）。

最初，土地覆被、生长期和人口分布被用于确定可耕种土地（生长期大于60 天）的位置、目前 USGS 报道的所有耕地（旱区耕地和放牧地；可灌溉耕地和放牧地；旱区和灌溉区耕地和放牧地；旱作和灌溉混合的耕地和放牧地；耕地和草地交错区；耕地和林地交错区）和其他人口密度较大的地区（每平方千米多于 20 人），但不包括粗放利用的草地（详情见 Reid 等，2000；Thornton 等，2002）。这种分类系统包含了除最粗放的农牧结合系统外的所有土地，因此该分类的耕地面积比 USGS 数据分类多 9%。"城市"指的是每平方千米的人数多于450 人的所有地区。剩下的地区（不能耕种，低人口密度）以年降水量的差异分为不同等级的放牧系统：年降水量低于 50 毫米的地区为超干旱地区；年降水量51～300 毫米的地区是干旱地区；年降水量 301～600 毫米是半干旱地区。高原地区指的是生长季节温度高于 5℃但低于 20℃，或一年之中某个月低于 20℃的地区。

非洲东部许多适宜放牧的地区是半干旱地区（34%），少部分是干旱地区（12%）、极干旱地区（8%）、湿润和半湿润地区（9%）、温带高原区（1%）（见彩图 2-10）。该区域的 27%是耕地和城市。仅苏丹有旱区放牧系统，厄立特里亚东部、埃塞俄比亚北部、吉布提、索马里和肯尼亚北部是粗放的旱区放牧系统。肯尼亚、索马里、埃塞俄比亚和苏丹最常见的土地覆被类型是半干旱草原。坦桑尼亚、乌干达和苏丹是面积最广的湿润放牧系统区。

通过比较潜在植被（见彩图 2-3）、放牧和作物系统（见彩图 2-10），可以发现农民喜欢将哪种植被区开垦为耕地。平均来看，该区 27%为耕地，但不同植被类型被利用的比例差别较大，具体是非洲山地植被（74%开垦为耕地）、森林（62%被开垦）、林地（34%被开垦）和灌木地（31%被开垦）。而农民开垦纯草地（23%被开垦）、半荒漠（3%）和荒漠（1%）的面积较少。随着时间的推移，非洲东部的放牧利用已经从湿润地区转到较干旱的地区。

二、禾草草地和其他类型草原的植物群落

非洲东部各地草原优势种的差异非常大，这是由降水、土壤类型和管理或放牧系统等因素决定的。非洲东部也以热带禾草遗传多样性和栽培禾草种类多样化的中心而闻名于世（Boonman，1993）。90%以上的主要栽培牧草都源于非洲撒哈拉以南和非洲东部草原。据估计，这里约有 1 000 种本土牧草种，仅在肯尼亚发现的就超过 600 种（Boonman，1993）。众多物种的广泛分布和对多样化自然

环境和管理系统的适应性说明，该地区具有相当丰富的遗传多样性，这种多样性已被世界上许多地区用来选育适宜的优异生态型。臂形草属（*Brachiaria*）植物就起源于非洲东部，是栽培最广泛的饲草之一。1996 年，巴西约有 3 000 万～7 000万公顷臂形草牧场（Fisher 和 Kerridge，1996）。

为了便于对草原的描述和研究，人们试图将植被划分为涵盖大面积区域的类型。Rattray（1960）基于草地中的优势属将非洲东部草原分为 12 个类型。包括：三芒草属（*Aristida*）、虎尾草属（*Chloris*）、蒺藜草属（*Cenchrus*）、金须茅属（*Chrysopogon*）、*Exotheca* 属、苞茅属（*Hyparrhenia*）、黄茅属（*Heteropogon*）、*Loudetia* 属、狼尾草属（*Pennisetum*）、黍属（*Panicum*）、狗尾草属（*Setaria*）和菅草属（*Themeda*）。Pratt 和 Gwynne（1977）以气候、植被和土地利用为依据描述了六个生态气候带，它们是非洲山地高山草原，赤道潮湿到干燥半湿润森林和灌丛（彩图 2-11 和彩图 2-12），干燥半湿润到半干旱热带稀树草原、灌丛和林地；半干旱旱生林和热带稀树草原［如金合欢属（*Acacia*）-菅草属群落］，没药属（*Commiphora*）、金合欢属、纤毛蒺藜草（*Cenchrus ciliaris*）和 *Chloris roxburghiana* 干旱区，以及金须茅属小灌木草原极度干旱区。更新的一个分类体系是 Herlocker（1999）基于主要优势草种，以植被类型或区域来描述，他将非洲东部草地分为 11 个植被区：狼尾草属（*Rennisetum*）中草区、狼尾草属巨草区、黍属（*Panicam*）-苞茅属（*Hyparrbenia*）高草区、苞茅属高草区、苞茅属-*Hyperthelia* 属高草区、菅草属中草区、金须茅属中草区、*Leptothrium* 属中草区、蒺藜草属-*Schoenefeldia* 一年生中草区、黍属一年生草区、三芒草属中短草区和三芒草属短草区。

黄背草（*Themeda triandra*，菅草属）（彩图 2-13）是撒哈拉以南分布最广的禾草种之一，但它仅是坦桑尼亚中部和北部的优势草地类型，其变异非常大，对热带稀树草原的高原和低地区域都有广泛的适应性。在坦桑尼亚干旱开阔的热带稀树草原中，菅草属、孔颖草属（*Bothriochloa*）、马唐属（*Digitaria*）和黄茅属（*Heteropogon*）混生是很常见的，例如塞伦盖蒂平原。黄背草在高海拔地区呈现为短小簇生类型，而在开阔的低地热带稀树草原上则表现为较高的木质类型（Rattray，1960）。不同生态类型的适口性也不同，但适口性均会随着草质变老而快速下降。黄背草能耐受轻度到中度放牧，在塞伦盖蒂平原湿润的季节，其产量可达到每天每公顷 400 千克，使其成为世界上最高产的草原之一（Herlocker，1999）。无放牧条件下，草地生物量、品质和物种数量会逐渐下降，草地可在中度到高度放牧时达到最佳状态（McNaughton，1976、1979、1984），但过度放牧产量也会下降。在肯尼亚马拉地区，向北是塞伦盖蒂平原生态系统的延伸，轻度到中度放牧地菅草属牧草比例是 50%；而在马赛人每晚将家畜赶进围栏的定居点附近，菅草属牧草的比例减至 1%～5%（Vuorio，Muchiru 和 Reid）。

非洲东部旱区的优势草种包括三芒草属、蒺藜属、金须茅属和黄茅属。这些牧草常是混生的，优势种由环境条件和土壤类型决定。三芒草属草地广泛分布于肯尼亚、埃塞俄比亚和苏丹的干旱牧区。尽管很多草种草质坚硬且适口性很差，但是它们能适应不同的环境条件。蒺藜属牧草为优势种的草地常与三芒草混合生长，而在索马里则与*Leptothrium*混合生长，该类草地的适口性较好，并较适应高蒸散率的干热地区（Herlocker，1999）。蒺藜属牧草是少数已进行了农艺性状描述的属，有超过 300 个生态型，主要收集自坦桑尼亚和肯尼亚，对其 12 个农艺性状进行了描述（Pengelly，Hacker 和 Eagles，1992）。这些生态型在农艺性状上表现出丰富的多样性，被聚为六类（Pengelly，Hacker 和 Eagles，1992）。适应干旱地区的一年生印度蒺藜草（*C. biflorus*）也出现在非洲东部，与*Schoenefeldia* sp. 混生，是撒哈拉沙漠西部厄立特里亚的典型类型（Herlocker，1999）。

Chrysopogon plumulosus（金须茅属）是非洲东北部半荒漠草地和灌木地带分布最广的种类（Herlocker，1999），被过度放牧，特别是在索马里和苏丹，常用火烧的方法刺激其再生。金须茅对放牧很敏感，过度放牧可导致其灭绝，组成群落的植物中三芒草属（*Aristida*）等一年生植物会增加（Herlocker，1999）。近年来，少雨和粗放管理导致这些草地生产水平降低（IBPGR，1984）。Herlocker（1999）根据与金须茅伴生的木本植物划分为 3 个地区，包括遍布该区的没药属-金合欢属灌木地和开阔的*Acacia etbaica*（金合欢属）林地，以及在索马里和埃塞俄比亚的小金合欢（*Acacia bussei*）开阔林地。他也划分了两个亚区：湿润地区的蒺藜草属-虎尾草属亚区和较干燥的鼠尾粟属（*Sporobolus*）亚区。Rattray（1960）根据植被类型划分了虎尾草属（*Chloris*）亚区，包括索马里和埃塞俄比亚很干燥的半荒漠地区，鼠尾粟属作为伴生植物与金须茅属混合生长。

黄茅属（*Heteropogon*）草地在索马里、肯尼亚和埃塞俄比亚开阔的林地和半干旱、干旱的草地均有发现（Box，1968），尽管 Herlocker（1999）不认为这是一种植被类型。黄茅（*Heteropogon contotus*）是最常见的种，因为它的芒和针状的小花尖端，常被称为"茅草"。它是持久性很好的本地草种，通过种子快速传播，生长在低地或是中海拔贫瘠、多石和排水良好的土壤上。黄茅常与一年生的三芒草属（*Aristida*）、马唐属（*Digitaria*）植物同时出现（Rattray，1960）。这些牧草的适口性差，只能在幼嫩时利用。

Chloris roxburghiana（虎尾草属）是肯尼亚、埃塞俄比亚、坦桑尼亚、索马里和乌干达干旱地区的优势种，常在没药属和金合欢林地中与金须茅属小串铃花（*Chrysopogon aucheri*）及蒺藜草属的水牛草（*Cenchrus ciliaris*）伴生（Rattray，1960）。尽管其分布广泛，但是 Herlocker（1999）仍把该植被类型作为金须茅属中草区的一个亚类。*Chloris roxburghiana* 在该地区广泛分布，是对家畜和野生动物非常重要的植物种。肯尼亚东部食草野生动物 50％的食物由该类群植物提供（IBPGR，1984），但是由于过度放牧和土地退化，该种正处于逐

渐消失的风险中[*]。该种具有很大的遗传变异性。最近采用 RAPD（随机片段长度多态性）分子标记方法对来源于肯尼亚东部生境差异很大的 4 个种群进行的遗传多样性研究表明，居群间遗传变异显著（W. N. Mnene，KARI，Nairobi）。

盖氏虎尾草（*Chloris gayana*）是一种重要的本土草种，是苞茅属草地的成分（Rattray，1960），生长在开阔草原和多树木草地中，也存在于肯尼亚、埃塞俄比亚、坦桑尼亚、索马里和乌干达高降水区的多洪水山谷中。Herlocker（1999）认为该植被类型是 miombo 林地苞茅属-*Hyperthelia* 属高草区的一部分。该类型的林地是覆盖了坦桑尼亚南部 2/3 土地的重要植被。盖氏虎尾草或叫罗得斯草，在该地区植被中的生态学价值并不是特别重要，但是具有重要的饲用价值。它表现出广泛的适应性，适口性佳，生长迅速，持久性好，耐霜、耐旱能力强，具有很好的牧用价值（Skerman 和 Riveros，1990）。20 世纪 30 年代，就利用从肯尼亚采集的生态型材料，育成品种罗得斯（Rhodes grass；Boonman，1997）。采用扩增片段长度多态性（AFLP）对非洲虎尾草（*Chloris gayana*）的遗传多样性进行分析，结果表明在二倍体和四倍体品种之间存在相当大的遗传差异，二倍体遗传相似系数范围为 66%～89%，四倍体为 63%～87%（Ubi，Komatsu 和 Fujimori，2000）。

苞茅属草地是非洲东部分布最广泛的草地类型之一，该草地的特性是以 *H. rufa* 为优势种的林地和多树木草地，这种草地类型遍布乌干达、肯尼亚和埃塞俄比亚的部分地区（Herlocker，1999）。在此地区也发现了苞茅属的其他几个种，重要的有 *H. hirta*、*H. diplandra* 和 *H. filipendula* 等。这些粗糙的多年生牧草常与其他草种伴生，从低地到中海拔的林地和开阔草原。它们生长迅速，鲜嫩时适合放牧，成熟后变得粗糙，适口性和营养价值降低（Skerman 和 Riveros，1990）。肯尼亚 *H. dissoluta* 开花后，粗蛋白水平可以从 14% 降到不足 3%（Dougall，1960）。开花后虽然不再有饲用价值，但商业价值更高，因为当地村民用其建造房屋的屋顶。在许多地区，刈割和火烧可使苞茅再生加快，从而使草地的放牧价值更高。放牧对促进其他饲草生长，并提高其适口性和利用价值也很重要，如狗牙根（*Cynodon dactylon*）、大黍（*Panicum maximum*）和非洲狗尾草（*Setaria sphacelata*）（Herlocker，1999）。

Loudetia 属牧草常与苞茅属和黄背草混生，生长在土层浅且多沙石的开阔草原上，它们为家畜提供了生长季节末期的饲料（Rattray，1960），但适口性很差（Skerman 和 Riveros，1990）。尽管 Herlocker（1999）认为 *Loudetia* 草地本质上不是一种植被类型，而 Rattray（1960）认为这仅是乌干达的草地类型，*Loudetia* 虽也广泛分布于坦桑尼亚、肯尼亚和埃塞俄比亚的放牧地生态系统中，

---

[*] 这一章，我们认为退化的土地是由自然过程或人类活动所引起的，它已不再具有维持原有的经济功能或/和生态功能的能力（GLASOD，1990）。

但是它从来不是优势种。这个地区该属最普遍的牧草是*Loudetia simplex*，它在埃塞俄比亚表现出了丰富的形态学多样性（Phillips，1995），但由于该属经济价值低而没有更多研究。

非洲东部高原覆盖埃塞俄比亚、肯尼亚和乌干达等地共 8 000 万公顷的土地。*Exotheca abyssinica* 草地在非洲东部高海拔地区贫瘠的积水土壤上很常见，特别是在季节性积水的变性土上，仅在埃塞俄比亚就有 1260 万公顷（Srivastava等，1993）。该草种与苞茅属联系紧密，常和黄背草混合生长。*E. abyssinica* 的叶很粗糙且营养价值低（Dougall，1960），仅在鲜嫩的时候可用作牧草，但很快就会变得粗糙且适口性差。在乌干达、苏丹和埃塞俄比亚海拔超过 2600 米的金合欢林地中，*Setaria incrassata*（狗尾草属）和非洲狗尾草（*S. sphacelate*）也是很常见的草种（Rattray，1960）。*S. incrassata* 是变异性强的物种，形态变异包括植株的坚硬程度和具毛情况，以及小穗的数目和密度等（Phillips，1995），它和非洲狗尾草的亲缘关系紧密。非洲狗尾草也是变异性极强的物种，有一系列从肯尼亚生态型而来的品种可供选择，包括不同的耐霜能力、成熟期、着色情况及营养价值等（Skerman 和 Riveros，1990）。非洲狗尾草和*S. incrassata* 都有很好的适口性且能耐受重度放牧。

狼尾草属（*Pennisetum*）草地可被分为两种类型：高海拔草地的铺地狼尾草（*P. clandestinum*）和热带稀树草地的象草（*P. purpureum*）（Rattray，1960；Herlocker，1999）。尽管同属，但两个种在形态学和生态学上截然不同，生态位和分布也不相同。这两个种都是非洲东部的本土植被，有很重要的经济价值，在世界上其他很多地方也有种植。

铺地狼尾草为匍匐型多年生，广泛分布于肯尼亚、埃塞俄比亚、坦桑尼亚和乌干达海拔 1 400～3 000 米的地区。基库尤草是它的常用名，起源于其大量生长在肯尼亚高地，是以肯尼亚中部的基库尤部落命名。它适应干旱、洪涝和偶尔的霜冻（Skerman 和 Riveros，1990），易于消化，适口性好，持久性好，能经受高强度的割草和放牧，是非洲东部高原许多天然草地的优势种，同时也是具有侵占性危害的物种，通过种子或匍匐茎的传播，能非常快地侵占并干扰农田和休耕地，成为对农田危害性很大的杂草（Boonman，1993）。铺地狼尾草具有广泛的变异性，根据叶子的宽度和长度，匍匐茎的大小和花的结构分为三个截然不同的生态型（Skerman 和 Riveros，1990），有几种生态型已经被育成商业品种，广泛引入到热带高原和亚热带地区。现在已经在其自然分布以外的地区广泛生长，美洲也很常见。利用淀粉凝胶电泳研究揭示了其引入种群间和种群内的遗传多样性分布，结果表明在种群间有相当高的多态位点，说明固定杂合性是由于其多倍性（Wilen 等，1995）。高原牧场上铺地狼尾草常与 *P. sphacelatum* 和*Eleusine floccifolia* 混生，而另两种草在高原和中海拔大裂谷地区过度放牧的牧场中很常见，适口性很差（Sisay 和 Baars，2002），是传统的编筐的重要原料，家畜不采食。

如不被用于编筐，就有可能成为高原牧场的杂草。编制篮筐是农村妇女很重要的活动和经济来源，收获这些杂草也保护了公共草地和高原牧场。

象草（*Pennisetum purpureum*）是植株高大、直立生长、高活力的多年生牧草，生长在肯尼亚、坦桑尼亚、乌干达和苏丹湿润草地和海拔高达 2 400 米的林地。Herlocker（1999）认为这是肯尼亚和乌干达维多利亚湖沿岸地区的一个植被区。象草广泛分布于撒哈拉沙漠以南的非洲，通常被叫做象草或者纳皮尔草（得名于津巴布韦布拉瓦约市纳皮尔上校，他在 20 世纪初推动了象草的利用）。象草现在普遍的利用方式是刈割-舍饲（草被人工收割并运到牛圈），供非洲东部小农户奶农利用，在雨水充足的条件下每公顷可生产干物质 10～12 吨（Boonman，1993）。象草鲜嫩多叶时适口性强、生长迅速，必须经常收割以避免其因茎比例过高而变得粗糙和适口性差。由于象草对于该地区非常重要，对其研究很多，包括对其多样性的研究。Tcacenco 和 Lance（1992）对 9 种基因型的象草的 89 个形态特征进行了研究，以确定哪一种性状最有助于揭示该物种的多样性，结论是变异存在于各个植株间，甚至在同一份材料内。对较大样品的 53 份材料的 20 个形态学和 8 个农艺性状的研究，也得到相同结论（Van de Wouw，Hanson 和 Leuthi，1999）。种质的变异同样非常大，但根据形态的相似性，这些材料可聚为六类。最近，利用 RAPD 分子标记技术研究了收集的同一批样品以及肯尼亚农场无性系间的遗传多样性。这一技术可以从单纯的象草材料中分离出象草和珍珠粟（*P. glaucum*）之间的杂种。尽管是无性繁殖，但所有材料间的遗传多样性非常丰富，畲农（Shannon）多样性指数高达 0.306。

大黍（*Panicum maximum*）（坚尼草）是另一种植株高大、生长迅速的物种，常与非洲东部草原的狼尾草属牧草或干燥热带稀树草原金合欢林地的蒴藜草属和孔颖草属（*Botbriocbloa*）牧草一起生长（Rattray，1960）。Herlocker（1999）认为，蒴藜草属-苞茅属沿坦桑尼亚北海岸地区，经肯尼亚直到索马里，分布在海拔高达 2 000 米的山脉遮阴山麓处，蒴藜草属非常具有代表性。大黍是低地森林砍伐和耕作后的先锋草，其生长习性、茎秆强壮程度和被毛情况差别很大（Phillips，1995），那些具有较好农艺性状的生态型已经育为商业品种。由于大黍生长快、适口性好，且适应性和可塑性强，这些特点使它成为热带稀树草原上非常适宜放牧的牧草。目前在巴西已对 426 个从坦桑尼亚和肯尼亚收集来的大黍生态型进行了形态学和农艺性状评估（Jank 等，1997），找出了 21 个形态学特征不同的材料并进行了聚类分析。不同生态型间有相当大的差异，一些适应性广的被用于育种计划，其他在当地适应性好的生态型也被开发应用于适宜的地区。

三、非洲东部牧区的政治和社会制度

绝大部分非洲东部干草原的特点是经常性干旱和牧民生产风险高（Little，

2000）。在这样干旱的地方，饲养家畜是能将太阳能转化为食物的少数方法之一。牧民们处理危机的传统方式是根据放牧地质量与数量的变化，每天或季节性地转移家畜以降低风险（IFAD，1995）。牛、羊、骆驼、山羊和驴是主要畜种，牧民们用其获取生活必需品——奶、肉和役力。作为一种适应环境变化的方式，绝大多数畜群混合饲养，为家庭提供所需的食物，也可作为干旱或流行病多发时的现金储备（Niamir，1991）。

如今畜产品销售已是牧民收入的主要来源，但家畜交易（或商品化）的普及是在 20 世纪伴随殖民化而逐步形成的。定居下来的作物-家畜生产系统使农民更为面向市场：有规律地出售家畜、奶和皮毛。由于家畜传统的社会和经济职能不是为了创收，因此牧民的管理方式是使销售量最小化（Coppock，1994）。在绝大部分牧区，家畜被视为"安全网"，在需要时通过交换家畜互相帮助。与许多其他牧区一样，牛在埃塞俄比亚的波罗纳被视为财富和声望的象征，所以主人都不情愿卖牛。绵羊和山羊则经常出售以获取满足家庭所需的现金。虽然买卖家畜及副产品（牛奶、肉、皮）还是一个新现象，但越来越多居住在距离市场和道路很近的牧民开始出售产品。

传统上，牧民们自己要消费掉生产的大部分奶，剩余的与邻居们分享、以货易货进行交换或是在市区出售。在索马里，牧民们以合作社的形式建立了一条牛奶产销链，以在摩加迪沙销售骆驼奶作为购买糖、衣物和药品的收入来源（Herren，1990）。一个 EU 基金项目——"通过分散经营巩固食品安全"，在1996—2002 年开展工作，支持建立骆驼奶巴氏灭菌消毒的小型加工厂，并在索马里市场销售经过适宜包装的最终产品（EC，2000）。2001—2002 年的干旱对骆驼产仔间隔时间和骆驼奶的销量产生了相当大的影响。在索马里的部分地区，干旱后实际上骆驼奶销售没有获得收入。而在此之前，奶的销售收入几乎占到家庭收入的 40%，家畜销售提供了另外 40% 的收入，旱灾后收入减少了一半（FSAU，2003）。肯尼亚和坦桑尼亚的马赛人居住在主干道或是城镇附近，他们出售鲜奶、黄油或发酵奶。埃塞俄比亚南部的波罗纳人制作酸牛奶和加工黄油，在本地市场销售或运往大城市（Holdern 和 Coppock，1992）。离市场的距离、季节和家庭财产（直接与所拥有的家畜数量相关）等因素，影响着埃塞俄比亚南部草原的奶制品市场（Coppock，1994）。

该地区绝大部分广阔的草原由政府管理并设为国家公园或野生动植物保护区（约占 10%），或者作为开放性公共资源。这些资源的获取和利用要依据国家的法律，但传统土地使用权常由当地的社区给予。传统上，靠公认的管理条例来确保牧场的长期可持续性，但随着土地私有化、种植作物的农民向放牧地迁移以及人类需要的增长，这些管理条例越来越多地被打破。政府对在国家事务中处于边缘地位的牧民的支持也不断减少（IFAD，1995）。在赚取收入和草地粗放利用方面，牧民的选择是有限的，如果使用者不承担管理和维护系统可持续性的责任，会导致过度利用和土地退化。

直到殖民地时期，公共财产、可持续性牧场管理机构的传统管理制度和资源共享规划才开始在该地区实施，有些地区沿用至今（IFAD，1995）。这属于季节性迁移牲畜的放牧系统，是多年来为利用放牧地的生态异质性和全年优化利用稀缺的放牧资源及水资源而发展形成的。这些传统的管理实践包括轮牧策略和建立贮备草地以备旱季放牧利用。干旱是该地区牧民面临的最大挑战，土地使用和水源常常成为牧民、农场主、农民之间冲突的根源（Mkutu，2001）。该地区的大部分国家普遍采用接近水源的传统管理系统。索马里北部和埃塞俄比亚南部的牧民们有一套复杂而行之有效的管理制度来控制水的使用。同样，对于公共财产和开放性资源的使用也有传统的非正式或正式的社会调控来保障草原和水资源的可持续利用（Niamir，1991）。索马里南部牧民应对干旱和冲突的方式表明其调控的有效性，牧民们遇到干旱就长途跋涉将骆驼和牛赶至水草丰美的地带而将小家畜留在家附近的地方放养（Little，2000）。

20世纪，这些本土放牧管理制度已被该地区的人口、政治和社会变迁所弱化。传统放牧制度最大的威胁来源于过去20年间迅速增长的人口和社区公共草原向开放性国有资产或私有土地的转变，这导致越来越多的草地被用于小农户的作物-家畜生产系统。政府发布政令限制牧民迁移，鼓励定居，还在草原上划定许多永久性的定居点；许多牧民选择作物-家畜生产系统（Galaty，1994；Campbell等，2000）。在肯尼亚的卡加岛（S. E. Kajiado）地区，土地使用的冲突反映了牧民、农民，以及野生动物间对获取珍贵的水和土地资源的竞争，自从该地区向移民开放后，这种竞争在过去的40年间明显加剧。

如今，农业耕作延伸到沿河流和沼泽周围的草原边缘的湿润地带。这使得可供放牧的土地越来越少，家畜和野生动物的用水变得更为紧张。为了获得或维持对关键土地和水资源的控制权，并影响有关农业、野生动物、旅游业和土地所有权的政策，土地管理者之间建立起了政治联盟（Campbell等，2000）。例如，苏丹东北地区的贝沙族牧民，由于常年干旱，贝沙族牧民正在改变他们的生活方式，从饲养骆驼和小型家畜的游牧者逐渐转变为饲养小反刍动物和进行农耕的小农户，并且定居下来。与这个地区的其他牧民一样，他们发现小型反刍动物在居住地附近易于管理，与骆驼相比，成本更低，繁殖也更快易于销售（Pantuliano，2002）。政府已制定政策鼓励耕种并减少了公共放牧地，最近，由于种族冲突和内部不安定因素使迁移模式和关键资源的使用受到限制。许多贝沙族人现在都很少或者根本不再迁移，从家畜生产的角度看这降低了他们有效利用草原的能力。由于贝沙人的定居，定居地周围的植被也发生了改变，7种适口性好的物种消失了，适口性差的物种增加（Pantuliano，2002）。对于整个地区来说，牧民面临的这些变化都是非常典型的。尽管如此，许多家庭（或者是部分家庭）仍然会在旱季的时候，让家里的年轻人进行季节性牲畜转场，老人和妇女留在家中务农和饲养小家畜。

国家土地所有制与传统土地所有制和牧民集体使用权体制无关。在埃塞俄比亚、苏丹和索马里，所有的土地都是国有的，并且耕地由政府租借或分配。在索马里，土地所有制是传统和现代法律系统的结合（Amadi，1997）。1975 年通过的索马里土地改革法案，将土地给予国有企业和机械化农场（Unruh，1995）；而牧民只能作为由政府赞助的合作社或协会的一部分参与进来，政府还强迫他们从传统的土地迁移到更加边缘地区的公用土地。全部土地属于国家，租用者只能享有 50 年的租期，尽管许多圈地都不是依法出租的，在传统体系下当地社会很遵守这种土地所有权（Amadi，1997）。伴随冲突和缺乏中央政府监管，违规租用和向肯尼亚出口家畜的生产企业未经授权就圈占放牧地用于牧草生产，留给贫困牧民和农牧民的生计保障极少（de Waal，1996）。在苏丹，政府虽然承认土地所有权，但国家仍然有权从土地所有者手里征获土地（Amadi，1997）。而在埃塞俄比亚，土地由国土部分配，有时会进行重新分配，人们对其土地没有可靠的所有权（EEA/EEPRI，2002），这导致了种族和集体间争夺资源的冲突。在邻国厄立特里亚，土地由集体共同所有，土地所有制由传统的法律规定，并由村中传统的行政机构管理（Amadi，1997）。

乌干达的土地所有制非常复杂，它反映了这个国家有悠久的历史。麦露（Mailo）所有制是这个国家的布干达地区特有的，并且要追溯到 1900 年，当时乌干达的国王（Kabaka）与首领们永久共享土地（Busingye，2002）。1975 年，土地改革令中规定所有土地公有，权益归属于乌干达土地委员会，允许租赁使用权（Busingye，2002）。尽管麦露（mailo）系统被官方废除，但它却一直延续到 20 世纪 90 年代晚期，直到 1995 年土地改革法生效。自由保有的土地也被国家和土地委员会认可，大部分是宗教机构和教育用途（Busingye，2002）。1995 年的宪法和1998 年的土地条例同样支持一个名为"习惯保有"的新土地所有制。在这个机制中土地的持有、使用和处置都遵循公众的传统习俗，且使用土地的人拥有一些权利（Amadi，1997）。其重点是使用权，它由家庭支配，将土地分配给男性家庭成员让他们使用而不是占有土地。习惯保有的土地同样也包括公共土地，在那里人们有权放牧、农耕、取薪材，可以对水和土地进行传统利用和土葬（Busingye，2002）。所有权是由家庭或集体来决定的，并且没有独立的所有权。这是用传统的权力来分配土地和解决纠纷。此外一些土地在 1900 年是王室领土，并且一些地区在乌干达土地委员会的控制下作为保护区被政府拥有，其中的一些现在已开放使用。

塔桑尼亚共和国的土地所有制体系是殖民统治时期遗留下来的，所有土地公有，总统作为全体坦桑尼亚公民利益的受托管理人而具有归属权（Nyongeza，1995；Shivji，1999）。政府承认土地占有权并允许惯常的居住和土地利用。所有公共土地可以划分为三种形式：普通的、储备的或农村用地，它们都由政府部门管理和经营。基本上，管理土地的官员有权力分配普通土地，甚至是储备土地。一个村庄一旦登记了土地，所有授权证书由村长和村委会为全村代管。在塔桑尼亚存在大量的跟土地有关的纠纷，部分是由自相矛盾的土地使用政策引起的。土地村有化计划（1974—1976）把人们聚集在一起，重新分布村庄的位置和所有的土地。一些村庄迁入到储备土地，在保护区内建造一个适宜居住和可以耕种的地方。伴随着20世纪80年代中期的经济自由化，出现了大规模的土地转让，特别是在阿鲁沙地区，大部分放牧地出租给大型农场主（Igoe 和 Brockington，1999）。如果土地没有登记或使用不符合规范，政府也可以对农村土地进行分配。为了确保自己的所有权，许多牧民开始耕作。坦桑尼亚的许多草原地区被列为储备土地，被建成国家公园、禁猎区或限猎区，牧民和他们的家畜不能进入（Bromkington，2002）。

在过去的半个世纪，肯尼亚放牧土地所有制的发展迅速。大约在20世纪40年代，肯尼亚的殖民政权把全新的土地利用形式引入草原生态系统：仅供野生动物的保护区。在随后几年，肯尼亚狩猎部把这种马赛地（Maasailand）禁猎区的管理转交给当地议会。1963年独立以后，这些储备的土地被指定为"郡议会保护区"*（Lamprey 和 Waller，1990）。这些备用区大多数是旱季放牧储备区，可为牧民、家畜和野生动物提供干旱季节放牧的备用草地。这样的土地所有制变革，第一次改变了野生动物独占有限的重要资源的状况。

同样在20世纪60年代中期，肯尼亚政府将大片已长期使用的土地所有权转让给牧民（Lawrance Report，1966）。依据1968年的集体代表法，全部成员共享放牧地的所有权，但是家畜归个人所有（Lamprey 和 Waller，1990）。尽管这些放牧地很大（玛拉地区的集体放牧地面积达971千米^2），并且家畜和野生动物可以相互掺杂利用集体放牧地边界的草地，但是这些集体牧场开始限制生态系统中生活对象的范围。集体农场系统在肯尼亚南部和肯尼亚山北部的湿润草原的应用非常广泛，较为干旱的西北部和东北部草原，所有制基本没有受到太大的影响。

20世纪80年代初，集体牧场开始私有化（Galaty，1994），城镇和交通要道周围的地区最先开始实施。例如，离内罗毕最近的放牧地在80年代早期就私有化了，而其他位于较干旱地区的放牧地现在才开始实行私有化。放牧地所有者努力平衡私有制度的利弊：虽然明晰的所有权是有利的，但不利因素是不能利用更广阔的草原以及失去野生动物。集体和私人正在尝试签订放牧地互惠协定和建立公共野生动植物保护区来解决这些问题。最初促成该方案的是那些开始永久定居的牧民，他们遍布肯尼亚，为获得教育、医疗保健以及其他在较高发展潜力地区具有的商业机会。同时，牧民们想要保障和巩固他们的所有权，因为他们看到大片公有土地被外来者租用进行机械化耕作。

牧区土地私有制使人们失去了公共土地使用权，这是他们最大的资产之一。

---

* 20世纪40年代末在肯尼亚皇家国家公园首先建立了"国家保护区"，这个地区根据1976年野生动物（保护和管理）法再一次被划为国家保护区，仍然受到国家议会的监管。

在 20 世纪 60 年代，Hardin（1968）表示反对公共使用权，声称这是"公地的悲剧"。如果公共使用权意味着自由和不受限制的使用，将导致草原的过度利用，这被视为支持私有制的论据。然而，绝大多数放牧地和水资源的公共使用权并非不受限制。在一定程度上，传统使用规则规定了什么人、何时何地可以使用土地和水资源，这些规则是为社区共享土地、维持草原生产力而设计的。现在土地私有制正在造成"私有制悲剧"，牧民非常贫穷，他们所拥有的土地太少而不能维持生计。正如 Rutten（1992）所做的精确表述"卖掉土地以购买贫穷"。过度放牧的问题将在下文讨论，同时适用于公共和私有土地。

四、草地与小农户耕作系统的耦合

随着畜牧生产系统的演变，在肯尼亚北部和埃塞俄比亚南部，牧民为改善收入，正通过多种经营和风险管理，定居和移民等方法来避免干旱和其他灾害（Little 等，2001）。宜农地区作物的种植规模仍在扩大，牧民可以更好地应对管理风险和干旱。在该地区的作物种植延伸到草原时，草原也成为作物-家畜系统不可或缺的一部分。

在发展中国家，几乎所有的草原区都在放牧（CAST，1999）。对定居下来的作物-家畜农场主来说，使用栽培饲草支撑家畜生产，以减少对天然草地的压力，这是一个切实可行的选择。相对于其他作物，育种家们对栽培饲草的关注较少（CAST，1999）。然而，最近奶业的扩张，特别是非洲东部的城市地区，以及 Delgado 等提出畜产品预期需求的增加（1999）后，使更多的小农场主越来越关注牧草栽培。将草纳入作物-家畜系统还可以获得积极的环境效益，通过家畜促进种子传播、放牧踩踏穿破土壤硬皮和累积粪便增加肥力等，可改善植被覆盖度（Steinfeld，Haan 和 Blackburn，1997）。休闲地和草地轮作不仅可以提高土壤肥力，还可减少土壤侵蚀，同时减少了在刈割-舍饲系统中家畜粪便不还田造成的营养流失，使有效氮和磷的利用效率加倍，营养返还到系统中，以保持土地供给输出的营养平衡（Steinfeld，Haan 和 Blackburn，1997）。

20 世纪初，无芒虎尾草和象草是最早生长在热带非洲东部的牧草。自 20 世纪 30 年代初（Boonman，1993），它们就在肯尼亚和乌干达广泛种植，是生产潜力较高地区作物-家畜系统的重要组成部分。大约 50 年前，牧草轮作和土地休耕是提高土壤覆盖和有机物返还的普遍措施，但由于人口压力和对耕地需求的不断增加，这些措施逐渐减少（Boonman，1993）。由于土地缺乏，在非洲东部人口稠密的高原，大多数奶农都采取刈割-舍饲的零放牧制度。目前，象草在肯尼亚中部高原是奶业系统中最重要的饲料作物（Staal 等，1997），构成小农户奶牛场40%～80%的饲料供给。仅肯尼亚，就有超过 30 万乳品小生产者（53%）把象草作为饲料的主要来源。象草的需求如此之高，使无地农民在公路沿线和公用土地种植象草并出售给家畜饲养者。

　　无芒虎尾草的适应性强、根系发达，因而耐旱性和耐牧性强，可用于防治水土流失和调制干草，现已被广泛用于草地改良中（Boonman，1993）。无芒虎尾草表现出了一定的耐寒性，已在肯尼亚开发了一些商业品种，其产量和耐寒性仅次于象草，适宜环境条件下的干物质产量高达每公顷 18 吨（Boonman，1993）。

　　狗尾草（*Setaria sphacelata*）是另一种适应性强并已在非洲东部种植的栽培牧草，产量与无芒虎尾草相当，在较高海拔（约 3000 米以上）地区的持久性较好，耐霜冻和季节性水涝（Boonman，1993）。但其抗旱性不如无芒虎尾草，并有侵占农田的趋势，可能成为难以完全根除的杂草。尽管 20 世纪 80 年代，它在肯尼亚的利用有所减少，但在较湿润和较高海拔地区依然有较高利用价值。在坦桑尼亚和肯尼亚中部，狗尾草在堤岸沿线土壤稳定和侵蚀控制中的作用越来越重要（Boonman，1993）。不幸的是，上述牧草种都不适合用于广大干旱地区牧草生产力的提高。

五、过去 40 年间粗放草原管理系统演化的个案研究

（一）概况

　　耕地扩张、家畜生产集约化以及土地所有制的改变是全球放牧系统变革的共同驱动力（Niamir-Fuller，1999；Blench，2000）。在整个非洲，殖民和后殖民政策都倡导作物种植优先于畜牧业生产，因此与牧民相比，农民在经济上获得"优势地位"（Niamir-Fuller，1999）。如前所述，牧民也因此被推向生产力更低的边际土地上放牧，或开始接受作物农业，变成农牧民（参见 Campbell 等，2000）。在大多数情况下，传统的政治和管理系统变得更加脆弱（Niamir-Fuller，1999）。畜牧发展项目也在推动放牧地的改变，钻探打井技术开发了偏远牧场，围栏使牧场分成小块利用。这些变化在非洲东部存在，但非洲南部更多。这些冲突造成了土地使用权的改变，限制了传统放牧地的利用，也降低了不能确保畜牧业安全生产地区牧民的流动性（Mkutu，2001）。

　　草原放牧系统的这种"收缩"，减少了牧民可利用资源的规模，放牧的成功在很大程度上取决于有效利用零散的资源。在大部分传统放牧系统中，这需要有效的迁移策略，从每日、每周放牧路线的变化，到大范围的季节性迁移。在放牧系统中，许多推进改变的驱动力降低了牧民迁移的能力：固定居住宅地的固定而限制了最远放牧距离，土地私有化限制了许多牧场的使用，保护区的限制也使牧民不能利用许多牧场。

（二）肯尼亚-坦桑尼亚边界、塞伦盖蒂-马拉生态系统周围半干旱草原土地利用的演变

　　20 世纪初以来，肯尼亚南部和坦桑尼亚北部的马赛地区的植被经历了相当

大的变化。在过去的一个世纪，由于四个截然不同、且可能是周期性变化过程间的相互作用，该地区相继经过了不同的变化阶段，具体变化过程包括：植被的变化、气候的变化、采采蝇和蜱感染、畜牧业的控制和管理。19 世纪末，马赛牧民可以利用广阔的草原（Waller，1990）。在 1890 年牛瘟大流行期间及其后，非洲东部的牛群大批死亡，到 1892 年死亡了 95％。饥荒和天花等流行病导致马赛地区的人口大量减少。野生反刍动物虽然很多死于牛瘟，但渐渐增强了免疫力。到 1910 年野生动植物的数量开始上升，但牛羚和水牛例外，这是由于其 1 岁幼畜的死亡率比较高。这些自然灾害扰乱了放牧模式并降低了放牧强度。因饥荒使人口下降，火烧频率降低，伴随放牧的减少，在马拉平原和塞伦盖蒂北部形成了茂密的林地和灌木丛（Dublin，1995）。这些茂密的木本植被成为采采蝇的栖息地，它们以大量野生动植物为食，阻止了人类大规模的再定居。直到 20 世纪 50 年代，马赛人选择远离马拉平原定居和放牧（Waller，1990）。那时该地的人口迅速增加，马赛牧民采用火烧来改善放牧草地（彩图 2 - 14），并清理采采蝇寄生的灌木丛。由于动物从附近的地区迁移到保护区，栖息密度更高，大象密度的增加也进一步使马赛马拉和塞伦盖蒂的林地持续下降。1957—1973 年，马拉林地的覆盖率从 30％下降到 5％左右（Lamprey 和 Waller，1990）。至 20 世纪 70年代中期羚羊数量已增至约 150 万头，目前约在 100 万头左右波动（Dublin，1995）。

过去的 25 年中，塞伦盖蒂-马拉生态系统保护区核心区周围草原的土地覆盖和利用发生了相当大的变化（Serneels，Said 和 Lambin，2001）。生态系统是由保护地［塞伦盖蒂国家公园，恩戈罗恩戈罗保护区（NCA）和一系列坦桑尼亚狩猎控制区和肯尼亚马赛马拉国家保护区］组成，被马赛牧民所居住的大面积半干旱草原包围。土地覆盖的变化导致草原面积的收缩，最为突出的是马赛马拉周围的肯尼亚生态系统部分。1975 年后，约 4.5 万公顷的草原被用于大规模机械化耕作。1997—1998 年种植小麦的农场扩张达到最大范围，达 6 万公顷。到2000 年大约一半的麦田被撂荒，主要是因为在较干旱地区产量不稳定，种植小麦不可行。撂荒地区又可以供家畜和野生动物利用。在过去的 50 年里，人类的永久定居区从北向南延伸，现马拉自然保护区的北部边缘成为重要的定居区（Lamprey 和 Waller，1990）。在草原地区，绝大多数持续耕作的土地，在几年后都被放弃了，主要是作物遭到野生动物的破坏，且随气候的变化，作物产量的差异也非常大。生态系统中坦桑尼亚部分的土地覆盖变化较不明显，没有出现大规模的土地利用变化；大部分土地覆盖的变化是小农户种植的扩张或者是草原自然演替。在非保护区，直至塞伦盖蒂西部和 NCA 保护区东南边缘有广泛的耕地（维持中等规模农业）。在 NCA 和罗里昂多狩猎控制区，过去 20 年里大约有 2％的土地覆盖变化是受小农户的影响。在 NCA 中，耕作被限定为只允许人力手工耕种栽培，农田面积小且零星分布。在罗里昂多，没有上述的种植限制，但是要进出该地区非常难，因缺少向外部出口农作物的机会而有效地控制了种植规模。

草原向农业的转化对肯尼亚部分的塞伦盖蒂-马拉生态系统羚羊的数量产生了严重影响。在过去的 20 年里羚羊的数量急剧下降，目前其数量估计在 3.13 万头上下波动，其数量约相当于 1970 年的 25％。过去的几十年，肯尼亚部分的塞伦盖蒂-马拉生态系统羚羊数量的波动与旱季和雨季的可供采食饲草量有紧密联系（Serneels 和 Lambin，2001）。自 20 世纪 80 年代以来，肯尼亚大规模小麦机械化耕作的扩张，使羚羊在湿季的活动范围急剧减少，迫使羚羊种群利用较干旱的草原或迁移到与牛竞争更激烈的地方。耕地面积的扩大并没有影响研究区域中肯尼亚部分牛的种群数量，也没有影响其空间分布。坦桑尼亚塞伦盖蒂大规模牛羚种群迁移并没有像同期的肯尼亚种群那样减少，但也受到旱季食物供给的制约（Mduma，Sinclair 和 Hilborn，1999）。与生态系统中的肯尼亚部分相比，坦桑尼亚的塞伦盖蒂周围，土地利用变化的范围要小很多，保持较低的变化率，而且其影响范围较小。此外，在塞伦盖蒂周围土地利用的变化发生在远离牛羚主要迁徙路线的地方。

（三）保护区和当地土地的使用：坦桑尼亚冲突的根源

在非洲的保护区系统中热带稀树草原生态系统是很好的代表（Davis，Heywood 和 Hamilton，1994）。在坦桑尼亚，大片的热带稀树草原被划分出来进行保护，在一定程度上是因为这些草原承载了地球上绝大部分迁移有蹄动物，具有丰富的生物多样性（Sinclair，1995）。然而，只有很少的资源被用于这些保护区的有效管理，其周围是世界上最贫困的农村区域之一。因此，保护和发展间的冲突和互补，已成为恩戈罗恩戈罗（Ngorongoro；Homewood 和 rodgers，1991）、姆科马齐（Mkomazi；Rogers 等，1999）、塞卢斯（Selous；Neumann，1997）和塔拉哥尔（Tarangire；Igoe 和 Brochington，1999）等地区的主要问题。

坦桑尼亚北部姆科马齐禁猎区是一个 3 200 千米² 的热带稀树草原地区，从肯尼亚-坦桑尼亚边界延伸到帕累托斜坡和玉山巴斯山东北坡。姆科马齐位于索马里马赛地方特异性区域（RCE）的中心（White，1983），其优势植被是金合欢-没药属灌丛、林地和多树草原。姆科马齐紧邻地方特异性区域（RCE），包含被认为有良好植物多样性分布中心的马桑巴拉（Usambaras）低地和山地森林（Davis 等，1994），以及一个特有鸟类区（Stattersfield 等，1998）和一个其他许多生物类群特有中心（Rodgers 和 Homewood，1982）。该"干旱边界"群落交错区的地位意味着，与相邻生态系统相关物种的出现可以增加姆科马齐物种的丰富度，同时歧化选择促使新种类的进化也可增加其丰富度（见 cf. Smith 等，1997）。这些多样性使得姆科马齐不仅对土地投机使用者具有重要价值，而且对保护其丰富的物种和景观多样性也尤为重要。由于对该地区物种丰富度的认识和自然资源保护者认识到保护西部大量放牧的牛和大型哺乳动物群，对姆科马齐地区的植被有很大的影响，当地牧民在 1988 年被驱逐出该公园，并且邻近的居民也被禁止利用这里的资源。

姆科马齐地区在 1998 年驱逐当地居民前就出现了生态系统的退化，驱逐后开始恢复（Mangubuli，1991；Watson，1991），还没有获得支持或驳斥上述措施的数据（Homewood 和 Brockington，1999）。从保护自然环境的角度考虑，驱逐牧民被视为规避风险的决定。然而，从牧民的角度来看，驱逐的确对他们的生计产生了严重影响。除牧民外，大量的非牧民也以保护区为生，在保护区养蜂，采集野生植物为食物或在当地市场销售，并且还可收集木材。由于驱逐运动，估计 25% 的牲畜被限制在姆科马齐保护区与其南面相邻山脉间狭小的放牧区内。另一些人离开保护区迁移到日益拥挤的草原。驱逐运动发生在坦桑尼亚东北大规模商业化农业生产规模激增的 3 年之后，这也大大减少了牧民选择长途游牧（Igoe 和 Brockington，1999）。

坦桑尼亚中北部塔兰吉雷国家公园的驱逐迁移产生的影响并没有被立即发现，当时这一地区没有大规模的农场，如果生存条件不理想，马赛牧场可以作为代替地区。20 年后，在 1993—1994 年的干旱期间，其影响才日益明显。那时斯马佳如（Simanjiro）地区一些最好的湿润季节牧场被开发为大规模商业化农业生产，更多的家畜在放牧早期被迫在干旱季节牧场放牧，有限的季节性牧草很快被耗尽。斯马佳如地区的马赛人过去建立了干旱的应对策略，但现在由于干旱预留放牧地被封围在国家公园里或位于大型商业农场内不能利用而无法实行（Igoe 和 Brockington，1999）。

姆科马齐地区和塔兰吉雷的例子明确指出保护自然环境的益处和代价，其冲突随着人类需求的增加而不断加剧。

（四）西南埃塞俄比亚：吉布山谷采采蝇的控制和半湿润草原的演化

在 20 世纪湿润草原和林地就已经发生了迅速改变。改变的原因之一是锥虫病的控制，这一疾病通过采采蝇传播给家畜和人，农民广泛使用畜力（更多健康的黄牛）来清理寄生采采蝇的灌木丛和耕作土地，这使农户的耕地数量增加（Jordan，1986）。不论该行为的效果如何，埃塞俄比亚的吉布山谷已经是非洲植被变化明显的几个地区之一（Reid，1999；Bourn 等，2001）。

吉布山谷坐落于亚的斯亚贝巴西南大约 180 千米处，是由埃塞俄比亚高原通往吉马城的主要通道。1991 年该地区首次进行了采采蝇的控制，采用饲喂杀虫剂并对牛体进行冲洗的方法。1993 年大多数曾经被野生动物和少数农牧区家畜利用的多树木草原变成了耕地。小农户农场占耕地的 1/4，而大农场只占用了不到 1%（Reid 等，1997）。大约 90% 的土地特别适于耕种。小农户种植的作物多种多样，包括玉米、高粱、苔麸、小油菊（小葵子，*Guizotia abyssinica*）、埃塞俄比亚香蕉（*Ensete ventricosum*）、落花生、小麦、豆和辣椒；而大农场主要种植面向市场的经济作物（如柑橘、洋葱、玉米和香料）。此外，人们在大量未耕种的土地上定居、狩猎、采集野生植物、养蜂、放牧、砍伐薪柴、烧炭和种植小林地。

干旱、移民、定居和土地所有政策的变化，以及锥虫病日益严重，这些因素的共同作用导致了土地利用和土地覆盖的迅速改变（Reid 等，2000b；Reid，Thornton 和 Kruska，2001）。每种因素都以各自的形式影响着土地利用和覆盖。在防控前，锥虫病的严重蔓延使得家畜大量死亡，农民因无法有效犁地，耕地面积缩减了 25%。控制采采蝇对土地利用变化的作用相对滞后，在土地利用的影响方面有将近 5 年的延迟，尽管它对家畜健康和数量的影响是立竿见影的。土地利用变化是双向的且速度不同，在同一地区土地利用变化速度增强和削弱共存，有时缓慢、有时迅速（Conelly，1994；Snyder，1996）。

土地利用的这些变化导致了生态属性和山谷地区生态系统结构的深刻变化（Reid 等，2000b）。土地利用的扩张使得大片林地沦为耕地，木材匮乏。随着人口的增长，有医药价值的植物变得更加罕见，大量食草放牧动物死亡。山谷的生物多样性绝大部分被限制在狭窄的沿河林地地带。成功控制采采蝇后，这些丰茂的林地开始被农民砍伐后利用（Reid 等，1997；Wilson 等，1997）。

六、非洲东部放牧系统研究的现状

（一）草地管理

非洲东部的草地管理制度大致可分为三类：①国家经营的旅游业和牧场；②商业牲畜生产或作物生产；③牧民和农牧民的传统管理。放牧地主要用于养牛，非洲东部的放牧地上有超过 100 万头家畜（Herlocker，1999）。对野生动物肉类的市场需求不断增长，主要是通过商业牧场和筛选来满足。草地管理与家畜和野生动物的利用紧密联系，获取商业利益的开发利用与传统的可持续管理体制间常会发生冲突。以野生动植物为基础的旅游业，对肯尼亚（彩图 2 - 15）和坦桑尼亚（Myers，1972）草原地区政府、个人和社区收益的影响，高于乌干达和埃塞俄比亚。近年来土地私有化和更多家畜的引入，同样改变了人与野生动植物之间的相互影响。

政府发展的项目主要致力于改善放牧地的生产力，并从公共资源中获取更多的畜产品。世界银行支持了多个草地管理项目，涵盖了索马里、肯尼亚、埃塞俄比亚等地区。早期的项目侧重于为满足家畜生产而提高放牧地的生产力，一些项目包括成立处理放牧权和政策的放牧协会。然而由于半国营的组织形式，技术不合适以及对传统系统和人员的错误评估，这些项目并没有取得令人满意的结果。直到最近，才开始重视自然资源综合管理和利益相关者的完全参与，尽管通过公共机构联系当地居民仍存在一些问题（de Haan 和 Gilles，1994）。

由牧民所采用的传统管理系统认识到必须控制使用权，以保护生物多样性并使草地得到恢复。传统的放牧系统能更有效地保证资源的可持续利用和维持草地的良好状态（Pratt 和 Gwynne，1977）。但是，传统系统受到来自不断增长的家畜数量和正在减少的草地的威胁，导致放牧压力增大。埃塞俄比亚奥兰的牧民已经认识到这些问题，他们发现同 30～40 年前的草地相比，草地状况不如以前（Angassa 和 Beyene，2003），放牧地在退化，家畜的产量也在降低。

降水量及其分布的年际变化，加上放牧、火烧及人类活动，导致草地生产力水平的巨大差异（Walker，1993）。草地生态系统的恢复能力很强，在降水充分和限制资源使用时可很好地恢复。放牧条件不仅取决于放牧系统——即放牧时间和频率，同时也取决于放牧强度——在特定时期内放牧动物对草原的累积影响（Holechek 等，1998）。放牧强度与家畜生产力、生态条件的演替趋势、饲草产量、水源状况以及土壤的稳定性密切相关。放牧强度的控制被认为是草地管理的主要手段，灵活的放牧强度对于草地生态系统的健康至关重要。放牧强度是影响放牧地条件的主要因素（彩图 2 - 16），放牧地条件包括草本层、基盖度、枯枝落叶层、相对幼苗数、牧草年龄分布、土壤侵蚀和紧实度等。埃塞俄比亚的一项最新研究表明，中轻度放牧的非洲东部大裂谷地区的放牧地条件，优于重度放牧的公共用地（Sisay 和 Baars，2002）。在塞伦盖蒂和马赛马拉，多数地区的放牧可增加净初级生产力，中等放牧强度下的增幅最高，高度、轻度放牧时减少。这种增产作用也取决于放牧时土壤的水分状况（McNaughton，1985）。

文献中有许多管理对物种组成及其多样性影响的例子（Herlocker，1999）。在对埃塞俄比亚南部草地的研究中，就盖度和生产力而言，多年生牧草对放牧的适应性反应相对较强，连续放牧促进了对家畜放牧价值低的非禾本科牧草的生长（Coppock，1994）。放牧会影响草地的物种多样性和丰富度（Oba，Vetaas 和 Stenseth，2001）。在肯尼亚北部干旱放牧地中的未放牧区域，研究发现中等生物产量最有利于保护植物种的丰富性，并且物种丰富度随生物量的增加而降低。尽管由于环境因素会产生季节性波动，但通过控制和管理放牧压力仍然可以达到中等生物量水平。在坦桑尼亚的塞伦盖蒂平原，停止放牧使无性繁殖的高草成为优势种，而有性繁殖的矮草消失（Belsky，1986）。这表明尽管在中等放牧强度下物种的数量非常丰富，但当未放牧的牧场开始放牧时，一些物种还是会消失。也就是尽管在中等放牧强度时物种较丰富，但放牧也可能给那些对放牧敏感的稀有植物种带来消极影响。

（二）荒漠化：受气候或过度放牧的影响

放牧系统研究中最具争论的是关于放牧地过度放牧、荒漠化和退化的存在与

程度，特别是在非洲①。全球旱地基况评估指出大量地表在退化（GLASOD，
1990），并且家畜是造成全球荒漠化的最主要原因之一（Mabbutt，1984）。分析
指出，非洲草原的退化比亚洲或拉丁美洲高出50％以上。然而，也有分析显示，
非洲只有3％～19％的地区的家畜数量超出干旱或半干旱草原的理论载畜量②
（Ellis等，1999）。此外，关于生产力下降也没有支持证据，根据监测，在超过
16年的时间里，萨赫勒地区的植物水分利用率没有发生变化，这就表明，影响
撒哈拉沙漠范围扩大的主要原因是干旱，而不是放牧（Tucker，Dregne和New-
comb，1991；Nicholson，Tucker和Ba，1998）。

　　然而，这些广泛的评估只具有相关性，不能严格评估其因果关系，且不能估
测不同原因的相关影响。当然，在本地范围内，在城镇周围、供水点以及沿着家
畜活动的路线，家畜产生持续而明显的影响（例如，Georgiadis，1987；Hier-
naux，1996）。有两类证据更具意义，但不容易获得：一类是在地表范围上的遥
感研究，在干旱及非干旱期间跟踪土地退化或荒漠化的程度；二是对放牧地进行
长期的试验和观察研究，评估干旱、家畜及其他原因对生态系统的相对影响。在
非洲，大多数关于土地退化和荒漠化的研究都集中在荒漠草原，这些研究从20
世纪70年代第一次干旱时就已经开始。一些基于高分辨率的卫星数据和野外测
定数据的景观尺度的研究，也已经在非洲的不同地区开始进行，并且证实了塞内
加尔费尔洛河（Diouf和Lambin，2001）及肯尼亚图尔卡纳等地区域尺度上存
在草地退化，受影响严重的面积仅占这些地区的5％（Reid和Ellis，1995）。土
地退化和荒漠化问题的研究历史很长，其重要性在Lindqvist和Tengberg
（1993）于布基纳法索的研究，以及后来的Rasmussen，Fog和Madsen（2001）
的研究中都得以证实。第一批科学家研究了布基纳法索北部三个地点木本植被的
覆盖度（1955—1989）。他们发现在19世纪60年代末间发生第一次干旱时木本
植物严重减少，当时大面积地区变成了荒地。尽管1985年降水开始增加，但是
直到1989年，这些科学家也没发现植物复苏的证据。Rasmussen，Fog和Mads-
en（2001）再次回到该地区，又增加了10年的卫星数据，他们发现卫星的反射
率减少，判断在1986—1996年期间植物的覆盖率增加，野外考察也证实了这一
发现，从而显示在干旱过后植物的恢复迹象。对当地人的寻访也表明从20世纪

①　对荒漠化、过度放牧和退化的定义是有争议的。我们这里使用的荒漠化术语引用了全球评估中所
使用的概念（GLASOD，1990）。这里的退化是指生态系统状态或功能不可能修复的一种变化。我们赞同
de Queiroz（1993）对退化的定义，它是相对于人类管理目标而言的，是相对的，例如，从草原到未开垦
森林带的变化对于养牛者来说就是退化，而从碳汇方面讲是碳的沉积。我们提出了一系列量化指标用于评
估一块特定土地的状况，土地管理者要评估这些指标是否适用于自己管理辖区内的不同土地状况。我们所
定义的过牧是指导致草地物种组成或功能暂时或永久性变化的家畜放牧水平。

②　当19％、15％、3％和8.5％的地区年降水量分别为0～200毫米、200～400毫米、400～600毫
米和600～800毫米时，此地区的年降水量就超过了它的承载能力。

70 年代末开始，再生草本植被的物种组成发生了显著变化。过度放牧导致的土地退化主要发生在重要水源地附近，而在整个景观范围内这仅占很小的一部分。Schlesinger 和 Gramenopoulos（1996）在苏丹西部也用木本植物覆盖率作为荒漠化的指标，但是其研究地点在 1943—1994 年间没有人为利用。他们分析了这一地区的系列航片和卫星图片，在研究阶段没有发现木本植物有明显减少，尽管在那一时期也发生了几次干旱。因此，至少在这一地区，撒哈拉沙漠并没有扩张，所以干旱对于木本植物几乎没有影响。在苏丹的另一地区，家畜集中在水源地附近，且定居也导致了这一地区植被覆盖度减少和快速侵蚀（Ayoub，1998）。与此相比，其他人则发现在干旱地区放牧定居点附近，过度放牧对木本植被和生物多样性的影响较小，其影响仅限于定居点周围（Sullivan，1999）。在重度放牧地区，木本植物会代替适口性好的禾草，其主要原因来自放牧压力而非气候原因（Skarpe，1990；Perkins，1991）。

在牧场或田间水平上，影响更加复杂。一般家畜放牧、采食牧草和践踏导致植被损失，并与野生动物竞争。有时在持续高强度利用后会使土壤发生变化，其变化取决于降水水平及变化的程度（Ellis 和 Swift，1988）。在埃塞俄比亚南部地区降水较丰富和可靠，可支持多年生植被（平衡放牧系统），某个季节的放牧影响会降低下一个季节的植被覆盖和产量（Coppock，1994）。在多年生禾草生产的边缘地区，重度放牧、再加上干旱，会减少植被覆盖和产量，甚至在后继湿润的年份，轻度放牧地区完全恢复后，植被覆盖和产量仍然较低（de Queiroz，1993）。在那些低地和降水不规律的系统里（非平衡系统），重牧对随后季节的产量可能产生剧烈影响（Milchunas 和 Laurenroth，1993）或不影响（Hiernaux，1996）。重度放牧会改变一年生草地植被的物种组成，在禁止放牧的保护区内，物种较多而在重度放牧区内物种较少（Hiernaux，1998）。

在不同空间和时间尺度上，对影响土地退化和沙漠化的生物物理学、社会经济学、公共机构和政策因素之间的干扰及阈值的属性仍然缺乏了解。最近，由 FAO 执行了一项关于旱地退化评价（LADA 项目）的倡议，适应在弹性范围内进行旱地精确评估的需求，加强了对退化土地保护计划和投资的支持，以改善社会经济生活，保护旱地生态系统及其特有的生物多样性（见 http：//www.fao.org/ag/agl/agll/lada/home.stm）。除发展了一套研究土地退化在系列时空范围内对生态系统、水源、江河流域及旱地碳蓄积的属性、范围、剧烈程度和影响评估的定量工具和方法外，该项目还致力于开发国家、地区及全球范围的评估能力，使减缓土地退化并建立可持续的土地使用及管理实践的设计和计划得以实施（Nachtergaele，2002）。

在美国国际开发署的全球家畜合作研究支持项目（CRSP）中，由得克萨斯农工大学（A&M 大学）研究开发的另外一个有用的家畜评估工具，可以增强早期预警系统以发现家畜状况的变化（Corbett 等，1998）。家畜早期预警系统融入了先进的作物和放牧模型，建立在对天气、植被、再生潜力、土壤以及气候动力学的观察实验基础上，采用近红外光谱（NIRS）进行粪便分析，以检测自由放牧家畜采食的变化。这些变化与植被模式的改变相关，可以在牧民发现草原基况和家畜发生变化之前的6～8周，预测到干旱和家畜饲料的短缺。这让他们可以及时采用季节性牲畜迁移的方式，为即将到来的饲料缺乏和营养危机做好准备，同时也可以避免草原的过度放牧。

七、牧区生态系统如何应对家畜和人类利用的变化

（一）过度放牧

前一节中讨论了放牧影响，在此不再进一步探讨，但放牧无疑是影响放牧系统变化的主要动力之一。

（二）家畜和野生动物之间的竞争

在非洲东部，家畜确实会与一些野生动物竞争饲料，但这种情况会因降水量而有所不同。在干旱的肯尼亚北部，野生动物似乎完全避开了重度放牧地区（De Leeuw 等，2001），但肯尼亚南部的半干旱草原，野生动物与家畜往往混杂（Waweru 和 Reid，未发表数据）。

家畜会采食掉大部分定居点附近草场的饲草，因此野生动物可能会避免靠近定居点附近。在肯尼亚北部，桑布鲁牧区定居点周围，格雷维斑马白天到远离定居点的地方吃草，但夜间它们会接近定居点（Williams，1998）。桑布鲁沿河岸地区牧民建立了定居点，在离河床不远处打井。在夜间家畜被关进畜栏之后，斑马就下到河床饮水直到第二天早晨才离去。在夜间它们也可以接近定居点从而更好地避免天敌的偷袭和保护自己。

在马赛马拉禁猎区周围的牧场，野生动物不会很接近定居点，而在离居民区中等距离的地方聚集（Reid 等，2001）。野生动物也可集中在定居点附近以利用适度放牧的草原，在那里它们能获得非常高的能量和营养。为保护自己不受天敌攻击，它们也可能在很接近定居点的地方采食。在那些定居历史长的地区往往建立定居点，同时保存了许多过去的遗迹，这些地方旧畜栏下的土壤肥沃，可以持续利用一个世纪或更久（Muchiru，Western 和 Reid）。

（三）草原火烧制度的变化

家畜牧放和草原火烧频率降低会强烈影响草地系统的植被状况。当野生动物和家畜系统并列时，常常导致两种不同的植被状况：如果存在大象和火，野生动物系统的植被仍属于草原植被（Dublin，1995），而邻近的家畜放牧系统中树木更多（Western，1989）。传统的草原火烧对食草动物来说是保持草地基况的一

个重要手段，但可能会减少这些生态系统的碳贮量。

（四）草原破碎化及野生动物栖息地的丧失

在草原上建围栏以防止疾病的传播，或防止野生动物在围栏放牧地觅食时，草原就会出现破碎化。破碎化的草原能防止家畜和野生动物到达一些草场，被围起的部分通常都有重要资源，如沼泽和河流。我们并不完全清楚这对野生动物的影响，但我们却可以预测其数量规模和生存能力的下降。最终，草原破碎化会使一些物种在该地区完全灭绝。

（五）耕地和人类定居面积扩大的影响

最近的证据表明，开垦对放牧生态系统植被、野生动物和土壤的影响远远大于家畜放牧。当农民把放牧地转换成农田，耕地的扩张使草原的地形破碎化（Hiernaux，2000）。对作物种植引起的土地退化已有记录（Niamir-Fuller，1999），但比较家畜利用和种植作物对土地的影响（或任何其他土地利用形式）的报道却很少。在过去的 20 年中，肯尼亚马拉生态系统的部分地区，将热带稀树草原改造成农田，加上偷猎和旱灾，已造成超过 60％的原有野生动物种群消失（Ottichilo 等，2000；Homewood 等，2001；Serneels，Said 和 Lambin，2001）。

在非耕作地区，家畜-野生动物复合系统可能比单一野生动物或家畜系统具有更高的生产力（Western，1989）。这些混合系统，在保持适度放牧水平，加上火烧草地，比单一家畜或单一野生动物系统更能维持较高的动植物生物多样性，这类似于在牧民和家畜经常光顾的野生动物保护区的边缘，植物的多样性也会增加（Western 和 Gichohi，1993）。此外，假设当家畜种群的规模或迁徙适度时，畜牧业可通过保护生物多样性、固碳、土壤持水能力、土壤肥力和集水区等形式，产生显著的全球效益。

Reid 等（2000a）和 Thornton 等（2002）对未来半个世纪中，种植面积扩大对放牧系统影响的评估是建立在对 2050 年人口增长和气候变化的推测的基础上的。令人惊讶的是，这些变化可能带来种植面积扩大 4％的绝对增长，或 55％的相对增长（彩图 2-17 和彩图 2-18）。大部分的变化可能会发生在目前降水量最大的耕地边缘。因此预计牧区未来将进一步缩小，牧区人民要么继续实行农牧业生产，要么被限制在越来越干旱的土地上。

（六）固碳

还不清楚当前非洲东部草原的变化（土地利用的变化，过度放牧，破碎化）对碳的净释放量或是净积累量的影响。耕地扩张至草原可能会显著降低地下碳量，但如果农民种植大量的树木（成功与否取决于降水量），可能会增加地上的碳含量。如果过度放牧使草原转变为灌木丛，那么地面碳将会增加，但对于地下碳的影响目前还无从知晓。此外，放牧地是一个重要的碳库（IPCC，2000），但对其固碳的潜力目前尚不清楚。

（七）灌木入侵

尽管很难理清气候对放牧效果的作用，但一些尝试表明，放牧可促使草原系统转变为灌木丛（Archer，Scimel 和 Holland，1995）。与在非洲南部所观察到的相似，非洲东部重度放牧使草原转变为灌木丛（Ringrose，1990）。有时这种转变会形成单一持续的木本物种，这样会大大降低生物多样性（Queiroz，1993）。

（八）草地恢复

草地恢复通常通过使用围栏限制家畜出入，使植被得以恢复。天然物种通过土壤种子库或植物传播的方式重新生长。Grime（1979）认识到不同类型植物再生策略的多样性，基于不同的扰动、植被覆盖和管理，他同时提出了植被演替的动态模型。植物扩张与未受扰动的生境相关，在这样的生境中很少有种子繁殖，主要为依靠根茎和匍匐茎繁殖的多年生禾草。季节性繁殖更新的间隙是来自大量播种后种子的同步发芽，持续的种子库和风传播的种子形成的繁殖更新与难以预测的空间扰动相关。木本物种也有持续的种子和实生苗库，但补充的机会不大。扰动改变生态系统过程，并可能改变系统的平衡性（Chapin，2003）。扰动通常可以使原生群落物种再建植，并在数年内恢复到原有的物种组成（Belsky，1986）。通过定植和伴随扰动后引入的新物种，可能会导致系统发生变化，植被特征可能是预测全球变化结果的重要指标（Chapin，2003）。

由于没有与当地群众协商，缺乏他们的参与，并且不了解其风俗习惯和需要改变的传统制度和观念，以往许多尝试恢复草地的努力都没有成功。在埃塞俄比亚南部的放牧地，对许多技术干预措施已经进行了测试，但其效果欠佳，这与策划者对社会价值观，及其对放牧生产原理不切实际的判断有很大关系（Coppock，1994）。群众参与退化草原恢复是促进目前计划成功的重要步骤，在肯尼亚桑布鲁地区，建立在对当地知识和传统的认识上、并与当地人充分合作、解决当地问题的一个系统，取得了一定的成功（Herlocker，1999）。

通过植树造林、建植草地和灌丛恢复，为碳固定提供了机会。这一点尤其重要，因为广阔的放牧地能固定大量碳。草原碳含量仅次于热带森林，但与热带雨林中的地表碳不同，草原大部分碳是在看不见的地下（IPCC，2000）。放牧地不良利用可造成的土壤碳损失高达50％，因此草地恢复所带来的潜在收益是非常可观的（Cole 等，1989；IPCC，2000；Reid 等，2003）。

在肯尼亚尝试使用32个不同的草种进行补播，但成效甚微（Bogdan 和 Pratt，1967），只是在坦桑尼亚赛伦盖蒂大草原，发现扰动伴随后来植物的定植和繁殖更新，植被恢复取得了成功（Belsky，1986）。在肯尼亚，成功的改良方法包括为生态系统选择适宜的草种、优质的种子、整体土地管理政策和补播、充足的种子储备、适宜的降水和开始建植时充足的休牧时间等（Bogdan 和 Pratt，1967）。在肯尼亚南部草原，用从天然草地上收集的种子很难建植*Chloris roxburghiana*（虎尾草属）草原（Mnene，Wandera 和 Lebbie，2000 年）。虽然有机会引入更多的高产外来物种进入系统，但外毒物种往往不如本地种那样更能适应当地的环境，不能很好地建植生长。Mnene 的研究表明，与同一地区种群中采集的种子相比，来自不同地区不同生态型的同一物种的种子，其建植效果同样很差。

在非洲东部，补播种子的供应是一个主要制约因素，且大多数物种不得不从野外收集（Bogdan 和 Pratt，1967），在过去 30 年里这一状况改变甚微。多数牧区的成功恢复是通过自然手段完成的，如风播，但也有一些项目正在收集自然状态的种子供再植利用。肯尼亚种子公司的可用品种数量有限，有无芒虎尾草、狗尾草、有色几内亚草（*Panicum coloratum*，黍属）和信号草（*Urochloa decumbens*，尾稃草属）等。这些牧草都可用于放牧地的建植，但如 Herlocker（1999）所说的，除苞茅属（*Hyparrhenia*）高草区的恢复外很少使用。在其他地区，这些草也是自然生态系统的重要组成部分。这些牧草具有良好的适口性和较高的营养价值，所以也可用于牧场改良，但由于降水量少和物种间的竞争，以及在建植阶段的放牧，使成功建植很困难（Bogdan 和 Pratt，1967）。

八、牧区土地开发和研究的重点

（一）历史状况

20 世纪 70 年代末，以家畜为主体的生产系统的集约化发展非常缓慢，世界银行撤回 98％的牧区研发资金（de Haan，1999）。尽管事实是在这些地区栽培作物经常失败，且持久性差，却依然存在实现集约化生产的期望（Niamir-Fuller，1999）。在高生产潜力土地上的成功使得决策者认为这也适用于牧场，这主要是因为大多数决策者都是在湿润地区接受训练，而对广阔的草原没有专业认识（Horowitz 和 Little，1987）。也许是"集约化模式"不适合放牧，生产的成功和持续性取决于粗放化，而不是集约化，且需要保持生产的灵活性和机动性（Sandford，1983；Scoones，1995）。

此外，最近的重新评价已经认识到，畜牧生产不是放牧地的唯一价值。在一定程度上，重点是改善放牧地家畜的环境和保持生态系统的健康稳定（de Haan，1999；Niamir-Fuller，1999）。一种新的共识，放牧比其他土地利用形式更有利于维持草原的整体性。

（二）随需求变化而快速变化的系统

非洲东部的放牧系统正在迅速发展，其促进因素有政策的变化、干旱、移民和人口压力等。研究和发展工作需要认识到这种变化和发展的途径，以了解和减轻这些变化带来的影响。

（三）关注人类福利、维护环境产品和服务价值

如果排除主要的限制因素，牧民们可以在非洲东部放牧生态系统中获得更有生产价值的家畜畜种。在此之前，应该把重点放在牧民生计的多样性和维持放牧地的生态产品和服务上，而不是简单地增加产量（de Haan，1999）。在牧区，植物产品、生态旅游和野生动物旅游等是增加收入的很好的替代方法（de Haan，1999）。一些迹象表明，在今后 10 年，发达国家的牧区生态旅游业收入将超过畜产品生产的收入（de Haan，1999）。类似《京都议定书》的环保发展计划也许最终可能给牧民带来持续的生态服务价值，且具有全球效益。

（四）更加重视为牧民提供高质量的信息

回顾近年来在牧区发展中强调大量技术介入草地生态系统及其可能导致的失败，Blench（2000）指出，目前最好的方法就是为牧民提供更多有用的信息，问一问，"如果他们获得了更多更好的有益信息，他们会怎么做？"由于牧民常常迁移，与国家经济体系失去联系，使他们成为最后才得到信息的人群，特别是高科技信息。

（五）恢复对主要资源的放牧使用权，提高灵活性和机动性，确保安全

非洲东部的许多地区，畜牧业是唯一能将太阳能转为食物的方式。在这些系统中，在新政策和管理实践上可以借鉴 Stephen Sandord（1983）的智慧：对于降低放牧脆弱性，实行不同饲草资源的区分管理是非常重要的。这就意味着，保持放牧管理策略的灵活性和机动性仍然非常重要。非洲东部存在的另一个问题就是安全——在有战争冲突的地方，改善放牧生计非常困难。财产和收入的多样化、信息和外部资源获取的改善也非常有利。风险管理的改进将促使牧民们采取行动，以减少财产、收入或其他福利方面的损失（Little 等，2001）。

（六）非洲东部放牧系统如何运行的知识盲点

我们以许多仍未找到答案或部分得到解答的问题结束本章，但在研究非洲东部草原中时又必须完全了解几个问题。非洲东部有多少牧民？与农牧系统中的农民相比牧民有多穷？什么证据可表明非洲东部的草原在退化（Niamir-Fuller，1999）？降水的重要性和可变性是否对改变放牧生态系统的驱动力产生了影响？非洲东部放牧系统的扩张是如何影响生态系统的产品和服务的？这些系统中不同的土地利用方式及其变化，其生态和经济成本及效益如何？放牧系统中的土地利用实践（耕作适宜性、放弃游牧、永久定居、景观破碎化）如何影响放牧生态系

统中营养、植被、生物多样性和景观的分布？土地使用权和经济政策的改变，如何影响放牧生态系统的结构和功能？牧区生态系统的改变如何影响家庭收入和营养供给？非洲东部的放牧生态系统为全球生态系统提供的经济、社会和生态价值是什么（Homewood，1993；Niamir-Fuller，1999）？什么是最可靠和最广泛的生态系统变化对比指标（如微生物、土壤结皮）？什么力量有助于提高或维持牧区生态系统和家畜的复杂性，以及什么降低了复杂性？在已经重度利用的放牧系统中，我们如何建立生态系统和生计变化的基准？

（七）改善这些系统的知识盲点

在非洲东部除了家畜和野生动物系统外，还有哪些系统可改善生物多样性和营养循环？哪些机构最有效地促进了土地利用的灵活性和机动性，什么政策能够加强这些机构的职能（de Haan，1999）？对于牧民和决策者什么样的信息最有用，什么样的形式更容易被接受？什么类型的激励机制促进了粗放化，而不是集约化的放牧系统？牧民在保护环境和生态服务造福全球时，怎样才能得到补偿？碳交易能在牧区运作么？牧民如何利用全球性公约和资助［联合国防治荒漠化公约（CCD），以及全球环境基金（GEF）］？如何将畜牧业与作物种植更好地结合？非洲东部如何进行联合保护（整合牧区生产和生物多样性保护）才能取得最大成功？

参 考 文 献

Amadi. R. 1997. Land tenure in the IGAD area-what next? The IGAD experience. *in*：Sub-regional workshop on land tenure issues in natural resources management in the Anglophone East Africa with a focus on the IGAD region. Sahara and Sahel Observatory/United Nations Economic Commission for Africa（OSS/UNECA）.

Angassa. A. & Beyene, F. 2003. Current range conditions in southern Ethiopia in relation to traditional management strategies：The perception of Borana pastoralists，*Tropical Grasslands*. 37：53-59.

Archer. S. , Schimel, D. S. & Holland, E. A. 1995. Mechanism of shrubland expansion：land use，climate or CO_2. *Climatic Change*. 29：91-99.

Ayoub, A. T. 1998. Extent，severity and causative factors of land degradation in the Sudan. *Journal of Arid Environments*，38：397-409.

Belsky, A. J. 1986. Revegetation of artificial disturbances in grasslands of the Serengeti National Park，Tanzania. II. Five years of successional change. *Journal of Ecology*，74：937-951.

Blench, R. 2000. '*You can't go home again.*' Extensive pastoral livestock systems：issues and options for the future. ODI/FAO，London，UK.

Bogdan, A. V. & Pratt, D. J. 1967. Reseeding denuded pastoral land in Kenya. Kenya Ministry of Agriculture and Animal Husbandry, Nairobi, Kenya.

Boonman, J. G. 1993. *East Africa's grasses and fodders: Their ecology and husbandry*. Dordrecht, The Netherlands: Kluwer Academic Publishers.

Boonman, J. G. 1997. Farmer's success with tropical grasses: Crop-pasture rotations in mixed farming in East Africa. Ministry of Foreign Affairs, The Hague, The Netherlands.

Bourn, D. , Reid, R. , Rogers, D. , Snow. B. & Wint, W. 2001. Environmental change and the autonomous control of tsetse and trypanosomosis in sub-Saharan Africa. Environmental Research Group Oxford Ltd. , Oxford, UK.

Box, T. W. 1968. Range resources of Somalia. *Journal of Range Management.* 21: 388 – 392.

Brockington, D. 2002. *Fortress Conservation: The Preservation of the Mkomazi Game Reserve, Tanzania.* Oxford, UK: James Currey.

Busingye, H. 2002. Customary land tenure reform in Uganda: Lessons for South Africa. in: International Symposium on Communal Tenure Reform, Johannesburg, South Africa, 12 – 13 August 2002.

Campbell, D. J. , Gichohi. H. , Mwangi. A. & Chege, L. 2000. Land use conflicts in S. E. Kajiado District. Kenya. *Land Use Policy*, 17: 338 – 348.

CAST [Council for Agricultural Science and Technology] . 1999. Animal agriculture and global food supply. Task force report 135. Council for Agricultural Science and Technology, USA. 92p.

Chapin, F. S. 2003. Effects of plant traits on ecosystem and regional processes: a conceptual framework for predicting the consequences of global change. *Annals of Botany*, 91: 455 – 463.

Cole, C. V. , Stewart, J. W. B. , Ojima, D. S. , Parton, W. J. & Schimel, D. S. 1989. Modeling land use effects on soil organic matter dynamics in the North America Great Plains. pp. 89 – 98, in: L. Bergstrom (ed) . *Ecology of Arable Land-Perspectives and Challenges: Developments in Plant and Soil Sciences.* Dordrecht, The Netherlands: Kluwer Academic Publishers.

Conelly, W. T. 1994. Population pressure, labour availability and agricultural disintensification: The decline of farming on Rusinga Island, Kenya. *Human Ecology*, 22: 145 – 170.

Coppock, D. L. 1994. The Borana plateau of southern Ethiopia: Synthesis of pastoral research. development and change, 1980 – 91. International Livestock Centre for Africa, Addis Ababa. Ethiopia.

Corbett, J. D. , Stuth. J. , Dyke, P. & Jama, A. 1998. New tools for the characterization of agricultural (crop and livestock) environments: the identification of pastoral ecosystems as a preliminary structure for use in sample site identification. Presented at National Workshop on Early Warning System for Monitoring Livestock Nutrition and Health. Addis Ababa, Ethiopia, 4 February 1998. Sponsored by the Small Ruminant Collaborative Research Support Program (SR-GL/CRSP) in collaboration with the Ethiopian Agricultural Research Organization (EARO) .

Davis, S. D. , Heywood, V. & Hamilton, A. (eds) . 1994. *Centres of plant diversity. A guide and strategy for their conservation. Volume* 1. *Europe and Africa.* Cambridge, UK: IUCN.

de Haan, C. 1999. Future challenges to international funding agencies in pastoral development : an overview. pp. 153 – 155, in: D. Eldridge and D. Freudenberger (eds) . *Proceedings of the*

6th International Rangeland Congress, Townsville, Australia, 17 - 23 July 1999.

de Haan, C. & Gilles, J. L. 1994. An overview of the World Bank's involvement in pastoral development. Recent trends in World Bank pastoral development projects: A review of 13 bank projects in light of the "New Pastoral Ecology". Overseas Development Institute (ODI), London. UK.

de Haan, C. , Steinfeld. H. & Blackburn. H. 1997. *Livestock and the environment: Finding a balance*. FAO, Rome, Italy. 115p.

de Leeuw, J. , Waweru, M. N. , Okello, O. O. , Maloba, M. , Nguru, P. , Said, M. Y. , Aligula, H. M. , Heitkonig, I. M. & Reid, R. S. 2001. Distribution and diversity of wildlife in northern Kenya in relation to livestock and permanent water points. *Biological Conservation*. 100: 297 - 306.

Delgado, C. , Rosegrant, M. , Steinfeld, H. , Ehui, S. & Courbois, C. 1999. Livestock to 2020: The next food revolution. *Food, Agriculture and the Environment Discussion Paper*. No. 28. International Food Policy Research Institute (IFPRI), Food and Agriculture Organization of the United Nations (FAO) and the International Livestock Research Institute (ILRI). Washington, D. C. 72pp.

de Queiroz, J. S. 1993. Range degradation in Botswana. *Pastoral Development Network Paper*, No. 35b. Overseas Development Institute (ODI), London. UK.

de Waal, A. 1996. Class and power in a stateless Somalia. A Discussion Paper. Published on the Justice Africa Web site. See: http: //www. justiceafrica. org/classomaoia html.

Deichmann, U. 1996. *Africa Population Database*. 3rd version. University of California, Santa Barbara. California, USA, as a cooperative activity between National Center for Geographic Information and Analysis (NCGIA), Consultative Group on International Agricultural Research (CGIAR), United Nations Environment Programme/Global Resource Information Database (UNEP/GRID) and World Resources Institute (WRI) .

Diouf, A. & Lambin, E. F. 2001. Monitoring land-cover changes in semi—arid regions: remote sensing data and field observations in the Ferlo, Senegal. *Climate Research*. 17: 195 - 208.

Dougall. H. W. 1960. Average nutritive values of Kenya feeding stuffs for ruminants. *East Africa Agriculture and Forestry Journal*, 26: 119 - 128.

Dublin, H. T. 1995. Vegetation dynamics in the Serengeti-Mara ecosystem : the role of elephants. fire and other factors. pp. 71 - 90*in*: A. R. E. Sinclair and P. Arcese (eds) . *Serengeti II: Dynamics. Management and Conservation of an Ecosystem. Chicago, Illinois*, USA : University of Chicago Press.

EEA/EEPRI [Ethiopian Economic Association/Ethiopian Economic Policy Research Institute]. 2002. A research report on land tenure and agricultural development in Ethiopia. Addis Ababa, Ethiopia: United Printers, for Ethiopian Economic Association/Ethiopian Economic Policy Research Institute.

EC [European Commission] . 2000. EU Food aid and food security programme Towards recipient country ownership of food security. Bi-annual report 1998 - 9. ECSC-EEC-EAEC. Brussels,

Belgium. 41p

Ellis, J. , Reid. R. S. , Thornton. P. K. & Kruska, R. 1999. Population growth and land use change among pastoral people: local processes and continental patterns. Poster. pp. 168 – 169. in: D. Eldridge and D. Freudenberger (eds) .*Proceedings of the 6*[th] *International Rangeland Congress*, Townsville, Australia. 17 – 23 July 1999.

Ellis. J. & Swift. D. M. 1988. Stability of African pastoral ecosystems : Alternative paradigms and implications for development. Journal of Range Management, 41: 450 – 459.

FAO. 1978. Reports of the agro-ecological zones project. *FAO World Soils Resources Reports*. No. 48.

FAO. 2000. The elimination of food insecurity in the Horn of Africa. A strategy for concerted government and UN agency action. Summary report of the Inter-agency Task Force on the UN Response to Longterm Food Security, Agricultural Development and Related Aspects in the Horn of Africa. FAO, Rome, Italy. 13 p. See: http: //www. gm-unccd. org/FIELD/Multi/FAO/FAO9. pdf

Fischer. G. , Velthuizen, A. & Nachtergaele, F. O. 2000. Global agro-ecological zones assessment: methodology and results. Interim report. International Institute for Applied Systems Analysis (IIASA), Laxenburg. Austria.

Fisher, M. J. & Kerridge, P. C. 1996. The agronomy and physiology of Brachiaria species. pp. 43 – 52. *in*: J. W. Miles, B. L. Maass and C. B. do Valle (eds) . Brachiaria: *Biology. Agronomy and Improvement*. CIAT, Cali, Colombia.

FSAU [Food Security Assessment Unit Somalia] . 2003. *Annual Post Gu* 2003 *Food Security Outlook*. Food Security Assessment Unit Somalia, Nairobi, Kenya. 28 p. See: http: //www. unsomalia. net/unsoma/FSAU/FOCUS. htm.

Galaty, J. G. 1994. Rangeland tenure and pastoralism in Africa. pp. 185 – 204, in: E. Fratkin, K. A. Galvin and E. A. Roth (eds) .*African Pastoralist Systems: An Integrated Approach*. *Boulder, Colorado*, USA : Lynne Reiner Publishers.

Georgiadis, N. J. 1987. Responses of savanna grasslands to extreme use by pastoralist livestock. PhD Thesis. Syracuse University, NY. USA.

GLASOD. 1990. *Global Assessment of Soil Degradation*. International Soil Reference and Information Centre. Wageningen. The Netherlands. and United Nations Environment Programme. Nairobi. Kenya.

Grime, J. P. 1979. *Plant strategies and vegetation processes*. New York. NY. USA : Wiley.

Hardin, G. 1968. The tragedy of the commons. *Science*, 162: 1243 – 1248.

Herlocker, D. (ed) . 1999. *Rangeland ecology and resource development in Eastern Africa*. GTZ, Nairobi, Kenya.

Herren, U. J. 1990. The commercial sale of camel milk from pastoral herds in the Mogadishu hinterland. Somalia. *ODI Pastoral Development Network*, Paper 30a. Overseas Development Institute (ODI), London, UK.

Hiernaux, P. 1996. The crisis of Sahelian pastoralism: ecological or economic? *Pastoral Devel-*

opment Network Paper, No. 39a. Overseas Development Institute (ODI), London, UK.

Hiernaux. P. 1998. Effects of grazing on plant species composition and spatial distribution in rangelands of the Sahel. *Plant Ecology*, 138: 191 - 202.

Hiernaux, P. 2000. Implications of the "new rangeland paradigm" for natural resource management. pp. 113 - 142. in: H. Adriansen. A. Reenberg and I. Nielsen (eds) . *The Sahel. Energy Supply, Economic pillars of Rural Sahelian Communities, Need for Revised Development Strategies*. Proceedings from the 12th Danish Sahel Workshop, 3 - 5 January 2000. SEREIN [*Sahel-Sudan Environmental Research Initiative*] *Occasional Papers*, No. 11. 212p.

Hodgson, D. L. 2000. Pastoralism, patriarchy and history among Maasai in Tanganyika, 1890 - 1940. pp. 97 - 120, in: D. L. Hodgson (ed) . *Rethinking pastoralism in Africa.* Oxford, UK: James Currey Publ. , and Athens, Ohio. USA : Ohio University Press.

Holden, S. J. & Coppock, D. L. 1992. Effects of distance to market, season and family wealth on pastoral dairy marketing in Ethiopia. *Journal of Arid Environments*, 23: 321 - 334.

Holechek, J. L. , de Souza Gomes, H. , Molinar. F. &. Galt, D. 1998. Grazing intensity: critique and approach. *Rangelands*, 20: 15 - 18.

Holechek, J. L. , Pieper. R. D. & Herbel, C. H. 1989. *Range management : principles and practices.* New Jersey, USA : Prentice Hall.

Homewood, K. & Brockington, D. 1999. Biodiversity, conservation and development in Mkomazi Game Reserve, Tanzania. *Global Ecology and Biogeography*, 8: 301 - 313.

Homewood, K. , Lambin, E. F. , Coast, E. , Kariuki, A. , Kikula, I. , Kivelia, J. , Said, M. , Serneels, S. & Thompson, M. 2001. Long-term changes in Serengeti-Mara wildebeest and land cover: Pastoralism, population, or policies? *Proceedings of the National Academy of Sciences of the United States of America* , 98: 12544 - 12549.

Homewood, K. M. 1993. Livestock economy and ecology in El Kala, Algeria: Evaluating ecological and economic costs and benefits in pastoralist systems. *Pastoral Development Network Paper*, No. 35a. Overseas Development Institute, London, UK.

Homewood, K. M. & Rodgers, W. A. 1991. *Maasailand Ecology: pastoralist development and wildlife conservation in Ngorongoro, Tanzania.* Cambridge, UK: Cambridge University Press.

Horowitz, M. M. & Little, P. D. 1987. African pastoralism and poverty: some implications for drought and famine. pp. 59 - 82, in: M. Glantz (ed) . *Drought and Famine in Africa: Denying Drought a Future.* Cambridge, UK: Cambridge University Press.

IBPGR [International Board for Plant Genetic Resources] . 1984. *Forage and browse plants for arid and semi-arid Africa.* IBPGR, Rome, Italy.

IEA [Instituto Ecologia Applicata] . 1998. AMD African Mammals Databank-A Databank for the Conservation and Management of the African Mammals Vols 1 and 2. Report to the Directorate-General for Development (DGVIII/A/1) ofthe European Commission. Project No. B7-6200/94-15/VIII/ENV. Instituto Ecologia Applicata, Rome, Italy.

IFAD [International Fund for Agricultural Development] . 1995. Common property resources and the rural poor in sub-Saharan Africa. IFAD, Rome, Italy.

Igoe, J. & Brockington, D. 1999. Pastoral Land Tenure and Community Conservation: A Case Study from North-East Tanzania. Doc. 7385IIED. IIED *Pastoral land tenure series*, No. 11. 103 pp. IIED, London, UK.

IPCC [Intergovernmental Panel on Climate Change]. 2000. *Land use. land-use change and forestry*. Cambridge, UK: Cambridge University Press.

ISO [International Organization for Standardization]. 1996. *Requirements for characterization of excavated soil and other soils materials for re-use*. CD 15176ISO/TC 190/SC 7/ Soil and site assessment/ WG1/N2. rev. 3.

IWMI [International Water Management Institute]. 2001. *World Water and Climate Atlas*. International Water Management Institute, Colombo, Sri Lanka.

Jank, L. , Calixto, S. , Costa, J. C. G. , Savidan, Y. H. & Curvo, J. B. E. 1997. Catalogo de caracterizacao e avaliacao de germoplasma de *Panicum maximum*: descricao morfologica e comportamento agronomico. Centro Nacional de Pesquisa de Gado de Corte, Campo Grande, Brazil.

Jones, P. G. & Thornton, P. K. 2003. The potential impact of climate change on maize production in Africa and Latin America in 2055. *Global Environmental Change*, 13: 51–59.

Jordan, A. M. 1986. *Trypanosomiasis Control and African Rural Development*. London, UK: Longman.

Kruska, R. 2002. GIS database of cattle population density for Africa. International Livestock Research Institute, Nairobi, Kenya.

Lamprey, R. & Waller, R. 1990. The Loita-Mara region in historical times: patterns of subsistence. settlement and ecological change. pp. 16–35, *in*: P. Robertshaw (ed). *Early Pastoralists of South-western Kenya*. British Institute in Eastern Africa, Nairobi, Kenya.

Lawrance Report. 1966. *Report of the Mission on Land Consolidation and Registration in Kenya*, 1965-66. Government Printer, Nairobi.

Lindqvist, S. & Tengberg, A. 1993. New evidence of desertification from case studies in Northern Burkina Faso. *Geografiska Annaler*, 75A: 127–135.

Little, P. D. [2000]. Living in risky environments: the political ecology of pastoralism in East Africa. In: S. Taylor, G. White and E. Fratkin (eds). *African Development in the 21st Century*. Rochester, NY, USA : University of Rochester Press. Forthcoming. See: http://www.cnr.usu.edu/research/crsp/politic-ecol.pdf

Little, P. D. , Smith, K. , Cellarius. , B. A. Coppock, D. L. & Barrett, C. B. 2001. Avoiding disaster: Diversification and risk management among east African herders. *Development and Change*, 32: 401–433.

Loveland, T. R., Reed, B. C., Brown, J. F., Ohlen, D. O., Zhu, Z., Yang, L. & Merchant, J. 2000. Development of global land cover characteristics database and IGBP DISCover from 1-km AVHRR data. *International Journal of Remote Sensing*, 21: 1303–1330.

Lowe, A. J. , Thorpe, W. , Teale, A. & Hanson, J. 2003. Characterisation of germplasm accessions of Napier grass (Pennisetum purpureum and P. purpureum×P. glaucum hybrids) and comparison with farm clones using RAPD. *Genetic Resources and Crop Evolution*, 50: 121 - 132.

Mabbutt. J. A. 1984. A new global assessment of the status and trends of desertification. *Environmental Conservation*, 11: 100 - 113.

Magguran, A. E. 1988. *Ecological diversity and its measurement*. Princeton, New Jersey, USA : Princeton University Press.

Mangubuli, M. J. 1991. Mkomazi Game Reserve - a recovered pearl. Kakakuona, 4: 11 - 13.

McNaughton, S. J. 1976. Serengeti migratory wildebeest: facilitation of energy flow by grazing. Science, 199: 92 - 94.

McNaughton, S. J. 1979. Grassland-herbivore dynamics. pp. 46 - 81, in: A. R. E. Sinclair and M. Norton-Griffiths (eds) . *Serengeti: Dynamics of an Ecosystem*. Chicago, Illinois, USA : University of Chicago Press.

McNaughton, S. J. 1984. Grazing lawns: Animals in herds, plant form and coevolution. *American Naturalist*, 124: 863 - 886.

McNaughton, S. J. 1985. Ecology of a grazing ecosystem : the Serengeti. *Ecological Monographs*, 55: 259 - 294.

Mduma, S. A. R. , Sinclair, A. R. E. & Hilborn, R. 1999. Food regulates the Serengeti wildebeest: a 40-year record. *Journal of Animal Ecology*, 68: 1101 - 1122.

Milchunas, D. G. & Laurenroth, W. K. 1993. Quantitative effects of grazing on vegetation and soils over a global range of environments. *Ecological Monographs*, 63: 327 - 366.

Mkutu, K. 2001. Pastoralism and conflict in the Horn of Africa. Report, Africa Peace Forum and Saferworld. Department of Peace Studies, University of Bradford. 35p.

Mnene, W. N. , Wandera, F. P. & Lebbie, S. H. 2000. Arresting environmental degradation through accelerated on-site soil sedimentation and revegetation using micro-catchment and re-seeding. Paper presented at the 3rd All-Africa Conference on Animal Agriculture, Alexandria, Egypt, 6 - 9 November 2000.

Muchiru, A. N. , Western, D. J. & Reid, R. S. submitted. The role of abandoned Maasai settlements in restructuring savanna herbivore communities, Amboseli, Kenya. *Journal of Applied Ecology*.

Myers, N. 1972. National parks in savanna Africa. *Science*, 78: 1255 - 1263.

Nachtergaele. F. 2002. Land degradation assessment in drylands (LADA project) . *LUCC Newsletter*, No. 8 (Dec. 2002): 15. See: http: //www. indiana. edu/~ act/focus1/LUCC-news8. pdf

Neumann, R. N. 1997. Primitive ideas. Protected area buffer zones and the politics of land in Africa. *Development and Change*, 27: 559 - 582.

Niamir, M. 1991. Traditional African range management techniques: Implications for rangeland management. Overseas Development Institute (ODI), London, UK.

Niamir-Fuller, M. 1999. International aid for rangeland development : trends and challenges. pp. 147 - 152, in: D. Eldridge and D. Freudenberger (eds) . *Proceedings of the 6th In-*

ternational Rangeland Congress, Townsville, Australia, 17 - 23 July 1999.

Nicholson, S. E. , Tucker, C. J. & Ba, M. B. 1998. Desertification, drought and surface vegetation : an example from the West Africa n Sahel. *Bulletin of the American Meteorological Society*, 79: 815 - 830.

Nyongeza, A. 1995. National Land Policy. The Ministry of Lands, Housing and Urban Development, Dar es Salaam. Kenya.

Oba, G. , Vetaas, O. R. & Stenseth, N. C. 2001. Relationships between biomass and plant species richness in arid -zone grazing lands. *Journal of Applied Ecology*, 38: 836 - 845.

Ottichilo, W. K. , de Leeuw, J. , Skidmore, A. K. , Prins, H. H. T. &. Said, M. Y. 2000. Population trends of large non-migratory wild herbivores and livestock in the Masai Mara ecosystem, Kenya, between 1977 and 1997. *African Journal of Ecology*, 38: 202 - 216.

Pantuliano, S. 2002. Sustaining livelihoods across the rural-urban divide: Changes and challenges facing the Beja pastoralists of North Eastern Sudan. International Institute for Environment and Development (IIED), London. UK.

Pengelly, B. C. , Hacker, J. B. & Eagles, D. A. 1992. The classification of a collection of buffel grasses and related species. *Tropical Grasslands*, 26: 1 - 6.

Perkins, J. S. 1991. The impact of borehole-dependent cattle grazing on the environment and society of the eastern Kalahari sandveld, Central District, Botswana. PhD Thesis. University of Sheffield, Sheffield, UK.

Phillips, S. 1995. *Flora of Ethiopia and Eritrea - Poaceae (Gramineae)* . Addis Ababa, Ethiopia, and Uppsala, Sweden: Addis Ababa University, and Science Faculty, Uppsala University.

Pratt, D. J. & Gwynne, M. D. 1977. *Rangeland management and ecology in East Africa*. London, UK: Hodder and Stoughton.

Rasmussen, K. , Fog. B. & Madsen, J. E. 2001. Desertification in reverse? Observations from northern Burkina Faso. *Global Environmental Change*, 11: 271 - 282.

Rattray, J. M. 1960. *The grass cover of Africa*. FAO, Rome, Italy.

Reid, R. S. 1999. Impacts of trypanosomosis on land-use and the environment in Africa: state of our knowledge and future directions. pp. 500 - 514, *in*: OAU。 Nairobi (Kenya). International Scientific Council for Trypanosomiasis Research and Control. Proceedings of the 24th meeting of the International Scientific Council for Trypanosomiasis Research and Control. OAU/STRC Publication, no. 119. Nairobi, Kenya: OAU/STRC.

Reid, R. S. & Ellis, J. E. 1995. Impacts of pastoralists on woodlands in south Turkana, Kenya: livestock-mediated tree recruitment. *Ecological Applications*, 5: 978 - 992.

Reid, R. S. , Thornton P. K. & Kruska, R. L. 2001. Predicting agricultural expansion: livestock disease control and changing landscapes in southwestern Ethiopia. pp. 271 - 290. in: A. Arildsen and D. Kaimowitz (eds) . *Agricultural Technologies and Tropical Deforestation*. Wallingford, UK: CAB International.

Reid, R. S. , Wilson, C. J. , Kruska, R. L. & Mulatu, W. 1997. Impacts of tsetse control and

land-use on vegetative structure and tree species composition in southwestern Ethiopi-
a. *Journal of Applied Ecology*, 34: 731－747.

Reid, R. S. , Kruska, R. L. , Wilson, C. J. & Thornton P. K. 1998. Conservation crises of the
21st century: tension zones among wildlife, people and livestock across Africa in
2050. pp. 353. *in*: A. Farina, J. Kennedy and V. Bossu (eds) . International Congress of Ecol-
ogy. Firma Effe. Reggio Emilia. Italy. 12－16 July. 1998.

Reid, R. S. , Kruska, R. L. , Deichmann, U. , Thornton, P. K. & Leak, S. G. A. 2000a. Human popu-
lation growth and extinction of the tsetse fly. *Agricultural Ecosystems and Environment*, 77:
227－236.

Reid, R. S. , Kruska, R. L. , Muthui, N. , Taye, A. , Wotton, S. , Wilson, C. J. & Mula-
tu. W. (Andualem Taye; Woudyalew Mulatu) . 2000b. Land-use and landcover dynamics in
response to changes in climatic, biological and socio-political forces: the case of southwestern
Ethiopia. *Landscape Ecology*, 15 (4): 339－355.

Reid, R. S. , Rainy. M. E. , Wilson, C. J. , Harris, E. , Kruska, R. L. , Waweru, M. ,
Macmillan. S. A. & Worden, J. S. 2001. *Wildlife cluster around pastoral settlements in Afri-
ca*. 2, PLE Science Series, International Livestock Research Institute, Nairobi. Kenya.

Reid, R. S. , Thornton, P. K. , McCrabb, G. J. , Kruska, R. L. , Atieno, F. & Jones,
P. G. 2003. Is it possible to mitigate greenhouse gas emissions in pastoral ecosystems of the
tropics? *Environment, Development and Sustainability*, 6: 91－109.

Ringrose, S. , Matheson, W. , Tempest, F. & Boyle, T. 1990. The development and causes of
range degradation features in southeast Botswana using multitemporal Landsat MSS image-
ry. *Photogrammetric Engineering and Remote Sensing*, 56: 1253－1262.

Rodgers, W. & Homewood, K. 1982. Species richness and endemism in the Usambara Mountain
forests. Tanzania. *Biological Journal of the Linnean Society*, 18: 197－224.

Rogers, P. , Brockington, D. , Kiwasila, H. & Homewood, K. 1999. Environmental awareness
and conflict genesis. People versus parks in Mkomazi Game Reserve. pp. 26 － 51, *in*:
T. Granfelt (ed) . *Managing the globalised environment*. London, UK: Intermediate Tech-
nology Publications.

Rutten, M. M. E. M. 1992. *Selling Wealth to Buy Poverty. The Process of theIndividualization of
Land Ownership among the Maasai pastoralists of Kajiado District, Kenya*, 1890 －
1990. Saarbrücken, Germany: Verlag Breitenbach Publishers.

Sandford, S. 1983. *Management of Pastoral Development in the Third World*. Chichester, UK:
John Wiley & Sons.

Schlesinger, W. H. & Gramenopoulos, N. 1996. Archival photographs show no climate-induced changes
in woody vegetation in the Sudan, 1943－1994. *Global Change Biology*, 2: 137－141.

Scoones, I. 1995. New directions in pastoral development in Africa. pp. 1 － 36, *in*: I. Scoones
(ed). *Living with Uncertainty: New Directions in Pastoral Development in Africa*. Lon-
don, UK: Intermediate Technology Publications.

Serneels, S. & Lambin, E. F. 2001. Impact of land-use changes on the wildebeest migration in the northern part of the Serengeti-Mara ecosystem. *Journal of Biogeography*, 28: 391 – 407.

Serneels, S. , Said, M. Y. & Lambin, E. F. 2001. Land-cover changes around a major East Africa n wildlife reserve ; the Mara Ecosystem (Kenya) . *International Journal of Remote Sensing*. 22: 3397 – 3420.

Shivji, I. G. 1999. The Lands Act 1999: a cause for celebration or a celebration of a cause? Keynote address to the Workshop on Land. held at Morogoro, 19 – 20 February 1999.

Sinclair, A. R. E. 1995. Serengeti past and present. pp. 3 – 30, in; A. R. E. Sinclair and P. Arcese (eds), *Serengeti II : Dynamics, Management and Conservation of an Ecosystem*. Chicago, Illinois, USA ; University of Chicago Press.

Sisay, A. & Baars, R. M. T. 2002. Grass composition and rangeland condition of the major grazing areas in the mid-Rift Valley, MEthiopia. *African Journal of Range and Forage Science*, 19: 167 – 173.

Skarpe, C. 1990. Shrub layer dynamics under different herbivore densities in an arid savanna, Botswana. *Journal of Applied Ecology*, 27: 873 – 885.

Skerman, P. J. & Riveros, F. 1990. Tropical grasses. *FAO Plant Production and Protection Series*, No. 23. 832p. FAO, Rome, Italy.

Smith, T. B. , Wayne, R. K. , Girman, D. J. & Bruford, M. W. 1997. A role for ecotones in generating rainforest biodiversity. *Science*, 276: 1855 – 1857.

Snyder, K. A. 1996. Agrarian change and land-use strategies among Iraqw farmers in northern Tanzania. *Human Ecology*, 24: 315 – 340.

Srivastava, K. L. , Abebe, M. , Astatke, A. , Haile, M. & Regassa. H. 1993. Distribution and importance of Ethiopian vertisols and location of study sites. pp. 13 – 27, *in*: *Improved management of Vertisols for sustainable crop-livestock production in the Ethiopian highlands*: *Synthesis report* 1986 – 92. Technical Committee of the Joint Vertisol Project, Addis Ababa, Ethiopia.

Staal, S. , Chege, L. , Kenyanjui, M. , Kimari, A. , Lukuyu, B. , Njumbi, D. , Owango, M. , Tanner, J. C. , Thorpe, W. & Wambugu, M. 1997. *Characterisation of dairy systems supplying the Nairobi milk market*. International Livestock Research Institute, Nairobi, Kenya.

Stattersfield, A. J. , Crosby, M. J. , Long, A. J. & Wedge, D. C. 1998. *Endemic bird areas of the world*. *Priorities for biodiversity conservation*. Cambridge. UK: Birdlife International.

Steinfeld, H. , de Haan, C. & Blackburn, H. 1997. *Livestock-environment interactions*: *Issues and options*. Fressingfield, UK: WRENmedia. 56p.

Sullivan. S. 1999. The impacts of people and livestock on topographically diverse open wood- and shrublands in arid north-west Namibia. *Global Ecology and Biogeography Letters*, 8: 257 – 277.

Tcacenco, F. A. & Lance, G. N. 1992. Selection of morphological traits for characterization of elephant grass accessions, *Tropical Grasslands*. 26: 145 – 155.

Thornton, P. K. , Kruska, R. L. , Henninger, N. , Kristjanson, P. M. , Reid, R. S. , Atieno, F. , Odero, A. & Ndegwa, T. 2002. *Mapping Poverty and Livestock in the Developing World*. International Livestock Research Institute, Nairobi, Kenya.

Tucker, C. J. , Dregne, H. E. & Newcomb, W. W. 1991. Expansion and contraction of the Sahara Desert from 1980 to 1990. *Science*, 253: 299 - 301.

Ubi, B. E. , Komatsu, T. & Fujimori. M. 2000. AFLP-based analysis of genetic diversity in diploid and tetraploid cultivars of rhodesgrass (*Chloris gayana Kunth*) . *In*: *VIII International Plant and Animal Genome Conference*. San Diego, California, USA, 9 - 12 January 2000. See: http: //www. intl-pag. org/8/abstracts/pag8905. html

Unruh, J. D. 1995. The relationship between the indigenous pastoralist resource tenure and state tenure in Somalia. *GeoJournal*, 36: 19 - 26.

USGS/EDC [U. S. Geological Survey - Earth Resources Observation Systems Data Center]. 1999. 1-km Land Cover Characterization Database, with revisions for Latin America. U. S. Geological Survey - Earth Resources Observation Systems (EROS) Data Center (EDC), Sioux Falls, South Dakota. USA.

Van de Wouw, M. , Hanson, J. & Luethi, S. 1999. Morphological and agronomic characterization of a collection of napier grass (*Pennisetum purpureum*) and P. *purpureum* P. *glaucum*. *Tropical Grasslands*, 33: 150 - 158.

Vuorio, V. , Muchiru, A. N. & Reid, R. S. In prep. Abandoned Maasai settlements facilitate changes in plant diversity in the Mara ecosystem, southwestern Kenya.

Walker, B. H. 1993. Rangeland ecology: understanding and managing change. Ambio, 22: 80 - 87.

Waller, R. D. 1990. Tsetse fly in western Narok. Kenya. *Journal of African History*, 31: 81 - 101.

Watson, R. M. 1991. Mkomazi - restoring Africa. *Swara*, 14: 14 - 16.

Western, D. 1989. Conservation without parks: wildlife in the rural landscape. pp. 158 - 165. *in*: D. Western and M. C. Pearl (eds) . *Conservation for the Twenty first Century*. Oxford, UK: Oxford University Press.

Western, D. & Gichohi, H. 1993. Segregation effects and the impoverishment of savanna parks: the case for ecosystem viability analysis. *African Journal of Ecology*, 31: 269 - 281.

White, D. H. 1998. Livestock commodities: a global agro-climatic analysis. *Economic Evaluation Unit Working Paper*, No. 30. Australian Centre for International Agricultural Research (ACIAR), Canberra, Australia.

White. F. 1983. The *Vegetation of Africa*; *a descriptive memoir to accompany the Unesco/ AETFAT/UNSO vegetation map of Africa*. Natural Resources Research Series, XX. Paris, France: UNESCO. 356p.

Wilen, C. A. , Holt, J. S. , Ellstrand, N. C. & Shaw, R. G. 1995. Genotypic diversity of Kikuyu grass (*Pennisetum clandestinum*) populations in California. Weed Science, 43: 209 - 214.

Williams, S. D. 1998. Grevy's zebra: ecology in a heterogeneous environment. PhD thesis. University College, London, UK.

Wilson, C. J. , Reid, R. S. , Stanton, N. L. & Perry, B. D. 1997. Ecological consequences of controlling the tsetse fly in southwestern Ethiopia : effects of landuse on bird species diversity. *Conservation Biology*, 11: 435 - 447.

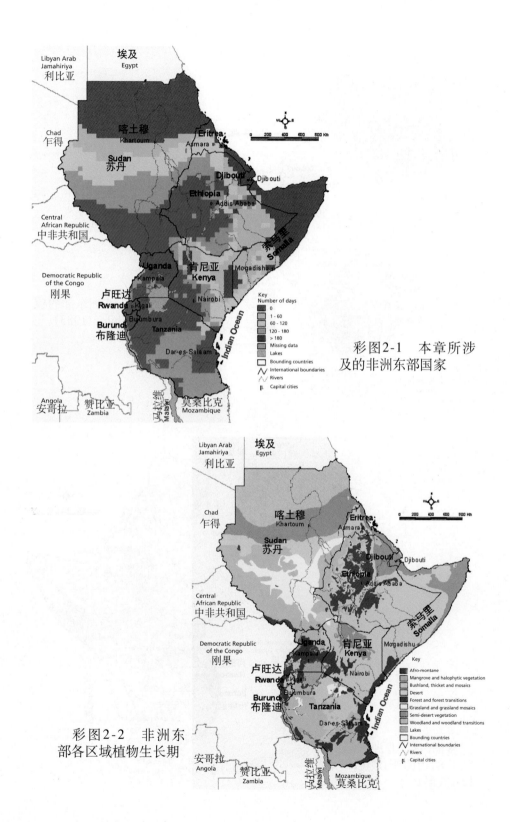

彩图2-1　本章所涉及的非洲东部国家

彩图2-2　非洲东部各区域植物生长期

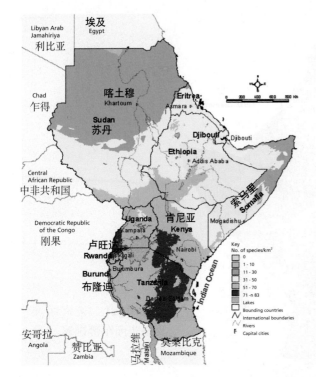

彩图2-3 非洲东部的植
被类型（White，1983）

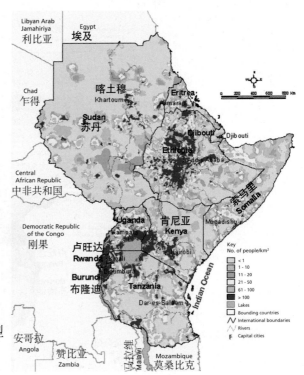

彩图2-7 非洲东部大型
哺乳动物的密度（1998，
IEA数据）

彩图2-4 食肉动物的捕食竞争——肯尼亚阿斯草原镰秆草丛中的猎豹

彩图2-5 大型的食草非反刍动物——肯尼亚阿斯草原的斑马

彩图2-6 干旱地区的食草动物——肯尼亚东策符的瞪羚

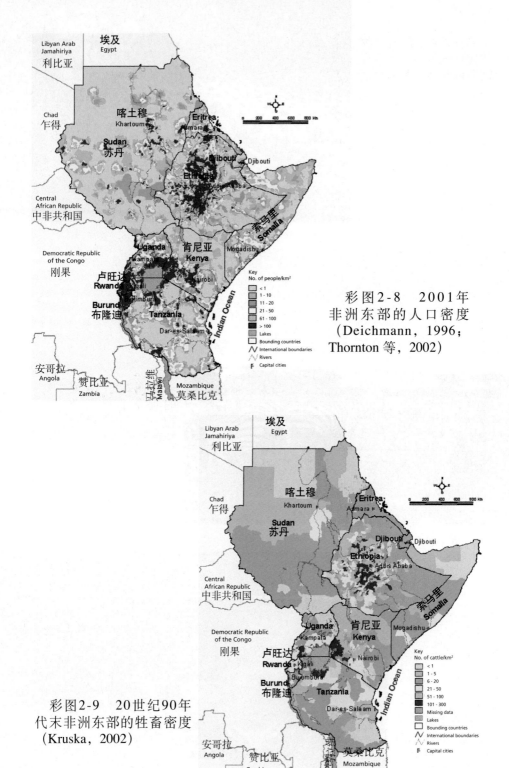

彩图2-8　2001年
非洲东部的人口密度
(Deichmann, 1996；
Thornton 等, 2002)

彩图2-9　20世纪90年
代末非洲东部的牲畜密度
(Kruska, 2002)

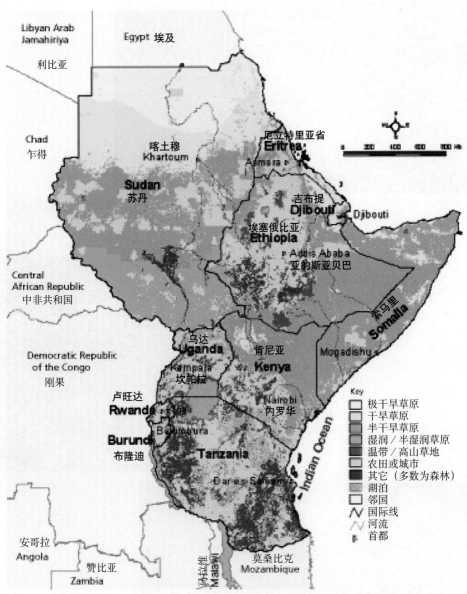

彩图2-10 2001年非洲东部放牧地区、作物生产地区和城市地区
（Thornton等，2002；Reid等，2003）

彩图2-11　非洲东部阿拉伯树胶灌丛

彩图2-12　农民砍伐灌丛地上的树木用于木碳交易

彩图2-13　肯尼亚西南部菅草草地的放牧绵羊

彩图2-14 非洲东部草原的大部分地区每年都实行火烧，为生态系统中的家畜和野生动物提供了再生草

彩图2-15 肯尼亚纳库鲁附近刺槐灌木丛，维持濒危的长颈鹿

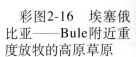

彩图2-16 埃塞俄比亚——Bule附近重度放牧的高原草原

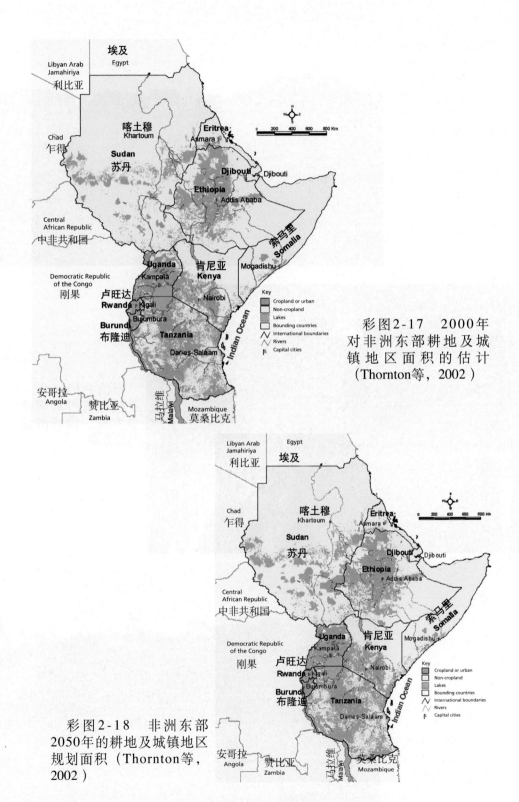

彩图2-17　2000年对非洲东部耕地及城镇地区面积的估计（Thornton等，2002）

彩图2-18　非洲东部2050年的耕地及城镇地区规划面积（Thornton等，2002）

第三章　南非草地

Anthony R. Palmer 和 Andrew M. Ainslie

摘要

　　南非虽地处亚热带地区，但由于海拔较高，高温天气相对较少。其内陆地区属于干旱和半干旱气候，由东向西降水量逐渐减少。在南部和西南部地区降水多集中在冬季，东海岸年降水呈双峰型，夸祖鲁（Kwa-Zulu）地区降雨集中在夏季。草地主要分布在中部地区地势较高的地带，酸性草原分布在降水量高的酸性土壤，而碱性草原分布于肥沃的半干旱地区。萨王纳草原分布于东部和北部地区，干旱的非洲稀树草原一直延伸到喀拉哈里沙漠。在那马干燥台地高原的中部和西部分布着广阔的斯太普草原，主要用于放牧绵羊和山羊。在南非有三种土地所有制类型：其中70%的土地为私有土地，进行着商业化管理；14%的土地为社区共有，没有清晰的界限，主要用于生计；还有16%的土地为自然保护区或工业和城市用地。南非是一个多民族国家，土著居民占多数，殖民者后裔占少数，后者拥有绝大多数商业农场。在南非，天然草原是最主要的牲畜放牧地。以畜牧业为主的社区生产系统的主要作用是维持当地居民的生活，属于劳动密集型生产；耕地分配给农民，草地归社区共有。商业性牧场一般用围栏圈起来，然后再分割成许多放牧区，这样便于划区轮牧。南非牲畜饲养历史悠久，其中以养牛为主，兼养绵羊和山羊。在自给自足的生产系统中，地方家畜品种占支配地位；但在商业性牧场，从国外引进的和本土改良品种占绝大多数。绵羊是商业牧场的主要家畜，山羊则主要分布于自给自足的农户。在东部，放牧牲畜以牛为主；在东南部和干燥的西部以绵羊为主，山羊则广泛地分布于各个区域。南非存在着大量食草或其他种类的野生动物，在大型草场中也很常见，作为一种资源，其重要性正在不断被认识。饲养家畜收益较低导致草原区的狩猎农场（game farming）和生态旅游的快速发展。水源充足的草地大量开垦为耕地，导致公共土地上零散灌丛随处可见。虽然大火和放牧减少了木本植物，但是灌木入侵仍然是一个棘手的问题。奶牛场有一些栽培牧草，但栽培草地没有充分发展；退化草地的补播改良也十分有限。保持畜牧业生产应该采取以下综合措施：划区轮牧、休牧、控制灌丛和保证寒冷地区牧场冬季饲料供给等。

一、引言

南非共和国位于非洲最南端，北部与纳米比亚、博茨瓦纳、津巴布韦和莫桑比克接壤；西接大西洋；其东南部被印度洋环绕（图 3-1）。陆地总面积 122.32 万千米^2（不包括莱索托和斯威士兰两个在南非境内拥有独立主权的国家）。人口估计在 4 060 万左右（南非统计局，1996），其中农村居民占 46%，城镇居民占 54%。农业贡献占全国 GDP 的 3.2%，占出口总额的 7%（2000年为 145.7 亿兰特*），直接或间接支撑着 15% 人口的生活（南非国家农业和土地事务部，2001）。

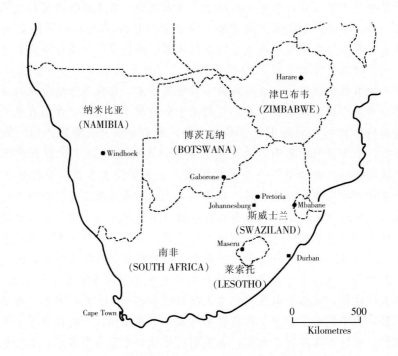

图 3-1　南非共和国，示其在南非的位置

南非港口和交通发达，还有连接南部非洲和世界其他国家的通信光缆，与欧洲和北美洲的贸易往来历史悠久，是农产品国际贸易的主要对象。许多农产品（牛肉、羊肉、羊毛和皮革）都直接来自草地。国家科技计划以及与农资管理有关的计划通过政府和高校联系起来，以研究资源状况和生产趋势。创新计划集中在三个主要领域：① 阐明草地生物多样性；②阐明食草家畜的作用；③ 提高畜

＊　6.447 5 兰特＝1 美元（2004 年 10 月中旬）

产品质量。此外，研究计划还探索家畜的放牧管理与草地资源可持续利用的关系。

南非拥有得天独厚的自然资源，无论是气候环境，还是民族文化，都是颇具魅力和竞争力的国家。草原是主要的天然植被，分布于南非中部 295 233 千米^2 的广阔区域，并且扩展到邻近的其他植被区域（森林、萨王纳草原、灌木丛、那马干燥台地高原）。草原和其他植被区之间的过渡带对生物多样性有重要作用，并有重要的经济价值。南非的大多数人居住在草原区，矿业和豪登省的其他工业园区也位于草原区。众多人口及其邻近的市场，以及有利于旱作农业的气候环境，对天然草原产生了很大的影响，数以百万公顷的草原被开垦用于种植玉米、油菜、粟和其他经济作物。在豪登（Gauteng）、普马兰加（Mpumalanga）和自由邦（Free State）等省，以市场为导向的牧场管理给草原造成了压力，改变了草原物种组成和生产潜力。不过这一状况并不普遍存在，数以百万公顷的天然草原仍然存在。

草原是南非发展中地区牧民最重要的可利用资源。位于南非东海岸的特兰斯凯（Transkei）、西斯凯（Ciskei）和夸祖鲁纳塔尔（KwaZulu Natal）前黑人居住地植被以草原为主。当地居民以草原放牧为生，家畜用于生产肉、奶、皮、毛并提供畜力，以及其他一些传统用途。尽管这些产品不是通过标准的商品化体系生产的，但其有益于发展地区经济和维护食品安全。本章主要阐述南非公共草地的作用。

草原（彩图 3-1）与许多重要的植被类型（萨王纳草原、灌木丛和那马干燥台地高原草地）相邻，并且一些草原分布其中，所以介绍这些植被非常必要，它们不仅有重要的生态价值，而且还具有重要的经济价值。因此，本章将对南非的草原做一个综合描述，而非仅仅阐述其生物学特征。

近年出版的四部重要著作（Cowling，Richardson 和 Pierce，1997；Dean 和 Milton 1999；Tainton，1999，2000）已经对南非的草地资源作了全面的介绍，生态方面包括草原类型、产生与发展、生物多样性、物种组成和自然环境等，此外还包括草地演替、生产力、土地利用和管理等。自 1966 年以来，《非洲牧场与草业科学杂志》已经发表了近 980 篇关于南非草原管理的文章。其他有关的学术书刊杂志包括：《南非植物学杂志》、《南非科学杂志》、《南非植物普查备忘》、《南非野生动植物研究杂志》和《南非植物研究所报》（Bothalia），还有一些国际刊物。此外，鼓励研究者们在国际性著作和其他国家的类似期刊中发表文章。本章通过全面回顾和总结这些资料，对南非草原的现状做一个综合描述，以加深我们对南非草原生态系统的理解。

二、自然特征

由于大断崖和德拉肯斯堡山脉组成的天然屏障，很大程度上决定了当地的气候特征和南非牧区的植被类型。充沛的降水和高海拔的有效结合与其他特征联系在一起，使该地区成为本国最大的草原分布带。由于地质纪的几个阶段的震抬、腐蚀和下沉，该地区在原来的基础上形成了复杂的地形。在南非不同海拔地区有五个主要的地带，见彩图 3-2。

● 西南褶皱山脉，它影响着南部海角的气候和植被类型。

● 沿海平原，向西延伸到纳米比亚，东边与莫桑比克的南部接壤。这一狭长的平原处于海洋与大断崖之间，有着最肥沃的土地和适宜的降水，是南非畜产品生产最密集的地方。

● 大断崖与中部草原一起形成了水汽进入内陆的主要屏障，几乎包括了所有的高海拔草原。该区海拔在 1 600～1 700 米，主要的城市、采矿业和农业活动位于这一区域。

● 海拔 1 400～1 600 米的干燥台地高原主要是斯太普草原类型植被，土壤为半干旱地区肥沃的旱境土。

● 喀拉哈里沙漠地区紧接纳米比亚和博茨瓦纳两国，该区也是重要的牧区。这一区域属于大陆盆地的南部，不同程度地被沙粒覆盖（有时厚度达 200 米以上）。深孔技术使牧民在这一地区建立了固定的牧场，优化了家畜生产。其草地类型属于干旱萨王纳草原（彩图 3-3），每公顷载畜量 30～40 家畜单位（LSU）。

因此，南非的地形特征为内陆高原，三面被大断崖和德拉肯斯堡山脉包围，由德拉肯斯堡山脉形成的天然屏障明显影响着南非的气候和植被分布。一些山丘使高原向莱索托高地推进了 3 000 米以上。高原的北部和西部有两大盆地，即喀拉哈里和德兰士瓦灌木丛地区（Partridge，1997）。在大断崖附近的海基宽度，50～200 千米不等，且被深河谷隔开。

三、气候

（一）降水

南非年平均降水量约 450 毫米，属半干旱地区。不同地区年降水量变化较大（彩图 3-4），与纳米比亚接壤的草原降水量不到 50 毫米，而西南海角降水量达 3 000 毫米以上，但整个国家只有 28% 的地区降水量在 600 毫米以上（表 3-1）。

年降水变化系数能够反映不确定的降水（彩图 3-5）。降水量低的地区变化系数高且常年干旱。大多数年份，年降水量分布不均，低于平均水平，所以其中间值比平均值更具实际意义。季节性变化伴随着空间变化，年潜在蒸散量超过年降水量，其比例高达 20∶1，因此干旱普遍存在。历史上，农业部和国土局通过通报旱情等手段，协助土地使用者进行生产。从 1994 年开始，这种干预停止了，取而代之的是鼓励牧民对他们的农场生产系统进行长期的规划。

表 3-1　南非年均降水量分布及气候分类

降水量（毫米）	气候分类	占国土面积（%）
<200	荒漠	22.8
201～400	干旱	24.6
401～600	半干旱	24.6
601～800	半湿润	18.5
801～1 000	湿润	6.7
>1 000	过湿	2.8

（二）降水的季节性

南非有三个主要季节性降水区：降水集中在冬季的西部、西南部和南海角，呈双峰型的东部海角以及中部草原和夸祖鲁纳塔尔（KwaZulu Natal）省的夏季降雨带。夏季强降雨地区受热带复合气流的强烈影响，这种气候在南半球的夏季一直向南移。位于西南和南海岸地区的雨季受到南海峰面系统的影响。峰面系统冬季（6～8 月份）带来的湿冷空气，促进了肉质植物的生长。总体来说，这一地区的天然植物对家畜生产并无大的作用。由于季节性变化频繁，全国的植物生长周期各不相同。在南部、东部和沿海地带，夏季促进 C4 植物生长，主要用于牛、羊生产。在半干旱的中西部地区则主要以 C3 植物和灌木为主，利于绵羊和山羊的生产。

（三）气温

气温主要取决于海拔梯度和距离海洋的远近。高海拔（1 500～1 700 米）的内陆地区夏季（1 月份）炎热，平均日最高气温为 26～28℃；冬季（7 月）日平均最低气温为 0～2℃，在最冷月还会出现霜冻。这些气候特征对草地的发展和维持大有帮助。高海拔的内陆地区偶尔会降雪。来自东海岸的莫桑比克暖流对改善东伦敦和莫桑比克间沿海地区的温度起着重要作用。北部沿海地区暖冬季日最低气温为 8～10℃，夏季最高达 32℃，属于强亚热带气候。喀拉哈里盆地和那马干燥台地高原的广大内陆地区气候更为极端，冬季日最低气温为 0～2℃，夏季日最高气温达 32～34℃。在 6～8 月份，由于极地西风带来的湿冷空气，使南部和西南海岸地区冬季温度适宜，其日平均最低气温为 6～8℃。从开普敦到诺洛斯港的西海岸地区气温受本格拉涌升流的影响。这一干旱地区 7 月份日最低气温为 6～8℃，少有霜冻期，有利于肉质植物生长。来自海洋的冷气流使其冬季多雾，并把湿冷空气带到沿海平原。

（四）土壤

新生成的南非地质土地具有较高的养分。中部地区的那马干燥台地高原生物群落主要生长在属于干燥台地高原地质群（Karoo Supergroup）地质的泥岩和砂岩，使干旱层变浅（<30 厘米），特别是钙质层。在侏罗纪时期，这些水成岩被粗玄岩侵蚀，形成了交叉型的独特的堤坝景观。粗玄岩包括使得土壤中黏土含量较高的斜长岩，生长着许多禾草、湿生灌木丛，还是其他一些物种生长的地方。粗玄岩上的植物可供夏季放牧，而养分高的钙质平原提供大量的冬季饲草。

姆普马兰加（Mpumalanga）省的萨王纳草原主要是辉长岩和花岗岩。花岗岩土壤达到中等营养水平，辉长岩土壤具有很高的营养水平。在地质纪时期，几个阶段的震抬、侵蚀形成了复杂的地形，开普褶皱山脉（The Cape Fold Mountains）和莱索托高地（Lesotho Highlands）是整个非洲地表受侵蚀最严重的地区。开普褶皱山脉主要是硅质岩石，土壤粗糙。相比之下，莱索托高原则是玄武岩，使得软土增加（Partridge，1997）。高山草原主要是源于土壤玄武岩和安山岩，具有较高的营养价值。

四、人口

南非在 300 万年前就有原始人类的活动，尽管他们使用火，但是没有证据能说明火对他们的影响程度。毋庸置疑，他们烧毁了大量的内陆土地，从而促进了草原的形成，早期的原始人在南非草地的演变过程中起着非常重要的作用。

现在的南非是一个多民族国家，有许多不同的民族和殖民者的后裔，也正是这个原因使资源管理相当困难。如今，在喀拉哈里南部还居住着古老的山民族，是依靠自然谋生民族的最古老代表。在南非最干旱的地区，山族人仍以狩猎为生，这也为该区能够维持小规模人类生存提供了有力的证据。山族人对资源有限性的理解很深刻，并遵循了自然法则（Ellis 和 Swift，1988）。19 世纪末以前，山族人也在德拉肯斯山脉和大断崖地区生存。已发现的许多岩画和原始工具都有力地证明了这一点，他们在内陆的山地草原狩猎。

东部沿海的恩古尼族人（Nguni）驯养家畜历史超过 1 万年。这些民族包括斯瓦特（Seswati）、组鲁（AmaZulu）和科萨（AmaXhosa），其占有的土地包括加沙库鲁、夸祖鲁、特兰斯凯和西斯凯地区的前黑人庄园。一个部落组成为一个村庄，包括住所、耕地和牧场。他们早期的牛品种是印度牛（*Bos indicus*），近年来，随着恩古尼血统簿的建立，这一品种得到了改良和保护。巴索托人主要生活在东部的断崖和德拉肯斯堡山脉，这是莱索托最为险要的山脉。莱索托有完整的草地，巴索托人是主要依靠天然草原生活的牧民。几乎所有的莱索托草原都是公有的，草原可持续发展所面临的挑战也同样存在于这些公有的草原上。

荷兰裔的欧洲人最早于 1652 年到达南非，并在开普敦定居下来。法国的胡格若教徒将这些开拓者组织起来，并教给他们关于栽培葡萄和管理动物的技术（主要是羊）。随着奴隶制的废除，早期的荷兰开拓者的后裔开始向内陆迁移，并建立了大量的牧场，这些牧场就在如今的喀拉哈里、中部自由省和西北省。在 1820 年，英国的开拓者到达南非并在东部沿海定居。他们在东海角和夸祖鲁纳塔尔发展综合农业，包括牛和羊毛生产。

五、家畜

据估计南非约有 1 380 万头牛，不仅包括各种国外品种的肉牛和乳牛，还有像布尔牛（Afrikaner）这样的本土品种。本土培育的牛还包括德拉肯斯堡和邦斯玛拉品系。通过育种计划、性能测试和功效评价等，这些品种得到系统的科学改良。南非 2000 年的牛肉产量达到 59 万吨。由于天然草原的承载力相对较低，在降水量较低的地方以粗放型经营为主。

除牛之外，1999 年南非的绵羊和山羊饲养量分别达到 2 580 万只和 630 万只，还包括一些猪、家禽和人工饲养的鸵鸟。由于不同年份降水量不同，牛的数量也有小幅的波动。1999 年的普查显示了私有和公有土地上家畜的产量（表 3-2）。该表显示，产量最多的是牛，其次是羊等小型家畜。这些牲畜占到南非整个农业出口的 75%。表 3-3 显示了南非 1995—2003 年牲畜的产量。

表 3-2　1999 年南非全国饲养牲畜头数（万头）

所有状态	牛	绵羊	山羊
私有	627.5	1 930	207
公有	682.5	930	423
总计	1 310	2 860	630

资料来源：南非国家农业部，1999 年。

表 3-3　1995—2003 年南非各种畜产品产量（万吨）

年份 产品	1995	1996	1997	1998	1999	2000	2001	2002	2003
牛肉和小牛肉	50.8	50.8	50.3	49.6	51.3	62.2	53.2	57.6	59.0
鸡肉	60.0	64.9	69.2	66.5	70.6	81.7	81.3	82.0	82.0
羊肉和羔羊肉	11.0	9.8	9.1	9.1	11.2	11.8	10.4	10.0	10.4
山羊肉	3.6	3.7	3.7	3.7	3.6	3.6	3.6	3.6	3.6

（续）

年份 产品	1995	1996	1997	1998	1999	2000	2001	2002	2003
野味	1.0	1.1	1.3	1.4	1.5	1.6	1.6	1.7	1.7
总肉量	1 397	1 437	1 467	1 428	1 511	1 719	1 618	1 667	1 686
羊毛 （greasy）	67	62	57	53	56	53	57	57	57
奶 （总产量）	2 794	2 638	2 851	2 968	2 667	2 540	2 700	2 750	2 750

资料来源：FAO 数据库，2004 年。

草原对南非绵羊和羊毛生产的贡献率高达 70%～80%。主要的绵羊品种有毛质好的美利奴羊、南非肉用美利奴羊、杜尼美利奴羊，还有本土培育的 Dormer 羊，杜泊绵羊和亚洲卡拉库尔大尾绵羊。那马干燥台地高原和中西部地区的斯太普草原相似，可用于绵羊和山羊的生产。卡拉库尔大尾绵羊仅限于南部省的西北干旱地区。

六、野生动植物

南非拥有丰富多样的野生动植物资源，包括很多特有的和非常有趣的哺乳动物、鸟类、爬行动物和两栖动物，这些资源为南非提供了大量的产品，如旅游资源、肉、皮革和狩猎竞技等体育活动。在南非有 338 种大小不一的哺乳动物和 920 种鸟。其中大象、马、牛和野猪四个物种占了哺乳动物的绝大多数，同时也是数量最多的初级消费者。近 30 年间，通过渐增的生态旅游、私人游乐农场和自然保护区等形式，大量的哺乳动物对草原地区的经济发展做出了极大的贡献。尽管，约有 10% 的国土面积被划为国家级公园和自然保护区，还是有相当大的一部分动物生活在这些地方之外。狩猎场和生态旅游为当地牧民带来了可观的收入。1997 年南非约有 8 000 个私营狩猎场，面积达 1 500 万公顷。随着许多农场开辟狩猎场，这一数字还在不断增加。各省自然保护部门发放的狩猎执照允许土地所有者全年狩猎，否则只能在狩猎季节（每年的 5～7 月份）才能进行狩猎活动。个别土地所有者现在能进行俘获、运输、狩猎和引入任何野生动植物等一系列活动，因为他们获得了政府的许可，拥有圈占土地的执照。尽管这对稀有物种（如山斑马，白脸牛羚）、尤其对仅存在于私有土地的物种的保护带来了一些积极的影响，但还是存在一些消极的影响。这包括那些在历史上没有记录却曾大规模引入的品种和本土品种（如黑斑羚、非洲林羚、疣猪）的地方。这些引入的品种对其他物种的影响（如非洲林羚对条纹羚；黑斑羚对羚羊）还未确定，还需要更进一步的研究。环保部门在重复引入外来物种问题上已经开始醒悟了，如东部省引入的疣猪，现在大量繁殖，给当地牧民带来了不小的麻烦。

南非天然植物群种类达 24 000 种，是世界上物种最丰富的国家之一，这些丰富的植物为生态旅游的发展创造了契机。如纳马夸兰等具有特色的地方，每年 9 月份的特色花展都吸引无数的游客前去参观。这个植物王国估计有 8 000 种植物，并有多种栖息于此的鸟类，这些也让游客看到了该地区独一无二的物种进化力。南部海岬地区则主要是园艺旅游，其植物群落结构多样（包括森林、沿海灌丛、低灌木丛和高山灌木丛等各种类型），吸引了许多外国游客。

七、土地所有制度

南非与农业有关的土地使用主要有四大类，它们代表不同的土地所有制。70%的国有土地从事商业性农业生产，14%公共管理下的国有土地，10%国有土地作为国家公园等保护区，剩余 6%是采矿、城市和工业发展用地。国有公共土地主要分布在南非南部和东部，包括特兰斯凯、西斯凯、博普塔茨瓦纳、莱博瓦、土瓜湾、夸祖鲁、文达和加赞库卢的前黑人庄园，而主要商业用地则集中在西部、中部和南部地区。

南非有两种截然不同的土地所有制类型（表 3-4）。作为个人资产的私有牧场具有清晰的边界和相应的牧场商业性目标。这些土地使用者可以对其进行交易和用作担保。相反，公共土地通常没有明确的土地界限，它们是公有的，牧民主要以此为生。在这里，土地问题在很大程度上成了管理改革创新的障碍。

表 3-4　南非东开普省佩迪区内一地区（大约 15 000 公顷）私有制和公有制的比较

所有制度	公有的		私有的（营利的）	
经济方向	使用复杂但基本自给自足		利润（营利的）	
人口密度（人/千米²）	56		3～6	
牲畜	牛	3 548（头）	牛	2 028（头）
	绵羊	5 120（只）	山羊	3 000（只）
	山羊	14 488（只）		
维持自然资源的能力	差		一定能力	
牲畜所有者	大约 3 000（户）		10～12（户）	
底层结构	差		道路系数、能源网络、围栏和水供应	
市场化程度	差		好-以商品为基础的市场销售	
津贴和贷款	欠缺的		好	

资料来源：Palmer，Novellie 和 Lioyd，1999。

(一) 私有

私营畜牧业生产发展很好,属于资源密集型和出口导向型农业,其畜产品占南非出口畜产品的75%,其中52%来自耕地和牧场(表3-5)。在西开普敦省的农村,与经济作物有关的土地有53 072块,平均面积243公顷;在东开普省,土地多为个人农场,有37 823块,平均规模达到451公顷。在南非,大约有50 000个大型牧场主,他们都是白人,占有绝对的优势,但并不排外。2000年其出口额达160亿兰特,占到南非总出口额的10%。

牛主要分布在南非东部地区,这一地区草原的载畜量很高。肉牛生产是农场收入的最主要来源,主要的品种有印度牛、波尔牛和西门塔尔牛。绵羊主要集中在干旱的西部,东部也有分布。山羊分布更广泛,主要品种有波尔山羊和安哥拉羊。在牧场大规模饲养家畜,其饲料主要依靠天然草地,偶尔辅以蛋白质和矿物质舔砖。驼鸟饲养于西部地区,主要采食天然草地植物、补饲饲草和精料。

私有草场通常被围成多个牧地,每个牧地又细分为许多小区,广泛应用划区轮牧。与公共草原相比,私有草场的载畜量更为保守,牧场主根据产量加以调整。

表3-5　南非主要土地类型的面积 (万公顷)

类　型	总面积	耕地	潜在可用耕地	已用耕地	放牧地	自然保护区	林地	其他
发展中的农业	1 700	1 440	250	N/A	1 190	78	25	150
商业生产农业	10 500	8 600	1 410	1 290	7 190	1 100	120	680

注释:N/A=数据不可得。

资料来源:南非发展银行,1991年。

(二) 公有

公共草地占到南非农场生产总面积的13%,大约52%的牛、72%的山羊和17%的绵羊产于这一区域(见表3-2)。在生产系统、目标和产权等方面,公共草地与私有土地差异明显,仅农田分配给各个家庭,而放牧地往往是公共的。公共草地的人口密度远高于私有草地,但政府却很少干预。公共草地基础设施(道路、围栏、供水、供电、排灌设施)投资没有私有草地多,当地有关部门已经着手规划公共草地的道路和栅栏的保护问题。公共草地生产系统多为放牧系统和农牧复合系统。家庭生产多数是劳动密集型,技术投入和外部输入都很有限。牲畜的产出和用途比商业化畜牧生产更加多样化,如畜力、牛奶、粪便、肉类、现金收入和资本存储,以及社会文化因素等。多样化生产的多目标性使饲养家畜的头数最大化,而不是加快周转,因此,即使大的农场主也只是为了募集资金才会卖掉家畜，这样使载畜量比私有草地更高。西斯凯和特兰斯凯的平均地块面积（612公顷）远大于西部（243公顷）和东开普省（451公顷），这也反映出了自由放牧的特点。

公共草地的畜产品产出占农业产出的5%～6%，主要集中在东部和北部。但是，不同地区牧群大小不同，且家畜所有者的分布不均，主要集中在少数人手中，大部分农户家畜数量较少或无家畜。

在公共草地，家畜数量分布趋于失衡。在水源附近的地方集中了大量的人和家畜，而其他缺水地区则保持着潜在利用率。在崎岖不平的西斯凯、特兰斯凯和夸祖鲁纳塔尔等地区，家畜绝大多数时间在山上放牧。家畜数量主要受水源影响，而不是受可利用牧草量的影响。所以在公共草地干旱效应比商业生产区更为严重。

与私有草地相比，在公共草地家畜混群饲养更为普遍。牛是主要的畜种，但是牛的饲养量受经济和生态条件的限制。在西斯凯地区的农村，5%的居民拥有10头以上的牛（Ainsler，1997），67%的家庭没有养牛。以绵羊为例，7%的家庭养有10只以上的羊，而82%的家庭没有羊。拥有山羊的家庭占18%，43%的家庭没有山羊。

在农区种植季节，牛羊在种植区放牧，但在其他地区受到食肉动物和偷盗的威胁。在干旱季节畜群休闲采食，利用茬次放牧。在北部公共草地，许多牧场主在远离村庄和耕地的地区建立牛棚，绝大多数家畜在此宿营。而在雨季只把产奶或役用家畜留在村庄里。公共草地的猪和家禽通常自由放牧，还有一些牧场主试行圈养饲喂。

在萨王纳草原地区，由于公共草地管理禁止火烧，导致灌木入侵。在半干旱地区的姆普马兰加、北方省和西北省已经基本禁止焚烧。大量的木材被用作燃料和建筑材料，导致矮木和灌木生长。因此，中等降雨强度下萨王纳草原地区遭到严重的灌木入侵，破坏了潜在的牛羊放牧地。在半湿润地区的夸祖鲁纳塔尔和特兰斯凯，人们在初夏利用火烧来刺激牧草的生长，这一方法保持了沿海地区稳定的牧草生产水平（Shackleton，1991）。

八、管理部门

包含农业与土地事务司的农业部分为五个职能部门，其中之一专门管理草地与牧场资源。根据1984年第43号法令，土地资源管理部门执行农业资源的保护工作。该法授权主管部门在草地资源受到虫害或滥伐时对其进行干预。此外，全国9个省均设立了专门研究当地草地资源和提供管理咨询的部门。这些部门为各省提供多种支持，包括推广服务、提供技术员、建立标准、开发能力和需求引导等。

(一) 市场体系

牧草产品的销售是基于整个销售系统来完成的。从 1994 年开始，所谓的单一市场销售系统解体，取而代之的是自由市场。商品要在市场上取得竞争优势，比如羊毛，就是通过包括开普省羊毛公司（Cape Mohair & Wool）和 BKB 等许多代理商进行销售的。代理商直接向生产者购买羊毛，然后将他们以拍卖的形式销售。通常拍卖价格由国际羊毛价格决定，本土市场影响很小。兰特对美元的汇率下降为那些出口型农场带来了很大的优势。2000 年南非含脂原毛年产量达到 52 671 吨，占到整个非洲的 25%。约 80% 的南非羊毛等级都很高，可以直接出口到欧洲市场。近年来牛肉、羊肉市场从受限制的市场中解放出来。2000 年南非的羊肉产量达到 11.4 万吨，其中绝大多数用于本土消费。

(二) 地形和农业生态地区

如前文所述，南非有五个主要的地形区。基于生物、气候和植物生长信息，Rutherford 和 Westfall（1986）在南非划分出 6 个生物群落。Low 和 Rebelo（1996）对其作了改进，将萨王纳草原进一步细分，包括了"灌木丛"，主要生长在东部及东南沿海的河谷区域。

九、生物群落

各生物群落的面积如表 3-6 和彩图 3-6。

表 3-6　南非每种生物群落占用的土地面积（包括莱索托和斯威士兰）

生物群落	面积（千米²）	百分比（%）
草原	295 233	24.27
萨王纳草原	419 009	34.44
纳马-干燥台地高原	297 836	24.48
干燥台地高原（Succulent）	82 589	6.79
灌木丛	41 818	3.44
丰波斯（Fynbos）	78 570	6.46
森林	1 479	0.12
总计	1 216 536	100

资料来源：依据 Rutherford 和 Westfall，1986；Low 和 Rebeb，1996。

(一) 草地

草原生物群落主要分布在中部干旱地区（O'-Connor 和 Bredenkamp，

1997）。这些群落所处的年降水范围 400～1 200 毫米不等，在冬季温度范围从无霜期到降雪，高度范围从海平面到海拔 3 300 米以上，土壤类型从腐殖质的黏土到贫瘠的沙土（O'-Connor 和 Bredenkamp，1997）。尽管总的结构几乎一致，但随着环境的不同和管理的差异而使其在广泛地域上有丰富的植物组成。半隐芽的禾本科植物有巨大的优势。现存生物量由水分决定，随着降水程度而变化。家畜和野生食草动物对现存生物量和物种构成具有决定性的影响。

在夏季干旱指数 2.0～3.9 之间的地区，生物群落受气候因子和夏季强降雨的限制（Rutherford 和 Westfall，1986）。霜冻天气很常见，达到每年 30～180天。群落中最常见的土壤是红-黄-灰壤土（latosol plinthic catena），占到该区面积的 50%。其次是黑土、红黏土和碱性土，以及持水力弱的砖红壤土和黑黏土（Rutherford 和 Westfall，1986）。

Acocks（1953，1988）确定了 13 种天然草原和 6 种栽培草地类型，其范围从东开普省半干旱地区所谓的"甜性"草原一直到德拉肯斯堡强降雨地区的"酸性"草原。现在已经确定了六个草原地带，从西部的干燥地区到东部的山脉和大断崖均有分布（表 3-7）。修订后的南非植物分布地图（国家植物研究所，2004），在植物和气候特征的基础上已经确定了 67 种草地类型，如贝德福德（Bedford）的干旱草原（彩图 3-7）。

"甜"和"酸"等概念是指禾草、小灌木和乔木等对于当地家畜的适口性。尽管很难对它做出一个严格的科学定义，但这些术语仍沿用在农业上，适用于个别物种和部分景观。"碱性草原"主要出现在干旱和半干旱地区，这些地区土壤营养丰富，土壤源于干燥台地高原的泥岩、砂岩等。而"酸性草原"与源于石英岩和安山岩的酸性土壤有关，通常出现在雨水充足地区（>600 毫米）和高海拔地区（>1 400 米），Ellery，Scholes 和 Scholes（1995）指出这一概念可以用牧草碳氮比表述，碱性草原植物碳氮比低于酸性草原。

表 3-7　草原生物群落分布的地区

地　区	优势种	地质特征	土壤类型	海拔（米）	降水量（毫米）
中央内陆高原	毛筼、弯叶画眉草	砂岩、页岩	深红、黄，富营养	1 400～1 600	600～700
西部干旱地区（见彩图 3-3）	*Eragrostis lehmenniana*	泥岩、页岩	浅干旱土	1 200～1 400	450～600
北部地区		石英岩、页岩、安山火山岩	浅岩土	1 500～1 600	650～750
东部内陆高原		砂岩和页岩	深层沙土	1 600～1 800	700～950

（续）

地 区	优势种	地质特征	土壤类型	海拔（米）	降水量（毫米）
东部山区和陡坡		德拉肯斯堡山脉复杂地质	浅岩土	1 650～3 480	>1 000
东部低地		粒玄岩	浅岩土	1 200～1 400	850

资料来源：O'Connor 和 Bredenkamp，1997。

（二）萨王纳草原

非洲的萨王纳草原植被变化受许多变量因素的影响，包括降水量、降水不确定性、霜冻、火灾、动物的采食、二氧化碳水平和土壤湿度等。根据季节环境条件和以往管理经验，位于萨王纳草原过渡带的草原从单一地貌变成灌木和乔木为主。O'-Connor 和 Bredenkamp（1997）用五个假说来解释为什么草原可能排斥木本植物。在这一毗邻萨王纳景观多变的地带，多收集一些关于萨王纳生物群落的信息是很有必要的。

萨王纳草原包括南非的东、北两部分，其干旱萨王纳草原延伸到南喀拉哈里。南非大部分的牛肉都出产自萨王纳草原牧场。植物群落包括灌木层（主要是单株直立茎、季节性落叶植物、乔木和灌木）和近地面草本植物。乔木和灌木现存生物量为每公顷 16～20 吨（Ruftherfor，1982），主要草本是 C4 植物，这对家畜生产很重要（彩图 3-8）。夏季季节性强降雨促进了灌木生长，已有充足的证据显示萨王纳草原和其他生物群落受到灌木入侵（Hoffman 和 O'Connor，1999）。灌木群落增长的原因目前有一系列解释，包括①火灾频率的减少（Trollope，1980）；②重牧使草本植物产草量下降，导致灌木大量生长（du Toit，1967）；③在高浓度的 CO_2 条件下 C3 灌木比 C4 牧草更具竞争优势（Bond 和 van Wilgen，1996）。牧场主们试图用许多方法来控制木本植物的入侵，如清理设置过渡带、燃烧后紧接着过度放牧（山羊）、化学防治等。化学防治很受欢迎，估计每年花在除草剂上的费用有 1000 万兰特。总的来说，木本入侵问题在公共放牧地更为严重，尽管木材已经用于燃料、建设和一些传统用途，但仍不能解决问题。

（三）那马干燥台地高原

那马干燥台地高原（Nama-karoo）生物群系分布于南非中部和西部绝大部分地区。这一带以斯太普草原植被为主，由灌木、小灌木、一年生和多年生的草本植物组成。该地区雨量适中（年平均 250～450 毫米），很适合绵羊和山羊生产。东部地区夏季季节性降雨使其在生长季有充足的牧草。在湿润季节，牧场主们试图尽可能有效地利用空闲和休牧的草地和灌木进行生产。家畜采食导致生长季草地盖度明显下降，并促进了大灌木（漆树、阿拉伯树、*Euclea*的种类）和矮灌木的生长。在冬季，矮灌木仍保持8%左右的粗蛋白水平，可提供优质饲草。由泥岩、砂岩和粗粒玄武岩组成极富营养的母质土壤表明，这些产品是可持续生产的。早期有迹象显示在这些生物群系内发生了大规模结构上的转变（Acock，1964），推测矮灌木散布于自由省中部草原过渡带。但这一过程并没有按设想的方式持续，90年代的强降雨促进了东部地区牧草产量的提高。西部植被有木本植物侵入的迹象，特别是*Acacia mellifera*和*Rhigozum trichotomum*两个物种的密度增加，覆盖了历史悠久的草本植被区域。羊肉和纤维制品的生产在那马地区非常繁荣。前不久，该区也增大了对自然环境的保护，许多农民将这里独特的生物群系和本土的动物作为生态旅游进行开发。当地重要的食草动物包括跳羚、大羚羊、捻（南非的一种大羚羊）、长角羚和角马。

（四）灌木丛

灌木丛生长在河道、东南部沿海地区的山脊和内陆的巨大悬崖。这些灌木丛由高度1.5～3.0米的多汁灌木、木本灌木和小乔木组成。木本灌木属雨季性落叶C3植物。干旱地区（年降水量300～450毫米）的灌木丛生物群系，绝大部分是景天酸代谢类型的肉质植物如马齿苋（Portulacaria afra），肉质茎如大戟属植物（Euphorbia *spp.*）和许多小型多汁灌木如芦荟属（Aloe）和厚叶属的植物（Crassula）。对牛生产有重要作用的草本植物有大黍（Panicum maximum），P. Deustum，马唐属毛花猕猴桃（*Digitaria eriantha*）和狗尾草（*Setaria sphacelata*）。尽管灌木生物群系不包含广阔的草原，但公共牧地和私有牧场的放牧者多清除灌木丛以便扩大草原。这些草场常年提供高质量牧草，以页岩为母质发育的灌木丛土壤营养非常丰富。

目前有两种公认的重要灌木：多汁灌木和栖于湿地的灌木。多汁灌木生长于半干旱的环境（年降水量300～450毫米），该地区的优势种为叶和茎多汁的灌木，有马齿苋属植物、大戟属植物、*E. ledienii*、*E. coerulescens*、留春树（*E. tetragona*）、小火炬花（*E. triangularis*），以及大量的景天科植物和芦荟。栖息于湿地的灌木丛茎叶所含汁液相对较少，主要生长于较高降水量的地区（>450毫米）。木本灌木覆盖往往是连续不断的，但是高度很少超过4米。

矮小多汁灌木丛生长于低海拔（300～350米）的大鱼河（Great Fish）、Bushmans河、森迪斯河（Sundays）和加姆图斯河（Gamtoos）等内陆河流域。埃卡层泥岩提供营养丰富的底层。土层很薄，发育于基岩的贫瘠石质土。内陆流域气候干热，夏天气温极高（45℃），冬天气温很低。在大鱼河流域，原始矮小多汁灌木丛的主要优势植物为马齿苋属植物、*Rhigozum obovatum*和大戟属植物，这些植物能形成直径3～4米的小灌丛。小灌木丛包括挺水灌木（如Boscia oleoides），但其高度通常低于1.5米。这些灌木丛中散布有karroid shrubs

（*Becium burchellianum*，*Walafrida geniculata* 和 *Pentziaincana*）和禾本科植物*Cymbopogon plurinodis*（香毛属），*Aristida congesta*（三芒草属）和 *Eustachys mutica*（真穗草属）。再往西，*Euphorbia bothae*（大戟属）被*E. ledienii*（森迪斯河）和 *E. coerulescens*（Jansenville 和 the Noorsveldt）代替。

多汁灌木的退化有许多形式，包括马齿苋属植物的大量减少，它们对山羊和牛的啃食极度敏感。虽然也有一些外来物种出现（如*Opuntia ficus-indica* 或 *O. aurantiaca*），但是仍然保留着矮小多汁灌木丛的结构。灌木是该区域植被的重要特征，但由于家畜采食，植被已经变得稀疏。在严重退化的区域，灌木丛不再存在。马齿苋属植物和其他适宜的种类（如*Rhigozum obovatum* 和 *Boscia oleoides*）已经被啃食一光，暴露出埃卡页岩。

原始的中等多汁灌木丛由马齿苋属植物，*Rhigozum obovatum*、*Ptaeroxylon obliquum* 和较大的（直径 10～12 米）黑五加属组成，周围常常有鸟巢或是食木的白蚁（*Microhodotermes viator*）土丘。灌木丛中的植物可达到 2.5 米高，灌木丛中间的地方被矮小灌木（*Becium burchellianum*、*Walafrida geniculata* 和 *Pentzia incana*）和草本植被（*Cymbopogon plurinodis*、*Aristida congesta* 和*Eustachys mutica*）所覆盖。

高大的肉质灌木丛生长在弯曲的河谷斜坡，该地区出现了包括*Euphorbia triangularis* 和 *E. tetragona* 在内的肉质乔木，这一组成具有鲜明特征。这些灌木高达 8～10 米，只有矮小时才能被家畜利用。自从濒临灭绝的黑犀牛被引入到这一地区后，成年的动物将树木撞倒，可以吃到高大灌木顶端的新鲜树叶。

生长在湿地的灌木丛树叶少，茎的肉汁也较少，主要由多茎的木质灌木构成，如*Scutia myrtin*、*Olea europea var*. africana、*Rhus longispina*、*R. incisa* 和*R. undulata*。多汁的类型包括芦荟，大戟属植物，脂麻掌属植物和景天科植物等许多种类，但这些植物不能代表现存生物量的主要成分。

（五）肉质植物干燥台地高原

高原多汁生物群落发育于南非南部和西南部冬季多雨的地区。这一群落植物主要包括茎叶多汁的灌木（0.5～1.5 米）和小灌木（＜0.5 米）（彩图 3-9）。这一地区气候从干旱到半干旱（年降水量 100～350 毫米），具有强的冬季季节性。高原的植物多样性世界闻名，它对邻近的灌木生物群落多样性的维持起着作用，但是该区域有独特的气候环境和相对较低的不确定季节性降雨（变化系数 30%～45%）（Cowling 和 Hilton-Taylor，1999）。其中一些地区有丰富的生物多样性，如理查德斯维德（Richtersveldt）和纳马夸兰，其大部分降水都集中在最寒冷的月份，由沿海的平流雾形成。在两个肉质群落中（景天科和 Mesembryanthecaceae 科）有许多种植物，包括地方特有类型（如棒槌树属的物种）和生活型特殊的植物（茎叶多汁型）。这一多样性特点使该区成为发展生态旅游的理想之地，并展示其独特的植物特性。干旱条件意味着该草原区适合粗放型经营的畜牧业生产，从山羊到鸵鸟等食草动物可利用该地区的植物。这些食草动物对群落中的植物有很大的直接影响。近来，研究发现了该地区物种组成的变化，主要优势植物变为一些适口性差的物种（对家畜而言），如 *Pteronia incana* 和 *P. pallens* 。这些变化对群落的生产力造成了深远影响，使许多牧场主依靠灌溉草场来进行家畜生产。

（六）高山硬叶灌木群落

灌木群分布在南部和西南部的冬季降水地区，类型分布与降水强度（450～1 000毫米）相关。该区植被具有丰富的多样性，主要是硬叶灌木和乔木，饲用价值较低。许多天然的植物已被清除，用于小麦、燕麦、黑麦、大麦、油菜子和羽扇豆等生产。作物残茬为夏季干旱月份的绵羊生产提供了大面积的饲草料。这一植被类型中，灌溉牧场同样为绵羊的生产作出了重要贡献。

（七）森林

丛林多位于南部沿海、南部寒冷的大断崖斜坡和德拉肯斯堡山脉降水多的地区。森林在南非畜牧生产中作用不大。

十、农牧业系统

在南非，家畜的主要饲料源于草原牧场，其中68.6%放牧，另外还有9.6%被野生食草动物所利用。在降水多的地区，牧场缺乏牧草时，作物残茬是非常重要的补充饲料，特别是在干旱季节。在私有土地上，许多牧民在干旱的牧场种植饲料作物。灌溉在这一地区的饲料生产中非常重要，但是不同的季节有所不同，经济作物更受欢迎。在1980年有46.8万公顷的土地用于灌溉种植紫花苜蓿，但到1987年这一数字降到了21.4万公顷。在干旱时期，南非还需从国际市场上进口玉米。大城市附近的牛奶场采用零牧制，在草原上建立了三个大的饲养场。

南非草原放牧

Acocks（1953）绘制的南非草原类型图中（彩图3-10）描述了主要的农业生态单元。在南非农业经济植物的分布和分类上，Acocks（1953）提出了一个独特的观点。此图列举了广泛的植物多样性，为牧民们提供重要的分类依据。根据该分类，主要有70个对畜牧生产有用的草原类型。由于这一多样性主要反映草原构成、结构、物候现象和产量，很难提供一个关于各种类型管理办法的通用标准，绝大多数草原已有一些研究报道，其中湿地草原（潜在产量高、经济价值高）最受重视。在三个主要研究中均认为政府行为在草原管理中扮演重要角色。

　　政府支持的第一个研究是可持续生产（适宜载畜量）的评估，这一研究非常重要，因为政府试图加强对私有土地家畜数量的限制。他们用一些生态和家畜性能指标，试图确定可持续合理利用的生产水平。生态指标用于测量家畜对草原的影响，如植物的种类组成、植物组成的动态变化和生产力。一般来说，在野外试验中，那些测试生态系统的极端方法是被禁止的。如果那样研究人员会被视为有损国家资源，且在系统退化的时候试验经常停止。由于各种草原类型的研究结论差异巨大，在此只对东开普省的半干旱草原做一个详细的介绍。

　　降水量是公认的牧草生产的主要限制因素，许多生产模型已用于预测南部天然草原的初级生产能力。Coe，Cumming 和 Phillipson（1976）证实在南非保护区里年降水量和初级生产力有一定的线性关系，从事商业生产的牧民认为这些预测很保守，许多牧民认为家畜的生产可以通过轮牧得以优化（Danckwerts 和 Teague，1989）。为了估测东开普省草原的可持续产量，研究人员在一个大牧场进行了一个放牧试验研究（Kroomie 试验），以测定动物种类、数量（轻度、中度、重度放牧）和持续时间对草原状况和动物生产的影响。结果初步表明，持续中等强度放牧下的（农业部推荐）家畜产出最大。虽然在 Kroomie 试验中，中等强度的放牧对物种构成无显著影响，但是试验的持续时间（10 年）还不足以得出令人信服的结论。即使已经清晰地找出问题并认真对待，但关于生产的可持续性还是没有清晰的答案。Palmer，Ainslie 和 Hoffman（1999）用 SPUR2（Wight 和 Skiles，1987；Hanson 等，1994）模型模拟了年降水量 500 毫米条件下，连续 50 年的牛肉生产系统。农业部推荐的最佳放牧率是每个家畜单位 6 公顷。另一个模型载畜量为每个家畜单位 4 公顷，二氧化碳浓度在 330 微升/升时，

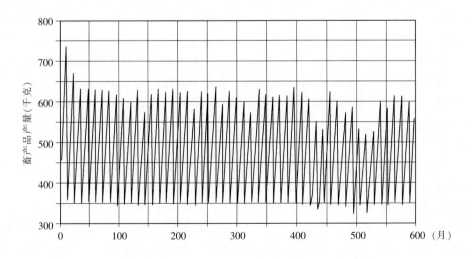

图 3-2　使用 SPUR2 模仿在农业部推荐载畜量（每个家畜单位 4 公顷）
时持续放牧情况下的 Grahamstown 承载能力

系统保持相对平衡（图 3－2）。仅当载畜量增加一倍达到每个家畜单位 2 公顷时，系统退化到 50 年模拟水平的最低点（图 3－3）。结果建议草原系统推荐的载畜量必须比导致系统退化的载畜量要低。在东开普敦的公共草地，草地载畜量显著高于私有牧场和农业部推荐的载畜量。在那些不愿意降低家畜数量的地区，管理制度对放牧的调控很有限，这也给管理者带来了问题。

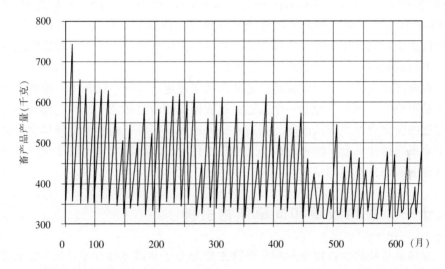

图 3－3　使用 SPUR2 模仿在农业部推荐载畜量（每个家畜单位 2 公顷）时持续放
　　　　　牧情况下的 Grahamstown 承载能力。在 300 个月后系统出现了衰退的迹象

生产量可以简单地表示为每毫米年降水量对应的干物质产量（Le Houérou，1984）。已经形成基于降水利用率的地上生物生产模型（Palmer，1998）并应用于牧场。商业生产的趋势如彩图 3－11。牛的生产可以改用载畜量来代替，即每个家畜单位日需求干物质 11.25kg，利用率为 40%（Le Houérou）。在湿地和酸性草原，碳氮比高，其利用率可降到 20%。

第二个重要的研究集中在对放牧系统的评定，受到政府干预政策基金的大力支持。1950—1990 年，政府为牧民提供围栏、水渠和管理技术等基础支持。设计田间试验用于评估轮牧相对于持续放牧的优点。轮牧需要将草场划分成一组或几组，根据家畜利用强度再将一组家畜放入一个围栏中，一次利用多块草地的方法（Booysen，1967）。根据 Tainton，Aucamp 和 Danckwerts（1999）的结论，轮牧的主要目的有：①通过控制系统中各小区被放牧的频率，从而控制植物被采食的频率；②通过控制每个小区中放牧家畜的数量和时间，从而控制植物被采食的强度；③通过将数量较多的家畜限制在小面积的牧场，使家畜减少选择性采食的几率，这样供它们选择的机会就很少，增加了草原的利用效率。

许多已有的放牧试验结果（农业部，1951）表明，在持续放牧下动物的生产性能比各种形式的轮牧条件下都要好，但持续放牧还是未受到支持。Booysen（1969）指出，保持足够的、有活力的绿色组织对于提高植物再生率是必不可少的，在他之后，进一步的研究表明轮牧在物种变异上的优势。Booysen（1969）提出的概念包含在高效放牧（HPG）内，通过选择和集中利用，达到很高的放牧利用率（Tainton，Aucamp 和 Danckwerts，1999）。一般认为高效放牧（HPG）在半干旱草原和萨王纳草原表现较好，而高利用率放牧（HUG）在湿润地区火烧后的草原更好。资源部的主要领导人所推荐的在半干旱稳定性差的系统中进行高利用放牧已遭到反对并且夭折。

农业部建立的第三个试验地区是草原状况评定。在这一试验中，植物构成被看做是影响放牧率和管理的一个指标。放牧梯度的研究非常广泛，它探究随着放牧程度的变化物种组成的改变。在这一研究地区，很难把植物的变异程度直接归因于家畜选择性采食。物种组成是土地肥沃程度、践踏程度和土壤变化以及化学等多种因素综合作用的结果。

十一、豆科牧草和饲草作物引种

亚热带草场的豆科牧草和饲草作物主要分布于年降水量100～700毫米的地方。在奶牛养殖地区，大规模采用草地重建措施。种植的牧草包括东非狼尾草（基库尤草）、黍（*Panicum maximum*）和马唐毛花（*Digitaria eriantha*）等，像金钱草属（*Desmodium*）豆科植物广泛应用于天然草原的补播。

这些牧草（彩图3-12）在肉牛和牛奶生产系统中非常重要。放牧家畜广泛利用一些市场上可获得的牧草和豆科植物。生长期肉牛在干旱的东非狼尾草草地采食，在秋季和初冬，结合采食一定量的银合欢草（每天3小时）比单独采食东非狼尾草效果要好（Zacharias，Clayton 和 Tainton，1991）。采食银合欢后，平均每头家畜90天可增重24.8千克，比那些只采食东非狼尾草的家畜增重多。银合欢对湿润海岸地区具有入侵风险，因此在没有更好的研究结论之前，所有具有潜在入侵风险的植物是不能引进利用的。

在冬季酸性草原地区，关于受霜冻的象草牧草是否比天然牧场要好的调查结果显示，草地冬季粗蛋白含量达到8%～10%，采食后家畜的生产性能非常好（Rethman 和 Gouws，1973）。绵羊的生产性能和牧草利用水平被分为两个试验进行测试，包括不同基库尤牧草（Kikuyu foggage）的质量和数量。在两个试验中，选用了不同质量和数量的基库尤牧草，其中阉割的小羔羊保持正常生产，而另一组母羊和小羔羊比开始时减少了8%～10%。这一试验表明单独采食基库尤牧草不能收到很好的效果。载畜量与牧草产量成正比，50%利用率最佳。对草地质量的评估表明高利用率可降低绵羊生产性能（Barnes 和 Dempsey，1993）。

十二、旱作饲草

只有在较高降水量地区才能进行饲草料的旱作生产。干旱地区最主要的粗饲料是作物秸秆，在干旱季节的公共放牧地家畜日粮中具有重要作用。一些农民在收获季节集储一部分作物残茬用于饲喂家畜，如母牛和公牛，但是更多的作物残茬还是被就地利用。

在南非，无论是公共还是集体土地生产系统，种植雨养作物都很普遍。最重要的经济谷物产区是高海拔草原中部的"玉米角"，开普省西南部的小麦生产区和夸祖鲁中部的玉米产区。在社区土地主要种植玉米，但是强降水地区粟和高粱更多。国家粮食产量（大致玉米80%，小麦16%，其他4%，包括粟和高粱）受降水量影响年度间有波动，产量差异大，从干旱的1991/1992年的504.4万吨到1993/1994年度达1 596.6万吨的最高纪录（表3-8）。由于没有相关的文献资料，所以很难估计作物秸秆对全国畜产品产量的贡献，但在商业种植地区（年降水量>600毫米）其影响很大。

在干旱的中西部地区，农民们一般小面积种植抗旱型很强的饲草料作为抗旱应急储备（如美洲龙舌兰、仙人掌和藜）。

表3-8　南非1992—2000年商业种植地作物产量（万吨）

作物＼年份	1992	1993	1994	1995	1996	1997	1998	1999	2000
玉米	327.7	999.7	1 327.5	486.6	1 017.1	1 013.6	769.3	794.6	1 058.4
小麦	132.4	198.3	184.0	197.7	271.1	242.8	178.7	172.5	212.2
青贮玉米	26.6	26.2	27.8	27.9	28.0	29.0	29.2	29.9	30.0
大麦	26.5	23.0	27.5	30.0	17.6	18.2	21.5	9.0	14.2
落花生	13.2	15.0	17.4	11.7	21.5	15.7	10.8	16.3	16.9
高粱	11.8	51.5	52.0	29.0	53.5	43.3	35.8	22.3	35.2
大豆	6.2	6.8	6.7	5.8	8.0	12.0	20.0	17.4	14.8
燕麦	4.5	4.7	3.7	3.8	3.3	3.0	2.5	2.2	2.5
作物总产	504.4	1 272.7	1 596.6	749.1	1 364.7	1 322.9	1 009.8	1 002.4	1 324.4

资料来源：FAO数据库。

十三、灌溉种植饲草

在潮湿的夏季降雨地区灌溉有两个主要的功能，在冬季主要用于温带牧草的生长，如黑麦草；夏季用于补充雨水的不足。温带牧草在冬季完全依靠灌溉生存，且仅仅在集约化生产系统，如对奶牛或羔羊的生产系统进行调控。

灌溉可以提高干旱区草场的产量。尽管有其他经济价值更高的作物需要用水，只要可以进行灌溉，一些农民也会选择灌溉草场。紫花苜蓿是最主要的灌溉种植牧草，遍布全国。1980 年紫花苜蓿种植面积达 468 000 公顷，但是这一面积到 1987 年下降到了 214 000 公顷，这显示了农民将水资源优先用于种植经济作物带来的影响。新的立法（1998 年的《水利法》）将水权和财产权分开，增加了从河流抽水的成本，这一趋势还在发展。在高产系统中（如奶牛场，彩图 3-13），主要种植的是东非狼尾草、鸭茅、高羊茅和黑麦草。一些豆科植物灌溉的效果很好，还有其他牧草物种和不同的栽培品种都可用于商业生产（Bartholomew，2000）。

十四、防灾饲草种植

在干旱时期，南非政府给农民提供饲料补贴。但根据最新干旱政策（南非农业部，1995），为了鼓励农民自己建立饲料储备和避免家畜存栏量大，饲料补贴已经停止。即便如此，在极干旱地区，一些牧民、包括政府仍继续进口饲料。在干旱和半干旱地区，政府鼓励农民种植适当的干旱饲料作物（表 3-9）。自 1994 年以来，还没有哪个地区宣布受到旱灾，因此这些新法令还没有得到验证。

表 3-9   防灾种植饲草种类

植物学名	常用名	用　　途
Agave americana	番麻	干旱和半干旱地区抗旱型饲草
Anthephora pubsescens	羊草	春季和夏季放牧
Atriplex mueleri	澳大利亚小泡滨藜	干旱饲草
Atriplex nummalaria	滨藜	干旱饲草
Atriplex semibaccata	匍匐滨藜	干旱饲草
Cenchrus ciliaris	蓝色野牛草	多年生丛生植物；春夏秋季放牧
Opuntia spp.	无针仙人掌	干旱饲草
Opuntia ficus-indica	仙人掌果	干旱饲草
Vigna unguiculata	豇豆	套种玉米或高粱

十五、对牧草和饲草生产的限制及其改进

全国大范围不确定的低降水量成为限制天然草场生产力和引进国外饲草作物的主要因素。对于从国外引进的抗性良好的植物种，也需要做严格的环境适应力和使用效率的引种试验（如 *Leucaena* spp. 和 *Lespedeza sericea*）。饲草种子

或用于草场改良的种子的价格和可利用性成了公共草地的农民引种的主要限制因素。在私有农场，大部分的萨王纳草原植被被严重灌木丛化，高清除成本已经超过增加载畜量获得的利润。对于放牧开放，至少在任一公共牧场须有集体协议和合作。但基于大多数社会的零散状态，似乎无法达到。按惯例，公共土地的农民在收获后不能把他们的耕地留为私用，这就限制了套种和间作的发展。

大农场主们发现在西部和中部地区获得饲草料高产越来越困难，由于这些地区降水量低且不稳定，而且一些不良木本植物开始增加。低利润和高成本让许多土地持有者对商业农业生产失去了信心。在那马干燥台地高原，由于资源的减少，绵羊和羊毛产量已经开始下滑（Dean 和 MacDonald，1994）。在干旱和半干旱地区无人牧场数量还在继续增加，这表明一些牧场已经被放弃或是转给了更大的牧场进行管理。南非的发展趋势与世界发达国家类似，私有草原的人口正在下降，农场主的后代不再以放牧为生，而是通过农场多样化经营来盈利。当这些土地用途由放牧变为狩猎场时，管理农场的人员就减少了，人们迁移到小城镇，接受更好的教育和医疗等公共服务。

与私有土地相比，自前政府的定居政策开始后，公共地人口增加了。这一趋势一直持续到新政府的建立。新政府建立后，农村土地被用于建造住房、道路、医院、学校和商店等。居民都拥有一块自己的耕地，有的很近、有的很远，但都属于该村的管辖范围。这些土地主要用于种植玉米、粟和经济作物，但很少用于种植牧草。作物收获后的残茬可被家畜利用。只有极少数村民可以灌溉，而他们大多是政府系统的人。

十六、过去 40 年草原的演变

近年来，南非草原结构和植被组成已明显改变。在综合考虑到近年来东部沿海人们工作的影响后，Hoffman（1997）指出"耕作农民首先沿东北沿海地区进入南非"，在那里他们熟练地进行刀耕火种和小规模养畜的农业。沿海的森林植被的植物首先被清除，这些早期的农民向西迁移，在林地和森林中开垦出耕地，镶嵌在空旷的草原和小块的灌木丛之间。草原的扩展改变了动物组成，以牛为基础的牧业经济出现增长。在夸祖鲁纳塔尔（KwaZulu Natal）、Transkei（南非东南部一地区）和 Ciskei 的公共牧场，草原通过砍伐灌木维持，灌木作为燃料或每年火烧一次草原（彩图 3-14），也利用放牧山羊等来控制木本植物的入侵。但是无论在何地，草原都遭到木本植物入侵的威胁。在"重拍"计划期间，开普敦大学的 M. T. Hoffman 从同一种角度对天然牧场的观察照片分析发现，几乎所有照片的特征都表明有木本植物入侵发生。这也可以从许多出版的文献证明，如 Hoffman（1997），Hoffman 和 O'Connor（1999）。城市化和耕作在草原改变中扮演着很重要的角色。村庄和废弃的耕地取代了前特兰斯凯、西斯凯、夸夸、温达、莱博瓦、博普塔茨瓦纳和夸祖鲁纳塔尔省的黑人家园的天然草原。在农村，农场自由放养的牲畜集中在农庄，它们夜晚被关在围栏旁并毫无限制地采食。村庄附近的生物量很低，但在生长季节，光合作用强烈，可以提供短期的营养。然而在其他植被和撂荒地的光合作用却很低，建议对这些天然饲草的利用兼顾生产和生态（Palmer 等，2001）。

十七、研究

在许多部门的领导和支持下，南非的草地和植物科学领域形成了很活跃的研究团体。研究牧草的主要机构有农业研究理事会（ARC），由评估草原过程和状态（草原和牧草研究所-ARC-RFI）（土壤气候和水研究所-ARC-ISCW）的两个草原研究所组成。这些机构的主要资金来源于文化部和科技部（2001 年大约有 4 500 万兰特），也有来自农业部门的资金。研究方向在很大程度上取决于资助人的需要，目前有五个主要项目：①监测；②生物问题；③草原资源；④地理信息系统（GIS）和⑤决策支持系统（DSS）。在监测项目中，ARC-RFI 和 ARC-ISCW 的研究成果通过遥感技术和地理信息模型技术用于指导资源价值评估，重点强调利用卫星影像勘探土壤侵蚀趋势、灌丛入侵和草地退化。自从 1980 年发射了 NOAA 卫星后，研究人员在评估趋势方面应用校准的 NOAA 卫星的 AVHRRD 数据支持，现在利用高分辨率工具的（如数码照相机和其他高分辨率传感器）数据在农场和村庄尺度上评估草原的退化。生物防治部门对棕褐色蝗虫、红嘴奎利亚雀、木质杂草入侵（特别是外来种类，如牧豆树属等）和外来杂草的控制很感兴趣。外来入侵杂草种类非常多，已经公布的杂草和入侵植物有 197 种（Henderson，2001），另外还有 60 余种被建议定为入侵种（Henderson，2001）。牧草资源部门的资金计划评估不同草原管理方式对牧场的影响（如持续放牧和轮牧），现已经在全国范围内，以重复的放牧作为处理的试验网络中实行。

南非草地学会（GSSA）是草地学科最专业的组织机构。草地学会设立有秘书处，工作包括组织召开年会和出版杂志《南非草业科学》，该杂志从 1966 年开始出版，至今已经发表了数以千计的文章。

和草原有关的植物学研究由国家环境和旅游部的国家植物学会（NBI）承担。NBI 的研究集中于探讨干旱和半干旱区域植被驱动的自然过程和模式。

十八、草原管理

由于畜产品利润下降和消极观点的影响，在商业大农场地区，狩猎和生态旅游发展明显加快。大量农场边界围栏被移走，并修建了排水沟。这种改变影响着牧场的管理。由于牲畜得不到很好的管理，轮牧会更难。商业牧场运作过程中，高海拔地区牧草生长季节开始前，通常用火烧作为刺激新的牧草生长的手段，用于放牧。冬季过后，商业大农场主要用清除低质牧草的方式，促进春天短草的生长（见彩图 3-10）。

（一）草地恢复技术的发展

由于对干旱和半干旱牧场退化过程了解甚少，最近，在景观功能理解的背景下，一些研究者提出了探讨草地恢复的框架。Ludwig 等（1997）认为景观是由一系列有内在联系的小斑块组成，资源控制成为保护草原完整性的关键手段。营养和水分主要通过水流模式转移。景观阻碍物或者斑块阻止营养和水分的流失，连续区域积累了营养和水分。连续区域通过水土流失的地区或类似地区相互连接，有人认为由于水土流失地区不断扩大，那些连续区域不能再积累营养，营养物质随水流失于河流中，从而离开草地。为了确定这些过程（水土流失）的量并将其与南非景观联系起来，景观功能分析（LFA）（Ludwig 等，1997）被应用于两种不同土地利用类型（Palmer 等，2001）。结果表明，公共草原积累的碳氮没有被有效地利用。尽管 Palmer（2001）没有调查到营养的流失，但在不同景观水平下表现出极大的差异，公共草原功能指数低于私有草地。在公共草地（斑块化严重）比长期商业利用的草地水土流失严重。这与 Ludwig 等（1997）的观点一致，退化草原恢复应致力于减少水土流失的面积和利用斑块增加资源管理的实践。

空间多样性指数（移动偏差指数）已经被应用于近红外（NIR）图像（陆地卫星 TIM 和 SPOT）（Tanser 和 Palmer，1999），记录了不同管理时期和不同基况的景观。长期接受公共管理的退化草地比健康草地的选择生长指数的空间多样性大，草地、萨王纳和灌丛地在长期保护情况下，会有较高的生物量和较低的空间多样性指数。应该尝试减少景观光合异质性的恢复技术。

在很长一段时间里，商业牧草品种的补播被认为是恢复退化草原的办法。在以灌木生物群系为主的地区，石灰包衣种子（包括 7 种本土植物种混合，有大黍属、纤毛蒺藜草和曲画眉草）被播种在长期撂荒的耕地上（三年），土地的复垦已取得成功。但其他地方成功的报道很少，商品种子种植后不仅需要灌溉，且其初期生长效果在几年内就会消失。

根据景观功能分析（LFA）理论，Van Rooyen（2000）已经证明利用 *Rhigozum trichotomum* 灌丛可以恢复南卡拉哈利沙漠退化的生物圈。在这片高速移动的沙丘环境，小规模的嵌入灌丛使沙子得以固定且能稳定刚出芽的幼苗。

（二）环境的可持续管理和生物多样性保护

南非已经与联合国签订《生物多样性公约》（CBD）和《联合国防治沙漠化

公约》（UNCCD），用以保护生物多样性和提高草原可持续性管理。这些公约由
环保和旅游部执行，有利于环境资源状况的评估。最近的行动是对全国范围的草
原退化和沙化进行评估，这个成果界定了天然草原转变的范围和自然属性
（Hoffman 和 Ashwell，2001）。

（三）种子生产

据官方统计，种子供应商每年生产约 200 吨的种子供本地销售或出口。在南
非植物群系种植资源的长期保有目标中，比勒陀利亚的 ARC 植物遗传研究所致
力于保存具有重要经济价值的植物种子。目前的种质材料中包含有大量的南非草
地植物，如*Anthephora* 属、臂形草属（*Brachiaria*）、蒺藜草属（*Cenchrus*）、狗
牙根属（*Cynodon*）、黍属（*Panicum*）、狼尾草属（*Pennisetum*）、狗尾草属
（*Setaria*）和三芒草属（*Stipagrostis*）等。

十九、关于草地可持续管理的经验教训和建议

南非有很多食草的野生动物，如大羚羊、南非白纹大羚羊、黑牛羚、黑尾牛
羚、跳羚、斑马和红狷羚羊，均产于能够全年提供高营养饲草的地块（Palmer，
Novellie 和 Lloyd，1999）。这些地块形成了一小部分草原景观（Lutge，Hardy
和 Hatch，1996），研究者（Booysen，1969）认识到草原的剩余部分还未被利
用。为了防止家畜生产系统中形成采食性斑块，农场主们将草场分别围成多个小
地块进行围栏轮牧，最大限度地利用地上初级生产力。这项原则已被制定成有关
法律条文，允许政府对白人拥有的牧场进行干预。这些干预主要包括：为农民提
供围栏，修建堤坝和水塘提供补贴，鼓励大牧场主发展农业。在这个过程中，政
府部门给大牧场主提供收获饲草的工具。这个措施非常有效。研究结果表明运用
轮牧可以改变牧草种类的组成。然而，这对灌丛生物群系产生了一些严重的影
响，多汁灌木，如马齿苋属植物，已经完全清除且在严重的落叶之后不会再生
（Stuart-Hill 和 Aucamp，1993）。在萨王纳草原生物群系，有清晰证据表明木本
植物的入侵，包括台地高原阿拉伯树胶（*Acacia karroo*）、*A. Mellifera*、*Di-
chrostachys cinerea*、带纹玛瑙漆树（*Rhus undulata*）和 *Rhigozum
trichotomum*。虽然还有其他的假说，但是研究者认为这主要归咎于食草动物采
食了大量的有竞争力的牧草。

（一）产量和生产力维持

J. C. Smuts 是南非最早开始进行草原保护的先驱。根据他的思想，Davies
（1968）认为通过植被、土壤和动物等环境中的可控因子来进行整体的研究是必
要的。Savory（1988）进一步完善了这一观点，称其为资源整体管理项目，其管

理原则与传统草原管理科学家的见解截然相反（Clayton 和 Hurt，1998）。Savory（1988）鼓励大农场主利用大量非选择性混合牧草，即牲畜将会强度利用受限制区域，直到地上生物量急剧下降，由此可消除种间竞争。然后这个区域长时间休牧，直到食草动物能够再利用。南非的很多商业牧场主已经被鼓励采用这种措施，但这个成功的举措没有正式的科学论证。Vorster（1999）提供了一个令人信服的论点，使得那些追随这个没有仔细评估草地资源的方法的大牧场主失去了信心。

保护和优化地上牧草生产的策略包括草地轮牧和休牧，控制木本植物的入侵，为冬季饲料质量下降的湿冷地区提供冬季草场，利用耕地增加饲草供给。在肉牛生产体系中，家畜在舍饲时以玉米为主要饲料，在这个生产体系中，产品成本取决于国际玉米价格。

（二）制定项目与开展研究的优先领域

南非农业部是饲草资源管理的核心机构，常与 ARC - RFI、ARC - ISCW、CSIRO -环境署等合作。根据 1984 年第 43 号法令，国家农业部门和国土部的土地资源管理理事会负责农业资源的保护。当受到土壤侵蚀及外来物种或木本植物入侵的威胁时，法令授予理事会干预的权力。早在 1994 年，这一法令就用于围栏补贴，修建水池，购买防灾草料和运输，控制土壤流失，清除（外来的和本土的）杂草，支持草地研究。1994 年以来，理事会集中支持上述中心地区研究和通过土地保育项目提升社区水平的研究。9 个省都设有专门处理草原和草地研究的机构。这些机构引导本地区进行合理研究。农业政策部门表示，项目主要目标是提升自然资源管理研究（南非国家农业部门，1995）。以这个项目为基础，牧草科学相关的项目还包括解决草原特征、生产模型、草原开垦、农林生产和草原管理系统等问题。与草原和牧草科学相关课题的例子都能在 ARC 网站上查到。

南非有 11 所农业大学，这些大学进行前沿的课题研究，开办培训班。所有的培训课程都由权威机构培训。

参　考　文　献

Acocks，J. P. H. 1953. Veld types of South Africa . *Memoir of the Botanical Survey of South Africa*，No. 28.

Acocks，J. P. H. 1964. Karoo vegetation in relation to the development of deserts. pp. 100 -112，*in*：D. H. S. Davis（ed）. *Ecological Studies of Southern Africa*. The Hague，The Netherlands：W. Junk.

Acocks，J. P. H. 1988. Veld types of South Africa . 3rd edition. *Memoirs of the Botanical Survey of South Africa*，57：1 - 146.

Ainslie，A.，Cinderby，S.，Petse，T.，Ntshona，Z.，Bradley，P. N.，Deshingkar，P. &

Fakir, S. 1997. Rural livelihoods and local level natural resource management in Peddie district. Stockholm Environment Institute Technical Report.

Barnes, D. L. & Dempsey, C. P. 1993. Grazing trials with sheep on kikuyu (*Pennisetum clandestinum* Chiov.) foggage in the eastern Transvaal highveld. *African Journal of Range and Forage Science*, 10: 66 - 71.

Bartholomew, P. E. 2000. Establishment of pastures. *In*: N. M. Tainton (ed). *Pasture Management in South Africa*. Pietermaritzburg, South Africa: Natal University Press.

Bond, W. J. & van Wilgen, B. 1996. *Fire and Plants*. London, UK: Chapman and Hall.

Booysen, P. DeV. 1967. Grazing and grazing management terminology in southern Africa. *Proceedings of the Grassland Society of Southern Africa*, 2: 45 - 57.

Booysen, P. DeV. 1969. An evaluation of the fundamentals of grazing management systems. *Proceedings of the Grassland Society of Southern Africa*, 4: 84 - 91.

Coe, M. J., Cumming, D. M. & Phillipson, J. 1976. Biomass production of large African herbivores in relation to rainfall and primary production. *Oecologia*, 22: 341 - 354.

Cowling, R. M. & Hilton - Taylor, C. 1997. Plant biogeography, endemism and diversity. pp. 42 - 56, *in*: Dean and Milton, 1999, q. v.

Cowling, R. M., Richardson, D. M. & Pierce, S. M. (eds). 1997. *Vegetation of South Africa*. Cambridge, UK: Cambridge University Press.

Danckwerts, J. E. & Teague, W. R. 1989. *Veld management in the Eastern Cape*. Government Printer, Pretoria, South Africa.

Davies, W. 1968. Pasture problems in South Africa. *Proceedings of the Grassland Society of Southern Africa*, 3: 135 - 140.

Dean, W. R. J. & Macdonald, I. A. W. 1994. Historical changes in stocking rates of domestic livestock as a measure of semi-arid and arid rangeland degradation in the Cape Province, South Africa. *Journal of Arid Environments*, 26: 281 - 298.

Dean, W. R. J. & Milton, S. J. (eds). 1999. *The karoo. Ecological patterns and processes. Cambridge*, UK: Cambridge University Press.

Dent, M., Lynch, S. D. & Schulze, R. E. 1987. *Mapping mean annual and other rainfall statistics over southern Africa*. Water Research Commission., Pretoria, South Africa. Report No. 109/1/89.

Department of Agriculture (South Africa). 1951. *Pasture research in SouthAfrica. Progress Report*. Division of Agricultural Education & Extension, Pretoria, South Africa.

Development Bank of Southern Africa. 1991. *Annual Report*. DBSA, Midrand, South Africa.

Du **Toit, P. F.** 1967. Bush encroachment with specific reference to *Acacia karroo encroachment. Proceedings of the Grassland Society of Southern Africa*, 2: 119 - 126.

Ellery, W. N., Scholes, R. J. & Scholes, M. C. 1995. The distribution of sweetveld and sourveld in South Africa's grassland biome in relation to environmental factors. *African Journal of Range and Forage Science*, 12: 38 - 45.

Ellis, J. E. & Swift, D. M. 1988. Stability of African pastoral ecosystems : alternate paradigms and implications for development . *Journal of Range Management*, 41: 450 – 459.

FAO. 1973. Soil map of the world. Paris, France: UNESCO.

FAO. 2001. Data downloaded from FAOSTAT, the FAO online statistical database. FAO Rome, Italy. See: http: //faostat. fao. org

Grossman, D., Holden, P. L. & Collinson, R. F. H. 1999. Veld management on the game ranch. *In*: N. M. Tainton (ed). *Veld Management in South Africa* . Pietermaritzburg, South Africa: University of Natal Press.

Hanson, J. D., Baker, B. B. & Bourdon, R. M. 1994. SPUR2. *Documentation and user guide*. GPSR [Great Plains System Research] Technical Report, No. 1. Fort Collins, Colorado, USA .

Henderson, L. 2001. Alien weeds and invasive plants. Plant Protection Research Institute Handbook, No. 12. Plant Protection Research Institute, Pretoria, South Africa .

Hoffman, M. T. 1997. *Human impacts on vegetation* . pp. 507 – 534, *in*: Cowling, Richardson & Pierce, 1997. q. v.

Hoffman, M. T. & O'Connor, T. G. 1999. Vegetation change over 40 years in the Weene/ Muden area, KwaZulu-Natal: evidence from photo-panoramas. *African Journal of Range & Forage Science*, 16: 71 – 88.

Hoffman, M. T. & Ashwell, A. 2001. *Nature divided. Land degradation in South Africa*. Cape Town, South Africa: University of Cape Town Press.

Le Houérou, H. N. 1984. Rain use efficiency: a unifying concept in land use ecology. *Journal of Arid Environments*, 7: 213 – 247.

Le Houérou, H. N., Bingham, R. L. & Skerbek, W. 1988. Relationship between the variability of primary production and variability of annual precipitation in world arid lands. *Journal of Arid Environments*, 15: 1 – 18.

Low, A. B. & Rebelo, A. G. 1996. *Vegetation of South Africa , Lesotho and Swaziland*. Pretoria, South Africa: Department of Environmental Affairs and Tourism .

Ludwig, J., Tongway, D., Freudenberger, D., Noble, J. & Hodgkinson, K. 1997. *Landscape Ecology. Function and Management. Principles from Australia's Rangelands*. CSIRO, Canberra, Australia. 158 p.

Lutge, B. U., Hardy, M. B. & Hatch, G. P. 1996. Plant and sward response to patch grazing in the Highland Sourveld. *African Journal of Range and Forage Science*, 13: 94 –99.

Maclean, G. L. 1993. *Roberts' Birds of southern Africa*. 6th ed. Cape Town, South Africa: John Voelcker Bird Book Fund.

National Botanical Institute. 2004. *Vegetation Map of South Africa , Lesotho and Swaziland*. Beta Version 4. 0. National Botanical Institute, Cape Town, South Africa.

National Department of Agriculture . 1995. *White Paper on Agriculture*. Government Printer, Pretoria, South Africa .

National Department of Agriculture and Land Affairs. 1999. *Annual Report*.

National Department of Agriculture and Land Affairs. 2001. *Annual Report*.

O'Connor, T. G. & Bredenkamp, G. J. 1997. Grassland . *In*: Cowling, Richardson & Pierce, 1997, q. v.

Palmer, A. R. 1998. *Grazing Capacity Information System (GCIS). Instruction Manual*. ARC-Range & Forage Institute, Grahamstown, South Africa .

Palmer, A. R. , Ainslie, A. M. & Hoffman, M. T. 1999. Sustainability of commercial and communal rangeland systems in southern Africa. pp. 1020 – 1022, *in*: *Proceedings of the 6th International Rangeland Congress*. 17 – 23 July 1999, Townsville, Australia .

Palmer, A. R. , Novellie, P. A. & Lloyd, J. W. 1999. Community patterns and dynamics. pp. 208 – 223, *in*: Dean & Milton, 1999. q. v.

Palmer, A. R. , Killer, F. J. , Avis, A. M. & Tongway, D. 2001. Defining function in rangelands of the Peddie District, Eastern Cape, using Landscape Function Analysis. *African Journal of Range & Forage Science*, 18: 53 – 58.

Partridge, T. C. 1997. Evolution of landscapes. pp. 5 – 20, *In*: Cowling, Richardson & Pierce, 1997, q. v.

Rethman, N. F. G. & Gouws, C. I. 1973. Foggage value of Kikuyu (Pennisetum clandestinum Hochst, ex Chiov.). *Proceedings of the Grassland Society of Southern Africa*, 8: 101 – 105.

Rutherford, M. C. 1982. Above-ground biomass categories of the woody plants in the Burkea africana-Ochna pulchra savanna. Bothalia, 14: 131 – 138.

Rutherford, M. C. & Westfall, R. H. 1986. The Biomes of Southern Africa-an objective categorization. *Memoirs of the Botanical Survey of South Africa*, 54: 1 – 98.

Savory, A. 1988. *Holistic Resource Management* . Covelo, California, USA : Island Press.

Shackleton, C. M. 1991. Seasonal changes in above-ground standing crop in three coastal grassland communities in Transkei. *Journal of the Grassland Society of Southern Africa*, 8: 22 – 28.

Schulze, R. E. 1997. *South Africa n Atlas of Agrohydrology and-climatology*. Water Research Commission, Pretoria, South Africa. Report TT82/96.

Smithers, R. H. N. 1983. The mammals of the southern African subregion. Pretoria, South Africa : University of Pretoria.

Stats SA. 1996. *The People of South Africa* . *Population Census* 1996. National Census. South African Statistical Services.

Stuart-Hill, G. C. & Aucamp, A. J. 1993. Carrying capacity of the succulent valley bushveld of the eastern Cape. *African Journal of Range and Forage Science*, 10: 1 – 10.

Tainton, N. M. (ed). 1999. *Veld management in South Africa* . University of Natal Press, Pietermaritzburg, South Africa. 472pp.

Tainton, N. M. (ed). 2000. *Pasture management in South Africa* . University of Natal Press, Pietermaritzburg, South Africa. 355pp.

Tainton, N. M. , Aucamp A. J. & Danckwerts J. E. 1999. Principles of managing veld.

Grazing programmes. pp. 169 - 180, *in*: Tainton, N. M. （ed）. *Veld management in South Africa* . Pietermaritzburg, South Africa: University of Natal Press.

Tanser, F. C. & Palmer, A. R. 1999. The application of a remotely-sensed diversity index to monitor degradation patterns in a semi -arid , heterogeneous, South Africa n landscape. *Journal of Arid Environments*, 43 （4）: 477 -484.

Thackeray, A. I. , Deacon, J. , Hall, S. , Humphreys, A. J. B. , Morris, A. G. , Malherbe, V. C. & Catchpole, R. M. 1990. *The early history of southern Africa to AD* 1500. Cape Town, South Africa : The South African Archaeological Society.

Trollope, W. S. W. 1980. Controlling bush encroachment with fire in the savanna areas of South Africa . *Proceedings of the Grassland Society of Southern Africa*, 15: 173 - 177.

Wight, J. R. & Skiles, J. W. （eds）. 1987. SPUR: *Simulation of production and utilization of rangelands*. Documentation and user guide. US Department of Agriculture , Agricultural Research Service, ARS 63. 372 p.

Van Rooyen, A. F. 2000. *Rangeland degradation in the southern Kalahari*. Unpublished PhD thesis. Department of Range and Forage Science, University of Natal, Pietermaritzburg, South Africa .

Volman, T. P. 1984. Early prehistory of southern Africa. pp. 169 - 220, in: R. G. Klein （ed）. *Southern African Prehistory and Palaeoenvironments*. Rotterdam, The Netherlands: AA Balkema.

Vorster, M. 1999. Veld condition assessment. *In*: Tainton, 1999. q. v.

Zacharias, P. J. K. , Clayton, J. & Tainton, N. M. 1991. *Leucaena leucocephala* as a quality supplement to *Pennisetum clandestinum foggage* : A preliminary study. *Journal of the Grassland Society of Southern Africa*, 8: 59 - 62.

南 非 草 原 分 布

图例
- 郁蔽灌木林
- 开放灌木林
- 林地萨王纳
- 萨王纳
- 草原
- 非草地
- 水体

注释：资料来源于全球地被特征库，国际地球—生物圈项目数据库
见：http://edcdaac.usgs.gov/glcc/glcc.html

FAO声明：该地图标准不代表任何主权国家的现状

彩图3-1　南非草原的分布图

	0
	229
	457
	686
	915
	1143
	1372
	1600
	1829
	2058
	2286
	2515
	2744
	2972
	3201
	3429
	3658

彩图3-2　南非海拔地图（米）

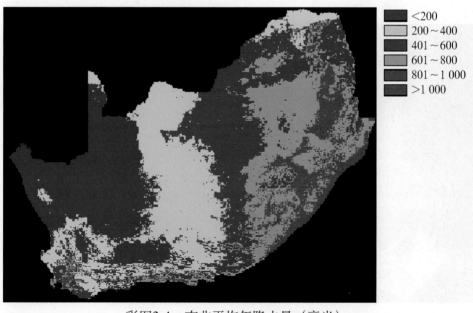

<200
200～400
401～600
601～800
801～1 000
>1 000

彩图3-4　南非平均年降水量（毫米）

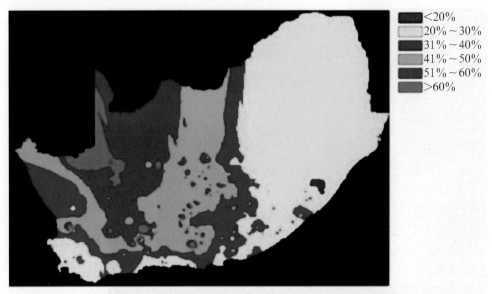

彩图3-5　南非年降水量变化系数，得自1015个站长期的
降水量记录（50年或更多数据）

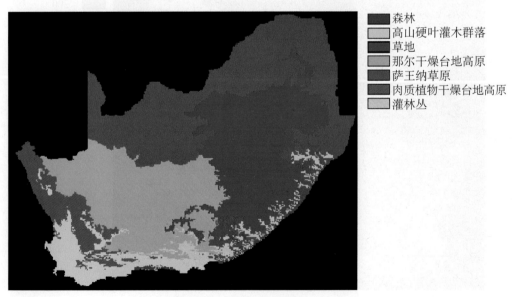

彩图3-6　南非生物群落

彩图3-3 卡垃哈里沙漠：干旱的萨王纳草原位于南非的西北部和南部博茨瓦纳部，并与卡垃哈里沙漠接连。植被由灌木和草本植物组成。

彩图3-7 贝德福德干旱草原

彩图3-8 非洲南部的干旱草原位于纳米比亚南部和南非北部。优势属有*Stipagrostis*属、画眉草属和九顶草属

彩图3-9 干旱台地草原位于南非南部和西南部冬季降水地区。植被由灌木丛（0.5～1.5米）和具肉质茎和叶的矮小灌木丛（<0.5米）组成。

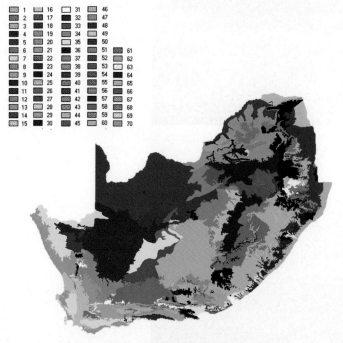

彩图3-10　南非草原的类型（Acoks，1953）

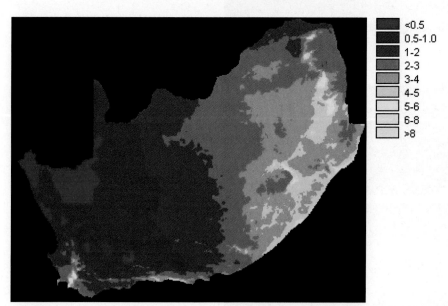

	<0.5
	0.5-1.0
	1-2
	2-3
	3-4
	4-5
	5-6
	6-8
	>8

彩图3-11　南非草原产草量［吨／(公顷·年)］，使用Le Houréou、Bingham和
Skerbek的模型与年降水量计算（Dent,Lynch和 Schulze,1987）。

彩图3-12 用于冬季放牧的吉库尤草

彩图3-13 在夸祖鲁纳塔尔Fort Nattingham附近灌溉的黑麦草放牧地上的奶牛

彩图3-14 夸祖鲁纳塔尔地区的草在每年一次火烧后再生

第四章 巴塔哥尼亚草原

Andrés F. Cibils 和 **Pablo R. Borrelli**

摘要

巴塔哥尼亚地处南纬 39°～55°，大部分属于阿根廷，部分位于智利境内。它是安第斯山脉以外的草原，是用于家畜放牧约一个世纪之久的半干旱草原及灌丛稀树草原。平均温度从北部的 15.9℃ 到南部的 5.4℃，气候属于干旱到半干旱、凉爽到寒冷的过渡区，安第斯山脉以外的巴塔哥尼亚草原植被多以干旱植被为主。原驼是当地唯一的大型有蹄类食草动物，该地区在轻度放牧情况下，植被发生改变，羊群改变了大部分的植被结构，特别是过去的四五十年内，适口性好的牧草被适口性较差的木本植物所代替。多数土地为私有。在 1 万年以前就有人类在巴塔哥尼亚定居，随着绵羊贸易的发展，欧洲移民从 19 世纪末开始在这里定居。本土居民属于狩猎者，土地的私有制限制了他们的游走狩猎。到 1940 年那些早期移民的成功吸引了更多的移民者。1952 年绵羊数量超过 2 100 万只，达到一个高峰时期，随后又降到 850 万只。在过去 50 年内安第斯山脉的牛群数量猛增，与绵羊相比，马和山羊的数量急剧下降。绵羊畜牧业几乎成了斯太普草原上的单一生产（彩图 4-1），其主要有三种生产类型：商业大规模型，拥有 6 000 只以上的绵羊畜群；较干旱地区中小规模型，拥有 1 000～6 000 只绵羊；维持生存型，拥有不到 1 000 只绵羊。除了高海拔草原（夏季）外，其他地区都采用连续放牧。如此广阔的地区仅有数个牧场，在一定意义上限制了对放牧的管理。草原管理条例是 20 世纪 80 年代才颁布的，但更多的工作着眼于土-草-畜的关系。由于地域辽阔，决策支持系统（DSS）成为新型的草原管理方式。观光旅游业正在慢慢兴起，尤其是在安第斯山脉一带。

一、引言

位于南纬 39°～55° 之间的阿根廷南部和智利部分区域都属于巴塔哥尼亚草原（彩图 4-2）。巴塔哥尼亚放牧地的大部分在阿根廷南部和安第斯山脉边缘的半干旱草原（约 750 000 千米²），并延伸到智利的麦哲伦海峡周围（Paruelo，Jobbágy 和 Sala，1998b；Villamil，1997），见图 4-1。

本章主要侧重于阐述阿根廷安第斯山脉边缘，有蹄类家畜放牧已超过一个世

图 4-1　阿根廷巴塔哥尼亚省（阴影区）及邻省地图

（*Ing. Ag. Liliana González* 数码绘制）

纪之久的巴塔哥尼亚稀树半干旱草原。

　　巴塔哥尼亚多为沉积地形，由中生代和第三纪时期的火山沉积物组成，从安第斯山脉向东部逐渐降低演变为高原地带（Soriano，1983）。一些从安第斯山脉流至大西洋的河流均流经巴塔哥尼亚草原，如科罗拉多河、内格罗河、丘布特河、奇科河、圣克鲁斯河以及科伊尔河。这些山谷灌溉冲积平原适于绿洲农业的发展（表 4-1）。

表 4-1　依据植物地理区分析巴塔哥尼亚生物带组成

植物地理区	生物带编码*	主要地貌类型	面积（千米²）
巴塔哥尼亚	Kg 11	半荒漠化 1	95 400
	Kf 11	半荒漠化 2	68 800
	Jg 11	巴塔哥尼亚灌丛草原	134 800
	Jf 11	灌丛-禾草草原	99 900
	Jd 12	禾草-灌丛草原	43 600
	Id 12	禾草草原	48 600

（续）

植物地理区	生物带编码*	主要地貌类型	面积（千米²）
蒙特	Hg 11	灌丛地	48 300
	Jh 11	蒙特灌丛草原 2	134 500
	Ig 4	蒙特灌丛草原 1	54 400
亚南极	Ha 12	森林草原及湿地草原交错带	52 400
	Ea 2	郁闭落叶林	69 100
农业生态系统	Gd 12	灌溉山谷	22 600

* 生物带编码来自 Paruelo，Jobággy 和 Sala，1998 年。

资料来源：Paruelo，Jobággy 和 Sala，1998 年。已征得作者及 Ecología Austral 编辑的允许。

由于当地的气象站较少且地理分布极不均匀，记录巴塔哥尼亚的气候就成为一件较为棘手的事情（每站范围 40 000 千米²）（Paruelo 等，1998）。西风带穿越太平洋向赤道移动的同时带来了较为暖湿的太平洋气团，从而影响到巴塔哥尼亚的气候（MacArthur，1972）。安第斯山脉位于暖湿空气区域与巴塔哥尼亚草原之间，形成一个巨大的雨影区，亦影响到当地的气候特征（Paruelo 等，1998）。该地区年平均降水量（MAP）分布极为不均匀，从东部即安第斯山脉东部山脚（约南纬 42°）的 4 000 毫米下降到中部平原东部距山脉 180 千米处的 150 毫米（Soriano，1983）。随着降水量的减少，降水的年际间变化呈现指数变化趋势，在最为干旱的地区，变化系数高于 45%（Jobággy，Paruelo 和 León，1995）。巴塔哥尼亚东部沿海地区受大西洋冷空气的影响，相对于其他地区，年降水量（200～220 毫米）分布较均匀（Paruelo 等，1998；Soriano，1983）。草原年平均降水量与土壤水分蒸发总量的比率在 0.11～0.45 之间，春夏季降水量明显不足（Paruelo 等，1998）。水分是调节初级生产的最重要因素。一些变化可以与厄尔尼诺和拉尼娜循环联系起来（Paruelo 等，1998），Cibilsand Coughenour（2001）提出巴塔哥尼亚南部年平均降水的长期循环模式：1930—1960 年在 Río Gallegos 地区降水量明显降低，而在接下来的 30 年内又呈现出截然相反的趋势（显著增加）。

年平均温度从 Cippoletti 北部的 15.9℃ 到 Tierra del Fuego 最南部（Ushuaia）的 5.4℃（Soriano，1983）。尽管绝对最低气温有时会低于−20℃，但最冷月份（7 月）的平均气温仍在结霜点以上（Paruelo 等，1998）。环绕着麦哲伦海峡的 Río Gallegos 小镇气候记录历史最为悠久，据 Cibils 和 Coughenour（2001）提供的数据，该地在 20 世纪最近 60 年内年平均气温显著升高。这一趋势与全球循环模式模拟所增加的二氧化碳浓度的预测相一致（Hulme 和 Sheard，1999），当然从气象站分析得出的只是初步结果。

强劲持续的西风是巴塔哥尼亚地区的主要气候特征。因为南半球陆地相对较少，西风带在南纬 40°～50°势头强劲，强度在每小时 15～22 千米，且在春夏季频繁出现每小时 100 千米的狂风骤雨天气（MacArthur，1972；Paruelo 等，1998；Soriano，1983）。大风加剧了蒸发，且低温对绵羊的生产性能产生影响（Borrelli，未发表；Soriano，1983）。

巴塔哥尼亚一半以上的土壤由旱成土（砂质土壤）组成，新成土（发育过的土壤）以及软土（黑色、肥沃的斯太普草原土壤）为第二和第三重要的土壤类型（del Valle，1998）。70% 的表土层质地粗糙，介于沙子及砂质土之间（del Valle，1998）。土壤结构在很大程度上可以解释该地区优势物种生活型的变化（从禾草到灌木，彩图 4-3）（Noy-Meir，1973；Sala，Lauenroth 和 Golluscio，1997）。干旱加剧了小范围内土壤的空间异质性（Ares 等，1990）；淋溶和滤盐在短距离内表现不同，造成了同一类型土壤的不同功能（del Valle，1998）。由于土地利用不合理，巴塔哥尼亚超过 90% 的土壤出现了不同程度的退化，已有 19%～30% 的地区出现了严重荒漠化（del Valle，1998）。至 20 世纪 70 年代，沙砾大量堆积，严重退化的土壤面积已达到 85 000 千米^2（Soriano，1983）。航空拍摄的照片与卫星影像均显示这些沙砾的堆积已有上百年之久，这说明家畜的介入加剧了风对土壤的侵蚀进程（Soriano，1983）。

从洞穴考古记录来看，人类的出现约在公元前 11000 年（Borrero 和 McEwan，1997）。虽有迹象显示在北方地区曾出现过并不发达的农业活动，但当地居民仍以群居狩猎为主（Villamil，1997）。两面锋利的石器说明巴塔哥尼亚南部的居民能够猎捕原驼（*Lama guanicoe*）。Mapuche 部落占领了北部领土，Tehuelches 部落占领了南部的主要土地，而 Selknam、Haush 以及 Yámana 部落占领了火地岛以及周围的岛屿（McEwan，Borrero 和 Prieto，1997）。16 世纪初期，欧洲人与当地居民有了接触。一个具有西班牙武士风格的 Primaleón 侵入者将当地居民叫做 Patagón（Duviols，1997）。19 世纪末，主要来自西班牙、英国的欧洲人开始定居或建立放牧场（Barbería，1995）。

巴塔哥尼亚现有 12 000 个绵羊牧场（家庭或公司所有），畜群从不足 1 000 只到 90 000 只不等（Méndez Casariego，2000）。根据最新的农民人口统计（1988），现有 75 000 人从事牧羊以及相关的灌溉农业。从 20 世纪 70 年代起到目前为止，农村人口呈现增长的地区有里奥内格罗（增长 44%）和火地岛（增长 132%），Neuquén 人口数量几乎保持不变，人口数量降低的地区有丘布特（降低 33%）和圣克鲁斯（降低 44%）（Méndez Casariego，2000）。同时期内，内乌肯地区农场人口增加 51%，里奥内格罗增加 5%，而丘布特、圣克鲁斯和火地岛的务农人口分别下降了 28%、41% 和 26%（Méndez Casariego，2000）。

巴塔哥尼亚草地单一绵羊放牧的历史已超过了一个世纪之久。1952 年绵羊的数量曾超过 2 100 万只，达到最高峰，此后数量逐渐减少，到 1999 年只有 850 万只（Méndez Casariego，2000），见图 4-2。在一些持续放牧的大型牧场内，农场主增加了无需放牧的美利奴羊（见彩图 4-3）及考力代羊的数量，主要用于羊毛生产（Soriano，1983）。但高强度放牧及干旱所带来的牧草短缺对羊毛的产量却几乎没有影响，所以很多研究者对造成目前土地退化的羊毛产业提出质疑（Borrelli 等，1997；Golluscio，Deregibus 和 Paruelo，1998；Covacevich，Concha 和 Carter，2000）。尽管牛群的数量在过去 50 年内不断增长（Méndez Casariego，2000），现已达到 1952 年的 2 倍（83.6 万头），但这仍然无法弥补绵羊数量骤减所带来的损失（Méndez Casariego，2000）。马及山羊的数量也相对减少，但降幅不像绵羊那样剧烈。最新数据（1999）显示，现有 18 万匹马及 82.7 万只山羊，约为顶峰时期数量的一半（Méndez Casariego，2000）。山羊饲养主要集中在北部地区，比如内乌肯省，数量长期保持稳定不变（Méndez Casariego，2000）。

　　原驼是该区唯一的有蹄类动物（Soriano，1983），目前普遍认为该地区一直处于轻度的放牧压力之下（Milchunas，Sala 和 Lauenroth，1988），在欧洲移民来之前的原驼数量一直比想象的要多（Lauenroth，1998）。最近的统计显示原驼数量约保持在 50 万头（Amaya 等，2001）。当地的脊椎动物资源较少（Soriano，1983）。罕见的美洲鸵（*Pterocnemia pennata pennata*）和山地雁（*Cloephaga picta*）是最常见的鸟类。巴塔哥尼亚野兔（*Dolichotis patagonum*）、犰狳（*Zaedyus pichyi*）以及罕见的美洲鸵，均是动物地理学的指示物种（Soriano，1983）。食肉动物包括红狐狸（*Dusicyon culpaeus*）、灰狐狸（*Ducisyon griseus*）、美洲狮（*Felis concolor*）以及臭鼬（*Conepatus humboldtii*），（Soriano，1983）。红狐狸及美洲狮是当地主要的食肉动物，红狐狸对羔羊的掠食高达 75%～80%（Manero，2001）。

二、政治体制

　　阿根廷境内的巴塔哥尼亚含有五个省区：内乌肯（Neuquén）、里奥内格罗（Río Negro）、丘布特（Chubut）、圣克鲁斯（Santa Cruz）和火地岛（Tierra del Fuego）（图 4-2），还有一些省区的部分疆域位于巴塔哥尼亚境内，比如布宜诺斯艾利斯（Buenos Aires）、拉潘帕省（La Pampa）和门多萨（Mendoza）。作为一个联邦共和国，阿根廷的每个省区均有一个独立的政府，管理人员每四年换届一次。每一省区均有自己的宪法、立法机构及独立的司法机构。阿根廷境内的巴塔哥尼亚省区多数是第二次世界大战以后才成立的，之前的国家领土完全受制于布宜诺斯艾利斯的中央政府。1966—1983 年阿根廷的独裁统治阻碍了民主政治的萌生，所以巴塔哥尼亚各省区许多政治体制及立法机构均为刚刚组建发展的年轻民主政体。

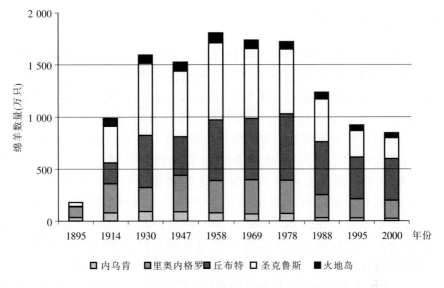

图 4-2 阿根廷各省巴塔哥尼亚草原的绵羊数量

（资料来源：SAGPyA，2001 年）

三、土地使用权

如图 4-3 所示，私有制是当地最主要的土地利用制度（Peralta，1999）。永久使用权占主导地位，但依法占有也很明显。未围栏公共土地是农场的一小部分，在内乌肯很重要。土地使用权的变化与殖民化进程的关系将在下文中阐述。

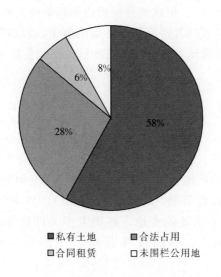

图 4-3 阿根廷巴塔哥尼亚的土地利用方式

（一）原住居民分布

在殖民统治之前当地已有很多种族。马普切人居住在西北部，斯太普草原的陆地区域多居住着德卫尔彻人，奥纳斯人多居住于火地岛的斯太普草原区域。这些均为"陆地文化"（Borrero，1997）。德卫尔彻人及奥纳斯人均为游猎民族。在火地岛的比格尔海峡沿岸还存在着"海洋文化"，在一定程度已被欧洲人所同化（Martinic，1997）。德卫尔彻文化受欧洲殖民文化影响极大，围栏及私有制观念限制了游猎的发展。Martinic（1997）指出，"殖民者与印第安人的文化交流是单向的，主要从殖民者传向印第安人。这影响到后者的狩猎及捕鱼工具、习俗、与自然资源之间的关系、社会行为、健康以及生存的发展"。幸存者大多成为农场主的雇工，过不了几代就会丢失他们的语言及文化，德卫尔彻人的文化仅在牧羊及饲喂马匹等方面有所保留。

马普切人较为幸运一些，在为殖民者们赋税的前提下得以保存他们的文化并生存下来，他们的后代生活在内乌肯、里奥内格罗西部以及丘布特西北部。3 000多户农户以在公共草原放牧绵羊及山羊为生（Casas，1999）。一些农户经过法律允许，用围栏等方式划分出单独的放牧地。而其他人在普通草地上实行家畜从低海拔的冬季牧场到高海拔的夏季牧场的季节性迁移的放牧方式（Casas，1999）。

（二）威尔士移民

1866年威尔士移民在靠近大西洋海岸里奥丘布特低谷地区建立了他们的殖民地（Mainwaring，1983）。但这些移民者也面临着极大的生存困难，直至1885年仍无明显改善，一些牧马者西行至安第斯山脚下，以放牧绵羊为生定居下来。直到他们掌握并发展了灌溉和基本放牧技能后，移民生活才开始有所改善（Mainwaring，1983）。

（三）先前移民者

最早的移民在1885年（Barbería，1995）来到这里。布宜诺斯艾利斯政府让出一些土地给移民者。在Moyano的政要访问了富克兰群岛之后，移民们开始在最适宜绵羊生长的草地上饲养绵羊，比如接近安第斯山脚、圣克鲁斯南部以及火地岛北部的斯太普草原（Lafuente，1981）。到1908年家庭或公司经营的大型牧场已经占据了主要的土地。移民大多为西班牙人、苏格兰人、英国人、德国人以及法国人。移民最终获得了土地私有权（Lafuente，1981；Barbería，1995）。

（四）最后一批移民者

前期移民的成功激起了新的移民潮，1940 年以前占据的是巴塔哥尼亚较干旱地区，而此后就完全变为移民者的天堂（Barbería，1995）。到 1980年、国家立法机构禁止向现有的公共草地自由迁移（Lafuente，1981）。在限制私人购买土地数量的尝试中，没有考虑到载畜量的情况，因巴塔哥尼亚被划分为一些大小相同的区域分给居民（Barbería，1985），大多数居民得到的是数量有限且生产力较低的草地，而且过后这些土地又都承载了过高的放牧压力。现在，大多数农场主通过合法占有或永久使用权的形式拥有了这些土地（Casas，1999）。

（五）管理机构

省立宪法确定了省政府对自然资源可持续利用的管理职责，这些宪法多数在20 世纪 90 年代修订并清楚地明确了这一点，但存在立法薄弱或不强制执行的问题。到 20 世纪 80 年代末，"荒漠化"被提出并成为讨论的主题，但可持续利用的政策依旧未能出台。究其原因主要是缺乏在省级及国家级水平上自然资源管理的完善体系（Consorcio DHV，1999）。现在可持续发展及环境政策联邦部门主要负责可持续发展的政策管理、计划实施、协调及执行。防控荒漠化的国民计划在 1998 年就已制定，但限于经济原因一直未能实施。

四、市场体系

（一）羊毛市场体系

巴塔哥尼亚生产的羊毛主要用于出口，国内消费量不足羊毛总产量的 10％。出口的羊毛均作为一级品。中国、意大利、德国和法国是主要出口对象（阿根廷羊毛联盟，2001）。羊毛的清洗和梳理由位于特雷利乌（丘布特）的阿根廷羊毛梳纺中心和多个跨国公司完成。巴塔哥尼亚北部和中部的牧民主要生产精美的美利奴羊羊毛，而南部主要生产杂交考力代羊的高级羊毛（阿根廷羊毛联盟，2001）。农场主将产品直接出售给羊毛加工者或出口商，他们很少有自己的集中出售或拍卖机制（Peralta，1999）。到 20 世纪 80 年代，很多羊毛加工公司纷纷创建，但大部分因为经济问题或缺乏管理技术而相继倒闭。农民为维持基本的生存，利用少量的羊毛换取一些基本生活用品（Peralta，1999）。

1994 年政府启动了一项有关羊毛品质的项目——PROLANA，防止羊毛在剪取、处理、分级和包装过程中受到污染，这极大地改善了羊毛的商品性。2000年，巴塔哥尼亚有 37％的羊毛是按照 PROLANA 项目的程序生产出来的（SAGPyA，2001）。农民对羊毛的特点及价值因而有了更多的了解，这一项目在很大程度上提高了市场透明度。

（二）肉品市场

草原生产系统每年可生产出 10 500 吨高质量的羔羊肉和羊肉（SAGPyA，2001），这些肉产品均保持纯天然、无污染、无病害、脂肪较少且味道鲜美，但当地市场对于肉品的品质并不敏感。大部分羔羊肉出口到欧洲（SAGPyA，2001）。以产毛为主的美利奴羊繁殖率较低（产羔率低于 60%），生产的羔羊较少。以产羔为主的考力代羊产肉地区主要集中在牧草丰美的圣克鲁斯南部、火地岛北部（Borrelli 等，1997；Méndez Casariego，2000）。

人们通常把羊卖给当地的屠宰场，然后由屠宰场直接供应给超市及零售商店。从历史上看，海外市场是最主要的销售对象（Lafuente，1981）。然而大量屠宰引起了牲畜数量的急剧降低，进而导致很多从 20 世纪初在当地建立的大企业（多为外企）由于缺乏能够屠宰的牲畜而倒闭。20 世纪 90 年代期间大部分羔羊都只用于当地市场消费（SAGPyA，2001）。近年来，来自圣克鲁斯的一个大型农场开始对羔羊进行加工出口工作。在这一项目中很多农民通过进行有机认证，确保了他们的产品进入高端市场。

五、自然植被

安第斯山脉以外的巴塔哥尼亚植被主要为无树灌丛及斯太普草原，而较干旱的中部平原地区为半干旱小灌木（Roig，1998）。因为缺乏水分，当地植被以旱生植物为主（León 等，1998），比如灌木，要么是布满腺毛的小硬叶，要么叶表皮很厚，且通常长得较为低矮。禾草通常叶表皮较厚，叶叠生、丛生，所以枯落物积累量较大（León 等，1998）。在河流及一些永久水源区域，由禾草、莎草及灯心草等湿地植物组成的群落，即湿地草甸，构成了斯太普草原的另一景观（Golluscio，Deregibus 和 Paruelo，1998；Roig，1998），虽然它们只占草原总面积的很小比例，但在家畜生产中却扮演了非常重要的角色。事实证明，在草原不合理管理中，它们受到的影响尤为严重（Golluscio，Deregibus 和 Paruelo，1998）。

巴塔哥尼亚所有的干旱及半干旱草原地区全部位于两个省：即巴塔哥尼亚省及蒙特省（Cabrera，1971）。后者占据了巴塔哥尼亚西部的大部分干旱土地，它的南端深入巴塔哥尼亚，几乎占据了北部地区面积的 1/3；余下 2/3 的安第斯山脉以外地区属于巴塔哥尼亚省（表 4 - 1）（Cabrera，1971）。天然植被类型的划分大多是以优势植物生活型的结构（外貌）特征为分类标准（Cabrera，1971；Soriano，1983；León 等，1998；Roig，1998），或以植物群落方法作为主要分类标准（Collantes，Anchorena 和 Cingolani，1999；Golluscio，

León 和 Perelman，1982；Boelcke，Moore 和 Roig，1985）。近年来，Paruelo，Jobbágy 和 Sala（1998b）利用从 NOAA 卫星影像上得到的生产力相关指标，将功能特征作为当地植被的分类指标（图4-5和表4-1）。这种分类法的一个优点是它提供了新型实用的植被分类标准，反映了草地的现状，而不是利用典型的结构分类图对植被的状况进行预测。这一分类法遵从 Paruelo 等（1998）提出的生物群系分组，将植被在各自植物群系的结构和功能两方面有机结合在一起。

（一）巴塔哥尼亚斯太普灌丛

巴塔哥尼亚斯太普灌丛（彩图4-5 Jg 11）几乎占半干旱地区面积的20%（Paruelo，Jobbágy 和 Sala，1998b），见彩图4-4。总的来说，这一地区的年平均降水量在200毫米以下；植被盖度在30%～50%之间，由 NDVI-I 估测的地上净初级生产力（ANPP）为每年每公顷490千克（León 等，1998；Paruelo，Jobbágy 和 Sala，1998b）。这一植被型通常由两层灌木组成：上层灌木高约100厘米，下层灌木最高不超过15～20厘米（León 等，1998）。最为常见的灌木有 *Chuquiraga avellanedae*、枸杞属植物（*Lycium ameghinoi*、*L. chilense*）、女贞（*Verbena ligustrina*）、牧豆树（*Prosopis denudans*）和 *Colliguaya integerrima*（León 等，1998；Roig，1998）。在最下层稀疏分布的草本植物有针茅属植物（*Stipa neaei*，*S. speciosa*）、阿根廷羊茅（*Festuca argentina*）和早熟禾（*Poa ligularis*）（León 等，1998）。斯太普灌丛草原分布于禾草草原和半荒漠草原的过渡地带（Paruelo，Jobbágy 和 Sala，1998b）。

（二）半荒漠和灌丛草原

半荒漠草原和灌丛草原（彩图4-5 Units Kg 11 和 Kf 11）处于相近的纬度范围，两种草原亚类的群落物种多样性都较低，平均包括19种植物（Golluscio，León 和 Perelman，1982），半荒漠草原占该地区22%的面积。该地区年平均降水量大多低于150毫米。巴塔哥尼亚的半荒漠草原生产力低于灌丛草原。根据 Paruelo，Jobbágy 和 Sala（1998b）提出的每单位（归一化植被指数）（NDVI-I）Kg 11 和 Kf 11 地上净初级生产力（ANPP）分别为每年每公顷450千克和390千克（表4-1）。从物种组成来看，Kf 11 的生产力较低，是最具代表性且退化较轻的半荒漠草原（Soriano，1983）。低矮的具叶枕的灌丛为 Kg 11 和 Kf 11 中典型的植被类型。*Nassauvia glomerulosa*、*N. ulicina* 和 *Chuquiraga aurea* 是主要物种，其伴生种有 *Chuquiraga kingii*、短枝菊（*Brachyclados caespitosus*）和墨西哥菊（*Perezia lanigera*）等（León 等，1998）。禾草如针茅属植物（*Stipa humilis*、*S. ibarii*、*S. Ameghinoi*）等，*Chuquiraga avellanedae*、*Schinus polygamus* 及枸杞（*Lycium chilense*）等一些灌木均是半荒漠草原植物群落的次生物种。一些主要物种的伴生种仅在 Kg 11 半荒漠草原出现，矮灌木有牵环花（*Azorella caespitosa*）、*Mullinum microphyllum* 和*Frankenia sp.* 等，禾草有早熟禾属植物（*Poa dusenii*、*P. ligularis*）及不常见的针茅（*Stipa neaei*）等，灌木有*Junellia tridens*（León 等，1998；Roig，1998）。

（三）灌丛-禾草和禾草-灌丛斯太普草原

灌丛-禾草草原及禾草-灌丛斯太普草原几乎跨越了巴塔哥尼亚的所有纬度范围，覆盖了干旱地区大约 20%（彩图 4-5 Jf 11 和 Jd 12）。据 Paruelo，Jobbágy 和 Sala（1998b）报道，尽管禾草-灌丛草原的 NDVI 值在生长季较高一些，但这两种类型草原创净初级生产力总体相差不大（每年每公顷 650 千克）。灌丛-禾草草原植被覆盖度达 47%，植物群落包含约 26 个物种（Golluscio，León 和 Perelman，1982）。*Adesmia campestris*、*Mullinum spinosum*、千里光（*Senecio filaginoides*）、小檗（*Berberis heterophylla*）、*Colleguaya integerrima*、*Trevoa patagonica* 和秘鲁乳香（*Schinus polygamus*）为常见的灌木（León 等，1998）。常见的禾草有针茅属植物（*Stipa speciosa*、*S. humilis*）、早熟禾属植物（*Poa ligularis*、*P. lanuginosa*），阿根廷高羊茅和*F. pallescens*，通常和莎草及苔属类植物一起出现（León 等，1998）。禾草-灌丛草原一方面是灌丛草原和禾草草原的一种过渡，另一方面又是禾草草原与山毛榉森林群落的交错带（彩图 4-5）（Roig，1998）。Paruelo，Jobbágy 和 Sala（1998b）将禾草-灌丛草原和圣克鲁斯南部和火地岛北部的草原-森林群落交错区被合并为一个单独的生物带（彩图 4-5 Ha 12）。从外貌特征来看，它们是两个不同的区域，却具有相似的功能特征，但相对于水分梯度来看，其生产力高于禾草-灌丛草原。除了*Junellia tridens*、*Nardophyllum obtusifolium*、*Berberis buxifolia* 和*Chiliotrichum diffusum* 这些灌木，以及针茅（*Stipa ibarii*）、早熟禾（*Poa dusenii*）、羊茅属植物（*Festuca pallescens*、*F. gracillima*、*F. pyrogea*）这些禾草，禾草-灌丛草原的主要物种与上文提及的基本相同（León 等，1998；Roig，1998）。

（四）禾草斯太普草原

禾草草原（彩图 4-5 Id 12）沿着安第斯山脉呈带状分布，同样跨越了巴塔哥尼亚大陆的所有纬度范围，并延伸到的南部，直至大西洋，在火地岛大陆及其北端绕开麦哲伦海峡周围领域的麦哲伦草原（彩图 4-5）（Paruelo，Jobbágy 和 Sala，1998；Cibils 和 Coughenour，2001）。这一植被类型所在区域年平均降水量达 250 毫米。据 Paruelo，Jobbágy 和 Sala（1998）的报道，NDVI—I 得出的平均地上净初级生产力约为每年每公顷 900 千克。亚安第斯及麦哲伦草原的植物种类分别为 34 种和 40 种（Golluscio，León 和

Perelman，1982；Boelcke，Moore 和 Roig，1985）。亚安第斯禾草草原植被覆盖度约为 65％，其中羊茅（*Festuca pallescens*）占到总覆盖度的 70％，常与 *F. magellanica*、*F. pyrogea*、发草（*Deschampsia elegantula*、*D. flexuosa*）、梯牧草（*Phleum commutatum*）、披碱草（*Elymus patagonicus*）和 *Rytidosperma virescens* 一起出现（León 等，1998）。麦哲伦草原存在两种不同的形式：东部陆地的干旱草原，西部、东南部以及火地岛北部的湿地草原，降水量通常可达到 350 毫米，植被覆盖度为 60％～80％。两种形式的麦哲伦草原主要植物种均为高 25 厘米的丛生禾草羊茅（*Festuca gracillima*），是这一生态系统中最为常见的生活型（Boelcke，Moore 和 Roig.，1985；Collantes，Anchorena 和 Cingolani，1999）。其他一些禾草以及类禾草也都与丛生草有关，比如早熟禾（*Poa dusenii*、*P. poecila*）、*Rytidosperma virescens*、雀麦（*Bromus setifolius*）、曲芒发草（*Deschampsia flexuosa*）、冰草（*Agropyron magellanicum*）、羊茅（*Festuca magellanica*）、细弱剪股颖（*Agrostis tenuis*）、苔草（*Carex andina*、*C. argentina*）等（Boelcke，Moore 和 Roig，1985）。麦哲伦湿地草原冰碛山的南坡禾草草原混杂着帚石楠丛生灌丛，以岩高兰（*Empetrum rubrum*）为优势群落（Collantes，Anchorena 和 Cingolani，1999）。

（五）蒙特灌丛地及蒙特群落交错区

巴塔哥尼亚有 1/3 的半干旱地区被蒙特植被覆盖（彩图 4-5 Jh11，Ig4 及 Hg11，彩图 4-6），地上净初级生产力（ANPP）在每年每公顷 650～730 千克之间（Paruelo，Jobbágy 和 Sala，1998b）。Hg11 灌丛地生产力最高，而且还是蒙特及旱生林植物地理区划之间的群落交错区（Cabrera，1971；Paruelo，Jobbágy 和 Sala，1998b）。年降水量不足 200 毫米，且一年四季降水分布较均匀（León 等，1998；Paruelo，Jobbágy 和 Sala，1998b）。这些生物群系中最为常见的植物是 *Larrea divaricata*，其伴生种有 *L. cuneifolia* 和 *L. nitida*，其他一些灌木有牧豆树（*Prosopis alpataco*）和 *P. flexuosa*，及枸杞（*Lycium* spp.）、*Chuquiraga* spp.、麻黄（*Ephedra* spp.）和滨藜属（*Atriplex* spp.）的植物，禾草有针茅属（*Stipa tenuis*、*S. speciosa*、*S. neaei*）、早熟禾属（*Poa ligularis*、*P. lanuginosa*）植物（León 等，1998）。对于亚南极森林及森林群落交错区的相关描述，参见 Veblen，Hill 和 Read（1996）及其参考文献。

六、牧业和农业系统

干旱和半干旱草原几乎为单一放牧绵羊生产系统（彩图 4-7 和 4-8）。

一些可灌溉河谷，以水果及园艺作物集约化种植的农业活动为主，几乎不存在绵羊农场（Borrelli 等，1997）。在安第斯附近的一些山脉地区养牛比较普遍，由于森林的存在以及山峰险峻且捕食者较多，在此地牧羊非常困难。在蒙特地区，主要以饲养绵羊为主。绵羊牧场旅游业发展很快，尤其是在安第斯山脉分布有湖泊、高山和冰川的地方（Borrelli 等，1997；Méndez Casariego，2000）。

绵羊牧场一般为粗放型经营，平均每个牧民有 3~4 个 5 000 公顷的围栏牧场，没有补饲。干草及青贮的作用不大，专门的饲料成本又太高。即使在寒冷的冬天，家畜都是在草地自由放牧，无舍饲，在大雪期间，家畜的死亡率很高（Sturzenbaum 和 Borrelli，2001）。绵羊每年被集中 3~4 次，它们的饮水来自于泉、湖、河、人工湖和风车抽取的地下水。

巴塔哥尼亚没有疯牛病（BSE disease）或口蹄疫（FMD）（Robles 和 Olaechea，2001）。外界环境限制了体内寄生虫的生存，通常也不需要驱虫剂（Iglesias，Tapia 和 Alegre，1992）；家畜也不用使用抗生素或激素治疗。就食品质量安全及无污染而言，巴塔哥尼亚生产的畜产品是最好的。尽管如此，自 20 世纪 80 年代以来，羊群数量一直在不断减少（见图 4-2），就目前情况而言，无论从经济、生态还是社会的角度分析，该地区草场经营均不具有可持续性（Noy-Meir，1995；Borrelli 和 Oliva，1999；Pickup 和 Stafford-Smith，1993）。低价的羊毛，小规模农场，落后的技术，土壤沙化，冬天过高的死亡率，捕食损失，农民的高额债务及缺乏可持续发展的政策，是这一地区的集中体现。（Borrelli 等，1997；Consorcio DHV，1999）。

绵羊生产系统

巴塔哥尼亚绵羊生产条件和分布情况差异较大，除了上面所总结的一般特征外，主要资源情况如下：

● 降水和温度呈梯度分布，形成十二个草原植被类型，且初级、次级生产力及草原发展潜力均不相同的生物群系（上文自然植被部分已讨论过）。

● 绵羊生产是唯一的收入来源，畜群大小决定了牧民的收入。因此农场规模，即农场里放牧饲养的绵羊数量，由可放牧面积及其承载力决定。

农场可划分为三类（表 4-2）：①大型商业化农场，拥有 6 000 只以上绵羊，通常来自于最早的居民，且占据了最肥沃的草地。②中小型商业化农场，在较干旱地区，畜群数量在 1 000~6 000 只之间，最近羊毛价格的波动让他们遇到了严重的经济危机。③维持生计的农场，畜群数量小于 1 000只，主要集中在巴塔哥尼亚西北部，绝大部分属于本土居民，在没有围栏的公共草地放牧。

表 4 - 2　阿根廷巴塔哥尼亚分布的农场规模（％）

省　份	标　准	小型农场	中小型农场	大型农场
丘布特	按农场数量	52	43	5
	按绵羊头数	8	61	31
内乌肯	按农场数量	89	9	2
	按绵羊头数	20	44	36
里奥内格罗	按农场数量	69	30	1
	按绵羊头数	20	64	16
圣克鲁斯	按农场数量	16	65	6
	按绵羊头数	2	49	49
Tierra del Fuego	按农场数量	—	37	63
	按绵羊头数	—	10	90
阿根廷巴塔哥尼亚总体	按农场数量	54	40	6
	按绵羊头数	8	54	38

资料来源：数据引自 Casas，1999 年。

　　巴塔哥尼亚超过半数的牧民都很贫困，他们总共拥有的绵羊头数还不到总数的 10％（Casas，1999；表 4 - 2）。而另外的牧民大部分由于受农场规模限制，净收入不能满足他们的经济预期值。一些大型农场的运营在经济上是相当可观的，几乎拥有绵羊总数的 40％。从北到南农场规模呈现出递增的趋势，西北地区（Neuquén）小型农场十分普遍，火地岛大型农场比其他任何省份都多（表 4 - 2）。生物带与农场规模的结合（与农场的运营方式有关）让放牧系统范围更广阔，在生产目标、生产力及可持续发展等方面形成一定的差异。

七、放牧管理

　　农场主通常依靠个人主观判断和以往的经验制定放牧管理计划（Golluscio 等，1999），除了高海拔地区仅在夏季放牧，围栏区都是常年放牧（Borrelli 和 Oliva，1999）。在地域广阔且围栏较少的地区，要排除采用控制放牧方法的可能性，尤其是可利用牧草产量较低的区域（如草甸与干旱草原）（Golluscio 等，1999）。

　　确定放牧率是牧业发展计划中最重要的内容。在德国技术合作公司（GTZ）的援助下，阿根廷国家农业技术研究所（INTA）根据卫星图像和现场测量，改进了牧场评估方法。卫星影像和现场测量为制定健全的放牧计划提供了客观信息。适应性管理是基于改进计划执行-监测-评估循环体系构成的管理方式（Borrelli 和 Oliva，1999）。

　　传统管理方式在大部分区域造成了持续的过度放牧，从而导致大范围的草地退化（Oliva，Rial 和 Borrelli，1995；Consorcio DHV，1999）。Del Valle

（1998）估计 65％的巴塔哥尼亚地区严重退化，17％的中度退化，仅 9％受轻度影响。没有任何一个区域可以忽略放牧对草地的影响。DHV 报告估计，75％的巴塔哥尼亚草地严重退化（Consorcio DHV，1999）。少数小型农场主采用了推荐的方法，在畜产品生产和草地保护两方面均收到良好效果（Borrelli 和 Oliva，1999）。

八、绵羊管理

冬季严寒和春季饲草生长旺盛形成了秋季配种、春季产羔的生产经营模式。传统上剪羊毛一般在 11 月份和次年的 1 月份之间进行，但随着对羔羊剪毛现象的增多（由于羔羊的增重、母羊存活率的提高以及羊毛质量要求），剪毛时间已提前到 9～10 月份。由 PROLANA 提出的 Tally Hi 和 Bowen 剪毛法目前已广泛推行，每年可剪毛 2～3 次。羔羊需要断尾，公羊要在阉割和屠宰前做记号。疥疮（疥癣）是最普通的绵羊疾病（Robles 和 Olaechea，2001），但它仅限于一些区域，因此没有什么必要普及医治疥疮的药品。

九、绵羊品种与遗传改良

该地区有两种主要的绵羊品种：美利奴（细毛）羊（Merino）和考力代羊（Corriedale）。在生产中，依据对羊毛或羔羊生产的不同需求选用不同的绵羊品种。

（一）细羊毛生产系统

在圣克鲁斯南部和火地岛北部地区美利奴（细毛）羊占优势地位，几乎占到巴塔哥尼亚地区羊群总数的 75％；其分布与干旱环境密切相关，肉制品生产因牧草营养成分的限制而受到制约，农牧业以细羊毛生产为宜（纤维平均直径 20.5 微米）。羊毛的销售收入占到农场总收入的 80％（Méndez Casariego，2000）。巴塔哥尼亚美利奴（细毛）羊是在过去 30 年中，利用阿根廷美利奴（细毛）羊与引进的澳大利亚美利奴（细毛）羊改良培育形成的。阿根廷美利奴（细毛）羊育种协会（AMBA）已实施了一个遗传改良计划，包括具有国际商标协会（INTA）技术支持的公羊后代测试。AMBA 已检测了大约 50 只具有家系记录和多个开放核心群的美利奴（细毛）羊种羊。

（二）羔羊和杂交细羊毛生产系统

圣克鲁斯南部和火地岛北部的草原牧草生长较好，因而更适宜肉品生产（表 4-3）。在该区域，20 世纪中叶引进的考力代羊生长良好。本地种羊育种场向商业农场主提供优质种羊。在国际商标协会与德国技术合作公司联合指导下，进行了对最优种羊后代的测试。许多肉羊品种如特塞尔绵羊（Texel）、南丘羊（Southdown）和汉普夏羊被引进，用于改良羔羊性状，如提高生长率、降低脂肪、改善胴体状况等（Mueller，2001）。

表4-3 巴塔哥尼亚放牧条件下植被的变化

生物带	放牧条件下植被的变化		引文
	起 始	现 状	
半荒漠（Semi-deserts）	*Nassauvia glomerulosa*（低矮饲料灌木）+*Poa dusenii*（适口性好的牧草）	*N. ulicina*（适口性差的低矮灌木）	Bertiller，1993a
灌木-禾草草原（Shrub-grasssteppes）	棘米（*Mullinum spinosum*，饲料灌木）+甜西番果（*P. ligularis*）（适口性好的牧草）	千里光（*Senecio* sp.）（适口性差的灌木）+针茅（*Stipa humilis*，适口性差的牧草）	Bonvissuto 等，1993；Fernández 和 Paruelo，1993
禾草-灌木草原（Grass-shrubsteppes）	楼鹪鸪（*Festuca pallescens*）（适口性好的牧草）+棘米（*M. spinosum*，饲料灌木）	*Senecio filaginoides*（适口性差的矮灌木）+棘米（*M. spinosum*，饲料灌木）+针茅（*Stipa* spp.，适口性差的牧草）	Paruelo 和 Golluscio，1993
禾草草原（Grass steppes）	楼鹪鸪（*F. pallescens*）（适口性好的牧草）+	楼鹪鸪（*F. pallescens*，适口性好的牧草）+棘米（*M. spinosum*，饲料灌木）+千里光（*Senecio* sp.，适口性差的灌木）	Bertiller 和 Defossé，1993
	楼鹪鸪（*F. pallescens*）（适口性好的牧草）+	无瓣蔷薇（*Acaena* sp.）（适口性差的低矮灌木）	Bertiller 和 Defossé，1993
	细长翼根管藻（*F. gracillima*，适口性差的牧草）	*Nassauvia* sp.（适口性差的低矮灌木）+针茅（适口性差的牧草）	Oliva 和 Borrelli，1993
灌木草原（Shrubsteppes）	*Schinus* sp.（适口性好的灌木）+*Prospidastrum* sp.（适口性好的灌木）+针藻（*Stipa tenuis*，适口性好的牧草）	*Grindelia chiloensis*（适口性差的矮灌木）	Nakamatsa 等，1993
	Chuquiraga avellanedae（适口性差的灌木）+针藻（*Stipa tenuis*，适口性好的牧草）	*Chuquiraga avellanedae*（适口性差的灌木）	Rostagno，1993

注释：物种顺序与它们在植物群落中的地位相关。

资料来源：该表是对巴塔哥尼亚不同生物带分类的综合，由 Paruelo 等（1993）编制。

十、过去 40 年巴塔哥尼亚草原的演变

　　通常人们认为在巴塔哥尼亚，不太适于放牧家养有蹄类动物，因为整个区域的植物群落是有蹄类动物轻度放牧条件下演替的（Milchunas，Sala 和 Lauenroth，1988）。尽管最近 Lauenroth（1998）对此观点提出异议，但通常认为，尤其在 20 世纪后期的 40～50 年，几乎整个巴塔哥尼亚草原由于绵羊影响而发生了显著变化（Golluscio，Deregibus 和 Paruelo，1998；Paruelo 等，1993）。

　　一般认为适口性较好的牧草被适口性差的木本植物所代替是草原植被退化的标志（Bertiller，1993a）。生物带间植物生活型的更替，取决于各个生态系统的非生物因素（Sala，Lauenroth 和 Golluscio，1997；Perelman，León 和 Bussacca，1997）。根据 Westoby，Walker 和 Noy Meir（1989）提出的非均衡草地生态系统的"状态和变化"概念模型，巴塔哥尼亚大部分生物带植物物种的更替过程已经被描述（见表 4 - 3）。根据该模型，植物群落在可转化的稳态之间转换，而不是以线性方式向预期顶极的演替。植物成分的变化是由生物和非生物的特定组合形成的。在巴塔哥尼亚，植物群落的变迁过程几乎常常是不可逆的，不仅草地载畜量下降，同时水资源利用率也降低，从而导致年地上净初级生产力（ANPP）的全面下降（Aguiar 等，1996）。在一些例子中，退化造成了土壤物理性质的永久改变，从而导致表层土壤密度的改变（Oliva，Bartolomei 和 Humano，2000）。

　　尽管对巴塔哥尼亚植被可交换的稳定状态已进行过相当详细合理的描述，但从一种形态向另一种形态变迁的因素，还没能在可控试验条件下进行过验证（Bertiller，1993b）。过高的估计承载能力、草原羊群分布的不均衡、每年的连续放牧都被认为是造成过去 50 年草场退化的可能因素（Golluscio，Deregibus 和 Paruelo，1998）。

　　一份来自圣克鲁斯省绵羊数量最高峰的分析报告显示，早期牧民对系统的载畜能力估计偏高，这在中部高原的半荒漠化草地上尤为显著（图 4 - 5 Kg 11），那里的放牧率一般高于承载能力估计值的 60%（Oliva 等，1996），但现在绵羊数量已下降到系统承载能力预期值以下（Cibils，2001）。1931—1960 年期间，麦哲伦海峡以北斯太普干旱草原绵羊数量的变化，很大程度上可用年平均降水量的变化来解释（$r^2=0.97$，$p=0.02$；Cibils 和 Coughenour，2001），这是一个用来反映与 ANPP 线性相关的变量（Sala 等，1988；Paruelo 和 Sala，1995）。1970 年以后，这种相关性消失了，进入了第二阶段。尽管年均降水量整体上增加，但在该阶段绵羊数量在下降（Cibils 和 Coughenour，2001）。有趣的是，1960—1970 年是 20 世纪最为干旱的 10 年；这 10 年间或者之后系统可能某个时间出现突破点，过度放牧与长期干旱共同作用，造成降水量（或 ANPP）与绵羊

数量之间关系的重大转变（Cibils 和 Coughenour，2001）。

在广阔草原上绵羊放牧区的空间分布是很不均衡的，主要与水源点的分布有关（Lange，1985）。部分草原的绵羊密度是整个草原绵羊平均密度的 0.02～8 倍（Lange，1985）。尽管很少有人衡量巴塔哥尼亚草原区的放牧分布，但有证据证实了存在 Lange（1985）所描述的放牧模式。放牧分布的不均衡性造成当地草原的退化，引发严重侵蚀，特别是受影响区域的敏感性更为明显，如湿地草原（Borrelli 和 Oliva，1999；Golluscio，Deregibus 和 Paruelo，1998）。

由于绵羊是选择性食草动物，连续放牧往往加剧了对草原利用的不均衡性。在草原生物群系的几个随机点进行轮牧制度的研究表明其可弱化绵羊选择性采食带来的负面影响。就家畜生产力和草原条件来看，试验结果大部分与适度连续放牧系统相类似（Borrelli，1999；Anchorena 等，2000；Paruelo，Golluscio 和 Deregibus，1992）。在大多数情况下，采用灵活适度放牧率（即使在每年的放牧计划内）是实现巴塔哥尼亚草原长期可持续发展的最有效的管理方式。

十一、正在实施的管理、恢复和维持生物多样性的研究

（一）研究工作

有关干旱和半干旱草原生态系统最新研究摘要的回顾，刊登在阿根廷生态协会（2001 年 4 月会议）和阿根廷动物科学协会（2000 年 10 月会议）近期的会议公报上。对巴塔哥尼亚的研究，大约 30% 在蒙特地区，近 40% 在灌木和灌木-禾草草原，约 20% 在巴塔哥尼亚禾草草原，剩下的 10% 是对区域范围、温室或者湿地的研究（彩图 4-9）。这些结论具有一个共同的特征，即缺乏相对可操作性的试验；大多数结论主要通过观察研究获得。研究频率较高的是放牧对植被和土壤变化的影响（研究超过 30% 以上）；其次是对生态系统水和氮影响的研究（分别占 13% 和 10%）；第三，是对火灾对生态系统影响的研究（占近期研究的10%）。关于野生生物的研究和观察占 9%；关于对生态系统过程的研究，如初级生产力和分解力，分别占所有研究的 9% 和 5%。卫星影像的分析和模拟模型的应用研究，在以往的研究中仅占到 4%。

当前对放牧（主要是牧羊）的主要研究是放牧对以下方面的影响：即斑块或景观尺度上巴塔哥尼亚灌丛生态系统中的植被结构（Ares，Bertiller 和 Bisigato，2001b；Cecchi，Distel 和 Kröpfl，2001；Ciccorossi 和 Sala，2001；Ghersa 等，2001；Ripol 等，2001），当地空间尺度上整个群落的植物多样性或濒危植物种群的遗传多样性（Aguiar，Premoli 和 Cipriotti，2001；Cesa 和 Paruelo，2001；Cibils 等，2000），湿地草原生产率（Collantes，Stoffella 和 Pomar，2001；Golluscio 等，2000；Utrilla 等，2000），本土优势丛生禾草的数量变化（Weber 等，2000；Oliva，Collantes 和 Humano，2001），灌木的种间关系（Cipriotti 和 Aguiar，2001），灌木冠丛形状（Siffredi 和 Bustos，2001），植被构成变化相关的土壤氮素矿化率（Anchorena 等，2001），土壤紧实度相关的灌木更替（Stofella 和 Anchorena，2001）和蒙特灌木草原藓类植物导致土壤结皮（Silva 等，2001）。最后，包括放牧对区域尺度上食草动物采食量和产羔率影响的研究（Hall 和 Paruelo，2001；Pelliza 等，2001）。在巴塔哥尼亚生态系统第一和第二生产力的调节过程中，水源是最重要的单一因素。氮动力学与水分供应紧密联系。尽管过去几十年已有许多关于不同生活型植物对水分利用方面的研究（Sala，Lauenroth 和 Golluscio，1997），但对于水与氮共同作用的相关研究近几年才兴起。正在进行的少数可控野外试验中，仅有一项属于这个领域，该试验在灌木草原生态系统中利用遮雨设施，研究干旱对于生产力、氮矿化的影响（Sala，Yahdjian 和 Flombaum，2001）。目前关于水的影响作用研究包括：缺水对濒危草种萌发的影响（Flombaum 等，2001），在草原-森林交错带上羊茅生长中水和光的竞争性模拟试验（Fernández，Gyengue 和 Schlichter，2001），灌木丛下径流对土壤含水量的作用（Kröfl 等，2001），温室试验中早熟禾（*Poa ligularis*）对脱叶和水协迫的响应（Sáenz 和 Deregibus，2001）。最近，正在进行的氮动力学的研究涉及以下内容：禾草草原生态系统（Sain，Bertiller 和 Carrera，2001）和蒙特灌木草原（Carrera 等，2001）中不同生活型植物落叶层含氮量对于土壤氮素组分的影响，不同水平的土壤氮素组分对于早熟禾个体雌雄分离的影响（Bertiller，Sain 和 Carrera，2001），与放牧相关的土壤氮素矿化率（Anchorena 等，2001），具有不同含氮量落叶层的分解率（Semmartin 等，2001），巴塔哥尼亚 26 种植物的氮素使用效率（连同水分利用效率）（Golluscio，Oesterheld 和 Soriano，2001）。

火烧对于巴塔哥尼亚生态系统的影响研究，近期主要集中于自然火发生后对植被的追踪监测。这类研究包括：燃烧后次生演替模式研究（Ghermandi，Guthmann 和 Bran，2001；González 等，2001；Rafaelle 和 Veblen，2001），引起火灾的生命和非生命（包括大气）的条件（Defossé 等，2001；De Torres Curth，Ghermandi 和 Pfister，2001），火对于成熟丛生草或土壤种子库种子存活的影响（Gittins，Bran 和 Ghermandi，2001；González，Ghermandi 和 Becker，2001）。几乎所有与火有关的研究都是在灌木草原生态系统或草原-森林交错带进行的。

目前关于巴塔哥尼亚野生动物的研究包括：动物数量的调查，绵羊密度与饲草供给相关的原驼数量（Baldi，Albon 和 Elston，2001）；运用改进的田间观测方法，计算美洲驼的密度（Rhea densities）（Manero 等，2001）；巴塔哥尼亚南部的候鸟种类统计（Manero 等，2001）；捕食者与猎物的关系，研究狐和欧洲野兔的数量，以及灌丛草原生态系统许多食肉动物的食性（Donadío 等，2001；Novaro 等，2001）；美洲驼栖息地的利用（Bellis 等，2001）；与干旱相关的鹿繁殖生态学（Flueck，2001）。

目前，关于巴塔哥尼亚生态系统 ANPP 的研究涉及以下方面：牧场条件（Bonvissuto，González Carteau 和 Moraga，2001）、放牧制度（Collantes，Stoffella 和 Pomar，2001）、植物生活型间的竞争（Schlichter，Fernández 和 Gyenge，2001）、饲草生产（Bustos 和 Marcolín，2001）。区域尺度上运用 NDVI 的卫星影像分析法一直是用于 ANPP 评估的工具（Fabricante 等，2001）。沿降雨梯度对区域尺度上植物分解的研究（Austin 和 Sala，2001），植物群落及其凋落物氮含量与物种演替状况（Semmartin 等，2001）。有关非禾本科草本植物分解紫外线-β辐射增强的研究。紫外线-β辐射增强是由南半球高纬度臭氧层稀薄引起的（Pancotto 等，2001）。

许多正在进行的研究项目包括对一些灌木物种生物学方面的研究。即灌木次生化合物（Cavagnaro 等，2001；Wassner 和 Ravetta，2001），属内灌木遗传多样性（Bottini 等，2001），修剪或克隆处理的影响（Arena，Peri 和 Vater，2001；Peri，Arena 和 Vater，2001），与降雨梯度相关的灌木物种的隔离（Marcolin 和 Bustos，2001），同域灌木分布模式或形态特征（Stronatti 等，2001；Vilela，Agüero 和 Ravetta，2001），以及灌木中昆虫食草的影响因素（D'Ambrogio 和 Fernández，2001；Villacide 和 Farina，2001）。

少数研究涉及种子生物学或萌芽动力学的研究，探讨其与微生物存在（Villasuso 等，2001）、凋落堆积物（Rotundo 和 Aguiar，2001）、植物生活型（Vargas 和 Bertiller，2001）或放牧的关系（Oliva，Collantes 和 Humano，2001）。最后，还有一少部分研究涉及内容较为复杂，包括从耕地牧场的次生演替模式到巴塔哥尼亚地区一系列草原的内生植物真菌等多方面内容（Cibils，Peinetti 和 Oliva，2001；Vila Aiub 等，2001）。

（二）管理活动

过去 10 年，由于对规范放牧和降低植被退化管理的需要，发展了许多以植被为基础的草原评估程序（assessment routines）。由政府机构或私人顾问（主要由 INTA 提名）应用于阿根廷巴塔哥尼亚地区几乎所有省份（Borrelli 和 Oliva，1999；Nakamatsu，Escobar 和 Elissalde，2001；Bonvissuto，2001；Siffredi 等，2002）。

在里奥内格罗和丘布特省（一般是具有灌木草原植被的区域）应用的牧场评估放牧方法基本包括：植被覆盖率的测量（尤其饲草植被覆盖率）和运用年降水量数据估计 ANPP（Golluscio，Deregibus 和 Paruelo，1998）。在圣克鲁斯应用的程序包括（一般应用于禾草草原和半荒漠化草原）：饲草生物量的测定（低矮

禾草、莎草和非禾本科草本植物）和草地关键物种留茬高度（Borrelli 和 Oliva，
1999）。所有方法都可输出对绵羊载畜能力的估计值。以生物量为基础的方法涉
及每年一度的调查，以植被覆盖率为基础的方法不被采用。所有评估程序完全是
劳动密集型的，在一些实例中，运用最新技术工具进行评估，但在经济上并不可
行。当地正在通过多种努力来降低人工成本，促进草原评估在更大范围内的
使用。

布宜诺斯艾利斯大学（IFEVA-UBA）的科学家运用陆地卫星 TM 影像分
析法，从 NDVI 值获得初级生产力的估算值，从而计算牧场的承载力（Paruelo
等，2001）。另一种方法是国家农业技术研究所（INTA）的科学家目前正在使
用的调查研究方法，用实践或机械模拟模型预测饲草供应的年周期波动，相应调
节动物数量。理论方法是运用季节性降水数据，根据干旱或水分盈余的年内模型
（within-year patterns）调整放牧率（Rimoldi 和 Buono，2001）。技术方法包括
现有的空间技术直观模型的参数化，该模型允许在景观尺度上模拟初级生产力和
许多不同时间尺度下的放牧。这个方法可应用卫星影像分析法，对生产力估计值
进行校准（Ellis 和 Coughenour，1996）。

近年来，从单个农场到景观及生态系统各个尺度上，对长期监控工具的
需求日益增加。现行牧场评估程序（绝大多数情况）不能提供有用的长期监
控信息。此外，放牧以外的土地，如供石油开采或其他矿产开采，要根据其
产生的环境所造成的干扰调整监测工具。在巴塔哥尼亚地区的几个关键区
域，过去 10 年采用陆地卫星 TM 影像分析法制作了巴塔哥尼亚草原基况
（荒漠化程度）的详细记录（del Valle 等，1995）。随着卫星影像可用性的增
强，遍及该区域的许多研究所的配置，将用作区域尺度上多时段牧场的监
控。在较小空间尺度上，Ares 等（2001a，b）运用航拍影像和空间直观模
拟模型，正在完善蒙特灌木草原景观尺度放牧条件下，对植被结构变化进行
追踪的监测方法。

十二、草地恢复措施

草地恢复通常采用专业的栽培技术，如播种披碱草属植物和根茎型禾草来保
护严重侵蚀地区沙砾堆积的土壤稳定性（Castro，Salomone 和 Reichart，
1983）。由圣克鲁斯省农业局（Consejo Argario Provincial）和国家农业技术研究
所（INTA）进行的所有恢复工作，几乎都获得了成功。目前这个领域的绝大部
分工作已转向对采矿和石油工业破坏草地的恢复（Baetti 等，2001；Ciano 等，
2001），这项工作以及其他与放牧有关的恢复活动还在持续（Magaldi 等，2001；
Becker，Bustos 和 Marcolín，2001；Rostagno，2001）。

目前，恢复措施包括：发展或改良技术，促进石油原位生物降解（尤其石油

泄漏影响湿地草原栖息地）（Luque 等，2000；Nakamatsu 等，2001b）；在表土已退化的区域内进行自然资源保护性耕作（Ciano 等，2000）；选择本地原生杂草种类，在严重退化环境中进行植被重建（Ciano 等，1998）；在目前的许多修复工程中，应用滨藜属、胶草属、柽柳属灌木，建植率几乎达到 70%（Ciano 等，2001）。

目前，在巴塔哥尼亚南部地区最古老的油田（圣克鲁斯北部和丘布特南部）实施许多土地复垦，主要在灌木-禾草草原和半沙漠化生物带上。最近，南部半荒漠化生物带（圣克鲁斯省）上的许多大型采矿工程，推动了土地复垦技术的快速发展和需求，当地大专院校正在努力满足这一技术需求。今后 10 年内，矿山复垦将可能是巴塔哥尼亚一定区域内植被恢复应用研究发展最快的领域。

十三、生物多样性维护

在巴塔哥尼亚干旱和半干旱草原已被收录的维管植物种有 1 378 种（Correa，1971），几乎都是被子植物，近 30% 的物种是本土种。巴塔哥尼亚收录的所有植物物种中大概有 340 种外来植物，它们的分布仅限于房屋周边、围栏和公路区域，但无论如何，它们都不会成为本土草原植物群落的组成部分（Soriano，Nogués Loza 和 Burkart，1995）。由于其特有的植物分布，在全球多样性保护项目中，巴塔哥尼亚最近被列为"植物多样性中心"，该项目受到史密森学会（美国）国家历史博物馆、世界保护联盟和世界自然基金会的资助（史密森学会，1997）。

已经证明，放牧绵羊导致当地适口性好的饲草植物灭绝，改变了放牧植物群落物种的相对丰富度，降低了巴塔哥尼亚各个生态系统维管植物的多样性（Schlichter 等，1978；Perelman，León 和 Bussacca，1997；Oliva 等，1998；Cibils 等，2000；Cesa 和 Paruelo，2001）。Soriano，Nogués Loza 和 Burkart（1995）等研究者在以 1993 年描述的放牧情况下植物物种演替模式的基础上，收集了 76 种巴塔哥尼亚濒危物种的名单，其中 1/4 是禾本科植物。尽管 Soriano，Nogués Loza 和 Burkart（1995）所列物种濒危的严重程度不一样，但这个名单对于指导保护工作显然是一个好的开端。尽管他们没有明确地提出生物多样性问题，就目前而言，为防止过度放牧以及降低本土物种的消失提供了宝贵经验。沿着巴塔哥尼亚安第斯山脉地区的许多国家公园涵盖了草原-森林交错带，但遗憾的是，在巴塔哥尼亚干旱和半干旱地区很少有自然保护区（Villamil，1997）。目前该区只有 2 个保护区，不足整个区域面积的 0.1%，即丽布兰卡国家公园（Laguna Blanca National Park，位于内乌肯省，建于 1940 年，占地面积 110 千米^2）和博斯克斯天然纪念碑

（Bosques Petrificados Natural Monument，位于圣克鲁斯省，占地面积 100 千
米²）（Villamil，1997）。

种子生产

在巴塔哥尼亚南部地区，虽然一些本土植物试验性播种已取得成功，但在栽
培条件下本土植物种的饲草生产力仍低于引进牧草和豆科植物的生产力
（Mascó，1995）。由国际商标协会和联合国粮农组织资助的项目于 60 年代在退
化土地上进行了补播试验（Molina Sanchez，1968），在许多地区的试验播种获
得了生物学意义上的成功，但其在低水分环境下的生产力限制了商业上的应用
（Mascó 和 Montes，1995），更为主要的是因为绵羊生产被认为是这里唯一的经
济活动。

这些结论将本土种子生产限定于有限的地区，即圣克鲁斯西部地区和丘布特
中南部地区收获少量的披碱草和 *E. arenariu* 用于固定沙丘；该区域内建立了两
个基因库，一方面从天然植被中收集储存种子，另一方面也在试验小区-繁殖一
些材料（Montes 等，1996）。特雷利乌（丘布特）国家农业技术研究所 INTA
试验站的科学家们正在改进采油区复垦技术。建立苗圃繁殖灌木种质，如滨兰帕
在受到破坏的地区建立种植园。目前还没有公共或私人资金用于荒漠化地区本土
植物物种的恢复及培育。

十四、经验教训与建议

巴塔哥尼亚大部分牧场管理和生态研究都是由阿根廷国家农业技术研究所
（INTA）和一些研究机构进行的，如国家资源综合调查委员会（CONICET）和
布宜诺斯艾利斯大学。从 20 世纪 80 年代开始，研究人员制定的牧场基况指南用
于评价不同的植被类型。最初由于缺乏对土-草-畜间关系的理解，对放牧管理是
基于草原管理文献进行的，阻碍了这一工作的进一步深化。缺少土壤和植被对不
同放牧管理方案响应的资料，没有进行放牧家畜的营养和行为的研究。意识到这
一点之后，国家农业技术研究所（INTA）设计并实施了两个长期放牧试验，一
个在丘比特西南地区（Siffredi 等，1995），一个是在圣克鲁斯南部地区（Oliva
等，1998）。

此后的许多牧场评估和放牧管理都是基于 INTA 放牧试验的研究发现。矮
草生物量和关键种高度分别被用来估算巴塔哥尼亚南部以禾草为主的牧场的承载
能力和放牧强度（Borrelli 和 Oliva，1999；Cibils，1993）。牧场价值（Daget 和
Poisonnet，1971）是一种以点值代替全体数据为基础的方法，主要用来研究巴
塔哥尼亚北部灌丛草原（Elizalde，Escobar 和 Nakamatsu，1991；Ayesa 和 Bec-
ker，1991）。

1989 年国家农业技术研究所（INTA）和德国技术合作公司联合进行了一个项目，该项目在 20 世纪 90 年代期间实施，旨在控制和防治巴塔哥尼亚地区的荒漠化。该项目提高了社会对荒漠化问题的认识，区域内 3％的牧民采用了所推荐的技术。自 20 世纪 90 年代以来，牧民与科学家之间的合作日益增多，有力地推动了单个农场尺度上放牧管理的实施。巴塔哥尼亚地区的牧场管理将成为一门实用的新型学科。经过 20 多年的研究和 10 年的实践工作，研究者提出了许多好的建议，但同时也发现了一些新的问题。

（一）适应性管理——以圣克鲁斯为例

在研究背景较少，且气候、土壤和以前放牧管理方面都存在许多不确定因素的条件下，制定放牧计划存在很大困难。Stuart - Hill（1989）（在南非工作）指出，在一次性制定的管理计划中几乎很难制定出"合适"的管理方案。他提出的适宜性管理，可作为对草原知识缺乏时和做出紧急决定的唯一应对方式。我们的经验证实了他的假设：适应性管理是一个过程，而非简单的决策。

例如，圣克鲁斯的许多农场在 20 世纪 90 年代开始采用适应性管理（Borrelli 和 Oliva，1999）（图 4 - 4）。草原评估方法用于支持放牧率调整和其他放牧分布的决定。个别围栏区通过对气候、植被和动物生产变化因素的年度测量，提供反馈信息。反馈信息用于执行适时放牧计划，并修订最初放牧建议中存在的问题。在规划过程中牧民的目标和观念非常重要。圣克鲁斯南部的适时放牧计划被证明在优化绵羊生产方面是非常有效的。尽管目前尚不确定可变放牧率与合理的固定放牧率哪个对植被更有利，但可变放牧率常常利用有利年份的优势来减少周期性干旱的影响。遗憾的是，在长期的观测中对放牧率调整的标准（矮草生物量和关键种高度）的描述不够充分。

圣克鲁斯 INTA（INTA Santa Cruz）利用在巴塔哥尼亚南部地区许多牧场收集的信息建立了一个区域数据库。在分析每一个自然环境和评估放牧地承载能力的内部变化中，已被证明是一个有用而简明的工具。对许多小型牧场的放牧研究所得出的结论，在商业规模生产上得到了证实。动物和植被对放牧管理的响应信息，在圣克鲁斯多种类型草原调整放牧率具有重要作用（Kofalt 和 Borrelli，未发表数据）。

（二）简单或灵活的放牧策略的价值

对巴塔哥尼亚的放牧管理实践可根据其复杂性进行分类（表 4 - 4）。从主观的、低知识水平投入和连续放牧计划（0 级），到基于客观的、适度而灵活的连续放牧计划（1 级），促进了放牧管理的巨大进步（Borrelli 和 Oliva，1999）。可以预见，至少在巴塔哥尼亚较干旱的环境下，复杂性或复杂程度的增加会降低对

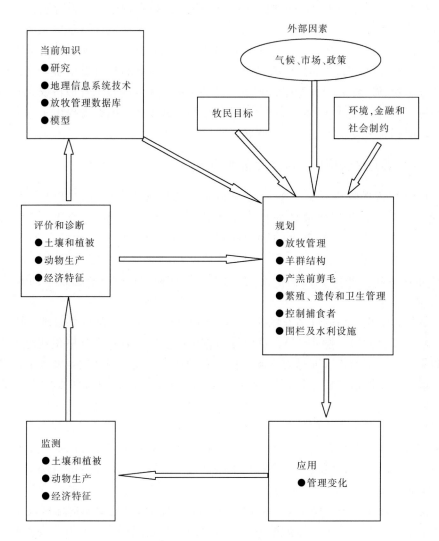

图 4-4　绵羊可持续生产中的适应性管理
(引自 Borrelli 和 Oliva，1999)

干旱的影响。经证实，1 级推荐程序对消除连续过牧的影响非常有效（Borrelli
和 Oliva，1999），在其他地方过度放牧被认为是草原退化的最主要原因（Heady
和 Child，1994）。

　　在巴塔哥尼亚南部，进行了简单的 2 级轮牧系统（表 4-4）试验，但它对 1
级改变的优势并不明显（Borrelli，1999）。只有一些休牧围栏区被证明在放牧管
理中成效明显。在巴塔哥尼亚西北地区，草地围栏集约放牧在绵羊生产中成果斐
然（Giraudo 等，1996）。

表 4 - 4　巴塔哥尼亚放牧管理的复杂程度

等级	特　征	局 限 性	应　用
0	传统管理主观且固定放牧率的连续放牧	50％的过度放牧、土地退化、低产羔率、高死亡率	阿根廷、巴塔哥尼亚的97％农场
1	持续灵活放牧草原评估为动物分配提供客观信息；监控范围允许年际调整，以应对气候变化；多雨年份小区的适时休牧；围栏牧场独立管理	在一些环境中，适度的连续放牧会导致不良过渡状态出现	2 项牧业研究、实施放牧计划 200 多家牧场
2	延迟轮牧制度家畜低密度的轮换计划（低于 50％的农场全年休牧）	延迟轮牧没有产生预期的效果；需要合理的管理技能	2 项牧业研究 5 个牧场
3	专业放牧制度家畜高密度的轮换计划（高强度、低频率，低强度、低频率和短期放牧）	对围栏和管理技能具有较高要求；有关益处的信息有限	3 个牧场

资料来源：Golluscio 等 1999 年根据一份 1993 年未发表的报告编制。

　　布宜诺斯艾利斯大学的研究者们认为，阿根廷、丘比特西北部大农场的专业放牧系统（3 级类型）前景乐观（Paruelo，Golluscio 和 Deregibus，1992）。但这些系统的推广受到下列因素的制约：缺乏关于其他环境响应的信息，可供轮牧的围栏有限，大部分农民缺乏管理技术。近 10 年，在放牧管理文献中出现了关于放牧制度（Kothmann，1984）和适宜载畜率的争辩（例如 Ash 和 Stafford-Smith，1996；Stafford-Smith，1996）。例如，目前已经证明，连续的适度放牧对于防治不良灌木入侵是有利的（Westoby，Walker 和 Noy Meir，1989）。多数研究者认为，对于适度放牧的管理和被推荐的专业放牧体制，采食频率比采食强度更为重要（Kothmann，1984）。Stafford-Smith（1996）指出，时间和空间异质性制约了在连续放牧处理中控制放牧强度的可能性。尽管如此，这些争论在巴塔哥尼亚，非常激烈，但都是理论性的。在大多数情况下，简单而灵活的放牧策略被证明对优化绵羊生产和防治草原退化是有效的；一些较为严格的放牧体制制约了较复杂放牧策略的实际应用。

（三）短期与长期生产的冲突

　　当考虑到环境因素的影响时，许多经济活动会存在短期与长期利益的冲突。获得最大短期利益的方法可能会危害自然资源，特别是将环境代价忽略，没有将其含在经济核算内。因此，在计算效益时应当将环境保护列入短期利益之中，也就是说经济效益分析中应当包括环境代价。

巴塔哥尼亚绵羊放牧系统看起来似乎不是这种情况。过牧的草场可能生产更多且更优质的羊毛，由于营养限制降低了产羔率和成年绵羊的存活率而导致整体肉类销售量的下降。如果过度放牧发生在最干旱贫瘠的地带，繁殖和生存超出了羊群衰退的平衡点，绵羊种群数量就会下降（Golluscio 等，1999）。一个科学管理的绵羊牧场每年销售绵羊占总量的 24%～44%（根据自然环境），而过牧牧场的比例为 0～15%（Borrelli 等，1997）。因此，即使应用传统的经济分析方法，科学的管理在短期内也能得到较好的回报。这在羔羊和杂交细羊毛混合生产系统中更为明显，对细毛羊生产系统也同样有效。

（四）决策支持系统的作用

计算机的应用增加了农牧业技术人员进行环境评估和管理的可能性。上文提到的 INTA - GTZ 合作项目，在巴塔哥尼亚引进了卫星影像处理设备和技术。地球资源（探测）卫星 TM 影像的应用作为一种低成本、高效率的方法，用来辅助制作精确的牧场调查数据库。一些地区的承载能力可从地球资源（探测）卫星 TM 影像直接估算（Oliva 等，1996）。另外，影像也可以提供精确的牧场分布点地图和指导实地采取有用信息。1994 年地理信息系统（GIS）技术用于整合卫星信息与其他来源的数据，如土壤图、气候数据、所有权边界（property boundaries）和其他重要的变量。对于广阔而独立的区域，如在巴塔哥尼亚，农场覆盖面大，常常难以靠普通交通工具进入，而且进行过牧场评估且训练有素的工作人员很少，运用这项技术，就可以使人力成倍减少（multiplies human power），大大降低运行成本。

显然，决策支持系统（DSS）是牧场管理的一个新层面。单个农场层次上有价值的管理信息可以加载到地理信息（GIS）数据库。通过整合不同来源的信息与模型，可以帮助牧场管理者和科学家预测牧场或区域尺度上具体问题，如羊群配置、混合放牧、当地动植物保护、放牧空间的异质性、植被的长期变化、放牧战略的经济评价以及许多其他参数（Bosch 等，1996）。牧民反馈回来的信息可用来提升预测模型的功能。决策支持系统（DSS）的改进将提高牧场管理策略的精确性和稳定性，同时可进一步降低牧场评估与管理中时间与劳动力的消耗。

（五）优先发展项目和研究

正如 INTA 提出的，在未来 5 年阿根廷巴塔哥尼亚重点发展的项目包含：可持续绵羊放牧系统（包括发展生态认证），采矿或石油开采区域中退化草地的管理与改良，用于发展决策支持系统（DSS）的区域地理信息系统（GIS），超细（ultra-fine）美利奴羊和安哥拉山羊遗传改良（生物技术的应用），野生动物利用的提高（原驼和美洲驼）（guanacos 和 rheas）。

可持续性绵羊牧场发展的重点包括两个方面，一是超细美利奴羊毛生产系统的改进，尤其是对丘布特、里奥内格罗、内乌肯三省的生产系统进行改进；另一方面是沿着安第斯山脉的山麓或是在圣克鲁斯省南部和火地岛北部的麦哲伦草原，禾草草原生物带绵羊牧场生产系统的改进。后者包含品质改进。牧场管理和改进重点包括牧场植被长期管理程序的改进，对老的采矿区、油田、严重过牧区（重点是河边草地生态系统）恢复改造技术的发展，在区域和单个农场尺度上用于运行决策支持系统（DSS）的 GIS 技术的发展（INTA - CRPS，2001b；INTA - CRPN，2001）。除了这些主要的发展项目外，牧场旅游计划同样在完善中，尤其在具有突出观光价值和完善的基础设施的区域。

研究重点很明显与上述提到的区域发展重点有关，但不仅局限于此。国家科学技术部及少数地方科学与技术资金机构提出今后五年的重点（SETCIP，2000）研究：区域尺度气候变化的影响；为提高土壤和水源质量而进行的集水区保护与管理；生物多样性的评估与保护；生态风险评估，包括追踪检测系统的改进；自然保护区旅游业的合理开发；可持续绵羊和山羊生产发展，包括品质协议的完善；有机食品的生产，农村和城镇劳动力状况的研究。

参 考 文 献

Aguiar, M. R., Paruelo, J. M., Sala, O. E. & Lauenroth, W. K. 1996. Ecosystem responses to changes in plant functional type composition: An example from the Patagonian steppe. *Journal of Vegetation Science*, 7: 381 - 390.

Aguiar, M. R., Premoli, A. C. & Cipriotti, P. A. 2001. Consecuencias genéticas del sobrepastoreo en dos gramíneas de la estepa patagónica: *Bromus pictusy Poa ligularis*. p. 40, *in*: *Resúmenes de la I Reunión Binacional de Ecología (XX Reunión Argentina de Ecología-X Reunión Sociedad de Ecología de Chile)*. Bariloche, Argentina, 23 - 27 April 2001.

Amaya, J. N., von Thüngen, J. & Delamo, D. A. 2001. Relevamiento y distribución de guanacos en la Patagonia : Informe Final. Comunicación Técnica, No. 111. Area Recursos Naturales - Fauna 111. INTA, Bariloche.

Anchorena, J., Cingolani, A., Livraghi, E., Collantes, M. & Stofella, S. 2000. Pastoreo ovino en Tierra del Fuego. Pautas ecológicas para aumentar la producción. Unpublished report. 27 p.

Anchorena, J., Mendoza, R., Cingolani, A. & Marbán, L. 2001. El régimen de pastoreo promueve o deprime la fertilidad en suelos ácidos? p. 44, *in*: *Actas de la I Reunión Binacional de Ecología (XX Reunión Argentina de Ecología - X Reunión Sociedad de Ecología de*

Chile). Bariloche, Argentina, 23 – 27 April 2001.

Arena, M. E. , Peri, P. & Vater, G. 2001. Crecimiento de los brotes en plantas de *Berberis heterophylla* Juss. "Calafate". 2. Arqueado de ramas. p. 47, *in*: *Actas de la I Reunión Binacional de Ecología* (*XX Reunión Argentina de Ecología* – *X Reunión Sociedad de Ecología de Chile*). Bariloche, Argentina, 23 – 27 April 2001.

Ares, J. O. , Bertiller M. & Bisigato, A. 2001a. Indicadores estructurales a escala de paisaje para evaluar el impacto relativo del pastoreo. pp. 38 – 39, *in*: *Resúmenes del taller de actualización sobre métodos de evaluación, monitoreo y recuperación de pastizales naturales patagónicos*. IV Reunión del Grupo Regional Patagónico de Ecosistemas de Pastoreo. INTA – INIA – FAO. Esquel, Argentina , 26 – 27 June 2001.

Ares, J. O. , Bertiller, M. B. & Bisigato, A. 2001b. Análisis en dos escalas y modelos espacial – explícitos de la destrucción y regeneración del canopeo vegetal en el monte austral. p. 48, *in*: *Resúmenes de la I Reunión Binacional de Ecología* (*XX Reunión Argentina de Ecología* – *X Reunión Sociedad de Ecología de Chile*). Bariloche, Argentina, 23 – 27 April 2001.

Ares, J. O. , Beeskow, A. M. , Bertiller, M. , Rostagno, M. , Irisarri, M. , Anchorena, J. & Deffossé, G. 1990. Structural and dynamic characteristics of overgrazed landsof northern Patagonia , Argentina. pp. 149 – 175, *in*: A. Breymeyer (ed). *Managed Grasslands*. Amsterdam, The Netherlands: Elsevier Science Publishers.

Argentine Wool Federation. 2001. *Argentine Wool Statistics*, Vol. 512. 22 p.

Ash A. & Stafford – Smith, M. 1996. Evaluating stocking rate impacts in rangelands: animals don't practice what we preach. *Rangeland Journal*, 18: 216 – 243.

Austin, A. T. & Sala, O. E. 2001. Descomposición a lo largo de un gradiente de precipitación en la Patagonia : interacciones entre especies y precipitación. p. 251, *in*: *Actas de la I Reunión Binacional de Ecología* (*XX Reunión Argentina de Ecología* – *X Reunión Sociedad de Ecología de Chile*). Bariloche, Argentina, 23 – 27 April 2001.

Ayesa J. & Becker, G. 1991. Evaluación forrajera y ajuste de la carga animal. Proyecto de Prevención y Control de la desertificación en la Patagonia. PRECODEPA. *Comunicación Técnica Recursos naturales (Pastizales)*, No. 7. 17 p.

Baetti, C. , Ferrantes, D. , Cáceres, P. & Cibils, A. 2001. Respuesta de los estratos y atributos de la vegetación en relación al impacto que genera la construcción de un ducto. pp. 54 – 55, *in*: *Resúmenes del taller de actualización sobre métodos de evaluación, monitoreo y recuperación de pastizales naturales patagónicos*. IV Reunión del Grupo Regional Patagónico de Ecosistemas de Pastoreo. INTA – INIA – FAO. Esquel, Argentina , 26 – 27 June 2001.

Baldi, R. , Albon, S. D. & Elston, D. A. 2001. Guanacos , ovinos y el fantasma de la competencia en la Patagonia árida. p. 252, *in*: *Actas de la I Reunión Binacional de Ecología* (*XX Reunión Argentina de Ecología* – *X Reunión Sociedad de Ecología de Chile*). Bariloche, Argentina, 23 – 27 April 2001.

Barbería, E. 1995. *Los dueños de la tierra de la Patagonia Austral*: 1880 – 1920. Río Gallegos，Argentina：Universidad Federal de la Patagonia Austral.

Becker，G. F.，Bustos，C. & Marcolín，A. A. 2001. Ensayos de revegetación de veranadas degradadas por sobrepastoreo de Lonco Puan（provincia del Neuquén）. pp. 57 – 58，*in*：*Resúmenes del taller de actualización sobre métodos de evaluación，monitoreo y recuperación de pastizales naturales patagónicos*. IV Reunión del Grupo Regional Patagónico de Ecosistemas de Pastoreo. INTA – INIA – FAO. Esquel，Argentina，26 – 27 June 2001.

Bellis，L. M.，Martella，M. B.，Vignolo，P. E. & Navarro，J. L. 2001. Requerimientos espaciales de choiques（*Pterocnemia pennata*）en la Patagonia Argentina. p. 57，*in*：*Actas de la I Reunión Binacional de Ecología（XX Reunión Argentina de Ecología – X Reunión Sociedad de Ecología de Chile）*. Bariloche，Argentina，23 – 27 April 2001.

Bertiller，M. B. 1993a. Catálogo de estados y transiciones：Estepas subarbustivoherbáceas de *Nassauvia glomerulosa y Poa dusenii* del centro – sur del Chubut. pp. 52 – 56，in：Paruelo et al.，1993，q. v.

Bertiller，M. B. 1993b. Conclusiones. p. 110，*in*：Paruelo et al.，1993，q. v.

Bertiller，M. B. & Defossé，G. E. 1993. Catálogo de estados y transiciones：Estepas graminosas de *Festuca pallescens* en el SW del Chubut. pp. 14 – 22，*in*：Paruelo *et al.*，1993，q. v.

Bertiller，M. B.，Sain C. L. & Carrera，A. L. 2001. Respuesta de los sexos de *Poa ligularis* a la variación del nitrógeno del suelo en Patagonia. Implicancias para su conservación. p. 253，*in*：*Actas de la I Reunión Binacional de Ecología（XX Reunión Argentina de Ecología-X Reunión Sociedad de Ecología de Chile）*. Bariloche，Argentina，23 – 27 April 2001.

Boelcke，O.，Moore，D. M. & Roig，F. A.（eds）. 1985. *Transecta Botánica de la Patagonia Austral*. Buenos Aires，Argentina：Conicet（Argentina）；Royal Society（Great Britain）；Instituto de la Patagonia（Chile）.

Bonvissuto，G. L. 2001. Desarrollo y uso de guías de condición utilitaria de los pastizales naturales de Patagonia，para el ajuste de la carga animal. pp. 25 – 26，*in*：*Resúmenes del taller de actualización sobre métodos de evaluación，monitoreo y recuperación de pastizales naturales patagónicos*. IV Reunión del Grupo Regional Patagónico de Ecosistemas de Pastoreo. INTA – INIA – FAO. Esquel，Argentina，26 – 27 June 2001.

Bonvissuto，G. L.，González Carteau，A. & Moraga，S. H. 2001. La condición del pastizal en la estepa arbustiva de *Larrea divaricata y Atriplex lampa del Monte Austral Neuquino*. p. 61，*in*：*Actas de la I Reunión Binacional de Ecología（XX Reunión Argentina de Ecología-X Reunión Sociedad de Ecología de Chile）*. Bariloche，Argentina，23 – 27 April 2001.

Bonvissuto，G. L,，Siffredi，G.，Ayesa，J.，Bran，D.，Somlo，R. & Becker，G. 1993. Catálogo de Estados y Transiciones：Estepas subarbustivo – graminosas de *Mullinum spinosum y Poa ligularis*，en elárea ecológica de Sierras y Mesetas Occidentales en el noroeste de la Patagonia. pp. 23 – 30，*in*：Paruelo *et al.*，1993，q. v.

Borrelli，G.，Oliva，G.，Williams，M.，Gonzalez，L.，Rial，P. & Montes，L.（eds）. 1997. Sistema Regional de Soporte de Decisiones. Santa Cruz y Tierra del Fuego. Proderser

(Proyecto de Prevención y Control de la Desertificación en Patagonia), Río Gallegos, Argentina .

Borrelli, P. 1999. Informe ampliado del efecto de la intensidad de pastoreo sobre variables del sistema suelo – planta – animal y limitantes del pastizal para la producción ovina (1991 – 1997). *In*: *El ensayo de pastoreo de Moy Aike Chico* (1986 – 1999). *Una experiencia compartida entre Estancia Moy Aike Chico y la Estación Experimental Agropecuaria Santa Cruz*. INTA Río Gallegos, Argentina .

Borrelli, P. & Oliva, G. 1999. Managing grazing : experiences from Patagonia. pp. 441 – 447 (Vol. 1), *in*: *Proceedings of the 6th International Rangeland Congress*. *Townsville*, Queensland, Australia , 19 – 23 July 1999.

Borrero, J. L. 1997. The origins of ethnographic subsistence patterns in Fuego – Patagonia. pp. 60 – 81, *in*: McEwan, Borrero and Priero, 1997, q. v.

Borrero, L. A. & McEwan, C. 1997. The Peopling of Patagonia. pp. 32 – 45, *in*: McEwan, Borrero and Priero, 1997, q. v.

Bosch, O. , Williams, J. , Allen, W. & Ensor, A. 1996. Integrating community – based monitoring into the adaptive management process: The New Zealand experience. pp. 105 – 106, *in*: *Proceedings of the 5th International Rangeland Congress*. Salt Lake City, Utah, USA , 23 – 28 July 1996

Bottini, C. M. , Premoli, A. C. & Poggio, L. 2001. Conformarían una unica identidad *Berberis cabrerae*, *B. chillanensis y B. montana?* p. 62, *in*: *Actas de la I Reunión Binacional de Ecología* (*XX Reunión Argentina de Ecología* – *X Reunión Sociedad de Ecología de Chile*). Bariloche, Argentina, 23 – 27 April 2001.

Bustos, J. C. & Marcolín, A. A. 2001. Producción estacional de biomasa forrajeable de *Atriplex lampa*. *p.* 70, *in*: *Actas de la I Reunión Binacional de Ecología* (*XX Reunión Argentina de Ecología* – *X Reunión Sociedad de Ecología de Chile*). Bariloche, Argentina, 23 – 27 April 2001.

Cabrera, A. L. 1971. Fitogeografía de la República Argentina. *Boletín de la Sociedad Argentina de Botánica* , XIV: 1 – 42.

Carrera, A. L. , Sain, C. L. , Bertiller, M. B. & Mazzarino, M. J. 2001. Patrones de conservación del nitrógeno en la vegetación del Monte Patagónico y su relación con la fertilidad del suelo. p. 74, *in*: *Actas de la I Reunión Binacional de Ecología* (*XX Reunión Argentina de Ecología* – *X Reunión Sociedad de Ecología de Chile*). Bariloche, Argentina, 23 – 27 April 2001.

Casas, G. 1999. Recomendaciones y estrategias para compatibilizar el desarrollo productivo en la Patagonia con la prevención y el control de la desertificación. 29 pp. *In*: Consorcio DHV, 1999, q. v.

Castro, J. M. , Salomone, J. M. & Reichart, R. N. 1983. Un nuevo método para la fijación de médanos en la Región Patagónica. *Séptima reunión nacional para el estudio de las regiones Aridas y Semiáridas*. *Revista IDIA* , 36: 254 – 255.

Cavagnaro, F. P. , Golluscio, R. A. , Wassner, D. F. & Ravetta. D. A. 2001. Caracterización química de especies crecientes y decrecientes con la herbivoría bajo dos presiones de pastoreo constantes en la Estepa Patagónica. p. 77, in: Actas de la I Reunión Binacional de Ecología (XX Reunión Argentina de Ecología - X Reunión Sociedad de Ecología de Chile). Bariloche, Argentina, 23 - 27 April 2001.

Cecchi, G. A. , Distel, R. A. & Kröpfl, A. I. 2001. Islas de vegetación en el monte austral; Formaciones naturales o consecuencia del pastoreo? p. 259, in: Resúmenes de la I Reunión Binacional de Ecología (XX Reunión Argentina de Ecología - X Reunión Sociedad de Ecología de Chile). Bariloche, Argentina, 23 - 27 April 2001.

Cesa, A. & Paruelo, J. M. 2001. El pastoreo en el noroeste de la Patagonia reduce la diversidad vegetal y modifica diferencialmente la cobertura específica. p. 259, in: Resúmenes de la I Reunión Binacional de Ecología (XX Reunión Argentina de Ecología - X Reunión Sociedad de Ecología de Chile). Bariloche, Argentina, 23 - 27 April 2001.

Ciano, N. , Salomone, J. , Nakamatsu, V. & Luque, J. 2001. Nuevos escenarios para la remediación de áreas degradadas en la Patagonia. pp. 40 - 42, in: Resúmenes del taller de actualización sobre métodos de evaluación, monitoreo y recuperación de pastizales naturales patagónicos. IV Reunión del Grupo Regional Patagónico de Ecosistemas de Pastoreo. INTA - INIA - FAO. Esquel, Argentina , 26 - 27 June 2001.

Ciano, N. , Nakamatsu, V. , Luque, J. , Amari, M. , Owen, M. & Lisoni, C. 2000. Revegetación de áreas disturbadas por la actividad petrolera en la Patagoniaextrandina (Argentina). XI Conferencia de la International Soil Conservation Organization (ISCO 2000). 22 - 27 October 2000. Resúmenes ISCO, Buenos Aires, Argentina.

Ciano, N. , Nakamatsu, V. , Luque, J. , Amari, M. , Mackeprang, O. & Lisoni, C. 1998. Establecimiento de especies vegetales en suelos disturbados por la actividad petrolera. Terceras Jornadas de Preservación de Agua , Aire y Suelo en la Industrial del Petróleo y del Gas. Comodoro Rivadavia, Chubut, Argentina .

Cibils, A. F. 2001. Evaluación de las estimaciones de receptividad ovina calculadas mediante la aplicación del Método Santa Cruz. pp. 15 - 16, in: Resúmenes del taller de actualización sobre métodos de evaluación, monitoreo y recuperación de pastizales naturales patagónicos. IV Reunión del Grupo Regional Patagónico de Ecosistemas de Pastoreo. INTA - INIA - FAO. Esquel, Argentina , 26 - 27 June 2001.

Cibils, A. 1993. Manejo de pastizales. In: Cambio Rural - INTA EEA Santa Cruz (eds). Catálogo de Prácticas. Tecnología disponible. INTA, Río Gallegos, Santa Cruz, Argentina.

Cibils, A. F. & Coughenour, M. B. 2001. Impact of grazing management on the productivity of cold temperate grasslands of Southern Patagonia - a critical assessment. pp. 807 - 812, in: Proceedings of the XIX International Grassland Congress. 11 - 21 February 2001, Sao Paulo, Brazil .

Cibils, A. , Castillo, M. , Humano, G. , Rosales, V. & Baetti, C. 2000. Impacto del pastoreo mixto de bovinos y ovinos sobre un pastizal de la Estepa Magallánica – Estudio preliminar. pp. 241–242, in: *Actas del 23o Congreso Argentino de Producción Animal*. Corrientes, Argentina, 5–7 October 2000.

Cibils, A. , Humano, G. , Paredes, P. , Baumann, O. & Baetti, C. 2001. Patrones de sucesión secundaria en parcelas cultivadas con forrajeras exóticas en la estepa magallánica (Santa Cruz). p. 81, in: *Actas de la I Reunión Binacional de Ecología* (*XX Reunión Argentina de Ecología* – *X Reunión Sociedad de Ecología de Chile*). Bariloche, Argentina, 23–27 April 2001.

Ciccorossi, M. E. & Sala, O. E. 2001. Cambios estructurales provocados por el pastoreo ovino en una estepa arbustiva semi – arid a del sudoeste del Chubut. p. 81, in: *Resúmenes de la I Reunión Binacional de Ecología* (*XX Reunión Argentina de Ecología* – *X Reunión Sociedad de Ecología de Chile*). Bariloche, Argentina, 23–27 April 2001.

Cipriotti, P. A. & Aguiar, M. R. 2001. Interacciones entre especies de arbustos de la estepa patagónica. Efecto de la clausura al pastoreo. p. 260, in: *Actas de la I Reunión Binacional de Ecología* (*XX Reunión Argentina de Ecología* – *X Reunión Sociedad de Ecología de Chile*). Bariloche, Argentina, 23–27 April 2001.

Collantes, M. B. , Anchorena, J. & Cingolani, A. 1999. The steppes of Tierra del Fuego: Floristic and growthform patterns controlled by soil fertility and moisture. *Plant Ecology*, 140: 61–75.

Collantes, M. B. , Stoffella, S. F. & Pomar, M. C. 2001. Efecto del pastoreo sobre la composición florística, la productividad y el contenido de nutrientes de vegas de Tierra del Fuego. p. 84, in: *Actas de la I Reunión Binacional de Ecología* (*XXReunión Argentina de Ecología* – *X Reunión Sociedad de Ecología de Chile*). Bariloche, Argentina, 23–27 April 2001.

Consorcio DHV. 1999. Desertificación en la Patagonia. Informe Principal. Consorcio DHV Consultants – Sweedforest.

Correa, M. N. (ed). 1971. *Flora Patagónica*. Buenos Aires, Argentina : Colección científica del INTA.

Covacevich, N. , Concha, R. & Carter, E. 2000. Una experiencia historica en efectos de carga y sistema de pastoreo sobre la produccion ovina en praderas mejoradas en Magallanes. pp. 119–120, in: *Actas de la XXV Reunion Anual de SOCHIPA*. Puerto Natales, Argentina, 18–20 October 2000.

Daget, P. & Poissonet, S. 1971. Une méthode d'analyze phytologique des prairies. *Annales Agronomiques*, 22 (1): 5–41.

D'Ambrogio, A. & Fernández, S. 2001. Estructura de agallas foliáceas en Schinus (Anacardiaceae). p. 89, in: *Actas de la I Reunión Binacional de Ecología* (*XX Reunión Argentina de Ecología* – *X Reunión Sociedad de Ecología de Chile*). Bariloche, Argentina, 23–27 April 2001.

Defossé, G. E. , Rodriguez, N. F. , Dentoni, M. C. , Muñoz, M. & Colomb, H. 2001.

Condiciones ambientales y bióticas asociadas al incendio "San Ramón" en Bariloche, Río Negro, Argentina en el verano de 1999. p. 91, in: *Actas de la I Reunión Binacional de Ecología* (*XX Reunión Argentina de Ecología - X Reunión Sociedad de Ecología de Chile*). Bariloche, Argentina, 23 - 27 April 2001.

del Valle, H. F. 1998. Patagonian soils: a regional synthesis. *Ecologia Austral*, 8: 103 - 122.

del Valle, H. F. , Eiden, G. , Mensching, H. & Goergen, J. 1995. Evaluación del estado actual de la desertificación en áreas representativas de la Patagonia. Informe Final Fase I. Proyecto de Cooperación Técnica entre la República Argentina y la República Federal Alemana. Cooperación técnica argentino - alemana, proyecto INTA - GTZ, Lucha contra la Desertificación en la Patagonia a través de un sistema de Monitoreo Ecológico. 182 p.

De Torres Curth, M. , Ghermandi, L. & Pfister, G. 2001. Relación entre precipitación y área quemada en incendios de bosque y estepa en el noroeste de la Patagonia. p. 93, in: *Actas de la I Reunión Binacional de Ecología* (*XX Reunión Argentina de Ecología - X Reunión Sociedad de Ecología de Chile*). Bariloche, Argentina, 23 - 27 April 2001.

Donadío, E. , Bongiorno, M. B. , Monteverde, M. , Sanchez, G. , Funes, M. C. , Pailacura, O. & Novaro, A. J. 2001. Ecología trófica del puma (*Puma concolor*), culpeo (*Pseudalopex culpaeus*), águila (*Geranoaetus melanoleucus*) y lechuza (*Tyto alba*) en Neuquén, Patagonia Argentina. p. 96, in: *Actas de la I Reunión Binacional de Ecología* (*XX Reunión Argentina de Ecología - X Reunión Sociedad de Ecología de Chile*). Bariloche, Argentina, 23 - 27 April 2001.

Duviols, J. - P. 1997. The Patagonian "Giants". pp. 127 - 139, in: McEwan, Borrero and Priero, 1997, q. v.

Elizalde N. , Escobar, J. & Nakamatsu, V. 1991. Metodología expeditiva para la evaluación de pastizales de la zona árida del Chubut. pp. 217 - 218, in: *Actas de la X Reunión Nacional para el Estudio de las Regiones Aridas y Semiáridas*. Bahía Blanca, Argentina, October 1991.

Ellis, J. E. & Coughenour, M. B. 1996. The SAVANNA integrated modeling system: an integrated remote sensing , GIS and spatial simulation modeling approach. pp. 97 - 106, in: V. R. Squires and A. E. Sidahmed (eds). *Drylands: Sustainable Use of Rangelands into the Twenty - First Century*. IFAD Technical Reports Series. 480 p

Fabricante, I. , Oesterheld, M. , Paruelo, J. M. & Cecchi, G. 2001. Variaciones espaciales y temporales de productividad primaria neta en el norte de la Patagonia. p. 100, in: *Actas de la I Reunión Binacional de Ecología* (*XX Reunión Argentina de Ecología - X Reunión Sociedad de Ecología de Chile*). Bariloche, Argentina, 23 - 27 April 2001.

Fernández, A. & Paruelo, J. M. 1993. Catálogo de estados y transiciones: Estepas arbustivo - graminosas de *Stipa* spp. del centro - oeste del Chubut. pp. 40 - 46, in: Paruelo *et al.* , 1993, q. v.

Fernández, M. E. , Gyengue, J. E. & Schlichter, T. M. 2001. Viabilidad de *Festuca pallescens* en sistemas silvopastoriles. II Simulación de fotosíntesis y conductancia estomática bajo distintos niveles de cobertura arbórea. p. 103, *in*: *Actas de la I Reunión Binacional de Ecología* (*XX Reunión Argentina de Ecología- X Reunión Sociedad de Ecología de Chile*). Bariloche, Argentina, 23－27 April 2001.

Flombaum, P. , Cipriotti, P. , Aguiar, M. R. & Sala, O. E. 2001. Sequía y distribución heterogénea de la vegetación: Efectos sobre el establecimiento de una gramínea patagónica. p. 108, *in*: *Actas de la I Reunión Binacional de Ecología* (*XX Reunión Argentina de Ecología - X Reunión Sociedad de Ecología de Chile*). Bariloche, Argentina, 23－27 April 2001.

Flueck, W. 2001. La proporción de sexo de la progenie del ciervo colorado antes y después de una sequedad intensa en Patagonia. p. 109, *in*: *Actas de la I Reunión Binacional de Ecología* (*XX Reunión Argentina de Ecología - X Reunión Sociedad de Ecología de Chile*). Bariloche, Argentina, 23－27 April 2001.

Funes, M. C. , Rosauer, M. M. , Novaro, A. J. , Sanchez Aldao, G. & Monsalvo, O. B. 2001. Relevamientos poblacionales del choique en la provincia del Neuquén. p. 268, *in*: *Actas de la I Reunión Binacional de Ecología* (*XX Reunión Argentina de Ecología - X Reunión Sociedad de Ecología de Chile*). Bariloche, Argentina, 23－27 April 2001.

Ghermandi, L. , Guthmann, N. & Bran, D. 2001. Sucesión post - fuego en un pastizal de Stipa speciosa y Festuca pallescens. p. 118. , *in*: *Actas de la I Reunión Binacional de Ecología* (*XX Reunión Argentina de Ecología - X Reunión Sociedad de Ecología de Chile*). Bariloche, Argentina, 23－27 April 2001.

Ghersa, C. M. , Golluscio, R. A. , Paruelo, J. M. , Ferraro, D. & Nogués Loza, M. I. 2001. Efecto del pastoreo sobre la heterogeneidad espacial de la vegetación de la Patagonia a distintas escalas. p. 119, *in*: *Resúmenes de la I Reunión Binacional de Ecología* (*XX Reunión Argentina de Ecología - X Reunión Sociedad de Ecología de Chile*). Bariloche, Argentina, 23－27 April 2001.

Giraudo C. , Somlo, R. , Bonvisutto, G. , Siffredi, G. & Becker, G. 1996. Unidad experimental de pastoreo. 1. Con ovinos en mallín central y periférico. Actas del XX Congreso Argentino de Producción Animal. *Revista Argentina de Producción Animal*, 16 (Suppl. 1): 50 -51.

Gittins, C. G. , Bran, D. & Ghermandi, L. 2001. Determinación de la tasa de supervivencia post - fuego de dos especies de coirones norpatagónicos. p. 120, *in*: *Actas de la I Reunión Binacional de Ecología* (*XX Reunión Argentina de Ecología - X Reunión Sociedad de Ecología de Chile*). Bariloche, Argentina, 23－27 April 2001.

Golluscio, R. , Giraudo, C. , Borrelli, P. , Montes, L. , Siffredi, G. , Cechi, G. , Nakamatsu, V. & Escobar, J. 1999. Utilización de los Recursos Naturales en la Patagonia. Informe Técnico. 80 p. *In*: Consorcio DHV, 1999, q. v.

Golluscio, R. A. , León, R. J. C. & Perelman, S. B. 1982. Caracterización fitosociológica de la estepa del Oeste del Chubut. Su relación con el gradiente ambiental. Boletín de la Sociedad Argentina de Botánica, 21: 299 - 324.

Golluscio, R. A. , Deregibus, V. A. & Paruelo, J. M. 1998. Sustainability and range management in the Patagonian steppes. *Ecologia Austral*, 8: 265 - 284.

Golluscio, R. A., Paruelo, J. M., Hall, S. A., Cesa, A., Giallorenzi, M. C. & Guerschman, J. P. 2000. Medio siglo de registro de la dinámica de la población ovina en una estancia del noroeste del Chubut: Dóndeestá la desertificación? pp. 106 - 107, *in: Actas del 23o Congreso Argentino de Producción Animal*. Corrientes, Argentina, 5 - 7 October 2000.

Golluscio, R. A., Oesterheld, M. & Soriano, A. 2001. Eficiencia del uso del agua y el nitrógeno en 26 especies patagónicas que difieren en la limitación de ambos recursos. p. 122, *in: Actas de la I Reunión Binacional de Ecología (XX Reunión Argentina de Ecología - X Reunión Sociedad de Ecología de Chile)*. Bariloche, Argentina, 23 - 27 April 2001.

González, C. C., Ciano, N. F., Buono, G. G., Nakamatsu, V. & Mavrek, V. 2001. Efecto del fuego sobre un pastizal del Monte austral del noreste del Chubut. p. 124, *in: Actas de la I Reunión Binacional de Ecología (XX Reunión Argentina de Ecología - X Reunión Sociedad de Ecología de Chile)*. Bariloche, Argentina, 23 - 27 April 2001.

González, S. L., Ghermandi, L. & Becker, G. 2001. Banco de semillas postfuego en un pastizal del noroeste de la Patagonia. p. 125, *in: Actas de la I Reunión Binacional de Ecología (XX Reunión Argentina de Ecología - X Reunión Sociedad de Ecología de Chile)*. Bariloche, Argentina, 23 - 27 April 2001.

Hall, S. A. & Paruelo, J. M. 2001. Controles ambientales de la dinámica de la población ovina en Patagonia. p. 132, *in: Actas de la I Reunión Binacional de Ecología (XX Reunión Argentina de Ecología - X Reunión Sociedad de Ecología de Chile)*. Bariloche, Argentina, 23 - 27 April 2001.

Heady, H. & Child, R. D. 1994. *Rangeland Ecology and Management*. Boulder, Colorado, USA : Westview Press.

Hulme, M. & Sheard, N. 1999. Escenarios de Cambio Climático para Argentina. Norwich, UK: Climatic Research Unit at University of East Anglia. Available from: http: //www. cru. uea. ac. uk/%7Emikeh/research/argentina. pdf

Iglesias, R., Tapia, H. & Alegre, M. 1992. Parasitismo gastrointestinal en ovinos del Departamento Guer Aike. Provincia de Santa Cruz, Argentina. pp. 305 - 322, *in: III Congreso Mundial de Ovinos y Lanas*. Buenos Aires, Argentina, August 1992.

Jobággy, G. E., Paruelo, J. M. & León, R. J. C. 1995. Estimación de la precipitación y de su variablilidad interanual a partir de información geográfica en el NW de la Patagonia, Argentina. *Ecologia Austral*, 5: 47 - 53.

Kothmann, M. M. 1984. Concepts and Principles underlying grazing systems. A discussion paper. pp. 903 - 916, *in: NAS - NRC Committee on Developing Strategies for Rangeland Management. Developing strategies for rangeland management*. Westview special studies in Agricultural Research. Boulder, Colorado, USA : Westview Press.

Kröpfl, A. I., Cecchi, G. A., Distel, R. A., Villasuso, N. M. & Silva, M. A. 2001. Diferenciación espacial en el uso del agua del suelo entre *Larrea divaricata y Stipa tenuis* en el Monte rionegrino. p. 141, *in: Actas de la I Reunión Binacional de Ecología (XX Reunión*

Argentina de Ecología - *X Reunión Sociedad de Ecología de Chile*). Bariloche, Argentina, 23 - 27 April 2001.

Lafuente, H. 1981. La región de los Césares. Apuntes para una historia económica de Santa Cruz. Argentina : Editorial de Belgrano. 175 p.

Lange, R. T. 1985. Spatial distributions of stocking intensity produced by sheep flocks grazing Australian Chenopod shrublands. *Transactions of the Royal Society of South Australia* , 109: 167 - 179.

Lauenroth, W. 1998. Guanacos , spiny shrubs and the evolutionary history of grazing in the Patagonian steppe. *Ecologia Austral* , 8: 211 - 215.

León, R. J. C. , Bran, D. , Collantes, M. , Paruelo, J. M. & Soriano, A. 1998. Grandes unidades de vegetación de Patagonia extra andina. *Ecologia Austral* , 8: 125 - 144.

Luque, J. , Ciano, N. , Nakamatsu, V. , Amari, M. & Lisoni, C. 2000. Saneamiento de derrames de hidrocarburos por la técnica de biodegración "in situ" en Patagonia , Argentina. XI *Conferencia de la International Soil Conservation Organization* (*ISCO* 2000). Buenos Aires, Argentina, 22 - 27 October 2000. Resúmenes ISCO.

MacArthur, R. 1972. Climates on a Rotating Earth. pp. 1 - 19, in: R. MacArthur (ed). *Geographical Ecology*. New York, NY, USA : Harper & Row.

Magaldi, J. J. , Cibils, A. , Humano, G. , Nakamatsu, V. & Sanmartino, L. 2001. Ensayo de riego e intersiembra en estepas degradadas de la meseta central santacruceña: Resultados preliminares. pp. 62 - 63, *in: Actas del taller de actualización sobre métodos de evaluación , monitoreo y recuperación de pastizales naturals patagónicos*. IV Reunión del Grupo Regional Patagónico de Ecosistemas de Pastoreo. INTA - INIA - FAO. Esquel, Argentina , 26 - 27 June 2001.

Mainwaring, M. J. 1983. *From the Falklands to Patagonia*. London, UK: Allison & Busby. 287 p.

Manero, A. 2001. El zorro colorado en la producción ovina. pp. 243 - 252, *in*: P. Borrelli and G. Oliva (eds). *Ganadería ovina sustentable en la Patagonia Austral*. Rio Gallergos, Argentina : Prodesar/INTA - Centro Regional Patagonia Sur.

Manero, A. , Ferrari, S. , Albrieu, C. & Malacalza. V. 2001. Comunidades de aves en humedales del sur de Santa Cruz, Argentina. p. 156, *in: Actas de la I Reunión Binacional de Ecología* (*XX Reunión Argentina de Ecología* - *X Reunión Sociedad de Ecología de Chile*). Bariloche, Argentina, 23 - 27 April 2001.

Marcolin, A. A. & Bustos, J. C. 2001. Características ambientales y biológicas de poblaciones naturales del género Atriplex en la Linea Sur de Río Negro. p. 157, *in: Actas de la I Reunión Binacional de Ecología* (*XX Reunión Argentina de Ecología* - *X Reunión Sociedad de Ecología de Chile*). Bariloche, Argentina, 23 - 27 April 2001.

Martinic, B. M. 1997. The Meeting of Two Cultures. Indians and colonists in the Magellan Region. pp. 85 - 102, *in*: McEwan, Borrero and Priero, 1997, q. v.

Mascó, E. M. 1995. Intoducción de especies forrajeras nativas y exóticas en el sur de la Patagonia (Pcia. de Santa Cruz). *Revista Argentina de Producción Animal*, 15: 286 - 290.

Mascó, E. M. & Montes, L. 1995. Evaluación preliminar de especies forrajeras. p. 222, *in*: L. Montes and G. E. Oliva (eds). *Patagonia*. Actas del Taller Internacional sobre Recursos Fitogenéticos, Desertificación y Uso Sustentable de los Recursos Naturales de la Patagonia. Rio Gallegos, Argentina, November 1994. INTA Centro Regional Patagonia Sur.

McEwan, C. , Borrero, L. A. & Prieto, A. (eds). 1997. *Patagonia : Natural history, prehistory and ethnography at the uttermost end of the earth*. New Jersey, USA : Princeton University Press.

Méndez Casariego, H. 2000. Sistema de soporte de decisiones para la producción ganadera sustentable en la Provincia de Rio Negro (SSD - Rio Negro). INTAGTZ. Centro Regional Patagonia Norte. EEA Bariloche. EEA Valle Inferior. Proyecto Prodesar. 1 CD - ROM.

Milchunas, D. G. , Sala, O. E. & Lauenroth, W. K. 1988. A generalized model of the effects of grazing by large herbivores on grassland community structure. *The American Naturalist*, 132: 87 - 106.

Molina Sanchez, D. 1968. Pasturas perennes artificiales en la Provincia de Santa Cruz. pp. 80 - 82, *in*: *Actas de la III reunión Nacional para el Estudio de las Regiones Aridas y Semiáridas*. Trelew, Argentina, October 1968.

Montes, L. , Zappe, A. , Becker, G. & Ciano, N. 1996. Catálogo de semillas. INTA Centro Regional Patagonia Norte - Centro Regional Patagonia Sur. Proyecto MAB - UNESCO, PRODESER (INTA - GTZ), 25 p.

Mueller, J. 2001. Mejoramiento genético de las majadas patagónicas. pp. 211 - 224, *in*: P. Borrelli and G. Oliva (eds). *Ganadería ovina sustentable en la Patagonia Austral*. Rio Gallergos, Argentina : Prodesar/ INTA - Centro Regional Patagonia Sur.

Oliva, G. , Cibils, A. , Borrelli, P. & Humano, G. 1998. Stable states in relation to grazing in Patagonia : a 10 - year experimental trial. *Journal of Arid Environments*, 40: 113 - 131.

Oliva, G. , Rial, P. , González, L. Cibils, A. & Borrelli, P. 1996. Evaluation of carrying capacity using Landsat MSS images in South Patagonia. pp. 408 - 409, *in*: *Proceedings of the 5th International Rangeland Congress*. Salt Lake City, Utah, USA, 23 - 28 July 1995.

Pancotto, V. A. , Sala, O. E. , Ballare, C. L. , Scopel, A. L. & Caldwell, M. M. 2001. Efectos de la radiación ultravioleta - B sobre la descomposición de *Gunnera magellanica* en Tierra del Fuego. p. 176, *in*: *Actas de la I Reunión Binacional de Ecología (XX Reunión Argentina de Ecología - X Reunión Sociedad de Ecología de Chile)*. Bariloche, Argentina, 23 - 27 April 2001.

Paruelo, J. M. & Golluscio, R. A. 1993. Catálogo de estados y transiciones: Estepas graminoso - arbustivas del NW del Chubut. pp. 5 - 13, *in*: Paruelo *et al.* , 1993, q. v.

Paruelo, J. M. & Sala, O. E. 1995. Water losses in the patagonian steppe: a modeling approach. *Ecology*, 76: 510 - 520.

Paruelo, J. , Golluscio, R. & Deregibus, V. A. 1992. Manejo del pastoreo sobre bases ecológicas en la Patagonia extra andina: una experiencia a escala de establecimiento. *Anales de* *la Sociedad Rural Argentina*，126：68 – 80.

Paruelo，J. M.，Jobbágy，E. G. & Sala，O. E. 1998. Biozones of Patagonia（Argentina）. *Ecologia Austral*，8：145 – 154.

Paruelo，J. M.，Beltrán，A. Jobbágy，E. G.，Sala，O. E. & Golluscio，R. A. 1998. The climate of Patagonia：general patterns and controls on biotic processes. *Ecologia Austral*，8：85 – 102.

Paruelo，J. M.，Cesa，A.，Golluscio，R. A.，Guerschman，J. P.，Giallorenzi，M. C. & Hall，S. A. 2001. Relevamiento de la vegetación en la Ea. Leleque：Un ejemplo de aplicación de sistemas de información geográfica en la evaluación de recursos forrajeros. pp. 61 – 62，*in*：*Resúmenes del taller de actualización sobre métodos de evaluación，monitoreo y recuperación de pastizales naturales patagónicos*. IV Reunión del Grupo Regional Patagónico de Ecosistemas de Pastoreo. INTAINIA – FAO. Esquel，Argentina，26 – 27 June 2001.

Pelliza，A.，Siffredi，G.，Willems，P. & Vilagra，S. 2001. Tipos estructurales de dieta del ganado doméstico a nivel de un paisaje de Patagonia. p. 180，*in*：*Actas de la I Reunión Binacional de Ecología*（*XX Reunión Argentina de Ecología – X Reunión Sociedad de Ecología de Chile*）. Bariloche，Argentina，23 – 27 April 2001.

Peralta，C. 1999. Algunas características sociales de la Patagonia. 16 p. *In*：Consorcio DHV，1999，q. v.

Perelman，S. B.，León，R. J. C. & Bussacca，J. P. 1997. Floristic changes related to grazing intensity in a Patagonian shrub steppe. *Ecography*，20：400 – 406.

Peri，P.，Arena，M. E. & Vater，G. 2001. Crecimiento de los brotes en plantas de *Berberis heterophylla* Juss. "Calafate". 1. Tipos de poda. p. 184，*in*：*Actas de la I Reunión Binacional de Ecología*（*XX Reunión Argentina de Ecología – X Reunión Sociedad de Ecología de Chile*）. Bariloche，Argentina，23 – 27 April 2001.

Pickup，G. & Stafford – Smith，M. 1993. Problems，prospects and procedures for assessing the sustainability of pastoral land management in arid Australia. *Journal of Biogeography*，20：471 – 487.

Rafaele，E. & Veblen，T. 2001. Evidencias de la interacción fuego – herbívoro sobre los matorrales：hipótesis y experimentos. p. 124，*in*：*Actas de la I Reunión Binacional de Ecología*（*XX Reunión Argentina de Ecología – X Reunión Sociedad de Ecología de Chile*）. Bariloche，Argentina，23 – 27 April 2001.

Rimoldi，P. & Buono，G. 2001. Esquema flexible de ajuste de cargas por precipitación. pp. 13 – 14，*in*：*Resúmenes del taller de actualización sobre métodos de evaluación，monitoreo y recuperación de pastizales naturales patagónicos*. IV Reunión del Grupo Regional Patagónico de Ecosistemas de Pastoreo. INTA – INIA – FAO. Esquel，Argentina，26 – 27 June 2001.

Ripol，M. P.，Cingolani，A. M.，Bran，D. & Anchorena，J. 2001. Diferenciación de la estructura de parches en campos de la estepa patagónica con distintas historias de pastoreo a partir de imágenes Landsat TM. p. 198，*in*：*Resúmenes de la I Reunión Binacional de Ecología*（*XX Reunión Argentina de Ecología – X Reunión Sociedad de Ecología de Chile*）. Bariloche, Argentina, 23 - 27 April 2001.

Robles, C. & Olaechea, F. 2001. Salud y enfermedades de las majadas. pp. 225 - 243, *in*: P. Borrelli and G. Oliva (eds). *Ganadería ovina sustentable en la Patagonia Austral*. Rio Gallergos, Argentina : Prodesar/INTA - Centro Regional Patagonia Sur.

Roig, F. A. 1998. La vegetación de la Patagonia. pp. 48 - 166, *in*: M. N. Correa (ed). *Flora Patagónica*: *Parte* I. Buenos Aires, Argentina : Colección científica del INTA.

Rostagno, C. M. 1993. Catálogo de estados y transiciones: Estepas arbustivo - herbáceas del área central de Península Valdés e Itsmo Ameghino. Pcia. del Chubut. pp. 47 - 51, *in*: Paruelo *et al.*, 1993, q. v.

Rostagno, C. M. 2001. La degradación de los suelos en el sitio ecológico Punta Ninfas: Procesos y posible práctica para su recuperación. pp. 44 - 45, *in*: *Resúmenes del taller de actualización sobre métodos de evaluación, monitoreo y recuperación de pastizales naturales patagónicos*. IV Reunión del Grupo Regional Patagónico de Ecosistemas de Pastoreo. INTA - INIA - FAO. Esquel, Argentina , 26 - 27 June 2001.

Rotundo, J. L. & Aguiar, M. R. 2001. Efecto de la broza sobre la regeneración de gramíneas en peligro de extinciónpor sobrepastoreo. p. 205, *in*: *Actas de la I Reunión Binacional de Ecología* (*XX Reunión Argentina de Ecología* - *X Reunión Sociedad de Ecología de Chile*). Bariloche, Argentina, 23 - 27 April 2001.

Sáenz, A. M. & Deregibus, V. A. 2001. Morfogénesis vegetativa de dos subpoblaciones de *Poa ligularis* bajo condiciones de estrés hídrico periódico. p. 210, *in*: *Actas de la I Reunión Binacional de Ecología* (*XX Reunión Argentina de Ecología* - *X Reunión Sociedad de Ecología de Chile*). Bariloche, Argentina, 23 - 27 April 2001.

SAGPyA. 2001. Boletín ovino. [Web page accessed 3 October 2001]. Located at www//http. sagyp. mecon. gov. ar

Sain, C. L. , Bertiller, M. B. & Carrera, A. L. 2001. Relación entre la composición florística y la conservación de nitrógeno del suelo en el SW del Chubut. p. 211, *in*: *Actas de la I Reunión Binacional de Ecología* (*XX Reunión Argentina de Ecología* - *X Reunión Sociedad de Ecología de Chile*). Bariloche, Argentina, 23 - 27 April 2001.

Sala, O. E. , Yahdjian, M. L. & Flombaum, P. 2001. Limitantes estructurales y biogeoquímicos de la productividad primaria: efecto de la sequía. p. 211, *in*: *Actas de la I Reunión Binacional de Ecología* (*XX Reunión Argentina de Ecología* - *X Reunión Sociedad de Ecología de Chile*). Bariloche, Argentina, 23 - 27 April 2001.

Sala, O. E. , Lauenroth, W. K. & Golluscio, R. 1997. Plant functional types in temperate semi - arid regions. pp. 217 - 233, *in*: T. M. Smith, H. H. Shugart and F. I. Woodward (eds). *Plant Functional Types* - *their relevance to ecosystem properties and global change*. Cambridge, UK: Cambridge University Press.

Sala, O. E. , Parton, W. J. , Joyce, L. A. & Lauenroth, W. K. 1988. Primary production of the Central Grassland Region of the United States. *Ecology*, 69: 40 - 45.

Schlichter, T. M. , León, R. J. C. & Soriano, A. 1978. Utilización de índices de diversidad

en la evaluación de pastizales naturales en el centro – oeste del Chubut. *Ecologia Austral*, 3:
125 – 131.

Schlichter, T. M. , Fernández, M. E. & Gyenge, J. E. 2001. Viabilidad de *Festuca palles-
cens* en sistemas silvopastoriles. I. Distribución de recursos agua y luz bajo distintos niveles de
cobertura arbórea. p. 216, *in*: *Actas de la I Reunión Binacional de Ecología* (*XX Reunión
Argentina de Ecología* – *X Reunión Sociedad de Ecología de Chile*). Bariloche, Argentina,
23 – 27 April 2001.

SETCIP [Secretaría para la Tecnología, la Ciencia y la Innovación Productiva]. 2000. Convocato-
ria PICT 2000/2001. Anexo I. 2. Líneas de investigación prioritarias. [Web page accessed 22
October 2001] See: http: //www. agencia. secyt. gov. ar/fct/pict2000/BasesIIC. htm#6

Semmartin, M. , Aguiar, M. R. , Distel, R. A. , Moretto, A. & Ghersa, C. M. 2001.
Efecto de los reemplazos florísticos inducidos por la herbivoría sobre la dinámica de carbono y
nitrógeno en tres pastizales naturales. p. 293, *in*: *Actas de la I Reunión Binacional de
Ecología* (*XX Reunión Argentina de Ecología* – *X Reunión Sociedad de Ecología de Chile*).
Bariloche, Argentina, 23 – 27 April 2001. Siffredi, G. L. &. Bustos, J. C. 2001. El efec-
to del ramoneo sobre el crecimiento de arbustos en Patagonia. p. 220, *in*: *Actas de la I
Reunión Binacional de Ecología* (*XX Reunión Argentina de Ecología* – *X Reunión Sociedad
de Ecología de Chile*). Bariloche, Argentina, 23 – 27 April 2001.

Siffredi, G. , Becker, G. , Sarmiento, A. , Ayesa, J. , Bran, D. & López, C. 2002.
Métodos de evaluación de los recursos naturales para la planificación integral y uso sustentable
de las tierras. p. 35, *in*: *Resúmenes del taller de actualización sobre métodos de evaluación,
monitoreo y recuperación de pastizales naturales patagónicos*. IV Reunión del Grupo Regional
Patagónico de Ecosistemas de Pastoreo. INTA – INIA – FAO. Esquel, Argentina , 26 – 27
June 2001.

Siffredi, G. , Ayeza, J. , Becker, G. F. , Mueller, J. & Bonvisutto, G. 1995. Efecto de la
carga animal sobre la vegetación y la producción ovina en Río Mayo (Chubut) a diez años de
pastoreo. pp. 91 – 92, *in*: R. Somlo and G. F. Becker (eds). *Seminario – Taller sobre
Producción, Nutrición y Utilización de pastizales*. Trelew. FAOUNESCO/MAB – INTA.

Silva, M. A. , Kröpfl, A. I. , Cecchi, G. A. & Distel, R. A. 2001. Reducción de la cober-
tura de costra microfítica en áreas pastoreadas del Monte rionegrino. p. 220, *in*: *Actas de la I
Reunión Binacional de Ecología* (*XX Reunión Argentina de Ecología* – *X Reunión Sociedad
de Ecología de Chile*). Bariloche, Argentina, 23 – 27 April 2001.

Smithsonian Institution. 1997. Centers for Plant Diversity. The Americas. [Web page accessed
19 October 2001]. See: http: //www. nmnh. si. edu/botany/projects/cpd/index. htm.

Soriano, A. , Nogués Loza, M. & Burkart, S. 1995. Plant biodiversity in the extra – andean
Patagonia : Comparisons with neighboring and related vegetation units. pp. 36 – 45, in: L.
Montes and G. E. Oliva (eds). *Patagonia*. Actas del Taller Internacional sobre Recursos
Fitogenéticos, Desertificación y Uso Sustentable de los Recursos Naturales de la Patagonia.
Río Gallegos, Argentina , November 1994. INTA Centro Regional Patagonia Sur.

Soriano，A. 1983. Deserts and semi - deserts of Patagonia. pp. 423 - 460，*in*：N. E. West (ed). *Ecosystems of the World - Temperate Deserts and Semi - Deserts*. Amsterdam，The Netherlands：Elsevier Scientific.

Stafford - Smith. M. 1996. Management of rangelands：paradigms at their limits. pp. 325 - 357，*in*：J. Hodgson and A. Illius (eds). *The Ecology and Management of Grazing Systems*. Wallingford，UK：CAB International.

Stofella，S. L. & Anchorena，J. 2001. Efecto de la compactación y la competencia sobre el desarrollo del arbusto *Chillotrichum diffusum* en la estepa magallánica. p. 225，*in*：*Actas de la I Reunión Binacional de Ecología* (*XX Reunión Argentina de Ecología - X Reunión Sociedad de Ecología de Chile*). Bariloche，Argentina，23 - 27 April 2001.

Sturzenbaum，P. & Borrelli，P. R. 2001. Manejo de riesgos climáticos. pp. 255 - 270，*in*：P. Borrelli and G. Oliva (eds). *Ganadería ovina sustentable en la Patagonia Austral*. Rio Gallergos，Argentina：Prodesar/INTA - Centro Regional Patagonia Sur.

Stronati，M. S.，Arce，M. E.，Feijoo，M. S. & Barrientos，E. 2001. Evakuación de la diversidad morfológica en poblaciones de dos especies leñosas del género *Adesmia*. p. 226，*in*：*Actas de la I Reunión Binacional de Ecología* (*XX Reunión Argentina de Ecología - X Reunión Sociedad de Ecología de Chile*). Bariloche，Argentina，23 - 27 April 2001.

Stuart - Hill，C. 1989. Adaptive Management：The only practicable method of veld management. pp. 4 - 7，*in*：J. E. Danckwerts and W. R. Teague (eds). *Veld management in the Eastern Cape*. Department of Agriculture，Republic of South Africa. 196 p.

Utrilla，V.，Clifton，G.，Larrosa，J. & Barría，D. 2000. Engorde de ovejas de refuge con dos tipos de uso y dos intensidades de pastoreo en un mallín de la Patagonia austral. pp. 243 - 244，*in*：*Actas del 23o Congreso Argentino de Producción Animal*. Corrientes，Argentina，5 - 7 October 2000.

Vargas，D. & Bertiller，M. B. 2001. Patrones de germinación de distintos grupos de la vegetación en la Patagonia. p. 236，*in*：*Actas de la I Reunión Binacional de Ecología* (*XX Reunión Argentina de Ecología - X Reunión Sociedad de Ecología de Chile*). Bariloche，Argentina，23 - 27 April 2001.

Veblen，T. T.，Hill，R. S. & Read，J. (eds). 1996. *The ecology and biogeography of Nothofagus forests*. New Haven，USA：Yale University Press.

Vila Aiub，M. M.，Demartín，E. B.，Maseda，P.，Gundel，P. E. & Ghersa，C. M. 2001. Exploración de la presencia de hongos endofíticos en pastos de la Estepa Patagónica. p. 239，*in*：*Actas de la I Reunión Binacional de Ecología* (*XX Reunión Argentina de Ecología-X Reunión Sociedad de Ecología de Chile*). Bariloche，Argentina，23 - 27 April 2001.

Vilela，A.，Agüero，R. & Ravetta，D. A. 2001. Comparación del esfuerzo reproductive en *Prosopis alpataco y Prosopis denudans* (Mimosaceae) en el ecotono Monte - Patagonia. p. 240，*in*：*Actas de la I Reunión Binacional de Ecología* (*XX Reunión Argentina de Ecología-X Reunión Sociedad de Ecología de Chile*). Bariloche，Argentina，23 - 27 April 2001.

Villacide，J. M. & Farina，J. 2001. Insectos formadores de agallas de *Schinus patagonicus*：

efecto del ambiente sobre el sistema insecto - planta. p. 240, *in*: *Actas de la I Reunión Bi-nacional de Ecología* (*XX Reunión Argentina de Ecología* - *X Reunión Sociedad de Ecología de Chile*). Bariloche, Argentina, 23 - 27 April 2001.

Villamil, C. B. 1997. Patagonia. Data Sheet - CDP South America - Site A46 - Diversity Conservation Project - NMNH Smithsonian Institution. Downloaded 19 October 2001 from: http//www. nmnh. si. edu/botany/projects/cpd/sa/sa46. htm

Villasuso, N. M. , Kröpfl, A. I. , Cecchi, G. A. & Distel, R. A. 2001. Efecto facilitador de las costras microfíticas sobre la instalación de semillas en el suelo en el Monte rionegrino. p. 241, *in*: *Actas de la I Reunión Binacional de Ecología* (*XX Reunión Argentina de Ecología* - *X Reunión Sociedad de Ecología de Chile*). Bariloche, Argentina, 23 - 27 April 2001.

Wassner, D. F. & Ravetta, V. 2001. Suelo encostrado bajo *Grindelia chiloensis*. Relación con la pérdida de resinas de las hojas y cambios en propiedades del suelo. p. 243, *in*: *Actas de la I Reunión Binacional de Ecología* (*XX Reunión Argentina de Ecología* - *X Reunión Sociedad de Ecología de Chile*). Bariloche, Argentina, 23 - 27 April 2001.

Weber, G. E. , Paruelo, J. M. , Jeltsch, J. & Bertiller, M. B. 2000. Simulación del impacto del pastoreo sobre la dinámica de las estepas de *Festuca pallescens*. pp. 108 - 109, *in*: *Actas del 23 °C ongreso Argentino de Producción Animal*. Corrientes, Argentina , 5 - 7 October 2000.

Westoby, M. , Walker, B. & Noy Meir, I. 1989. Opportunistic management for rangelands not at equilibrium. *Journal of Range Management*, 42: 266 - 273.

图例
郁蔽灌木林
开放灌木林
林地萨王纳
萨王纳
草原
非草地
水体

注释：资料来源于全球地被特征库，国际地球—生物圈项目数据库
见：http://edcdaac.usgs.gov/glcc/glcc.html

FAO声明：该地图标准不代表任何住权国家的现状

彩图4-2 拉丁美洲草原

彩图4-1 巴塔哥尼亚的美利奴羊羊群

彩图4-3 典型的巴塔哥尼亚斯太普灌丛

彩图4-4 典型的巴塔哥尼亚斯太普灌丛

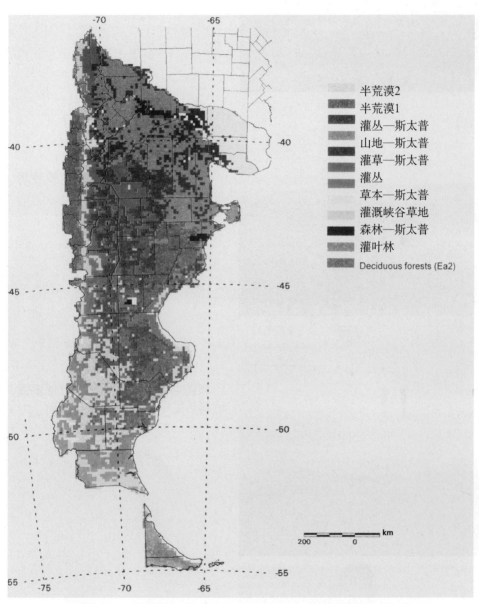

半荒漠2
半荒漠1
灌丛—斯太普
山地—斯太普
灌草—斯太普
灌丛
草本—斯太普
灌溉峡谷草地
森林—斯太普
灌叶林
Deciduous forests (Ea2)

彩图4-5　巴塔哥尼亚生物带（Paruelo，Jobággy和Sala，1998）

彩图4-6　蒙特灌丛草原

彩图4-7　麦哲伦草原夏季牧场放牧绵羊

彩图4-8　牧民在巴塔哥尼亚西南部丛生草原上放牧考力代羊

彩图4-9　湿地草原的冬季景色

第五章　南美坎普斯草原生态系统

Olegario Royo Pallarés（阿根廷），**Elbio J. Berretta**（乌拉圭）和
Gerzy E. Maraschin（巴西）

摘要

坎普斯草原位于南纬24°～35°之间，除溪流边以外很少有乔木和灌木。坎普斯草原覆盖了巴西、巴拉圭和阿根廷三国的一部分，以及乌拉圭的全部领土。天然草原覆盖面积大，以草地为基础的家畜生产系统尤为重要。以丛生禾草和矮禾草草地为主的草地饲养业已经商业化运营。草地夏季以C4植物生长占优势，伴生C3植物。牛和马自17世纪引入此地，绵羊于19世纪引入。草地畜牧业主要依赖春夏生长的天然草场和小面积人工草地，草原家畜以肉牛为主，绵羊主要用于生产羊毛，羊肉生产仅占小部分。严寒的冬季和低品质的饲料是家畜生产的主要限制因素。土壤中磷含量较低，这种养分匮乏影响了家畜生产。由于坎普斯草原对肥料的敏感度很高，施肥会改变天然草地的物种组成。施磷肥可提高豆科牧草的盖度和饲草中磷的含量。利用天然牧草育肥要花4年的时间，人工草地常用于幼畜集中育肥。绵羊和牛经常混牧。在天然草原补播豆科牧草，可促进冬季禾草的生长。本文旨在说明提高天然草地的饲草利用率是可行的，仅在兰德杜苏尔地区，在没有投入多少成本的情况下增加饲草供应，年可增产78.4万吨畜产品（以活重计），而且优化了草地牧草种群。

一、引言

南美坎普斯草原生态区位于南纬24°～35°，覆盖了巴西南部、巴拉圭南部和阿根廷北部以及乌拉圭的全部领土（图5-1），总面积大约50万千米²。坎普斯意为主要有禾本科和其他草本植物覆盖的草地或人工草地，在河岸边常有零星小灌木和乔木分布。

坎普斯草原是牛、羊、马等肉品的生产基地，生产潜力巨大，也是各种野生动植物产品基地。这种生产潜力源于其良好的环境条件尤其是气候条件，保障了可食牧草种类的多样性及其全年饲草的高产。

从亚热带到温带的过渡使坎普斯草原的生产具有明显的季节性变化。该区属半湿润气候，由于夏季蒸发量大于降水量，其土壤含水量很低。虽然全年降水量

图 5-1　南美坎普斯草原区

分布均匀，但降水量年际变化很大，降水的不规律性是影响牧草生产的主要问题。通常夏秋季的降水量最大。以覆盖全区 95% 的天然草原为依托的家畜生产，是该区最重要的农业生产活动之一。这种经济资源的最重要特性是：利用遵循生产力最大化但又要避免资源退化，这是农民、研究者和其他对自然资源保护感兴趣的人共同关注的议题。

二、研究区概况

（一）气候

坎普斯属亚热带气候，夏季温暖但冬季有霜冻。气候潮湿，春秋水分供应多，而夏季稍显不足（Escobar 等，1996）。科达特斯省（阿根廷）南部的年平均气温为 19.5℃，北部为 22.0℃，平均最冷月的气温从 13.5℃到 16.0℃。全区均偶尔有霜冻发生，每年 1～6 次不定，霜冻发生期为 5～9 月份，大多集中在 6～7 月份。

年降水量 1 200～1 600 毫米，从东到西逐渐递增。坎普斯草原年降水量逐年递增的现象一直没有得到解释，在过去的 30 年中，秋季降雨量增加了 100 毫米，而春季的降雨量有所下降。月降雨量分布多变：2～4 月份平均每月降雨量达 170 毫米。第二次降雨高峰期出现在 10～11 月份，降雨量为每月 130～140 毫米。冬季降雨量较低。从水分平衡可以看出春秋季水分过剩（降雨量大于蒸发量），夏季（12 月份到次年 1 月份）水分不足。全区年平均相对湿度在 70%～75% 之间，夏季湿度相对较低，冬季较高。

（二）家畜生产

养牛总头数科达特斯省（阿根廷）约 420 万头，乌拉圭 1 010 万头，近年来数据稍有变动。由于羊毛价格低、国内羊肉需求量下降，加上农民的羊只常遭偷盗，导致羊的饲养量持续下降，1996 年羊只总数科达特斯 120 万只，乌拉圭 1 300 万只。

（三）野生动物

坎普斯草原生态系统沿河道的森林为丰富多样的动物种群繁衍提供了适宜的环境。水体的多样性，丰富的漫水地区和大小礁湖使得几乎分布于全区的水猪（carpinchos）或水豚（Hydrochoerus hidrochaeris）的种群数量扩张迅速。由于当地政府禁止以获取珍贵皮毛为目的的捕杀活动，使该种群保有一定的数量。沼泽鹿（Odocoileus blastocerus）为濒危物种，在巴西的自然保护区中保护。南美草地鹿（Ozotocerus bezoarticus）是乌拉圭的特有鹿种。宽吻鳄（凯门鳄属，Caiman spp.）和水獭（大水獭，Pteronura brasiliensis）的种群数量也较为丰富。在坎普斯草原地区有犰狳（犰狳属，Dasypus spp.）和兔鼠（Lagostomus maximus）。当地居民很少伤害兔子、狐狸、鹧鸪、美洲鸵鸟和鸭子。

（四）植被组成

坎普斯生态系统物种丰富，由原生植物组成。在科达特斯省除牧豆树森林外，草本植物为主要优势种，很少有灌木和乔木生长——这就是坎普斯（Campos limpios）名字的由来。该区夏季多年生禾草为优势种，莎草科植物为次优势种。豆科植物种类很多，但不常见。草本层中分布有 39 属的 300 多种（J. G. Fernández），构成了丰富多样的草地植被。该区多年生禾草提供了 70%～80% 的干物质，莎草科植物在地势较高地区提供了 7%、在沼泽与低湿地提供了 20% 的干物质。豆科植物的分布较少，在地势较高地区提供 3%～8% 的干物质，在低湿地处几乎为零。

在 Rocky Outcrops 地区，对天然草地的研究从 20 世纪 80 年代中期开始。70 公顷的放牧试验地上分布有 178 种植物，其中最重要的三种植物是 Andro-

pogon lateralis (须芒草属)、百喜草 (*Paspalum notatum*) 和鼠尾粟 (*Sporobo-lus indicus*)。其他重要的牧草有 *Paspalum almum* (雀稗属)、棕籽雀稗 (*P. plicatulum*)、*Coelorachis selloana* (空轴茅属) 和 *Schizachyrium paniculatum* (裂稃草属),其他种的生物量占总生物量的 10% 左右。只有 *Desmodium inca-num* (山蚂蝗属) 是夏季最常用作饲料的豆科牧草。数量最丰富的莎草科植物为 *Rhynchospora praecincta* (刺子莞属)。

3 种禾本科牧草——百喜草、鼠尾粟和 *Axonopus argentine* (地毯草属) 是矮草草地上最常见的牧草,其生物总量也较大。该草地的主要特征是冬季牧草可以为放牧家畜提供 3%～20% 的饲草。最常见的冬季牧草种为 *Stipa setigera* (针茅属)、*Piptochaetium stipoides*、*P. montevidense* 和 *Trifolium polymorphum* (三叶草属)。

(五) 顶级植被

西班牙殖民者最早于 17 世纪引入牛和马,于 19 世纪中叶引入羊。天然草地上的家畜饲养改变了草地生态系统的植被类型,放牧是维持草地偏途顶级状态的重要因素 (Vieira da Silva, 1979)。在引进外来家畜的同时,也从欧洲引进外来植物种,干扰程度也由此增加。缺乏引入食草动物之前草地状况的信息,正如 Gallinal 等人 (1938) 所说“我们不知道引入家畜之前植被的状况,以及精确的指标,也没有从现居坎普斯的外来移民那里得到信息。”19 世纪初的外国旅行者如阿扎拉、达尔文和圣·希莱曼,以及西班牙裔拉丁美洲神父达马索·安东尼奥·拉拉纳加提供了一些不确切的植被历史资料。从他们的描述可以推断,以前的坎普斯除了在河岸边生长有树木,是没有大规模林带的。这种由一些小树、灌木和半灌木构成的草地景观是典型的普列利草原。

1984 年乌拉圭格伦科 INIA 实验站 (南纬 32°01′32″,西经 57°00′39″) 在放牧的草地上建立了禁牧围栏,已达一个世纪之久。结果表明,高大丛生禾草开始增加,矮生禾草盖度逐渐减少,同时 *Eupatorium buniifolium*、*Baccharis articulata* (酒神菊属)、*B. spicata* 和 *B. trimera* 等灌木和半灌木增加,*B. coridifolia* 的数量下降。这是因为只有在放牧条件下其他牧草生长较弱时,这些植物才能旺盛生长。*B. dracunculifolia* 是 3 米高的灌木,其枝条很容易被食草家畜折断,在禁牧 6 年后的植被中出现。*B. articulata* 的种群数量保持 5 年稳定,此后几乎所有的植株在同一时间内死亡,又经过一段相似时间后再次出现,之后又死亡,如此循环。原生物种 *Eupatorium buniifolium* (泽兰属) 保留,并产生新的幼苗。丛生禾草的株丛变大,株丛中的分蘖数变少,如尼氏针茅 (*Stipa neesiana*)、毛花雀稗 (*Paspalum dilatatum*)、*Coelorachis selloana* (空轴茅属) 和 *Schizachyrium microstachyum* (裂稃草属)。不耐牧且放牧条件下很少开花的禾草如 *Paspalum indecorum*、*Schizachyrium imberbe* 和 *Digitaria saltensis* (马唐属）得到空前的发展。本土豆科植物尽管很不常见，但数量增加较快。持续的禁牧积累枯枝落叶，显著地改善了土壤持水量。外界因素的影响重新恢复了早期植被的平衡状态，但与早期植被也不完全相同（Laycock，1991）。禁牧 20 年后也许能够恢复到没有引入家畜前的草地状况。

三、阿根廷的草地类型和生产系统

Van der Sluijs（1971）在梅赛德斯 INTA（INTAEEA，1977）发表的《科林特斯中南部草地类型》一文中，依据草地优势种的生长形态和习性，将阿根廷美索不达米亚平原地区的主要草地类型划分为两种冠层结构。一种是高禾草丛生普列利草地，一般取名为 Pajonales（稻草），*Andropogon lateralis*（须芒草属）是最常见的种。其他优势种有 *Sorghastrum agrostoides*（假高粱属），*Paspalum quadrifarium*（雀麦属）和中间雀麦（*P. intermedium*）。这些植物都是沙质山地（lomadas arenosas）、红土和地势稍高的深沼泽生态区的典型种。另一种是矮禾草草地，优势种高度很少超过 30～40 厘米。常见种有百喜草、*Axonopus argentinus*（地毯草属）和鼠尾粟。长期的过度放牧造成草地退化，冠层低，减少了植物种群的多样性和生长量。在这种状况下，flechilla（*Aristida venustula*，三芒草属）成为优势种，因此这类退化草地被命名为 Flechillares。退化的矮禾草草地占据了 Rocky Outcrops 和 Nandubay 森林的中南部。两种草地类型中的过渡地带 Pajonale 和矮禾草混杂生长。这些不同植物种类嵌合而成的草地一并构成了 floramientos 地区的植被特征。

（一）牧草的生长和生产

梅赛德斯实验站对不同草地类型的年产量和每公顷日增长率进行了长达 19 年的监测。监测采用活动围栏刈割法（Brown，1954；Frame，1981），测定结果如下：

Pajonales 草地：年平均干物质产量为每公顷 5 077 千克。平均月生长率如图 5-2。冬季的最低月干物质再生生物量为每天每公顷 5 千克。平均月生长率在 2 月、3 月和 4 月最高。生长率年分布情况和月温度紧密相关，秋季最高值大于春季，尤其在夏季由于降雨量的变化和高温，年际变化程度很大。Gándara 和相关工作者（1989，1990a，b）研究了该省西北部主要草地类型的草地产量。他们监测了三个 Pajonales 草地：深沼泽、科林特斯和查瓦里亚，并对其每年进行 4 次刈割，平均地上干物质产量每年每公顷分别为 5 260 千克、4 850 千克和 4 120 千克。

矮禾草草地：矮禾草草地的平均干物质产量为每年每公顷 5 803 千克，年际变化大且呈增长趋势（图 5-3）。最高生长率在夏末秋初（2～3 月份），大约为

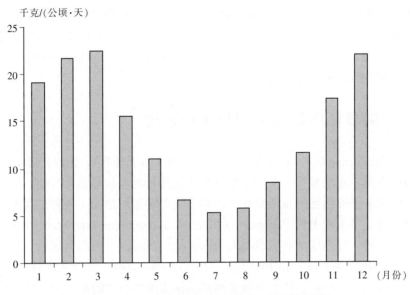

图 5-2 Pajonale 草原日均生长率（以干物质计）

每天每公顷产干物质 25 千克。7 月份生长量最低，大约为每天每公顷产 5.5 千克。年饲草生长量和同期增长的雨量相关，呈逐年递增趋势，逐年提高了草地家畜的承载力。尽管如此，从这些数据得出的最重要结论是，草地年内生产率的变化程度很大。

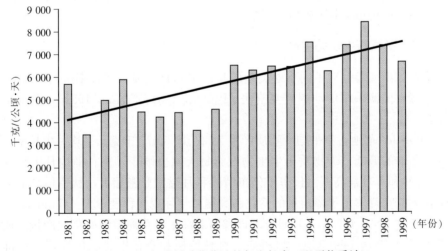

图 5-3 19 年内矮禾草草地的年生长率（以干物质计）

Flechillares 草地：Flechillares 草地的平均干物质生产量为每年每公顷 2 774 千克。一年中的最高生长率在 2 月份、3 月份和 12 月份，最低生产率在 6～7 月份。该类型草地的产量季节分布类似原始矮禾草草地，但在冬春季节的生长量更高，该草地的承载量很低，当年降水量减少到平均水平以下时情况更为严峻。

（二）生产系统

家畜生产主要依靠春夏生长的草地，对人工草地或其他补充饲料源的利用很少。主要生产系统集繁育和育肥为一体，且以繁育为主，没有专门的育肥系统。优势品种为瘤牛品系，其次为欧洲种、印度种和克里沃拉种。主要生产系统的生产效率低，该地区家畜的平均出栏率仅 18.9%，而阿根廷全国的平均出栏率达 23%。

绵羊饲养以生产羊毛为主，产羔为辅。该省中南部 3 400 多名农民从事牛羊饲养业。优势品种为考力代羊、新西兰罗姆尼羊和爱迪尔羊（Ideal）。科林特斯地区的平均产羔率为 60%～65%，平均未脱脂羊毛重为每只 3.18 千克。近几十年来全省羊饲养头数下降，全国饲养量也同样下降。1993 年养羊 139 万只，未脱脂羊毛产量 442.7 万千克。

与在此环境下的理论生产值相比，现在生产水平较低，Royo Pallarés（1985）分析其原因是一系列的环境、社会、经济和技术因素导致通货膨胀所引起的生产水平低下。Gándara 和 Arias（1999）最近指出，资源的管理不当、技术改进迟缓、服务机构缺失、畜产品市场的低迷和农场面积有限都是造成生产水平低的因素。

（三）其他生产力

很多研究者指出，采用一些基本的管理技术就可以提高生产力（Arias，1997；Benitez Meabe，1997；Royo Pallarés，1985，1999）。在科林特斯北部的平均畜产品生产力水平为每年每公顷 30 千克，而在运用了基本管理措施的试验点的年产量为每公顷 67.7 千克（表 5 - 1）。

表 5 - 1 科伦特斯省西北地区平均产量与试验值的比较

产量指数	科伦特斯省西北区	试验对比
销售率（%）	45	69.2
断奶重（千克）	150	197
单位牛断奶重	67	136
牛数/总牲畜数（千克）	0.43	0.65
活重产量［千克/（公顷·年）］	30	67.7
载畜量（牲畜单位/公顷）	—	0.56～0.73*

* 9～3 月份。

资料来源：After Arias，1997。

四、乌拉圭的草地类型和生产系统

草地植被类型为禾草草本植物和低矮灌木,偶见乔木(Berretta 和 Nascimento,1991)。数量最多的植物为禾本科植物,C4 植物和 C3 植物共同组成了这类草地的特征。最重要的族包括:黍族的雀稗属(*Paspalum*)、黍属(*Panicum*)、狗尾草属(*Axonopus*)、地毯草属(*Setaria*)和马唐(*Digitaria*)的许多种;须芒草族(蜀黍族、高粱族)的须芒草属(*Andropogon*)、孔颖草属(*Bothriochloa*)、裂稃草属(*Schizachyrium*)等;画眉草族的画眉草属(*Eragrostis*)和盐草属(*Distichlis*)等;虎尾草族的虎尾草属(*Chloris*)、穇属(*Eleusine*)和垂穗草属(*Bouteloua*)等。冬季利用牧草大多数是栽培牧草:包括早熟禾族的雀麦属(*Bromus*)、早熟禾属(*Poa*)、臭草属(*Melica*)、凌风草属(*Briza*)、黑麦草属(*Lolium*)、鸭茅属(*Dactylis*)和羊茅属(*Festuca*);针茅族的针茅属(*Stipa*)和 **Piptochaetium** 属的大量当地种;剪股颖族拂子茅属(*Calamagrostis*)和剪股颖属(*Agrostis*)的少部分种(Rosengurtt,Arrillaga de Maffei 和 Izaguirre de Artucio,1970)。总体来说,冬季利用牧草的生长与土壤类型、地形、海拔、肥力和放牧管理有关。与禾本科牧草一起生长的有菊科、豆科、莎草科、伞形科、茜草科、车前科和酢浆草科植物。当地豆科植物的代表种有三叶草属(*Trifolium*)、**Adesmia** 属、山蚂蝗属(*Desmodium*)、合欢属(*Desmanthus*)、乳豆属(*Galactia*)、丁癸草属(*Zornia*)、含羞草属(*Mimosa*)、灰毛豆属(*Tephrosia*)和笔花豆属(*Stylosanthes*)等,除一些特殊地区,豆科植物的出现频率通常比草地其他种类植物的出现频率低 3%(Berretta,2001)。粗放的家畜生产主要依靠天然草地,几乎没有改良。草地生产状况与土壤类型密切相关,并受限于土壤类型(表 5-2)。每种草地类型植被特征的首要决定因素是土壤类型、理化性状,受地形和其他因素的影响程度较小。

表 5-2　主要土壤类型草地的日生长率(DGR)和标准差
及年内饲草产量的季节分布(SD)

土壤类型			季 节			
			夏季	秋季	冬季	春季
玄武岩	SBR	DGR [千克/(公顷·天)]	10.1±4.9	6.8±2.9	4.9±2.5	9.9±3.9
		SD(%)	31.4	21.2	15.7	31.7
	SB	DGR [千克/(公顷·天)]	13.6±5.9	8.8±3.9	6.1±2.4	13.0±4.3
		SD(%)	32.1	21.0	14.9	32.0
	D	DGR [千克/(公顷·天)]	17.2±7.8	10.9±4.2	7.3±3.1	14.8±4.4
		SD(%)	33.3	21.5	15.1	30.1

（续）

土壤类型			季　节			
			夏季	秋季	冬季	春季
东部 Sierras		DGR［千克/（公顷·天）］	15.3	9.2	3.8	11.5
		SD（%）	38.0	23.4	9.7	28.9
晶状土壤 （花岗岩）	D	DGR［千克/（公顷·天）］	13.1±7.3	8.6±3.3	6.5±3.2	17.0±6.8
		SD（%）	28.6	19.3	14.5	37.6
沙质土壤	上坡	DGR［千克/（公顷·天）］	27.7±5.6	7.3±4.2	4.1±2.3	17.0±6.8
		SD（%）	48.5	13.1	14.5	37.6
	下坡	DGR［千克/（公顷·天）］	27.3±8.4	7.5±4.4	3.7±1.5	22.2±4.1
		SD（%）	44.5	13.6	6.1	36.8
东北部土壤		DGR［千克/（公顷·天）］	5.1	6.9	4.7	11.0
		SD（%）	18.3	25.0	17.1	39.6

注：SBR 为浅红棕土，SB 为浅黑土，D 为褐土。日生长率以干物质计。

一些种虽然在所有类型的草地上都可见但出现频度不同，有些种在部分草地类型中可见，一些种成为特定生境的特征种和指示性植物。各个草地类型都有因地形（土坡、山腰和沟谷）、土壤深度和水分状况的不同而引起的植被梯度变化。在沼泽地和水漫滩有莎草属（*Cyperus* spp.）、荸荠属（*Heleacharis* spp.）、粉美人蕉（*Cama glauca*）、蓉草（*Leersia hexandra*）、*Luziola peruviana*、*Paspalum hydrophylum*、梭鱼草（*Pontederia cordata*）、大慈姑（*Sagittaria mantevidentis*）和塔里亚属（*Thalia* spp.）的植物。

多年生植物在所有的草地中都占有优势，而一年生优势种不常见。但是在一年中的某些季节，实施一些管理措施可使一年生植物生长旺盛，如放牧方法、施肥、外来物种或豆科的牧草引入等。

在草地群落中，不同植物种对总生物量的贡献和其对土壤覆盖的贡献程度之间存在一定比例关系。理论研究（Poissonet 和 Poissonet，1969；Daget 和 Poissonet，1971）指出，这种比例关系接近于 20∶80 的基尼-洛伦茨系数（Gini-Lorenz）。对不同草地几个季度的植被调查研究发现，这个关系在 30∶70 到 20∶80 之间（Coronel 和 Martínez，1983；Olmos 和 Godron，1990）。尽管已知植物种数，但是这个数据往往被高估，因为只有大约 10 个物种主要提供饲草生产，对这些种的监控在种群进化和制定家畜管理计划时有特别的意义。

对牧草生长习性类型的鉴定（Rosengurtt，1979），有助于放牧管理的决策。大多数夏季和冬季生长的禾草为丛生营养繁殖类型，具匍匐茎的禾草除一种外全部是夏季生长，很多科的草种都具有根茎（如禾本科、莎草科、菊科、豆科和伞形科等），在夏季和冬季都生长的莲座状植物主要为菊科和伞形科植物。当缺乏牧草营养价值的精确数据时，常可用牧草的生长习性类型替代营养价值作为指标，对现在和将来的上百种植物进行有效管理（Rosengurtt，1946，1979；Rosengurtt，Arrillaga de Maffei 和 Izaguirre de Artucio，1970）。

表 5-2 详细说明了不同草地类型牧草的日生长速率及其标准差和季节性分布。在某些土壤类型上，牧草生长的不同状况形成了不同的植被组成，并反映出土壤的深度和地形位置。

在玄武岩质土壤上，有三种不同的植被类型可直接反映土壤的深度。在浅红褐土上，植被覆盖度为 70%，10% 被岩石覆盖，其余是裸地和枯枝落叶层。这些覆盖度会随季节变化而有所波动，在干旱时期会有显著的改变。以每天每公顷产干物质的千克数［千克/（公顷·天），$kg/hm^2 \cdot d$］为单位表达不同年份和季节的日生长率。大部分一年生牧草在夏季生长，但这也是生长率变化最大的季节，因为夏季是土壤干旱的高发期。最常见的植物种有 *Schizachyrium spicatum*（裂稃草属）、*Chloris grandiflora*（虎尾草属）、尼氏画眉草（*Eragrostis neesii*）、*Eustachys bahiensis*（真穗草属）、长穗小草（*Microchloa indica*）、*Bouteloua megapotamica*（格兰马草属）、*Aristida venustula*（三芒草属）、*Dichondra microcalyx*（马蹄金属）、酢浆草属（*Oxalis* 当地叫"macachines"）和卷柏属（*Selaginella*）。同一类型土壤在表土厚度达到 15～20 厘米时，其他夏生饲草种如百喜草和 *Bothriochloa laguroides*（孔颖草属），及冬性牧草如尼氏针茅（*Stipa setigera = S. neesiana*）和 *Piptochaetium stipoides* 会出现。这些高产植物的出现改变了产量的季节分布，尽管年总产量大致相同，但最高产量会出现在春秋两季。

浅黑土地带的植被覆盖度是 80%，其余为裸地和枯枝落叶层，兼有年内和年际的变化。最常见的植物有 *Schizachyrium spicatum*、*Chloris grandiflora*、*Eustachys bahiensis*、*Bouteloua megapotamica*、*Aristida murina*、*A. uruguayensis*、*Dichondra microcalyx*、酢浆草属、念珠藻属（*Nostoc*）和卷柏属。不很常见的种有 *Stipa setigera*（针茅属）、*Piptochaetium stipoides*、*Bothriochloa laguroides*（孔颖草属）、百喜草、棕籽雀稗、*Coelorhachis selloana*（空轴茅属）和 *Adesmia bicolor*。当表土厚度增加时不常见种的频度增加，年总饲草产量也有少量增加，但季节分布不同，夏秋两季的饲草产量占总产量的 70%。

深厚肥沃土壤的植被覆盖率接近 90%，其余为枯枝落叶。其主要植物种有百喜草、棕籽雀稗、毛花雀稗、*Coelorachis selloana*（空轴茅属）、*Andropogon ternatus*（须芒草属）、*Bothriochloa laguroides*（孔颖草属）、类地毯草（*Axonopus affinis*）、*Aristida uruguayensis*（三芒草属）、*Schizachyrium spicatum*、*S. setigera*、莎草科植物、*Piptochaetium stipoides*、*Poa lanigera*、*Trifolium polymorphum* 和 *Adesmia bicolor*（Berretta，1998）。

以上三种土壤类型的草地，土层越深，春季盖度越大，最高可达到 40%。

其生长量可占总生长量的 28%，这也许与更多冬季牧草在春季开花和秋季再生相关。

在砂质土壤上，植物组成的改变主要与地形位置相关。表 5-2 说明了在同一地形系列中从坡上部到下部牧草日生长率季节分布的情况，过去的 8 年里，从高到低的山坡饲草年均干物质产量分别为每公顷 5 144 千克和每公顷 5 503 千克 (Bemhaja, 2001)。在这种草地上，生长高峰在春夏两季，占总产量的 80%，除受一些土壤因素（深度、质地和持水能力）的影响外，主要影响来自一些夏生植物，如百喜草、地毯草、*Axonopus argentinus* （地毯草属）、鼠尾粟、*Coelorachis selloana*、*Panicum milioides*、*P. sabulorum*、*Panicum nicorae* （这类土壤的特征植物）和 *Eragrostis purpurascens*。最常见的冬季生长草种是 *Piptochaetium montevidense*。矮禾草如 *Soliva pterosperma*、*Eryngium nudicaule*、*Chevreulia sarmentosa* 和 *Dichondra microcalyx* 相对常见。当地豆科植物出现频度低，*Desmodium incanum* （山蚂蝗属）是最具代表性的种。*Baccharis coridifolia* 和 *Vernonia nudiflora* 是被侵入地块（campo sucio）的主要杂草。

火烧是该草地常用的管理措施，可减少地表枯落物以促进春季牧草的再生，提高饲草质量。夏季牧草的适口性差，除一些特殊情况下，家畜一般不喜采食。冬季枯枝落叶累积，适口性更差。这种类型的牧草有 *Erianthus angustifolius* （蔗茅属）、*Paspalum quadrifarium* （雀稗属）、*Andropogon lateralis* （须芒草属）和小穗裂稃草（*Schizachyrium microstachyum*）等，在这种环境下一些矮灌木和灌木也会生长繁茂，草地会转换成坎普斯的苏西（sucios）和 pajonales 类型。

布鲁诺索（Brunosols）地区天然草地的植物种类繁多，仅 12 米² 的区域就有 50~60 个种。30% 的物种即占据了总植被盖度的 70%。禾本科牧草种类最多，其中 70% 是夏季生长种类。根据当地的管理方式，草地可能被小灌木和当地的乔木覆盖。豆科牧草在放牧条件下较稀少。

Lomadas 地区的牧草平均干物质产量为每年每公顷 3 626 千克，谢拉斯（Sierras）地区为每年每公顷 1 500 千克（彩图 5-1）。其中大部分植物（80%~85%）是多年生夏季牧草。尽管生物多样性丰富，但能提供饲草的种类却很少。百喜草和地毯草是最主要的饲草。牧草的消化率通常很低（48%~62%）（Ayala 等，2001）。彩图 5-2a-f 为乌拉圭的坎普斯草原的典型景观。

五、家畜生产的植被限制

亚热带湿润性气候草地利用的主要限制因素是饲草质量低。尽管很多学者就这一问题进行了研究（Royo Pallarés，1985 年；Deregibus，1988），均没有提出较好的解决方案。C4 植物为优势种的草地温度高且降雨量充沛，从而稀释了土壤中的养分，使家畜对牧草的消化率显著下降，消化率很少超过 60%。牧草的粗蛋白含量几乎不能满足家畜最基本的需求，冬季的霜冻更加剧了粗蛋白的匮乏。大多数年份会产生"绿色沙漠"的现象——难以放牧的低质量牧草成片生长。家畜在"草的海洋"中采食，但采食率很低。人们经常用火烧的办法来促进和改善草地的质量。

19 世纪末坎普斯草原的盐缺乏问题引起关注。土壤磷缺乏已被确认（Krae-mer 和 Mufarrege，1965），从那时起，磷缺乏变得越来越显著，已成为科林特斯省家畜生产的主要限制性因素。土壤中可利用磷少于 5 毫克/千克，因此牧草中的含磷量小于 0.10%，这极度制约了饲草的产量和品质以及畜产品的产量。在科林特斯省开展了很多关于牛和草地磷营养方面的研究（Arias 和 Manunta，1981；Arias 等，1985；Mufarrege，Somma de Fere 和 Homse，1985；Wilken，1985；Royo Pallarés 和 Mufarrege，1969；Royo Pallarés，1985）。补充矿质元素以增加磷含量是农民广为接纳的方法，但在实施过程中还存在疑问、误解和各种各样的问题。

生产系统

主要的生产系统有：

只生产犊牛（Cría）模式：销售断乳小公牛和淘汰母牛，不断更新母牛。

繁殖和育成（Recría）模式：公畜幼畜在断奶后继续饲养 18～30 个月，在冬季到来之前卖给其他农户。

完全周期模式：繁殖并将所有幼畜育肥到屠宰，宰杀时对牲畜的年龄和体重不做要求。

育肥模式：可在天然草地上放牧。育肥 1 岁或 1 岁以后的公牛，在 4 岁后进行宰杀。集约模式下的育肥，则部分时间将断奶仔畜或小公牛饲养在改良草场或人工草地。

在以上任何一种生产模式中，牛与羊可能一起饲养（彩图 5 - 3）。繁殖生产系统比育肥生产系统更加常见，羊的饲养模式大体与上述模式相似，主要饲养一些去势断奶羔羊和淘汰母羊。目前流行在幼羔活重达 40 千克以上时才出售。

根据草地特点，混合饲养对家畜生产有很多限制因素，主要是营养方面。其他一些限制因素有母牛初次交配年龄推迟（一般是 3 岁）、产犊率低（65%）、仔畜活重低、断奶期体重低（130～140 千克）、宰杀年龄推迟（4岁）、净肉率低（18%～20%）。在这种情况下，天然草地的牛肉产量大约为每年每公顷 65 千克。

在玄武岩土质草地上，对与羊混牧和不混牧两种放牧管理系统进行了比较（表 5 - 3）。两种系统都为每公顷一头牛的固定载畜量和简单的放牧管理模式，进行了 4 年的评估。

表 5 - 3　两种放牧管理系统的生产性能和生产量

年	出生率 （%）	断奶率 （%）	断奶重 （千克）	生产量（千克/公顷）	
				活重	羊毛产量
牛放牧系统					
1	80.0	77.5	141	109	—
2	60.0	55.5	141	78	—
3	87.5	75.0	137	103	—
4	75.0	10.0	143	100	—
平均	75.6	69.5	141	988	
牛、羊混牧系统					
1	75.0	70.0	153	107	10.1
2	55.0	50.5	143	72	9.0
3	78.0	75.0	166	125	10.3
4	65.0	60.0	160	96	9.8
平均	68.0	64.0	156	100	9.8

资料来源：摘自 Pigurina，Soares de Lima 和 Berretta，1998 年。

　　尽管采用高载畜量和简单的放牧管理模式，结果显示这种放牧方式的产量要高于粗放型放牧。每年出生率和断奶率的不同是影响畜牧生产的主要因素。牛羊混牧的断奶率要高于单一放牧牛系统，但单一放牧牛系统的断奶期体重和总产量要高于牛、羊混牧系统。

　　天然草地阉牛育肥所需要的时间较长，这是因为季节间牧草的可利用程度和品质、载畜量和牛羊混牧与否等因素都会导致公牛体重在季节间的增量不同（表5－4）。

**表 5 - 4　天然草地上连续放牧的羊、牛比（S：C）和载畜量
对阉割公牛活重变化和产量的影响**

载畜率（家畜单位/公顷）	0.6（1）	0.8（1）	0.8（1）	0.9（2）	1.06（1）	1.06（1）
羊、牛比	2：1	2：1	5：1	0：1	2：1	5：1
季节	活重变化，千克/天					
秋季	0.196bc	0.194c	0.139bc	−0.248c	−0.076c	−0.130c
冬季	0.089c	−0.176d	−0.086c	0.075b	−0.312d	−0.397d
春季	0.915a	0.858a	0.828a	0.758a	0.667a	0.720a
夏季	0.351b	0.413b	0.279b	0.604a	0.431b	0.436b
年平均值	0.388A	0.322A	0.295AB	0.297AB	0.178B	0.157B
公牛总产量						
千克/（头·年）	141A	118A	108B	108B	65B	57B
千克/公顷	75	84	54	125	62	38

　　注：a，b，c 不同字母代替同一栏中不同的平均值（P＜0.05）。A，B 不同字母代替不同行中不同的平均值（P＜0.05）。①根据 UE Glencoe 数据（1984—1992）；②摘自 Risso 等人，1998；③根据有效面积调整，不包括羔羊和羊毛产量。

　　资料来源：Pigurina 等，1998 年。

不同的饲喂、管理和卫生防疫控制策略影响羊的生产。很多研究项目都关注如何有效提高羊毛产量和产羔量及两者的品质。

表5-5显示了粗放条件下采用的技术方法。在传统放牧体系中，对第三胎母羊的饲喂营养水平不高，导致了羊羔的体重低和脂肪含量低。

表5-5   利用家畜脂肪分值和在天然草地与改良草地实行
秋季延迟放牧的比较试验结果（Montossi 等，1998a）

牧场和家畜特点	传统放牧	秋季延迟放牧	
		天然草地	改良草地
产羔期可利用牧草干物质（千克/公顷）	400～700	1 300～1 500	1 100～1 900
产羔期牧草高度（厘米）	2～3	5～8	4～7
载畜量（母羊数/公顷）	4 (0.8 家畜单位/公顷)	5 (1 家畜单位/公顷)	10 (2 家畜单位/公顷)
母羊产羔期体重（千克）	35～40	42～45	45～48
产羔期脂肪分值	2～2.5	3～3.5	3.3～3.7
初生重（千克）	2.5～3.0	3.6～3.8	3.8～4.6
羔羊死亡率（%）	20～30	10～13	9～10

注：根据改良草地豆科牧草数量得可用牧草量。

羊羔营养不良（20%～30%死亡率）也是畜群繁殖能力低的主要因素。为了增加家畜的繁殖能力，提高母羊的产羔率以及将羊羔的死亡率降至10%以下，实行延迟放牧是必要的（彩图5-4）。可在母羊第三次妊娠初期每公顷积累牧草干物质1 300～1 500千克（高5～8厘米）。考力代母羊在产羔时的脂肪分值应在3～3.5之间（Montossi 等，1998b）。

改良草地的载畜量是天然草地的两倍（10只羊/公顷）。产羔时母羊的脂肪基况指数相同，但羔羊死亡率下降到10%。每公顷饲草干物质积累量为1 100～1 900千克，等同于留草高度4～7厘米。可获得牧草量取决于改良草地中豆科牧草的比例。

考虑到玄武岩土质的天然和改良草地秋季平均生长量（Berretta 和 Bemhaja，1998）和正常繁育季节，在产羔期前停止利用天然草地50～70天和人工草地30～40天是可行的。具体天数由天气状况决定，也由停牧积累期开始时的牧草现存量所决定，停牧天数会影响牧草生长量。

大多数成年母羊在2.5岁后进行配种（四牙期），因为多数母羊（40%～60%）在1.5岁后达不到配种的最低活重。这就改变了畜牧业的生产和经济效益，每只母羊在其生活史中产羔数减少，也减慢了畜群的遗传进化，限制了系统的总体生产效率。所以提高育成羊的繁殖率对提高产羔量有重大意义。

为了提高玄武岩土质天然草地育成羊的活重，有学者制定了一些管理策略

（San Julián 等，1998）。改良草地和人工草地使家畜冬季日增重每天每头达 60～90 克。这一增重率能够使育成羊（80%～90%）在二牙期就达到交配体重，意味着美利奴羊和考利拉育成羊体重分别超过 32 千克和 35 千克。为了在冬季达到这一增重，需要天然草地每公顷提供 1 500 千克干物质的牧草贮存量，草高 5～6 厘米，需要改良草地每公顷提供 1 000 千克干物质的牧草贮存量，草高 4～5 厘米（San Julián 等，1998）。

在玄武岩土质地区的一项研究显示（Ferreira，1997），根据生产系统和采用技术的不同将农民分为三组：第一组，研究组中 56% 的农民，其自然资源的生产潜力小，在作决策时往往很保守，导致对浅层土壤改良采用的技术水平不高，在浅土层使用的技术对土层没有充分的影响，未能超越风险规避阈值。第二组，18% 的农民，能接受新技术并主动进行技术改良，不仅如此，他们也会对改良后的技术进行试验并对结果进行分析。第三组，26% 的农民为大规模的牧户，对于别人已成功使用的技术采取效仿的态度。作者指出，应该对不同小组采取不同的技术支持，更重要的是每组对新技术的认同过程不相同。

六、巴西南部的草地生产体系

巴西南部的天然草地，包括当地的乔木和草本植被，与开阔草地和矮灌木相连接，共同拼接成具有热带稀树草原特点的草地。草本植物的植被类型和组成不同，受温度影响大，季节产量不同。禾本科植物是优势种，伴生一些豆科植物。纬度、海拔和土壤肥力影响草本植物的生长，C4 植物在温暖季节生长旺盛，而 C3 植物在冬季生长占优势。草地上的相对优势种决定了每季的生长能力和牧草的产量平衡。植物种类丰富，有 800 多种禾本科牧草和 200 多种豆科牧草，兼有菊科和莎草科植物。土壤因素导致植物组成不同，一些特殊优势种的功能导致生产力的实质性差异。从殖民时期开始，在这一生态系统主要采取粗放和资源消耗型的家畜饲养方式。

对自然生态过程的理解是管理的基础，具体需要考虑的主要因素包括生产力、现存植被覆盖度、饲用价值、环境限制因素和对自然演替过程的认识等。草地生态条件与人们的活动和对家畜行为的管理密切相关。植被组成结构主要由放牧家畜的采食方式决定，植物地上部分净初级生产力（ANPP）的放牧消耗率可以达到 50%，地下部分为 25%（Sala，1988）。不同植物对刈牧的反应不同，不同季节的生长速度也有差异，食草家畜对采食牧草种类和部位的选择不均导致草地中不同植物丰富度的差异（Boldrini，1993）。食草动物可利用天然草地资源，放牧影响植被的种类、生活型和生长，这些都可以通过管理来改善。不同畜种所食用牧草的范围不同，影响生态和经济方面的植被演替（Araujo Filho，Sousa 和 Carvalho，1995）。

　　巴西南部 1 200 万～1 500 万公顷的天然草地具有很高的物种多样性（彩图 5 - 5），禾本科牧草占优势，很少有豆科牧草。由于忽视草地的生态价值潜力，这类草地被认为生产力低，应该被改良为人工草地。这与选择放牧的概念有关，减少放牧可促进植物更快地再生生长。动物的类型和其遗传特性、环境适应性与天然草原的发展相适应。有关部门正着力增强对天然草地生态系统娱乐功能的保护，在那里食草动物是一道亮丽的景观。目前已有一些关于这方面的技术报告。

　　天然草地的饲草只能通过动物产品的销售进入市场，如果国内市场不赞成将天然草地作为生产资料进行畜牧生产，这些产品就会遭受抵制（Tothill，Dzowela 和 Diallo，1989）。对公共放牧地的评估方法是单位面积的产量，因为家畜的数量代表了放牧地的经济价值。按照生态系统管理的基本原理（经营牧场），家畜的商业价值就代表了其经济价值。饲草利用的基本理念是以有限区域内草地和家畜管理为基础，加上可能的外界投入。很多天然草地的管理和畜牧生产，可以获得生态系统的应有产量。

　　直到现在，家畜饲养者还没有了解草地管理的最基本方法：为保护植被制定可持续发展的长期生产规划，现在需要重新认识天然草地，了解在不限制家畜采食的情况下草地的供应能力，以达到个体家畜生产性能高、每公顷产出高的目的。

（一）天然草地的干物质积累

　　巴西南部的气候过渡带更适合夏季禾本科牧草的生长，这也解释了牧草产量的季节性差异（Apezteguia，1994；Correa 和 Maraschin，1994；Maraschin 等，1997）。占全年 1/3～1/2 时间的冷季由于低温、霜冻和不规律的降水，牧草生长缓慢。家畜拒食某些饲草加大了草地评估的误差（Moojen，1991）。乌拉圭当地冬季牧草干物质产量占全年总产量的 17%（Berretta 和 Bemhaja，1991），南里奥格兰德州地区的冬季产量占 18%（Gomes，1996）。暖季占全年时间的 1/2～2/3（Maraschin 等，1997）。日生长量用干物质日积累率（AR）表示，并显示了可放牧利用的牧草。表 5 - 6 显示了南里奥格兰德州地区天然草地的 AR 值〔单位：干物质千克/（公顷·天）〕及同期剩余干物质量，受单位家畜日可供牧草量（FO）的影响（Moojen，1991；Correa 和 Maraschin，1994）。当 FO 值小于家畜活重的 12% 时，AR 随 FO 水平的增加而增加，直到 FO 值超过家畜活重的 16% 时，AR 又呈下降趋势。AR 最大记录值为每天每公顷 16.3 千克干物质，FO 值达到家畜活重的 13.5%，相对应的牧草日可利用量是每天每公顷 1 400～1 500 千克干物质。

　　未施肥天然草地的可用牧草产量每公顷为 2 075～3 393 千克干物质，这确定了该草场放牧家畜的头数。随着植物的生长发育和基部枯死物质的积累，日生产率 AR 有所下降，家畜的活重不再增加，即日可供给量 FO 值为家畜活重的 16%。两组平行曲线表明家畜增重和 AR［千克干物质/（公顷·天）］密切相关，当日可供给饲草量 FO 达到家畜活重的 13% 时，两者均达最大。

表 5-6　南里奥格兰德州中部以百喜草为优势种的退化天然草地在
不同牧草供应量（FO）水平下的草地参数和光能转化效率

（5 年平均，光合截留 PAR 21.6×10^{12} 焦耳/公顷）

变　量	FO			
	4.0	8.0	12.0	16.0
干物质日积累率［AR，千克/（公顷·天）］	11.88	15.52	16.28	15.44
干物质产量（千克/公顷）	2 075	3 488	3 723	3 393
航测初级生产力（PAP，兆焦/公顷）	40.877	68.714	73.343	66.842
PAR/PAP（光合效率，%）	0.20	0.34	0.36	0.33
家畜日增重（DLWG，千克/头）	0.150	0.350	0.450	0.480
头日/公顷	572	351	286	276
载畜率［活重，千克/（公顷·天）］	710	468	381	368
干物质残留量（千克/公顷）	568	1 006	1 444	1 882
家畜增重（LWG，千克/公顷）	80	120	140	135
次级生产量（SP，兆焦/公顷）	1 880	2 820	3 290	3 173
PAR/SP 效率（次级光合效率，%）	0.009	0.001 5	0.017	0.013
PAP/SP（初级生产力转化率，%）	4.48	4.53	4.66	4.10

资料来源：摘自 Maraschin 等，1997；Nabinger，1998。

　　高强度放牧的影响可用系统的能量流来监测，作为日可供给牧草量（FO）。一般牧草可用量（千克干物质/公顷）转换为能量单位应乘以 19.7 兆焦/千克，活重增加（千克/公顷）转换为能量单位应乘以 23.5 兆焦/千克。根据全球辐射和光合有效辐射（PAR），Nabinger（1998）总结出光合效率转化系数，乘以 100 代表了能量值的系数（表 5-6）。当 FO 占 LW 的 4.0% 时，PAR 转化为干物质的比例大约为 0.20%；当 FO 占 LW 的 8% 时，转化率增加到 0.34%；FO 占 LW 的 12% 时，转化率达到 0.36%；而当 FO 占 LW 的 16.0% 时，转化率降至 0.33%，这是由 FO 水平影响的天然草地老化的结果。FO 值相当于 LW 的 12% 时，天然草地的初级生产量明显增加（增加 80%）。

　　放牧家畜喜食青鲜牧草不喜干草，喜叶不喜茎，更喜食嫩叶的上半部分，这清楚地表明家畜喜食何种牧草，应该在草地上促进什么样的牧草生长。应该区分地上生物总量和家畜可利用干物质，前者为技术上家畜可以采食到的部分，后者是被选择采食的部分。为了保持牧草的再生能力，应该清楚放牧后牧草的最佳留茬高度（Maraschin，1993）。这些将有助于理解家畜在不同草丛和草地基况下的行为。

表 5-6 的数据显示了单位家畜最高活重增加量（LWG）：当 FO 占 LW 的 12%，每公顷家畜放牧天数少时，每公顷增重最大值最接近草地的最大 AR 值。同样，次级生产的效率由初级生产决定，系统中的能量流可表述为次级生产效率（活重，千克/公顷）。FO 占 LW 的 4.0%，PAR 转化率为 0.009%；当 FO 占 LW 的 8% 时，转化率增加到 0.015%；FO 占 LW 的 12% 时，转化率达到 0.017%；而当 FO 占 LW 的 16.0% 时，转化率又降低。FO 的增长体现在草地枯死生物量增多，这些生物量被误解成草地生物量的组成部分（Maraschin，1996）。这是草畜关系中的重要问题，和全球草地质量和产量息息相关，应该加以重视。这些干物质在自然生态系统的营养循环中起重要的作用，增加了土壤的持水能力，保护了土壤及动植物种群。

（二）天然草地生态系统家畜生产优化

可获得饲草的数量和种类组成决定着家畜可持续的生产水平（Moraes，Maraschin 和 Nabinger，1995），也依赖于畜饲草状况供给情况（Maraschin，1996）。首先，应根据家畜的生物学机能了解合理饲喂家畜需要多少牧草。据南里奥格兰德州国立大学饲用植物和农业气象学院的研究，由于正确理解了土壤-植物-动物的生产关系，饲草转化为动物产品这一过程，使得天然草地的残留物得到保存，且生产力达到前所未有的水平。牧草生产的季节性反映了适合牧草生产的降水等环境条件的年内分布。草地在冷凉季节（占全年时间的 30%～40%）和暖热季节的生长不同（Moojen，1991）。固定载畜量会因季节性波动而造成动物产出的损失并破坏草地生态系统，农户生产的脆弱性也增大。因为牧草生产主要在暖季，而家畜主要在春季增重，这就限定了全年的生产能力（Correa 和 Maraschin，1994），具体依赖于草地的日生长率（表 5-6）和牧草的可利用率（Setelich，1994；Maraschin 等，1997）。如果农户没有合理利用春季饲草，没把饲草等同于动物产品来看，就无法充分利用夏季牧草。

天然草地牧草供给量（FO）水平决定了草地的生产能力。低 FO 值 [占家畜活重（LW）的 4%＝重度放牧]，草地看起来均一整齐，草丛低矮，饲草新叶含粗蛋白 8%。匍匐型夏季草种占优势，冬季牧草种几乎见不到，豆科牧草的贡献率下降，*Andropogon lateralis*（须芒草属）、鬣毛三芒草（*Aristida jubata*）和 *Eryngium horridum* 减少而裸地面积扩大。牧草再生差且家畜日增重低。当 FO 值增至占 LW 的 8% 时，家畜身体状况良好，但是由于缺少对放牧敏感牧草种的保护，草地生态系统较脆弱。

在中低放牧压力下（占 LW 的 12% 和 16%），FO 值更高时，草高明显增加，出现了更多直径不一的丛生禾草。冬季种更常见，提高了草地品质，如尼氏针茅（*Stipa neesiana*），*Piptochaetium montevidense* 和 *Coelorachis selloana*，重要的本地豆科种 *Desmodium incanum*（山蚂蝗属）也出现。在该强度的放牧管理下，需要 8～10 年后本地豆科牧草才可见种子成熟。

在轻度放牧强度下，牲畜放牧更具选择性且放牧小区草质更好、留茬更高、被采食的牧草更少。在连续放牧下，采食后残留的叶面积大，同时也加快了牧草的再生。轻度放牧的草地上，由于选择性采食，使牧草产量高，牲畜自由采食使每头家畜日增重（DLWG）达 0.500 千克（见图 5-3b）。如果考虑牧草平均粗蛋白含量，将可能达不到此日增重值。增加的 FO 使得家畜选择比普通牧草更具营养价值的牧草，家畜因饲草品质提高而提高了采食量。

FO 水平的提高，地上覆盖度增大，由于叶量增多与茎秆数量有关，因此饲草量和家畜产量也因此增多。当 FO 占家畜活重 4.0%～12.0% 时，PAR（初级地上生产量）/SP（次级生产量）的比值将加倍。在载畜量更低时，家畜活重可以达到最大值，DLWG 也得以提高，这与高 AR 值和轻度放牧相关。作为增加 DLWG 的结果，在 FO 占比例 4% 时的 PAP/SP 比值效率为 4.48%；FO 为 12.0% 时比值达到 4.66%。更低的放牧强度使得高大牧草为家畜提供了高品质的营养，产量也最高。

天然草地的最适利用范围可从曲线模型看出，由通过获得高光合利用效率达到生产可持续性（表 5-6 和图 5-4）。草地最适利用范围是家畜个体产量和每公

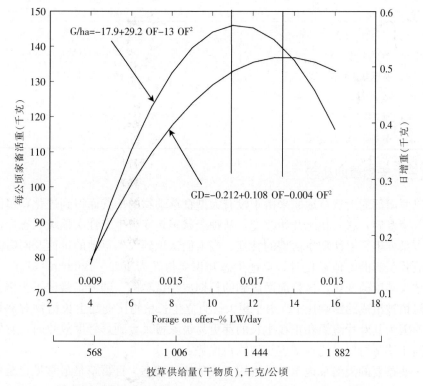

图 5-4　巴西南里奥格兰德州天然草地牧草供给量（FO）、家畜日增量（DLWG）和单位草地面积家畜活重（LW）对太阳辐射固定效率的影响

顷产量的折中，估算为 FO 占 LW 的 13.5%（每头牲畜获得最大日增重）到 FO 占 LW 的 11.5%（最大 LW）之间。还要考虑不同畜种和畜群结构的营养需求（母牛＋牛犊、母羊＋羔羊、小母牛、阉割牛、公牛和马等），依据畜群结构需求的不同，草场应采用不同的管理方式。载畜量和承载能力只能被界定为家畜生产相关的函数但不能固定，受环境条件的变化而变化。

表 5-7 是由草地最适利用范围模型得出的函数，反映了天然草地的最佳放牧和该草地最佳承载能力下的载畜量，该天然草地有大约 200 天的暖季放牧周期，这些结果可根据下式换算为家畜产量。

家畜产量＝质量×载畜量，

即　　　　　活重/公顷（LW）＝DLWG×头日/公顷

146 千克＝0.517 千克×282

天然草地的牧草收获量可以提高，在 Rio Grande do Sul 地区根据所推荐的高 FO 值，每年家畜活重在不增加成本的情况下增产 78.4 万吨，同时优化牧草积累率。这种方法正在巴西南部推广。

表 5-7　最适利用范围内天然草地和家畜生产力

变　量	结　果
干物质［千克/（公顷·天）］	16.30（估算）
头日/公顷	282（计数）
日增重（千克）	0.517（估算）
活重增加/公顷（千克）	146（计算）
承载能力	1.17 头两岁公牛（计算）
载畜量（千克/公顷）	370（观察）

（三）天然草地动态

巴西南部的天然草地原来由于没有大型食草动物的干扰而得到进化，殖民时期引入家畜后，这一状况开始改变，从顶级状态转变为生产性次顶级状态，伴随植物一系列生长习性和生活型的转变。当人们认识到天然草地的价值及同时需要控制放牧引起的土地退化时，草地生态知识变得尤为重要。Boldrini（1993）研究了植被盖度的变化，这是前面讲到的长期放牧试验的一部分，验证了土壤类型确实对植被组成的影响比 FO 水平更大。直立生长植物比匍匐生长植物对刈牧更敏感，因为其叶片组织和正在生长的芽更易被家畜采食到。轻度放牧时，它们的生长高于草丛冠层，比匍匐生长植物占优势。

一些重要的天然草地草种被选用于评估植被动态。百喜草是最常见也是作用最大的种之一，加上有根茎的 *Paspalum paucifolium*，它们都是侵蚀和淋溶地的先锋植物，盖度大，其 FO 分别占 LW 的 4.0% 和 12.0%。*Andropogon lateralis*

（须芒草属）适宜于含水量高的土壤质地，但对放牧强度的增大极为敏感，高强度放牧可导致其频度急剧下降，FO值降低（LW的2.4%~4.5%）。但在适宜的载畜量下，*Andropogon lateralis*可维持稳定并有助于其他适口性好的牧草生长，使其有落种繁殖的机会。类地毯草（*Axonopus affinis*）具长匍匐茎，在低肥力的潮湿地区旺盛生长，适于在放牧强度大且低FO供应的地带生长。*Aristida filifolia*（三芒草属）适应于较干旱的土质，低放牧强度可保持其种群数量的稳定。棕籽雀稗（*Paspalum plicatulum*）的叶片基部木质化，但是家畜仍可采食并消化，但是在低FO值的重牧下会被破坏，而在轻度放牧的情况下，两三年内其密度和盖度又会显著增加，如果能被更有活力的植物所遮盖，就可繁殖种子，在草地上的数量可逐渐增多。*Piptochaetium montevidense*是很重要的种，它在冬春两季生长，在山坡上的盖度更高，不太适宜潮湿的、压力大的环境，可生长在低密度的草丛中。另一种重要的植物种是豆科植物*Desmodium incanum*，其在春季轻牧和有保护植物的协助下植被覆盖度更高，在竞争中表现出生态多功能性，开花和结种，长出新植株来更好地扩大种群数量。

在一项关于FO水平与土壤肥力和延迟放牧的研究中（Gomes，1996），匍匐生长的百喜草在放牧强度大的草地上频度更高，而丛生植物*Andropogon selloanus*和*Elionurus candidus*在轻度和极轻度放牧小区中较常见。不同植物的生长习性不同，例如，*Paspalum paucifolium*、尼氏画眉草和*Eryngium ciliatum*多生长在干旱地区，而*Andropogon lateralis*、*Eryngium horridum*、*E. elegans*、小穗裂稃草和*Baccharis trimera*喜生于土壤水分含量高的地区，并对高放牧强度很敏感。

有意思的是*Coelorachis selloana*和*Piptochaetium montevidense*对高放牧强度的忍耐能力强，高强度放牧下两者的芽都生长在基部靠近土壤的部位，而当FO值增高后，生长部位可随草群高度的增高而提升，并伴随干物质产量的提高。这种适应环境而调节生长方式的能力在本地豆科植物种*Desmodium incanum*上也可以看到。当放牧强度高时，植物多以匍匐生长为主；放牧强度减轻时，植物又直立生长。豆科牧草*Aeschynomene falcata*、*Chamaecrista repens*、*Stylosanthes leiocarpa*、*Trifolium polymorphum*（三叶草属）和*Zornia reticulata*可以被高强度利用，但需要休牧一段时间。非限制性FO管理的方法在天然草地上似乎是一种恢复和维护草地生产力可持续发展的有效生态手段。

七、坎普斯草原的施肥状况

（一）阿根廷坎普斯草原的施肥状况

过去的30年里，梅赛德斯研究站评估了在落基奥克普斯地区的天然草地施肥后对家畜产量的影响。评估结果是载畜量大幅度提高，单位家畜增重和单位面积牛肉年产量都得到提高。第一份研究报告表明，由于施用氮、磷和钾，家畜产量逐年递增，第三年达到每年每公顷 210 千克活重，是对照的 138%（Royo Pallarés 和 Mufarrege，1970）。天然草地施氮水平不同，在第三年家畜产量（活重）从每年每公顷 120 千克提高到了 254 千克（Mufarrege，Royo Pallares 和 Ocampo，1981）。

在 Estancia Rincón de Yeguas 地区施用磷肥 11 年，施肥区平均家畜产量（活重）高于对照地区 40%，产量提高到每年每公顷 188 千克，试验评价了三种载畜量（Benitez，未发表）。另一项是在梅赛德斯研究站开展了 8 年的施肥和载畜量试验，在较高载畜量下产量提高到每年每公顷 176 千克。总家畜产量在同等家畜个体水平下增加了 76%（Royo Pallarés 等，1998）。施用磷肥提高了草地饲草的产量，饲草的磷含量也提高，豆科牧草覆盖度增加。

（二）乌拉圭坎普斯草原的施肥状况

在大多数土壤中，由于磷和氮的缺乏会导致天然草地冬季牧草生长量下降，可施用无机氮肥，也可以引进豆科牧草并施用磷肥来加快草地建植和促进牧草生长。由于本地豆科植物频度低，单施磷肥对植被组成和提高产量的影响不大（小于 15%）。

施用相对少量的氮和五氧化二磷（每年每公顷 90 千克 N，每年每公顷 44 千克 P_2O_5）可提高土壤的肥力水平，尤其是分开施肥，第一次在秋初施用，另一次在冬末施用。这种施肥方式适合在冬季饲草相对频度大于总植被的 20% 时采用。秋季施肥可促进冬季牧草的再生，并延长夏季牧草的生长期到秋末；冬季施肥可延长冬季牧草的生长期，并促进夏季牧草更早再生（Bemhaja，Berretta 和 Brito，1998）。

随生产系统中施肥量的提高，饲草生长量最终将维持在一个稳定的水平，高于不施肥草地的 60%。在秋冬两季施肥可显著提高家畜产量，秋季施肥草地的饲草日生长量更高。为预留出冬季饲喂的饲草，秋季的干物质生长积累量必须大于每公顷 1 000 千克，以增加延迟放牧或下调载畜量之前的可用牧草量。与未施肥草地相比，施肥草地的冬季日饲草生长量可增加 100%（图 5-5）。

施肥草地的春季饲草生长量超过了每公顷 1 600 千克干物质，而不施肥草地是每公顷 1 000 千克干物质。未施肥草地的牧草日生长率最高为每天每公顷 19 千克干物质，而施肥草地为每天每公顷 35 千克干物质。夏季牧草生长量和降水量的多少密切相关，因此变化幅度较大。每年分别多施用 92 千克/公顷和 44 千克/公顷的氮和磷来提高饲草产量，每千克养分增加的干物质产量第一年为 7.5 千克，第二年为 24.0 千克。

施肥草地牧草中氮和磷的含量往往比较高。在天然草地上，最高氮和磷的含量值出现在冬春季，夏季最低，当牧草成熟后往往水分含量低（Berretta，

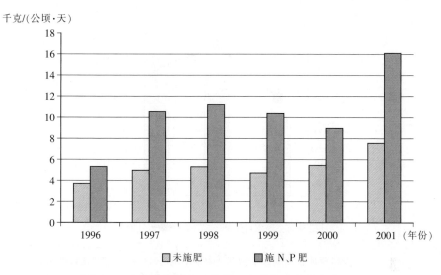

图 5-5　未施肥草地冬季饲草日生长率（以干物质计）
和天然草地施 N、P 肥比较

1998）。冬季施肥草地牧草中氮的含量达到 2.3%，而未施肥草地氮的含量为
1.7%，春季则分别为 1.4% 和 1.1%。例如，冬季未施肥天然草地大约每公顷生
产 38 千克的粗蛋白（CP），而施肥草地生产大约 95 千克粗蛋白。冬春季施肥草
地的磷含量大约为 2.3 毫克/克干物质，未施肥草地含量大约为 1.8 毫克/克干物
质（Berretta 等，1998），夏季施肥和未施肥草地分别为 1.9 和 1.5 毫克/克干物
质，秋季则分别为 1.5 和 2.2 毫克/克干物质。

　　施肥草地冬季牧草生长频率较高，C3 植物的增多源于输入养分提高了土壤
肥力。施肥是一种改变植被组成的方法，提高了冬季的饲草供应。

　　尼氏针茅（*Stipa neesiana*）、*Piptochaetium stipoides*、*Poa lanigera* 和
Adesmia bicolor 等冬季生长的牧草在草地施肥后，盖度提高。夏生禾草如百喜
草和毛花雀稗盖度也增大。普通牧草种如 *Bothriochloa laguroides* 和 *Andro-
pogon ternatus* 的盖度减少，*Schizachyrium spicatum* 是恶劣环境中最具竞争力
的种，施肥后频度减小。棕籽雀稗在施肥后数量也下降，这可能与适口性的提高
有关，因为施肥后牧草保持鲜绿的时间更长而更多被采食。本地豆科植物频度提
高，可达到 5% 的水平。*Baccharis coridifolia*、*B. trimera* 和黄薇属等杂草在
施肥后不会增多。

　　施肥草地轮牧，载畜量为每公顷 1.2 家畜单位时，单位面积的牛肉产量达到
最大；当载畜量为每公顷 0.9 家畜单位时，单位家畜增重达到最大（图 5-6）。
在施肥草地上载畜量更低时，阉牛 2.5 岁即可达到 440 千克的活重，而在载畜量
更高时其活重不超过 400 千克。

　　在结晶矿物土壤和东部丘陵土壤，如果草地上夏生牧草占有很大比例但冬季

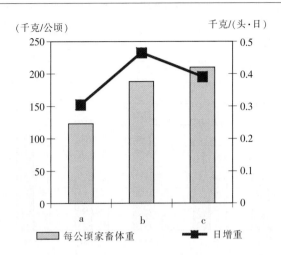

图 5-6   天然草地轮牧载畜率为 0.9 家畜单位/公顷（a）时家畜日增重和
牛肉产量及在天然施肥草地轮牧载畜率为 0.9 家畜单位/公顷
（b）和 1.2 家畜单位/公顷（c）时对比

种是一年生植物，冬初施肥可使一年生牧草如*Vulpia australis*（鼠茅属）和东南景天（*Gaudinia fragilis*）出现，它们在冬末的生产潜力有限。这些草种在完成其生活周期后消失，留下的空地将会被不良草种占据。春季施肥可以提高夏末牧草的生长量，之后夏生牧草开花结实。施肥牧草的有机物消化率比不施肥牧草高（Formoso，个人观点）。氮肥显著提高了春夏牧草的产量，但是对这类草地冬季牧草的生长影响不大。草地施肥提高了一年生牧草的频度，但减少了多年生牧草（Ayala 等，1999）。氮、磷共施方式与未施肥天然草地相比，牛肉产量提高 3 倍。

（三）巴西东南部天然草地的施肥状况

天然草地牧草品质的生产潜力总被认为是有限的。直到 Scholl，Lobato 和 Barreto（1976）证实了在天然草地夏季施氮肥可提高牧草产量，才消除了牧草对肥料反应的疑虑。Barcellos 等人（1980）也得出天然草地对多施磷肥的高产反应。在 Rosito 和 Maraschin（1985）发表了关于施肥草地次生演替的研究结果后，明确了巴西南部生产的新方式，在中部退化天然草地（Perin 和 Maraschin，1995）和在 Campana 地区（Barcellos 等，1980）得出了相似的家畜产量结果。在土壤贫瘠的 Rio Grande del Sul 地区中部的退化草地（南纬 30°）撒播石灰和肥料（Moojen，1991），5 年后的测量（Gomes，1996）结果显示，土壤 pH 升高，铝离子含量减少，而 7.5 厘米以上土层的钙、镁和磷含量增加。有机物含量也随施肥量的增加而增加，同样更长的累积时间提高了草地枯枝落叶含量。在这项研究初期，*Desmodium incamun*（山蚂蝗属）对肥力水平提高的反应极为迅速，比例达到 12.5% （Moojen，1991），接近 5 年后天然草地总干物质量的 24.4% （Gomes，1996）。

肥料的残留影响使草种数量减少，Moojen（1991）最早记录有 137 种，到 Gomes（1996）记录时减少到 122 种。原因是与从前土壤肥力有限相比较，施肥后给植物提供了更好的生活环境。一些植物种开始成为建群种，并调节了植物区系。毛花雀稗（*Paspalum dilatatum*）、*P. maculosum*、*P. pauciciliatum* 和丝毛雀稗（*P. urvillei*）被发现，但先前 Moojen（1991）则没有提及这些优良的植物种。豆科植物 *Trifolium polymorphum* 也生长良好。Gomes（1996）的另外一个重要研究报告指出，当每公顷施用高于 250 千克的五氧化二磷时，*Desmodium incanum*、*Agrostis montevidense*、*Coelorachis selloana*、百喜草、鼠尾粟和针茅属植物的频度增大，这些植物也提高了天然草地的干物质产量。*Elionurus candidus*、三芒草属枯死物可提供的干物质量很少。当每公顷施五氧化二磷少于 250 千克时，棕籽雀稗、*Piptochaetium montevidense* 和类地毯草的种群数量增大，干物质产量也提高。而 *Andropogon lateralis*、*Elionurus candidus* 和 *Piptochaetium montevidense* 对干物质产量提高的作用中等。

Moojen（1991）和 Gomes（1996）证实，天然草地撒施氮和磷肥每公顷可提高饲草干物质产量到 7.0 吨。随后通过提高氮用量并避免水分胁迫，Costa（1997）报道百喜草的干物质产量达每公顷 12.0 吨，得到以下单位面积（米²）日干物质产量模型：

$$干物质=0.44 \cdot Rs \left[1 \exp（-0.003\ 1 \cdot ST）\right] +R$$

式中：Rs 代表全球太阳辐射，ST 为热力加成作用，R 代表剩余绿色干物质。套用此模型，Boggiano（2000）在以百喜草为优势种的天然草地上，共获得每公顷总干物质产量 18.0 吨（包括匍匐茎和深 8 厘米内的根量）。200 天的连续放牧，每公顷家畜增重 700 千克。这一结果消除了天然草地牧草生长能力有限的疑虑，为天然草地资源利用创造了更为广阔的前景。

（四）巴西东南部天然草地施肥引起的结构变化

随着研究的不断深入，天然草地施肥的研究范围扩展到不同饲草供应量和氮肥关系研究，利用相等精度中心旋转组合设计，每小区放牧 3 天，轮牧周期 38 天的试验地进行。这项研究暴露出人们对天然草地对氮肥的响应的知识知之甚少。氮肥的作用在一些重要植物种如百喜草上是可靠的。根据 Lemaire（1997）提出的，草地植被的干物质产量主要依靠三方面可变因素：叶片出生率（LAR）、展叶率（LER）和叶寿命（LLS）。这些可变因素都由基因决定，但也受外界环境影响。这些可变因素的结合决定了草地生产结构的特点，如分蘖密度、叶面积和每个分蘖的叶片数，总体结果可得出叶面积指数（LAI）。Boggiano（2000）证实 LER 以及叶片和分蘖枝的数量与尺寸，对氮和刈牧处理的反应敏感，导致百喜草放牧后不同的恢复率。受氮和 FO 的影响，LAR 为 5.5～7.0 天，意味着轻牧可以增加叶鞘长度，并影响伸展期长短和新叶的大小。施用低浓度氮肥，小叶数目增加，LLS 也延长。提高 FO，减少氮施用量，LLS 平均从 21 天到 31 天不等。LAR 和分蘖密度随刈牧强度的提高而明显增加。

分蘖密度依赖于 LAR 且随 FO 值降低而升高，而低 FO 促使放牧强度更高（更多刈牧）。同时氮肥增加 LAR，在低 FO 下形成更高的分蘖密度，而高 FO 值则使分蘖密度降低，这发生在低刈牧强度下。氮与 FO 的相互影响改变了补偿关系，在高氮低 FO 值的草丛呈高分蘖密度趋势。减少氮量，分蘖密度也降低；提高氮量，单位分蘖的重量提高。这就给出了百喜草覆盖地区的参数，其模型是草丛密布但产量低。与高产放牧草地不同，那里的草丛高大、分蘖少，但直径大，这保证了高的干物质累积率，对家畜生产更有利。

叶片平均长度更多是由先前的刈牧强度（残留 LAI）而不是氮供应量决定的。较大分蘖节的 LER 值高（表 5-8）。为促进大分蘖节生长而改进管理方式也许可行。LAI 是捕获更多太阳辐射的主要决定因素，LAI 直接影响草地干物质的积累率（Brougham，1959；Parsons，Carrère 和 Schwinning，2000）。例如，百喜草（*Paspalum natatum*）受氮和 FO 值的影响，LAI 达到 9.4，这对该类植物来说很高。

表 5-8   用 LAI 表面反应模型估计的放牧后和再生
33 天后百喜草的 LAI（Boggiano，2000）

FO（占 LW 的百分数）	N（千克/公顷）	牧后 LAI	再生 33 天后的 LAI
4.0	0	1.992	3.956
4.0	100	1.555	4.093
4.0	200	0.644	4.144
9.0	0	0.962	2.536
9.0	100	1.462	3.675
9.0	200	1.614	5.924
14.0	0	1.480	2.816
14.0	100	3.045	6.153
14.0	200	4.130	9.404

资料来源：摘自 Boggiano，2000。

氮水平低时，草地多匍匐生长，被动物采食的几率低。FO 值升高，放牧更具选择性，牧草残留更多更利于再生。高频度放牧和低氮水平，叶小且 LAI 低，叶面捕获到的光照更少，干物质产量也降低。提高氮水平促使 LAI 更快恢复，高 FO 值使开始再生速度提高，再生末期 LAI 值也增大。所以叶捕获了更多的光照，碳固定量也增大，牧草产量提高，氮利用的效率也获得提高。

　　草地残茬长出鲜绿牧草，再生阶段干物质的增长带来净 AR 的增长，并被施氮肥加速。据 Boggiano（2000）的观察，在轻度放牧施肥草地上，每 35 天的再生每公顷可增加可用干物质 1 000 千克。由于 LLS 不高所以保持高 LAI 很困难，而低 FO 值和低 LAI 始终表现为叶长较短。较高的放牧强度导致牧草产量下降，放牧家畜可采食的牧草减少，结果采食量也下降。

　　对植株和草地，在低 FO 且氮匮乏时，植物会优先在匍匐茎和根部积累干物质，以保护分生组织和提高匍匐茎在整个地上生物量中的比例，以供下一阶段的生长需求。当 FO 值处于中等水平，匍匐茎生物量达到最大，根生物量最小，这一过程还有待于更多的研究。匍匐茎不能被采食，所以百喜草和其生物学类型在放牧地的盖度更高。刈牧和遮阴改变了植物的碳供应，增加了叶片生长而消耗营养的比例，降低了分生组织的活动（氮，水分），提高了根部的碳积累量（Lemaire，1997）。谨慎施用氮可提高天然草地的固碳能力，并使其储藏在植物组织中，为植物生长、器官和组织的形成提供能量，可提高干物质产量，最终用于提高家畜饲养水平。更好的状态趋向于减少甲烷排放、利用家畜粪便等废物来提高土壤的有机质含量。环境条件的改善更利于微生物区系，它是捕食者区系营养链的一部分，这样有利于环境健康、营养循环并加强天然草地的生命力。

八、草地改良的技术手段

（一）补播

　　一些学者对草地引进优良牧草的技术已进行过长期评价。很多牧草，主要是冬季豆科牧草被测试过，也对播种方式、草地以前的管理方法、施肥水平、补播和放牧管理等进行了研究。由于原生草种的激烈竞争，引进种很少能存活 3 年以上。尽管如此，一旦一些外来的冬季牧草建植存活，家畜产量就会大大提高。最近一个 3 年草地改良试验取得了较高的生产力。表 5-9 是两种管理方式的结果（Pizzio，未发表）。

表 5-9　天然草地两种管理方式下冬季牧草生长和家畜增重的对比

管理方式	冬季 LWG［千克/（天·头）］	年份		
		1997	1998	1999
		家畜增重千克/（公顷·年）		
施用磷肥	0.615	151	219	267
施用磷肥和补播	0.695	173	245	302

　　这项试验最令人感兴趣的结果是家畜冬季表现很好，日增重达到 0.6 千克，且呈逐年递增趋势，而该地区冬季家畜一般不增重。

　　这项试验将以前从未评价过的因素考虑在内：①与之前的试验相比提高了磷

肥量，使牧草中的磷含量提高到 0.22% 以上，这是以前试验中没有的；②青鲜牧草品质优良，是易于放牧利用的草群结构；③植被组成多样且种类优良，在冬季能够提供品质好的青鲜牧草，如红三叶、Rincón 百脉根、黑麦草和燕麦等。上述原因和另外一些因素共同在可利用放牧时间内，为家畜提供大量高品质的牧草，能够达到和人工草地相似的生产力水平。

（二）豆科牧草的引入

为改进乌拉圭草地的初级生产，使用少耕和免耕法引进了豆科牧草，来提高次级生产力。改善土壤中磷的缺乏是这一过程中的另一项重要措施（Bemhaja 和 Levratto，1988；Berretta 和 Formoso，1993；Berretta 和 Risso，1995；Risso 和 Berretta，1997；Bemhaja，1998）。研究指出，人为因素是众多影响植被演替因素的一方面，这有助于技术的成功应用。为合理改良天然草地，应考虑以下因素：

● 草丛植被的种类组成决定了草地品质，并与生产力类型、植被类型和生长周期相关。

● 土壤类型、地形、是否含石块、干旱和侵蚀情况及排水等。

● 改良围栏放牧的目标：牛、羊、育肥、断奶等。

这些因素影响引进牧草的选择，种子和土壤的紧密接触，种苗高效吸收有效水分和营养等。引进牧草的建植、生产性能和持久性主要靠减少原天然植被的竞争，以及苗床的质量和引进种的环境适应能力。改良草地的产量取决于土壤类型和植被组成，可高出未改良草地 50%～100%，冬季产量可达到以前的 3 倍（Berretta 等，2000）。

（三）播种前的草地准备

一般需要预先放牧牛来减少高草和积累枯死物。载畜量主要由春末和夏季的可用牧草量决定，但应提高。如夏季雨水充沛，牧草易长高，季末仍会有干物质和生殖枝存留，应提高载畜量加以利用。在最后一个阶段应该放羊，将草高降低到 2 厘米。可连续放牧，但轮牧效果更好，再生后可再放牧。这样可减少原生植物的存留，有利于引进豆科植物种子的萌发、出苗和生长。根据牧草生长规律，放牧应间隔 30～45 天。如果放牧与休牧交替，载畜量可比连续放牧高很多。草地准备的目的是确保种子能更好地和土壤接触。尽管草群高度会降低，但一般不容易将植被盖度减少到 50% 以下。一些植物在播种期可起到很重要的保护作用，保护种子免受恶劣天气的影响。

应谨慎施用化学药剂。非选择性触杀除草剂受到青睐，可避免降低原生植被的生长能力。内吸性除草剂的施用剂量应小，以保护本地优良草种（Berretta 和 Formoso，1993）。

(四) 用于草地改良的豆科牧草

一些学者对不同种类豆科牧草已做了很多评估。最近一项研究是针对三叶草属、百脉根属、苜蓿属、鸡足豆属（Ornithopus）、合欢属（Desmanthus）和野豌豆（Vicia）属等的一些种（Bemhaja，1998）。土层中等和较深的草地，最好的草种是 Zapicán 和 Bayucuá（白三叶品种），以及百脉根（Lotus corniculatus）；可靠性差些的有 Maku（长柄百脉根品种）、El Rincón（L. hispidus）等和红三叶（Trifolium pratense）。

每公顷建议播种量分别为：白三叶 4～5 千克、百脉根 10～12 千克、Maku（L. pedunculatus）2.5～3.5 千克、El Rincón 4～5 千克、红三叶 6～8 千克，白三叶与百脉根混播时，白三叶 2～3 千克、百脉根 8～10 千克（Risso，1991，1995，Risso 和 Moón，1990）。

表 5 - 10　　乌拉圭不同地区轮牧天然草地阉割公牛的产量

土壤类型	载畜量 （家畜单位/公顷）	家畜增重 （千克/公顷）	家畜个体生产性能 （活重千克/头）
结晶矿物土壤	1.55	533	406
中下部土层为玄武岩土壤	1.85	680	485
丘陵	1.53*	700	473

* 阉割公牛与阉羊混合放牧，比例为 1：2。

资料来源：摘自 Ayala 和 Carámbula，1996；Bemhaja，Berretta 和 Brito，1998；Risso 和 Berretta，1997。

这种改良技术投入小且对环境有益，促进了当地植被的可持续发展，提高了生产力，通过更高的载畜量和更好的家畜个体表现而加快了育肥（表 5 - 10）。上述结果是在轮牧条件下取得的，在 300 天的放牧季节内，设立了 5～8 个围栏小区，每小区放牧 7～12 天，然后休牧 30～40 天（Berretta 等，2000）。

引入豆科牧草对天然草地植被组成的影响。豆科牧草在天然草地上建植数年后，最大的改变是冬季牧草数量增多（C3 植物）（Berretta 和 Levratto，1990；Bemhaja 和 Berretta，1991）。在玄武岩土质的未改良草地上，夏生牧草的频度高于冬生牧草（Formoso，1990；Berretta，1990）。而在改良草地上，冬生牧草的相对频度大约 75%，本地禾草和引入白三叶的频度相似，品质更好的牧草频度增大，使牧草氮含量达到 3.2%。

开花和结种对引入种的维持很必要。这确保了其次年秋天的再生，因为它们是以植株或种子的形态度过夏季（Berretta 和 Risso，1995）。减少放牧或禁牧可提高当地冬季牧草的产种量，包括Poa lanigera（早熟禾属）、Stipa setigera（针茅属）、Piptochaetium stipoides 和 Adesmia bicolor。保护这些本地牧草既应考虑休牧为其开花和结籽留出时间，也要增加土壤的肥力。在很多改良草地上，一年生黑麦草被引入新环境适应后，频度显著增加，施肥后生长更旺盛。

引入豆科牧草对生产力不高、适口性不好的禾草和矮草本植物占优势的退化草地有积极的影响。豆科牧草（白三叶和百脉根）相对频度可达到约60％。本地冬季牧草尼氏针茅和 *Piptochaetium stipoides*，及引进牧草如一年生黑麦草的频度提高，而生产性能低的禾草和矮草本植物减少（Berretta 和 Risso，1995；Risso 和 Berretta，1997）。在以 C3 植物为优势种的草地上，补播多年生和一年生豆科牧草可将每年每公顷牧草干物质产量由 3 400 千克提高到 8 600 千克（Ayala 等，1999）。

（五）家畜管理

家畜管理是提高可用牧草利用效率和提高生产力的重要选择之一。这项低成本管理技术可使不同营养需求类别的家畜适应草地的生长曲线。家畜管理包括短期季节性配种、提前断奶、妊娠检测、根据营养需求进行家畜分类和组织销售等。以库鲁苏夸蒂亚省为例说明家畜管理技术的作用。该省平均家畜增重为每年每公顷 56 千克，12 个采取家畜管理技术的牧场，在过去 5 年里的家畜增重提高到了每年每公顷 88 千克。

（1）矿物质补饲　家畜采食中的磷缺乏是该区家畜产量的限制因素。阉牛不补磷的增重是每年每公顷 66 千克，而补磷的增重可达每年每公顷 106 千克。

（2）其他管理方式　其他提高产量的管理方式包括对高大丛生禾草草地刈割，焚烧，为冬季放牧利用而延长秋季牧草生长期，掌握放牧围栏的休牧时间，蛋白质-能量补饲和"蛋白质库"建立等。

九、研究和发展的首要任务

对天然草地结构、功能和管理的认识在过去的 35 年中进步很大，至少在 Rocky Outcrops 地区已认识到其巨大的潜力。接下来的任务是评估在其他生态区可能采用的管理技术。这些地区中如马来扎尔斯，在考虑进一步改良前，应仔细研究排水和火烧的利用。这些地区土壤质地、草地生产和承载能力间的关系很少被关注，土壤对草地生产和稳定性的影响很大，但受关注度却很小。

分区是一项需要完成、验证和推广的任务。管理天然草地就意味着在气候的限制下管理土壤、植被和家畜，以期得到这些因素相结合的最佳结果。不同类型家畜的营养需求不同，每个围栏小区的 FO 值都不同，生产潜力也不同。目前，对围栏小区的放牧价值多进行主观评价，最新的方法已经可以对围栏小区进行简单的客观分级，使小区的 FO 适应家畜的需要。

研究主要集中在提高产量的技术。对所推荐技术的效果进行检测时并没有注意到生态和经济的可持续性。草地的其他替代性生产，如农业旅游和打猎，可使生态系统的利用多样化。需要找到可靠的可持续发展指示植物，使我们能确保所推荐技术方法的稳定持久性，我们的后代便可以得到并继承更好的资源。

为可持续生产而进行的草地生态管理

天然草地是该地区肉和纤维的生产基地，也是保护优良禾本科和豆科牧草的巨大基因库。只有对当地物种的生活习性有了深入的了解，才能保护和改良天然草地，避免土壤侵蚀和退化。该区的研究表明，天然草地的生产潜力很高，接近于人工草地，并且持久性更好。

对天然草地中几种可通过管理控制的因素的动态研究表明，正在发生的变化是缓慢的，季节性变化比放牧的影响更重要。长期以来，高强度连续放牧，和高羊、牛比会使草地发生退化，降低初级生产力。通常，由于经济和社会原因而保持高载畜量，但最终家畜个体的生产水平会下降。更高的载畜量也许会在短期内获得经济收益，但增加了运营风险。对当地草地和牧草进行持续深入的研究，会增加对影响当地次级生产力（羊毛和肉产品）提高因素的理解，这些因素与通过更好地利用和保护牧草提高初级生产力相关。

当载畜量调整到适应草地的生产潜力，包括休牧的放牧方法施行后，草地就能够长期维持，但会有由季节变化所带来的生产力波动。这样的草地生态系统具有高度稳定性，能够在干旱等恶劣影响后很快恢复。

大多数草地的空间异质性很高，主要由土壤类型的不同，加上天气波动和放牧管理等原因形成。植被类型必须通过管理，调整为适合优势种的形态和生理特征，可作为独立的单元进行更好的管理。当制定放牧计划时，需要精确了解该植被组成中含有何种植物，关注有生产能力的植物种类，尤其当生产能力低的粗糙牧草占优势时，延长休牧时间和降低载畜量可能都对草地有益。制定出既保证家畜目标生产力、又保证生态系统不退化的最佳载畜量，是放牧管理中最重要的决策。确定最佳载畜量标准的主要问题是，当牧草生长受水分或低温胁迫时，仍然有贮备牧草可被利用。

受天气和可利用牧草的影响，家畜的增重变化很大。当有冬季生长牧草时，为保证冬季的牧草供应，建议延长秋季牧草的生长期。当冬季牧草很少时，必须在前几季积累牧草，因为一旦秋季到来，牧草生长缓慢且随休牧时间的延长营养物质会损失，牧草品质也会逐步下降，牧草的积累量将不能满足家畜的需求而使家畜无法增重（Ayala 等，1999）。

不当的放牧管理——如过度放牧、不恰当的放牧地划分和连续放牧阻止了冬季牧草的开花结实，只能靠营养繁殖维持其持久性。这也许是坎普斯天然草原冬季牧草盖度减小的主要原因。

通过施用氮肥和磷肥提高天然草地土壤的肥力水平，可以增产和提高品质。该过程相对缓慢，响应速度可随施肥量增加而加快。肥料的"干扰"使植被组成达到新的平衡点，高生产力植物的频度提高，进而提高了次级生产力。该技术通过促进豆科牧草的引进和对一年生和多年生优质牧草的培育来改良草地。天然草地施肥可在土层较浅的条件下，增加高生产潜力牧草的产量和品质。同时残留氮肥和磷肥的益处也应被考虑。

增施氮肥和磷肥，尤其是后者，可把从 17 世纪初引入家畜以来，几个世纪放牧消耗的物质补充回天然草地，还有利于保持天然草地动植物的生物多样性。保护这一自然资源极其重要，而不能一味耗竭，应始终坚持经济、生态环境和社会可持续发展的宗旨。

豆科牧草的引进、结合播种时施肥、每年追施磷肥和进行放牧管理，以缓慢的生物方式改变植被，达到比最初产量和质量更高的新平衡点。放牧管理和施肥应严格控制，使草地维持在较高的平衡点。结果应该是草丛以冬季生长的草种为优势种，因为本地多年生、高品质牧草表现好。这是一个提高初级年生产量的替代途径，可不使用除草剂并保护天然草地中高生产力的牧草。

有必要扩展可用技术的范围和培训更多的天然草地管理和保护方面的专家。尽管乌拉圭的主要出口农产品依靠天然草地的产出，但却没有草地管理学科。

科学知识可更好地服务于天然草地的管理实践，从长远的观点看，这可为农业社区和社会带来生物和经济效益，应特别关注动植物多样性和水资源的保护，以供所有生物利用。植物和家畜也将一如既往地成为世界食物和纤维的主要来源，让我们约束自己的行为和做法，为子孙后代留下珍贵的自然资源。

1943 年，Bernardo Rosengurtt 教授曾说过："无论是国家还是个人都应该竭力保护草地遗产，将它全部传承给后人。"

照片 5 - 1～5 - 4 由 ELBIO BERRETTA 提供

照片 5 - 5abcd 由 ILSI BOLDRINI 提供

参 考 文 献

Apezteguia, E. S. 1994. Potencial produtivo de uma pastagem natival do Rio Grande do Sul submetida a distintas ofertas de forragem (Productive potential of a natural grassland of Rio Grande do Sul under different forage offer). Magisterial thesis. UFRGS, Porto Alegre, Brazil. 123 p.

Araujo Filho, J. A. , Sousa, F. B. de & Carvalho, F. C. de. 1995. Pastagens no semi-árido: pesquisa para o desenvolvimento sustentável (Semi-arid grasslands: a study for sustainable development). pp. 63 - 75, in: R. P. Andrade, A. O. Barcellos and C. M. C. Rocha (eds). *Simpósio sobre pastagens nos ecossistemas brasileiros*, Anais XXXII Reun. Anual da SBZ. Brasilia, DF, Brazil, 1995.

Arias, A. 1997. Intensificación y diversificación de la ganadería bovina de carne en la región NEA.

Arias, A. A. & Manunta, O. A. 1981. Suplementación con harina de hueso y sal en un área deficiente en fósforo. Su efecto sobre el crecimiento de novillos. *Producción Animal* (*Buenos Aires*), 7: 64 - 76.

Arias, A. A. , Peruchena, C. O. , Manunta, O. A. & Slobodzian, A. 1985. Experiencias de suplementación mineral realizadas en la Estación Experimental Agropecuaria Corrientes. *Revista Argentina de Produccion Animal*, 4 (Suppl. 3): 57 - 70.

Ayala, W. , Bermádez, R. , Carámbula, M. , Risso, D. & Terra, J. 1999. Diagnóstico, propuestas y perspectivas de pasturas en la región. pp. 1 - 41, *in*: *Producción animal. Unidad Experimental Palo a Pique*. INIA Treinta y Tres, Uruguay. (*INIA Serie Actividades de Difusión*, No. 195)

Ayala, G. , Bermúdez, R. , Carámbula, M. , Risso, D. & Terra, J. 2001. Tecnologías para la producción de forraje en suelos de Lomadas del Este. pp. 69 - 108, *in*: *Tecnologías forrajeras para sistemas ganaderos de Uruguay*. INIA Tacuarembó, Uruguay. Montevideo, Uruguay: Hemisferio Sur. (*INIA Boletín de Divulgación*, No. 76)

Ayala, W. & Carámbula, M. 1996. Mejoramientos extensivos en la region Este: manejo y utilización. (Extensive improvement in the Eastern Region: management and utilization). pp. 177 - 182, *in*: D. F. Risso, E. J. Berretta and A. Morón (eds). *Producción y manejo de pasturas*. INIA Tacuarembó, Uruguay. Montevideo, Uruguay: Hemisferio Sur. (*INIA Serie Técnica*, No. 80)

Barcellos, J. M. , Severo, H. C. , Acevedo, A. S. & Macedo, W. 1980. Influência da adu bação e sistemas de pastejo na produçao da pastagem natural. p. 123, *in*: *Pastagens e Adubação e Fertilidade do Solo*. Bagé, Rio Grande do Sul, Brazil. *UEPAE/Embrapa, Miscelanea*, No. 2, 1980.

Bemhaja, M. 1998. Mejoramiento de campo: manejo de leguminosas. (Grassland improvement: legume management). pp. 53 - 61, *in*: E. J. Berretta (ed). *Seminario de Actualización en Tecnologías para Basalto*. INIA Tacuarembó, Uruguay. Montevideo, Uruguay: Hemisferio Sur. (*INIA Serie Técnica*, No. 102).

Bemhaja, M. 2001. Tecnologías para la mejora de la producción de forraje en suelos arenosos. pp. 123 - 148, *in*: *Tecnologías forrajeras para sistemas ganaderos de Uruguay*. INIA Tacuarembó, Uruguay. Montevideo, Uruguay: Hemisferio Sur. (*INIA Boletín de Divulgación*, No. 76)

Bemhaja, M. & Berretta, E. J. 1991. Respuesta a la siembra de leguminosas en Basalto profundo. (Response to legume seeding on deep Basalt). pp. 103 - 114, *in*: *Pasturas y producción animal en áreas de ganadería extensiva*. Montevideo, Uruguay: INIA. (*INIA Serie Técnica*, No. 13)

Bemhaja, M. , Berretta, E. J. & Brito, G. 1998. Respuesta a la fertilización nitrogenada de campo natural en Basalto profundo. pp. 119 - 122, *in*: E. J. Berretta (ed). 14*th Reunión del Grupo Técnico Regional del Cono Sur en Mejoramiento y Utilización de los Recursos Forrajeros del Area Tropical y Subtropical*. Grupo Campos, 1994, Uruguay. Anales. INIA

Tacuarembó, Uruguay. Montevideo, Uruguay: Hemisferio Sur. (*INIA Serie Técnica*, No. 94)

Bemhaja, M. & Levratto, J. 1988. Alternativas para incrementar la producción de pasturas con niveles controlados de insumos en suelos de Areniscas y Basalto. pp. 105 - 106, *in*: 9*th Reunión del Grupo Técnico Regional del Cono Sur en Mejoramiento y Utilización de los Recursos Forrajeros del Area Tropical y Subtropical*. Grupos Campos y Chaco. Tacuarembó, Uruguay.

Benitez Meabe, O. 1997. Modelos de cría en Corrientes. pp. 19 - 24, *in*: *IV Jorn. De Ganadería Subtropical*.

Berretta, E. J. 1990. Técnicas para evaluar la dinámica de pasturas naturales en pastoreo. pp. 129 - 147, *in*: N. J. Nuernberg (ed). 11*th Reuniao do Grupo Técnico Regional do Cone Sul em Melhoramento e Utilizaçaô dos Recursos Forrageiros das Areas Tropical e Subtropical*. Grupo Campos, 1989, Brasil. Relatório. Lages, SC, Brazil.

Berretta, E. J. 1998. Principales caracter sticas de las vegetaciones de los suelos de Basalto. (Main characteristics of Basalt soil natural grasslands) . pp. 11 - 19, *in*: E. J. Berretta (ed). 14*th Reunión del Grupo Técnico Regional del Cono Sur en Mejoramiento y Utilización de los Recursos Forrajeros del Area Tropical y Subtropical*. Grupo Campos, 1994, Uruguay. INIA Tacuarembó, Uruguay. Montevideo, Uruguay: Hemisferio Sur. (*INIA Serie Técnica*, No. 94)

Berretta, E. J. 2001. Ecophysiology and management response of the subtropical grasslands of Southern America. pp. 939 - 946, *in*: *Proceedings of the* 19*th International Grassland Congress*. Sao Pedro, Sao Paulo, Brazil, 11 - 21 February 2001.

Berretta, E. L. & Bemhaja, M. 1991. Produccion de pasturas naturales en el Basalto. B. Produccion estacional de forraje de tres comunidades nativas sobre suelo de basalto. pp. 19 - 21, *in*: *Pasturas y producción animal en áreas de ganadería extensiva*. Montevideo, Uruguay: INIA. (*INIA Serie Técnica*, No. 13)

Berretta, E. J. & Bemhaja, M. 1998. Producción estacional de comunidades de campo natural sobre suelos de Basalto de la Unidad Queguay Chico. pp. 11 - 20, *in*: E. J. Berretta (ed). *Seminario de Actualización en Tecnologías para Basalto*. INIA Tacuarembó, Uruguay. Montevideo, Uruguay: Hemisferio Sur. (*INIA Serie Técnica*, No. 102)

Berretta, E. J. & Formoso, D. 1993. Manejo y mejoramiento del campo natural. Campos de Basalto. Campos de Cristalino. pp. I - 10 I - 11, *in*: 6*th Congreso Nacional de Ingeniería Agronómica*, Montevideo, Uruguay. Asociación de Ingenieros Agrónomos del Uruguay.

Berretta, E. J. & Levratto, J. C. 1990. Estudio de la dinámica de una vegetación mejorada con fertilización e introducción de especies. pp. 197 - 203, *in*: 2*nd Seminario Nacional de Campo Natural*. Tacuarembó, Uruguay, 15 - 16 November 1990. Montevideo, Uruguay: Hemisferio Sur.

Berretta, E. J. & Nascimento D. 1991. Glosario estructurado de términos sobre pasturas y Producción animal. Montevideo: IICA - PROCISUR. (*Diálogo IICA-PROCISUR*, No. 32)

Berretta, E. J. & Risso, D. F. 1995. Native grassland improvement on Basaltic and Granitic soils in Uruguay. pp. 52 - 53 (vol. 1), *in*: N. E. West (ed). *Proceedings of the 5th International Rangeland Congress*. Salt Lake City, USA, 23 - 28 July 1995. Denver, Colorado, USA: Society for Range Management.

Berretta, E. J. , Risso, D. F. , Levratto, J. C. & Zamit, W. S. 1998. Mejoramiento de campo natural de Basalto fertilizado con nitrógeno y fósforo. pp. 63 - 73. *in*: E. J. Berretta (ed). *Seminario de Actualización en Tecnologías para Basalto*. INIA Tacuarembó, Uruguay. Montevideo, Uruguay: Hemisferio Sur. (*INIA Serie Técnica*, No. 102)

Berretta, E. J. , Risso, D. F. , Montossi, F. & Pigurina, G. 2000. Campos in Uruguay. pp. 377 - 394, *in*: G. Lemaire, J. Hodgson, A. Moraes, C. Nabinger and P. C. F. Carvalho (eds). *Grassland Ecophysiology and Grazing Ecology*. Wallingford, Oxon. , UK: CAB International.

Boggiano, P. R. O. 2000. Dinamica da produção oprimária da pastagem native sob efeito da adubação nitrogenada e de ofertas de forragem. Doctor of Zootechnology thesis. UFRGS, Porto Alegre, Brazil. 166 p.

Boldrini, I. I. 1993. Dinamica de Vegetação de uma Pastagem Natural sob Diferentes Níveis de Oferta de Forragem e Tipos de Solos, Depressão Central, Rio Grande do Sul. Doctoral thesis. Faculty of Agronomy, UFRGS, Porto Alegre, Brazil. 266 p.

Briske. D. D. & Heitschmidt, R. K. 1991. An ecological perspective. pp. 11 - 26, *in*: R. K. Heitschmidt and J. W. Stuth (ed). *Grazing Management - An Ecological Perspective*. Portland, Oregon, USA: Timber Press.

Brougham, R. W. 1959. The effects of frequency and intensity of grazing on the productivity of pasture of short-rotation ryegrass, red and white clover. *New Zealand Journal of Agricultural Research*, 2 (6): 1232 - 1248.

Brown, D. 1954. Methods of surveying and measuring vegetation. *Commonwealth Agricultural Bureaux Bulletin*, No. 42. 223 p.

Coronel, F. & Mart nez, P. 1983. Evolución del tapiz natural bajo pastoreo continuo de bovinos y ovinos en diferentes relaciones. Ing. Agr. thesis. Faculty of Agronomy, Universidad de la República, Uruguay. 295 p.

Correa, F. L. & Maraschin, G. E. 1994. Crescimento e desaparecimento de uma pastagem nativa sob diferentes níveis de oferta de forragem. *Pesquisa Agropecuaria Brasileira*, 29 (10): 1617 - 1623.

Costa, J. A. A. 1997. Caracteriza 玢 o ecológica de ecotipos de *Paspalum notatum* Flügge var. *notatum* naturais do Rio Grande do Sul e ajuste de um modelo de estima 玢 o do rendimento potencial. Master of Agronomy-Zootechnology thesis. PPGAg, UFRGS, Porto Alegre, Brazil. 98 p.

Daget, PH. & Poissonet, J. 1971. Une méthode d'analyse phytologique des prairies. Critères d'application. *Annales Agronomiques*, 22: 5 - 41.

Deregibus, V. A. 1988. Importancia de los pastizales naturales en la República Argentina.

Situación presente y futura. *Revista Argentina de Produccion Animal*, 8 (1): 67 - 78.

Escobar, E. H. , Ligier, D. H. , Melgar, R. , Maheio, H. & Vallejos, O. 1996. *Mapa de suelos de la Provincia de Corrientes* 1 : 500 000. INTA EEA Corrientes.

Ferreira, G. 1997. An evolutionary approach to farming decision in extensive rangelands. PhD thesis. Faculty of Science and Engineering, University of Edinburgh, Scotland, UK.

Formoso, D. 1990. Pasturas naturales. Componentes de la vegetación, Producción y manejo de diferentes tipos de campo. pp. 225 - 237, in: *3rd Seminario Técnico de Producción Ovina*. Paysandú, Uruguay, August 1990. Uruguay: SUL.

Frame, J. 1981. Herbage mass. pp. 39 - 69, in: J. Hodgson, R. Barker, A. Davies, A. S. Laidlaw and J. Leaver (eds). *Sward measurement handbook*. UK: British Grassland Society.

Gallinal, J. P. , Bergalli, L. U. , Campal, E. F. , Aragone, L. & Rosengurtt, B. 1938. *Estudio sobre praderas naturales del Uruguay* . 1a *Contribución*. Montevideo: Germano Uruguaya.

Gandara, F. and Arias, A. A. 1999. Situación actual de la ganadería. pp. 31 - 39, in: Técnica Jornada Ganadera del NEA, INTA Publicación, Corrientes, Argentina.

Gándara, F. R. , Casco, J. F. Goldfarb, M. C. , Correa, M. & Aranda, M. 1989. Evaluación agronómica de pastizales en la Región Occidental de Corrientes (Argentina). I. Sitio malezales. Epoca agosto. [Agronomic evaluation of grasslands in the Western Region of Corrientes (Argentina). I. Malezales Site. August Season] . *Revista Argentina de Produccion Animal*, 9 (Suppl. 1): 31 - 32.

Gándara, F. R. , Casco, J. F. , Goldfarb, M. C. & Correa, M. 1990a. Evaluaci n agronómica de pastizales en la Región Occidental Corrientes (Argentina). II Sitio Chavarria. Epoca agosto. [Agronomic evaluation of grasslands in the Western Region of Corrientes (Argentina). II. Chavarría Site. August Season] . *Revista Argentina de Produccion Animal*, 10: 21 - 22.

Gándara, F. R. , Casco, J. F. , Goldfarb, M. C. & Correa, M. 1990b. Evaluación agronómica de pastizales en la Región Occidental de Corrientes (Argentina) III. Sitio Corrientes. Epoca agosto. [Agronomic evaluation of grasslands in the Western Region of Corrientes (Argentina). III. Corrientes Site. August Season] . *Revista Argentina de Produccion Animal*, **10** (Suppl. 1): 22 - 23.

Gomes, K. E. 1996. Dinamica e produtividade de uma pastagem natural do Rio Grande do Sul após seis anos de aplicação de adubos, diferimentos e níveis de oferta de forragem. (Dynamics and productivity of a natural grassland of Rio Grande do Sul after six years of fertilization, deferments and forage offer levels) . Doctoral thesis. Faculty of Agronomy, UFRGS, Porto Alegre, Brazil. 225 p.

INTA EEA. 1977. Tipos de pasturas naturales en el Centro-Sur de Corrientes. INTA EEA Mercedes (Corrientes, Argentina). *Noticias y Comentarios*, No. 113. 5 p.

Kraemer, M. L. & Mufarrege, D. J. 1965. Niveles de fósforo inorgánico en sangre de bovinos y fósforo total en pasto de la pradera natural. INTA EEA Mercedes (Ctes), Argentina. *Serie Técnica*, No. 2. 13 p.

Laycock, W. A. 1991. Stable states and thresholds of range condition on North American rangelands: a viewpoint. *Journal of Range Management*, 44: 427 - 433.

Lemaire, G. 1997. The physiology of grass growth under grazing. Tissue turnover. pp. 117 - 144, *in*: J. A Gomide (ed). *Simpósio Internacional sobre Produção Animal em Pastejo*. November 1997. Viçosa, MG, Brazil.

Maraschin, G. E. 1993. Perdas de forragem sob pastejo. pp. 166 - 190, *in*: V. Favoretto, L. R. de A. Rodrigues and R. A. Reis (eds). *Anais do 2° Simpósio sobre ecossistema de pastagens*. FAPESP, FCAV - Jaboticabal.

Maraschin, G. E. 1996. Produção de carne a pasto. pp. 243 - 274, *in*: AM. M. Peixoto, J. C. Moura and V. P. de Faria (eds). *Anais do 13o Simpósio sobre Manejo da Pastagem. Produção de Bovinos a Pasto*. FEALQ. Piracicaba, SP.

Maraschin, G. E. , Moojen, E. L. , Escosteguy, C. M. D. , Correa, F. L. , Apezteguia, E. S. , Boldrini, I. J. & Riboldi, J. 1997. Native pasture, forage on offer and animal response. Paper 288 (vol. 2), *in*: *Proceedings of the 18th International Grassland Congress*. Saskatoon, Sascatchewan and Winnipeg, Manitoba, Canada, 8 - 19 June 1997.

Montossi, F. , Berretta, E. J. , Pigurina, G. , Santamarina, I. , Bemhaja, M. , San Julián, R. , Risso, D. F. & Mieres, J. 1998b. Estudios de selectividad de ovinos y vacunos en diferentes comunidades vegetales de la región de basalto. pp. 275 - 285, *in*: E. J. Berretta (ed). *Seminario de Actualización en Tecnologías para Basalto*. INIA Tacuarembó, Uruguay. Montevideo, Uruguay: Hemisferio Sur. (*INIA Serie Técnica*, No. 102)

Montossi, F. , San Julián, R. , de Mattos, D. , Berretta, E. J. , Ríos, M. , Zamit, W. & Levratto, J. 1998a. Alimentación y manejo de la oveja de cría durante el ultimo tercio de la gestación en la región de Basalto. pp. 195 - 208, *in*: E. J. Berretta (ed). *Seminario de Actualización en Tecnologías para Basalto*. INIA Tacuarembó, Uruguay. Montevideo, Uruguay: Hemisferio Sur. (*INIA Serie Técnica*, No. 102).

Moojen, E. L. 1991. Dinâmica e Potencial Produtivo de uma Pastagem Nativa do Rio Grande do Sul submetida a pressões de pastejo. pocas de Diferimento e Níveis de Adubação. Doctoral thesis. UFRGS, Porto Alegre, Brazil. 172 p.

Moraes, A. de, Maraschin, G. E. & Nabinger, C. 1995. Pastagens nos ecossistemas de clima subtropical—pesquisas para o desenvolvimento sustent vel. pp. 147 - 200, *in*: *Anais do simpósio sobre pastagens nos ecossistemas brasileiros. XXXII Reun. Annual da SBZ*. Brasilia, DF, Brazil. 1995.

Mufarrege, D. J. , Royo Pallares, O. & Ocampo, E. P. 1981. Recría de vaquillas en campo natural fertilizado con nitrógeno en el departamento Mercedes (Provincia de Corrientes). *TAAPA Producción Animal* (*Buenos Aires*, *Argentina*), 8: 270 - 283.

Mufarrege, D. J. , Somma de Fere, G. R. & Homse, A. C. 1985. Nutrición mineral del ganado en la jurisdicción de la EEA Mercedes. *Revista Argentina de Produccion Animal*, 4 (Suppl. 3): 5 - 7.

Nabinger, C. 1998. Princípios de manejo utilização e produtividade de pastagens. manejo e sustentável de pastagens. pp. 54 - 107, *in*: *Anais III Ciclo de Palestras el Produção e*

Manejo de Bovinos de Corte. Universidade Luterano do Brasil (ULBRA), May 1998.

Olmos, F. & Godron, M. 1990. Relevamiento fitoecológico en el noreste uruguayo. pp. 35 - 48, *in*: *2nd Seminario Nacional sobre Campo Natural*. Tacuarembó, Uruguay, 15 - 16 November 1990. Montevideo, Uruguay: Hemisferio Sur.

Parsons, A. J. , Carrère, P. & Schwinning, S. 2000. Dynamics of heterogeneity in a grazed sward. *In*: G. Lemaire, J. Hodgson, A. de Moraes, C. Nabinger and P. C. F. Carvalho (eds). *Grassland Ecophysiology and Grazing Ecology. A Symposium*. Wallingford, Oxon, UK: CABI Publishing.

Perin, R. & Maraschin, G. E. 1995. Desempenho animal em pastagem nativa melhorada sob pastejo contínuo e rotativo. pp. 67 - 69, *in*: *Na. XXXII Reun. Anual Soc. Bras. Zoot.* Brasilia, DF, Brazil, 17 21 July 1995.

Pigurina, G. , Soares de Lima, J. M. & Berretta, E. J. 1998. Tecnologías para la cría vacuna en el Basalto (Cattle breeding technologies for Basalt soils) . pp. 125 - 136, *in*: E. J. Berretta (ed). *Seminario de Actualización en Tecnologías para Basalto*. INIA Tacuarembó, Uruguay. Montevideo, Uruguay: Hemisferio Sur. (*INIA Serie Técnica*, No. 102).

Pigurina, G. , Soares de Lima, J. M. , Berretta, E. J. , Montossi, F. , Pittaluga, O. , Ferreira, G. & Silva, J. A. 1998. Características del engorde a campo natural. pp. 137 - 145, *in*: E. J. Berretta (ed). *Seminario de Actualización en Tecnologías para Basalto*. INIA Tacuarembó, Uruguay. Montevideo, Uruguay: Hemisferio Sur. (*INIA Serie Técnica*, No. 102).

Poissonet, P. & Poissonet, J. 1969. étude comparé de diverses méthodes d'analyse de la végétation des formations herbacées denses et permanentes. CNRS-CEPE, Montpellier, France. 120 p. Document No. 50.

Risso, D. F. & Morón, A. D. 1990. Evaluación de mejoramientos extensivos de pasturas naturales en suelos sobre Cristalino. pp. 205 - 218, *in*: *2nd Seminario Nacional de Campo Natural*. Tacuarembó, Uruguay, 15 - 16 November 1990. Montevideo, Uruguay: Hemisferio Sur.

Risso, D. F. 1991. Siembras en el tapiz: consideraciones generales y estado actual de la información en la zona de suelos sobre Cristalino. pp. 71 - 82, *in*: *Pasturas y Producción animal en áreas de ganadería extensiva*. Montevideo, Uruguay: INIA. (*INIA Serie Técnica*, No. 13).

Risso, D. F. 1995. Alternativas en el mejoramiento de campos en el Cristalino. pp. 9 - 11, *in*: *Mejoramientos extensivos en el área de Cristalino*. IPO; CIE Dr. Alejandro Gallinal; SUL. Montevideo, Uruguay: Multigraf.

Risso, D. F. & Berretta, E. J. 1997. Animal productivity and dynamics of native pastures improved with oversown legumes in Uruguay. p. 22 - 29 22 - 30, *in*: *Proceedings of the 8th International Grassland Congress*. Saskatoon, Saskatchewan and Winnipeg, Manitoba, Canada, 8 - 19 June 1997.

Risso, D. F. , Pittaluga, O. , Berretta, E. J. , Zamit, W. , Levratto, J. , Carracelas, G. & Pigurina, G. 1998. Intensificación del engorde en la región Basáltica: I. Integración de campo natural y mejorado para la Producción de novillos jóvenes. pp. 153 - 163, in: E. J. Berretta (ed). *Seminario de Actualización en Tecnologías para Basalto.* INIA Tacuarembó, Uruguay. Montevideo, Uruguay: Hemisferio Sur. (*INIA Serie Técnica*, No. 102)

Rosengurtt, B. 1946. *Estudio sobre praderas naturales del Uruguay. 5ª. Contribución.* Montevideo, Uruguay: Rosgal.

Rosengurtt, B. 1979. Tabla de comportamiento de las especies de plantas de campos naturales en el Uruguay. Departamento de Publicaciones y Ediciones, Universidad de la República, Montevideo, Uruguay. 86 p.

Rosengurtt, B. , Arrillaga de Maffei, B. & Izaguirre de Artucio, P. 1970. *Gramíneas uruguayas.* Montevideo, Uruguay: Departamento de Publicaciones, Universidad de la República.

Rosito J. & Maraschin, G. E. 1985. Efeito de sistemas de manejo sobre a flora de uma pastagem. *Pesquisa Agropecuaria Brasileira*, 19 (3): 311 - 316.

Royo Pallarés, O. 1985. Posibilidades de intensificación de la ganadería del NEA. *Revista Argentina de Produccion Animal* 4 (Suppl. 2): 73 - 101.

Royo Pallarés, O. 1999. Panorama ganadero de los próximos años. pp. 23 - 29, in: INTA *Jornada Ganadera del NEA.* Publicación Técnica Corrientes, Argentina.

Royo Pallarés, O. & Mufarrege, D. J. 1969. Respuesta de la pradera natural a la incorporación de nitrógeno, fósforo y potasio. INTA EEA Mercedes (Ctes), Argentina. *Serie Técnica* No. 5. 14 p.

Royo Pallarés, O. & Mufarrege, D. J. 1970. Producción animal de pasturas subtropicales fertilizadas. INTA EEA Mercedes (Ctes), Argentina. *Serie Técnica*, No. 6. 23 p.

Royo Pallarés, O. , Pizzio, R. M. , Ocampo, E. P. , Benitez, C. A. & Fernandez, J. G. 1998. Carga y fertilización fosfórica en la ganancia de peso de novillos en pastizales de Corrientes. *Revista Argentina de Produccion Animal*, 18 (Suppl. 1): 101 - 102.

Sala, O. E. 1988. Efecto del pastoreo sobre la estructura de la vegetación a distintas escalas de tiempo y espacio. *Revista Argentina de Produccion Animal* 8 (Suppl. 1): 6 - 7.

San Julián, R. , Montossi, F. , Berretta, E. J. , Levratto, J. , Zamit, W. & Ríos, M. 1998. Alternativas de manejo y alimentación invernal de la recría ovina en la región de Basalto. pp. 209 - 228, in: E. J. Berretta (ed). *Seminario de Actualización en Tecnologías para Basalto.* INIA Tacuarembó, Uruguay. Montevideo, Uruguay: Hemisferio Sur. (*INIA Serie Técnica*, No. 102).

Setelich, E. A. 1994. Potencial produtivo de uma pastagem nativa do Rio Grande do Sul submetida a distintas ofertas de forragem. Magisterial thesis. Faculty of Agronomy, UFRGS, Porto Alegre, Rio Grande do Sul, Brazil. 123 p.

Scholl, J. M. , Lobato, J. F. P. & Barreto, I. L. 1976. Improvement of pasture by direct seeding into native grass in Southern Brazil with oats, and with nitrogen supplied by fertilizer or arrowleaf clover. *Turrialba*, 26 (2): 144 - 149.

Tothill, J. C. , Dzowela, B. D. & Diallo, A. K. 1989. Present and future role of grasslands in inter-tropical countries, with special references to ecological and sociological constraints. pp. 1719 - 1724, *in: Proceedings of the 16th International Grasslands Congress*. Nice, France.

van der Sluijs, D. H. 1971. Native grasslands of the Mesopotamia region of Argentina. *Netherlands Journal of Agricultural Science*, 19: 3 - 22.

Vieira da Silva, J. 1979. *Introduction à la th orie écologique*. Paris, France: Masson.

Wilken, F. 1985. Aspectos económicos de la suplementación mineral. Resultados en campos de cría del sur de Corrientes. *Revista Argentina de Produccion Animal*, 4 (Suppl. 3): 71 - 74.

彩图5-1 谢拉斯
地区景观

彩图5-2a 乌拉圭坎普
斯典型草原景观——坎普
斯浅玄武岩土壤

彩图5-2b 乌拉圭坎普
斯典型草原景观——坎普
斯花岗岩土壤

彩图5-2c 乌拉圭坎普斯
典型草原景观——坎普斯东
部丘陵地区

彩图5-2d　乌拉圭坎普斯典型草原景观——坎普斯砾质土壤

彩图5-2e　乌拉圭坎普斯典型草原景观——冬日的乌拉圭南部花岗岩土壤地区的日落景观

彩图5-2f　乌拉圭坎普斯典型草原景观——乌拉圭中部玄武岩土壤地区牧放牛群

彩图5-3　牛和羊混合放牧

彩图5-4　放牧管理：延迟放牧景观中的草场

彩图5-5a　巴西南部草地草原上的杉树

彩图5-5b　生长有"barba-de-bode"的中海拔高原草地（*Aristida jubata*）

彩图5-5c　生长*Melica macra*的草原

彩图5-5d　冬季的高原草原

第六章　北美中部草原

Rex D. Pieper

摘要

在殖民定居时期，从加拿大普罗列到墨西哥湾的主要平地上分布着广阔的草原。草原从北到南呈条状分布，有高草、混合草和矮草，高草分布在水分较好的西部。降水量（320～900毫米）从西到东增加，影响初级生产力，存在周期性干旱。到19世纪中期，大型食草动物中占优势的野牛被家养牛取代。美国约有一半的肉牛分布于大平原草原。随着纬度的不同，草原上分布有各异的木本植物。80%以上的C4植物生长于北纬30°～42°之间，而C3植物主要生长于北纬42°以北的地区。目前，北美草原中仅有1%的高草草原保留，近一半的矮草草原未被开垦，丧失生产力的耕地被退耕还草。家畜中牛占据主导地位，羊的数量相当少且还在不断下降。这里大部分土地属于私有，多数牧场规模小，但干旱地区有大型的牧场。这些牧场季节性放牧比较普遍，尤其是冬季补饲的北部。在条件较好的地区，人工草地可同时用于放牧利用。虽然有关轮牧优点的研究结果不是很明确，但轮牧已较为普遍。火烧被用于抑制不良植被的生长及增加饲草的产量。草地监测在长期生态研究站进行。引种常会引发一系列问题，如乳浆大戟成为一种侵略性的杂草，雀麦与本地禾草竞争激烈。许多小型牧场不再经济可行，多数已被废弃。种草养畜经济可行，但有与灌溉条件下的草地商品生产竞争的风险。

一、引言

当欧洲移民者最早迁入北美中部也就是如今的美国时，从加拿大普罗列到墨西哥湾及墨西哥，他们见到了广阔的、未被破坏的草原。草原几乎无木本植物，向西是山地和沙漠的一个生态交错区，向东中部为落叶阔叶林，北部为草原（Bazzaz 和 Parrish，1982；Gleason，1913；Transeau，1935）。许多观察者认为这片草原在欧洲移民前是原始的、几乎未被人类利用过（Deneven，1996；Leopold 等，1963）。然而，Flores（1999）提出了更有说服力的观点，认为本土印第安人在大平原草原的人口密度相对较高，并对草原生态系统的其他成分产生影响。

二、地理位置

北美草原的分布范围见彩图 6 - 1。大平原草原可粗略地分为高草（真正的普罗列）、混合（或中）草和矮草草原（Bazzaz 和 Parrish，1982；Gleason 和 Cronquist，1964；Lauenroth 等，1994；Laycock，1979；Sieg，Flather 和 McCanny，1999；Sims，1988）（彩图 6 - 2）。

彩图 6 - 3a - c 列举了美国北达科他州到新墨西哥州的三个主要草原类型。从彩图 6 - 2（Lauenroth 等 1994）看，高草草原从加拿大南部到得克萨斯州海湾沿岸形成了一条窄带。Barbour，Burk 和 Pitts（1987）的图显示（图 6 - 1），从太平洋到大西洋北纬 37°是一个横断面（美国亚利桑那州和新墨西哥州的北部边界）。地图显示矮草植被覆盖了西经 105°～101°之间的区域，混合草草原到西经 98°，高草草原至西经 93°。从 Lauenroth 等（1994）的地图上看，北部混合草草原在加拿大蒙大拿州东部、达科他州和怀俄明州东部地区（彩图 6 - 2）形成了一个宽波带。南部的混合草草原在高草草原东部和矮草草原以西地区受到限制，分布在南部的内布拉斯加州、堪萨斯州和俄克拉荷马州中部以及得克萨斯州（Lauenroth 等，1994；Lauenroth，Burke 和 Gutmann，1999）。

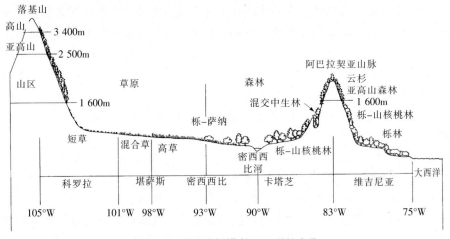

图 6 - 1　美国中部横断面地形的变化

（资料来源：Barbour，Burk 和 Pitts，1987）

三、气候

图 6 - 2 显示了大平原中部受洛基山脉东部降水作用。年降水量由格里利、科罗拉多州的约 320 毫米增加到密苏里州堪萨斯城的近 900 毫米。平原中部从南

到北，季节性降水模式各不相同（Trewartha，1961）。在矮草草原的南部地区，夏季最高降雨量是有限的，进一步向东部推移，春末夏初以及夏末秋初会分别出现一个降水峰值（type 3b in Trewartha，1961）。在大平原北部，春季出现降水峰值（type 3c in Trewartha，1961）；而在密西西比河流域-北美五大湖区域的上游，夏季和秋季均出现峰值（Trewartha，1961）。

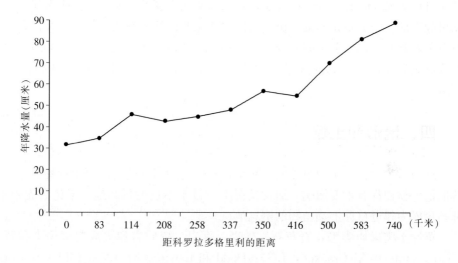

图 6-2　落基山脉东部大平原草原不同时期年降水量

　　南部草原到北部草原的温度变化主要是从温暖到凉爽（图 6-3）。1月份的气温较 7 月份大幅度下降。北方寒冷的冬季对动物和植物产生许多影响。然

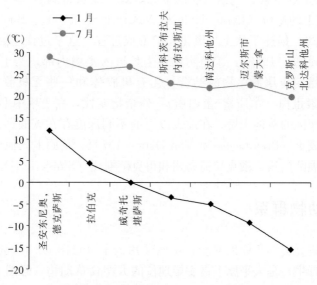

图 6-3　大平原草原南-北横断面 1 月份到 7 月份的平均温度

而，北方的积雪覆盖可以减轻土壤表面的极端低温。南部地区土壤湿度大，冬季温度允许冷季植物全年生长（Smeins，1994；Holechek，Pieper 和 Herbel，2001）。

在欧洲人定居以前，北美大陆中部的三种草原类型在面积上具有相当的可比性：矮草占地 615 000 公顷，混合草占地 565 000 公顷，高草占地 570 000 公顷（Van Dyne 和 Dyer，1973）。最初，高草草原向东延伸到明尼苏达州南部、艾奥瓦州的大部、密苏里州北部、伊利诺伊州北部和印第安纳州西部。如今，高草草原由于农业开垦，面积不断减少（Lauenroth，Burke 和 Gutmann，1999）。大多高草草原只分布在孤立的地带，如俄克拉荷马州的塞奇山和堪萨斯州的弗林特山。

四、地形和土壤

从地形上看，大平原草原相对平坦，轻微的地形变化对草原植物种类分布和其他衍生物种都有重要影响。通常情况下，排水不良的低洼地，不论有无积水，都不会成为邻近草原上动植物的栖息地。

草原土壤母质类型：石灰石、砂岩、页岩、变质岩和火成岩沉积土和黄土（Buol，Hole 和 McCracken，1980；Dodd 和 Lauenroth，1979；Miller 和 Donohue，1990；Sims，Singh 和 Lauenroth，1978）。主要土壤类型是软土，A 层黑土腐殖层厚（50%）、盐基饱和度高（尤其是钙离子）（Miller 和 Donohue，1990）。令人惊讶的是，A 层和 B 层的黏土含量几乎相等（Baxter 和 Hole，1967）。一些土壤生物，包括普通的草原蚂蚁（蚁灰霉病），显然参与到了从 B 层到 A 层黏土的易位（Buol，Hole 和 McCracken，1980）。Buol，Hole 和 McCracken（1980）描述了软土"黑化"的形成过程。这个过程包括 5 个具体步骤（Hole 和 Nielsen，1968）：①植物根系生长进入土壤内部；②土壤中腐殖质的形成；③土壤与土壤微生物的结合；④有机胶体和一些无机胶体的淋溶和沉积；⑤"木素蛋白（木质素-蛋白质）"残余物变性，在土壤中形成深色。

半干旱地区的草地土壤，在地表以下的不同深度存在碳酸钙（硝酸钠）层，归为钙化旱成土（Breymeyer 和 Van Dyne，1979）。草原上其他土壤如淋溶土，广泛分布于堪萨斯州、俄克拉荷马州和得克萨斯州（Sims，1988）。

五、动物群系

在最初研究美洲草原的时候，虽然叉角羚羊（彩图 6-4）的数量很多，但野牛（美洲野牛）是大平原上占主导地位的大型食草动物（彩图 6-5）（Shaw，1996；Yoakum，O'Gara 和 Howard，1996）。Seton（1927），Garretson（1938）

和 Danz（1997）估测欧洲移民以前北美草原上有多达 4 000 万～6 000 万头野牛。叉角羚羊的数量大概可以与这些野牛的数量相媲美（Nelson，1925；Yoakum，O'Gara 和 Howard，1996）。

　　草原为各种小型哺乳动物的栖息地，如草原土拨鼠、长耳大野兔、地松鼠、囊地鼠和田鼠。最初，草原土拨鼠的一些种占有美国中部草原 80 万公顷以上（Kreitzer 和 Cully，2001；Summer 和 Linder，1978），但到 20 世纪 90 代初期，它们的分布已减少了 98%（Vanderhoff，Robel 和 Kemp，1994）。

　　大量的无脊椎动物，如蝗虫、甲虫、蚂蚁（食汁液者和其他一些成员）成为草原生态系统的重要组成部分（Blocker，1970；McDaniel，1971；Risser 等，1981）。由于在经济上的重要性，已经对其中一些种类如蝗虫进行了研究（Hewitt，1977；Hewitt 和 Onsager，1983），而其他诸如线虫类，最近才对其丰富度和重要性进行了评定（Freckman，Duncan 和 Larson，1979；Smolik，1974）。

　　大平原中部草原中生存着大量不同的鸟类（Bolen 和 Crawford，1996；Guthery，1996；Knopf，1996；Wiens，1973）。然而，在草原地理区域范围内栖息着较多并非草地生存的禽类物种。草原地域范围内仅有 11% 的鸟类是真正的草原居住物种，51% 的与林地和森林生境有关系，22% 与湿地栖息地有关（Bolen 和 Crawford，1996）。总之，草原上的鸟类非常丰富。Glover（1969）曾列举了 150 多种鸟，这些种都是在平原中部科罗拉多州北部的矮草草原试验区内发现的。这些种包括初级消费者和次级消费者，常见的草原鸟类包括西美草地鹨、麻雀、角百灵、栗领铁爪鸟（Wiens，1973，1974）。

　　家牛（彩图 6-6 和彩图 6-7）在很大程度上已取代了野牛，并成为大平原主要的大型食草动物。Holechek 的引用数据说明了大平原上的牛对于美国肉牛产业的重要性。Pieper 和 Herbel（2001）指出全美国 50% 的肉牛来自大平原的南部和北部。虽然 Lauenroth 等（1994）指出家牛替换野牛对植被的变化微乎其微，但在放牧方式和采食行为上仍存在差异：野牛与家牛比较，野牛采食较高的、更易消化的草；由于家牛采食受到围栏限制而野牛可以自由采食，所以野牛比家牛的采食时间短（Danz，1997；Donohue，1999；Stueter 和 Hidinger，1999；Pieper，1994）。

六、植被类型

　　正如早期记载的，北美中部草原通常分为三类，其类型在较细范围内更复杂。例如，Sieg，Flather 和 McCanny（1999）列举了从加拿大到得克萨斯州沿岸草原的 24 个主要植被类型，墨西哥北部也有类似草原。有木本植被分布的草原类型有北部的阿斯澎稀树草原、梅斯基特-洋槐稀树草原、橡树稀树草原、交叉林、梅斯基特-水牛草、杜松-橡木稀树草原、橡木-山胡桃林和南部的橡树-山胡桃-松树林（Sieg，Flather 和 McCanny，1999）。Dahl（1994）、McClendon（1994）、Pettit（1994）、Engle（1994）和 Smeins（1994）更详细地描述了这些林草地类型。近年来，一些杜松种类在草原上扩展，据估计，俄克拉荷马州铅笔柏的扩展速度达每年 11.3 万公顷（Engle，2000；Gehring 和 Bragg，1992）。在得克萨斯州，白桦木和红子桧也已扩展到草原（Smeins，2000）。火烧强度和频度的减少被认为是物种扩展的一个主要因素（McPherson，1997）。

　　高草草原中的主要草种为大须芒草、裂稃草、黄假高粱、柳枝稷（彩图 6 - 8）。在混合草草原（彩图 6 - 9、彩图 6 - 10、彩图 6 - 11）中，冠状针茅和蓝茎冰草是常见草种，但在特定的地方其他物种也很丰富。Sims（1988）指出混合草草原的植物多样性是美国所有草原类型中最高的（特殊的植被往往被看成是群落交错区）。矮草（彩图 6 - 12）植被的两个主要优势种是格兰马草（彩图 6 - 13）和野牛草。许多非禾本科草本植物在草原上也很常见。因此，如果仅以禾草出现的丰富度来理解，可能会对"草原"这一术语产生一些误解。典型的草原景观出现在美国北达科他州的曼丹附近和犹他州的盐湖城附近，分别见彩图 6 - 14 和 6 - 15。

　　在北美草原中部，物种组成仍然有小的变异，与微环境模式有关。Ayyad 和 Dix（1964）报道了生长在潮湿和凉爽北坡的三个主要物种（粗糙羊茅、北薹草和占草），而其他物种 *Phlox hoodii*（天蓝绣球属）、*Carex filifolia*（薹草属）、冠状针茅、冷蒿大量存在于相对温暖、干燥的南坡。生存在居中栖息地的物种为落草、北薹草属植物、帚状针茅和粗穗冰草。Redmann（1975）和 Sims（1988）报道了美国北达科他州微地形和土壤变化下的混合草草原植被。蓝茎冰草、*Carex pennsylvanica*（薹草属）和冠状针茅是起伏山地与细质地土壤的优势种，而低海拔的中型质地土壤为草原鼠尾粟提供了生存环境。矮草植被中，格兰马草生长于新墨西哥州的大部分地区，而 *Lycurus phleoides*、*Aristida wrightii*（三芒草属）、*Stipa neomexicana*（针茅属）和垂穗草主要生长在斜坡上。*Sporobolus cryptandrus*（鼠尾粟属）、*Muhlenbergia torreyi*（乱子草属）和格兰马草一起，在较低的山坡占据主导地位，格兰马草和野牛草连同 *Muhlenbergia repens*（乱子草属）和 *Hilaria jamesii* 占据了潮湿的洼地（Beavis 等，1981）。

　　同样，C3 和 C4 植物的相对比例也呈现北—南的分布梯度（Sims，Singh 和 Lauenroth，1978）。北纬 30°～42°之间的植物区系包含了 80% 以上的 C4 物种，而北纬 42°以北 C3 植物急剧增加（Sims，1988）。

七、初级生产

　　在北美中部草原，某些环境因子决定着初级生产力。降水通过渗透转化为土壤水分，被视为影响初级生产力的控制因素（Laurenroth，1979；Sims，Singh

和 Lauenroth，1978；Sims 和 Singh，1978a，b）。一些研究运用回归分析确定了降水和地上净初级生产力（ANPP）之间的关系。Lauenroth（1979）的研究表明，全世界 52 块草原的 ANPP 与年平均降水量之间呈线性相关，法定系数 r^2 在年均降水量 100～1 500 毫米范围内为 0.51。随后，Lauenroth，Burke 和 Gutmann（1999）在北美中部草原正常降水，有利和不利降水的大量数据支持下得出了相似的结果。正常年份下 r^2 值为 0.56，0.66 时为有利年份，0.43 为不利年份。有利年份表现为年份中 10％是最多雨的，不利年份表现为年份中 10％是最干燥的，中间的 80％为正常年份（水土保持局，1973）。当然，ANPP-降水之间的关系在全部降水值范围内是非线性的，通常运用年降水量对 ANPP 或季末现存生物量的预测不很准确（Pieper，1988）。例如，Smoliak（1956）发现，北部大平原矮草草原 5～6 月份的降水与季末现存生物量有关（$r^2=0.86$）；而 Hart 和 Samuel（1985）在怀俄明州东部发现，矮草草原春-夏降雨与牧草产量呈高度相关（$r^2=0.95$）。即初级生产力与降水密切相关，通常情况下初级生产（彩图 6-16）随着降水梯度的变化，将从西到东逐渐增加。Lauenroth（1979）在美国国际生物学规划报告中指出，一般情况下，矮草草原平均年产草量约 200 克/米^2，混合草草原为 300 克/米^2，美国国际生态项目区为 500 克/米^2。这些情况掩盖了草原的变化。例如，Risser 等（1981）指出，23 个不同高草样地的地上现存量高峰值，从堪萨斯州连接处的 180 克/米^2 到俄克拉荷马州的俄克拉荷马县约 600 克/米^2 不等。

八、放牧和农业系统

美国的中部草地已有大部分被开垦为农田（Gunderson，1981）。据 Thomas，Herbel 和 Miller（1990）估测，大概仅有 1％的原始高草草原保持着原生植被，而 Lauenroth，Burke 和 Gutmann（1999）估测大约 50％的矮草草原未被开垦。

（一）种植业

小麦是大平原西部边缘的主要种植作物，面积较大的小麦种植地主要在堪萨斯州和俄克拉荷马州的中部和东部，以及北达科他州的东北部（Lauenroth，Burke 和 Gutmann，1999）。大平原上小麦的种植是对本土草地植被的一种破坏，在降水丰富和小麦高价格时期进行大面积种植，在干旱和小麦低价格时则弃耕（Holechek，Pieper 和 Herbel，2001；Sims，1988；Stoddart，Smith 和 Box，1975）。20 世纪 30 年代发生在科罗拉多州东南部、堪萨斯州东南部、得克萨斯州和俄克拉荷马州狭长地带的沙尘暴，很大程度上是无灌溉的耕地造成的（Costello，1944；Holechek，Pieper 和 Herbel，2001；Jordan，1995；Sims，

1988）。以后当地不断发展播种技术，竭力恢复那些被弃耕的土地。

1985 年，食品安全法为退耕土地所有者提供了机会，在政府出资重建草群植被框架下，进行野生动物栖息地或林地恢复（Joyce，1989）。在美国法案保护地计划（CRP）实施过程中，许多土地所有者退耕还草（Mitchell，2000）。CRP是一项自愿的农田退耕计划，联邦政府每年支付租赁费将农田转换成永久性草地。CRP 设立的基本目的是：①停止耕地的高消耗生产，建立永久性的多年生植被盖度；②减少农产品商品盈余；③稳定参与者的收入；④提高自然资源的价值，包括土壤、水、空气质量和野生动物（Goetz，1989；Heimlich 和 Kula，1989）。米切尔（2000）的地图表明，CRP 计划主要集中在大平原所在州、北部大平原（蒙大拿州和北达科他州）、玉米种植带（艾奥瓦州南部和密苏里州北部）和南部大平原（科罗拉多州东部、堪萨斯州西部以及俄克拉荷马州和得克萨斯州的狭长地带）。最初，CRP 项目设计为 10～15 年，但在 1990 年和 1996 年法案中将 CRP 计划进行了延长和扩大（Mitchell，2000）。

大平原上的大部分土地归私人所有（Holechek，Pieper 和 Herbel，2001）。例如，Neubauer（1963）报道，在达科他州、内布拉斯加州和堪萨斯州有近3 400 万公顷的私人土地和牧场，只有 100 万公顷的土地归州和印第安人，140万公顷的土地归联邦政府所有。拥有国家森林土地的有达科他州、内布拉斯加州、阿肯色州和密苏里州，与私有林地相比（Mitchell，2000）只是很小的一部分。Licht（1997）列出大平原所有州 15 块草地，这些面积不等的草原有从不到600 公顷的马克特兰德溪国家草原到超过 40 万公顷的北达科他州小密苏里国家草原。土地管理局（BLM）拥有西部地区以外相当大面积的矿藏开采权，但没有大平原草原的开发权（Holechek，Pieper 和 Herbel，2001）。大平原草原管理权大部分集中在蒙大拿州和怀俄明州，但也有少数分配在南达科他州（Licht，1997；Wester 和 Bakken，1992）。

玉米和大豆是高草草原地区的主要农作物（Lauenroth，Burke 和 Gutmann，1999），玉米主要分布在北部，大豆分布在中部和南部的部分草原地区。小麦是另一种主要的谷类作物，在东部地区产量最高，但大面积分布在年降水量不到500 毫米的西部和北部（Lauenroth，Burke 和 Gutmann，1999）。棉花是新墨西哥州东部、俄克拉荷马州西部和得克萨斯州北部的重要种植作物。

（二）放牧管理

由几种类型的企业构成了北美中部的畜牧业生产系统。通常在干旱地区（矮草和混合草）采取粗放型的放牧经营，主要在草原饲养繁殖母牛，幼畜出售给育肥场育肥（Neumann 和 Lusby，1986），其他则是饲喂粗饲料以维持其生长发育（Neumann 和 Lusby，1986；Wagnon，Albaugh 和 Hart，1960）。矮草草原上载畜量的变化很大程度上取决于降水、牧场条件和其他环境因素。Klipple 和 Costello（1960）报道，美国科罗拉多州东部地区适度载畜量大概是每年每个家畜单位21公顷草地（AUY），而 Bement（1969）建议每年每个家畜单位19.4公顷。据 Burzlaff 和 Harris（1969）报道，在内布拉斯加州的狭长地带上，适度载畜量应为每年每个家畜单位14公顷。这些载畜量是以5～10月份夏季放牧草地牧草产量为基础估算出来的。混合草草地的载畜量通常较高，例如，在北达科他州的适度放牧率为每年每个家畜单位9.3公顷（Rogler，1951）。在俄克拉荷马州高草草原的载畜量下放牧率要高得多，每年每个家畜单位为4公顷（Harlan，1960）。Smoliak 等（1976）提出，根据草场类型和条件，加拿大草原（彩图6-17、6-18和6-19）的家畜载畜量范围在每年每个家畜单位10.9～21.6公顷之间。Holechek，Pieper 和 Herbel（2001）在大平原上草原的放牧研究结果显示，刈割（利用）率为35%～40%，草地可维持优势牧草的生长和草地高产。Bement（1969）建议科罗拉多州东部矮草草原夏季放牧结束时，草地产量应保持在300～350千克/公顷，这样可以维持较好的家畜生产性能和适宜的植被条件。

大平原草原地区大部分农场的家畜饲养规模较小，85%以上的农场和牧场（包括南达科他州、北达科他州、内布拉斯加州、蒙大拿州、怀俄明州、堪萨斯州和俄克拉荷马州）的放牧牛数不到100头，只有5%超出500头（Mitchell，2000），46%以上的牧场还不到50头。这些小规模的牛饲养模式可能与作物生产有关。1993年，7个州已有18万户农场。从数字上看，中部草原上牛比绵羊更重要（Mitchell，2000）。跨越大平原的几个州的牛的总数超过了2 500万头，而羊只有500万只（Ensminger 和 Parker，1986；Mitchell，2000）。在过去的50年里，由于食用人群、经济状况，一些西部州区缺乏牧民，对羊肉和羔羊肉需求的减少及其他因素使羊的饲养数量不断下降。这些关于牲畜数量的数据没有按照不同的经营类型进行区分。

大平原草原的北部和南部（包括得克萨斯州）给全美国提供了近一半的牛肉（Holechek，Parker 和 Herbel，2001），而西部地区提供了不到10%的份额。虽然农场和牧场的数量与育肥场没有区别，但这些数字足以说明大平原草原作为家畜生产区域的重要性。

（三）饲草供给的季节平衡

在较湿润草原地区，混合生产模式是最常见的，家畜围栏放牧管理与农耕生产相结合（Neumann 和 Lusby，1986）。多数情况下，家畜饲养数量相对较少。

虽然草原有全年放牧的潜力，但仍然以季节性放牧为主。在北部地区，恶劣的气候基本上排除了冬季放牧的可能（Holechek，Pieper 和 Herbel，2001；Neumann 和 Lusby，1986；Stoddart 和 Smith，1955）。天然牧草干草和苜蓿已被广泛用作北部地区的冬季饲料和南部地区的补充饲料（Neumann 和 Lusby，

1986；Newell，1948；Rogler 和 Hurtt，1948）。Keller（1960）指出，6 个草原州的天然牧草干草的覆盖面积达 360 万公顷；其次是苜蓿，约 280 万公顷，谷物干草约 40 万公顷。

决定季节性放牧的另一个因素是牧草的营养价值随着生长季节的改变而下降（Adams，1996；Rao，Harbers 和 Smith，1973；Scales，1971）。大平原牧草的蛋白质含量通常在夏初达到高峰，随着牧草的成熟到冬天急剧下降（Adams 等，1996）。夏末的饲料质量被认为是最好的，而在冬季被评定为劣质。其他营养元素的季节变化类似于蛋白质，如磷的含量、消化率和摄入量。牧草营养质量的变化某种程度上取决于物种组成：冷季型牧草（C3）出现较高营养品质的时间早于暖季型牧草（C4），暖季型牧草（C4）营养品质的增长推迟到夏季高温期。非禾本科植物的存在可能会使食草动物饲草中矿物质含量增加（Pieper 和 Beck，1980；Holechek，1984）。在新墨西哥州，垂穗草的蛋白质和磷含量明显低于其他 5 个牧草品种（Pieper 等，1978）。高草草原植被在生长季后期变得粗糙，适口性相对较差。

加强早期放牧是减轻生长季晚期牧草营养品质低和适口性差的一种有效途径（Bernardo 和 McCollum，1987；Lacey，Studiner 和 Hacker，1994；Smith 和 Owensby，1978；McCollu 等，1990；Olson，Brethour 和 Launchbaugh，1993）。在蒙大拿州，早春放牧相对于夏季放牧有益于大多数优势植物的生长，但没有对家畜生产性能影响的相关报道（Lacey，Studiner 和 Hacker，1994）。在堪萨斯州高草草原上，与长期放牧相比，高强度的早期放牧提高了单位面积的家畜增重，原因在于草场利用率增高，多年生可食牧草的产量增加，但家畜个体日增重降低（Smith 和 Owensby，1978）。在堪萨斯州的其他研究表明，早期放牧与夏季放牧相比，放牧密度可提高 2～3 倍（Launchbaugh 和 Owensby，1978）。然而，Olson，Brethour 和 Launchbaugh（1993）反对早期高放牧利用率，因为会影响冷季型植物的生活力。McCollum 等（1990）报道，与传统季节放牧相比，增加早期放牧率可提高牛肉总产量 19%。

（四）放牧制度

大平原草原放牧方式有多种轮牧制度（Holechek，Pieper 和 Herbel，2001），其中许多放牧制度的目标是增加单株植物的活力和植被总体生产力。根本上讲，轮牧制度就是按照不同年份、不同季节对不同牧场或一个地区的某些部分进行延迟放牧（Vallentine，1990）。这一目标通过调整草场和牲畜数量来实现，确保在每年的相同时期同一区域不用作放牧。将其研究结果与特殊放牧方式如"满天星"和连续放牧等进行了比较（Herbel，1974；Herbel 和 Pieper，1991；Hickey，1969；Van Poolen 和 Lacey，1979）。某些情况下，大平原中部一些地区的连续放牧和某种形式的轮牧，无论是牛的产量还是植被状况几乎没有差别（Hart，1988；Lodge，1970；Rogler，1951；McIlvain 和 Shoop，1969；McIlvain 和 Savage，1951；McIlvain 等，1955）。通常，轮牧制度使家畜短期内集中在一个牧场，会降低其生产性能（单位增重），可能是因为采食选择性变小，被选择牧草的营养含量低及较低的消化率（Malechek，1984；Pieper，1980）。某些研究证实了这一点（Fisher 和 Marion，1951；Heitschmidt，Kothmann 和 Rawlins，1982；Pieper，1991；Smith 等，1967）。另外，研究表明"满天星"等特殊放牧，植被会得到改善，包括产量增加、物种丰富度提高和植被盖度增加（Herbel 和 Anderson，1959；Smith 和 Owensby，1978；Pieper 等，1991）。Van Poollen 和 Lacey（1979）在大平原北部地区的 6 个点的研究表明，连续放牧和轮牧的牧草产量差别不大，而在高草草原（在堪萨斯州弗林特山）特殊放牧制度比连续放牧的牧草产量高出 17％。在某些情况下，特殊放牧条件下的改良管理和较一致的放牧分配，常与放牧制度的概念相混淆。

　　20 世纪 70—80 年代，Savory 所提倡的（1999）短期持续放牧或限时放牧比较流行，并达到高峰。这种放牧方法需要大量的放牧小区以便牲畜可以快速通过这些小区，尤其是在植被快速生长期间（Savory，1983，1999；Savory 和 Parsons，1980）。由于在同一时间将家畜分配到整个放牧区的不同小区，放牧时间往往只要几天或更少，少数情况下只要几个小时。Savory 提出的载畜量比《土壤保护服务手册》中推荐的标准高 1 倍（Bryant 等，1989）。关于大草原短期放牧的试验结果好坏参半。Holechek，Pieper 和 Herbel（2001）对美国和加拿大草原的 9 个点的研究结果进行了评估，发现短期放牧和连续放牧的牧草产量几乎没有差异（Manley 等，1997；Pitts 和 Bryant，1987；Thurow，Blackburn 和 Taylor，1988；White 等，1991）。某些情况下，短期放牧的优势取决于载畜量（Heitschmidt，Downhower 和 Walker，1987）。在新墨西哥州的格兰马草草场上，短期放牧显然比连续放牧更有益于格兰马草生长（White 等，1991）。更多的放牧研究显示载畜量比放牧制度对草原影响更大（Bryant 等，1989；Holechek，Pieper 和 Herbel，2001；Pieper 和 Heitschmidt，1988）。

　　与不放牧或连续放牧条件相比，短期持续放牧会降低草原土壤渗透力，加速土壤流失（McCalla，Blackburn 和 Merrill，1984；Pluhar，Knight 和 Heitschmidt，1987；Weltz 和 Wood，1986）。即使是很短的时间集中放牧，家畜践踏也会造成土壤紧实。不过，在新墨西哥州的短期放牧草原经过恢复期后，土壤的渗透和流失几乎回到了正常水平（Weltz 和 Wood，1986）。

（五）集约化生产

　　草原实行季节性放牧以来，必须在每年的休牧季节为家畜提供足够的饲料。当本地牧场的牧草不能满足放牧家畜需要的时候，放牧加补饲是满足该时期家畜营养需求的一条途径（Gillen 和 Berg，2001；Hart 等，1988；Hoveland，Mc-

Cann 和 Hill，1997；Keller，1960；Lodge，1970；Nichols，Sanson 和 Myran，1993；Smoliak，1968）。补饲牧草包括本地须芒草（Gillen 和 Berg，2001），引进狗尾草、冰草（Holechek，1981；Rogler，1960）和其他冷季型牧草（Nichols，Sanson 和 Myran，1993）及豆科植物（彩图 6 - 20）。

施肥是提高大草原地区家畜生产性能的另一个措施（Nyren，1979；Wight，1976）。氮是最常见的营养限制元素，但在某些情况下，磷和钾也可能成为限制因素（Nyren，1979；Vallentine，1989 ；Wight，1976）。涉及牧场施肥的大量文献资料表明，通常情况下，施肥对北部混合草草原地区植被的影响比南部地区更大（Vallentine，1989）。如果在生长季节早期施用氮肥，可以改变物种组成，有利于冷季植物的生长（Nyren，1979；Vallentine，1989）。在北部混合草草场，早期施用氮肥可以刺激适应性强的冷季植物如蓝茎冰草的生长，这是以牺牲暖季型植物的生长为代价的（Nyren，1979）。生长季后期施入高氮肥对暖季型物种有利，如格兰马草，同时也可以刺激冷季植物在下一年春季的生长（Wight，1976）。在南部地区，促进了引进的冷季物种如草地早熟禾的生长（Owensby，1970；Rehm，1976；Vallentine，1989）。

Power（1972）认为，大平原北部的许多草场追施的氮肥常被固定而不能有效利用，因此必须增加施氮量。他指出，如果每年施入的氮加上矿化氮等于固定与不可避免损失的和，则系统可以维持。即给放牧草地施肥可以维持牧草产量，这种做法需要考虑经济效益。在新墨西哥州中南部的格兰马放牧地，每公顷施40 千克肥料，牧草和家畜产量增加 1 倍，但实际经济报酬仍然甚微（Chili 等，1998）。施肥的经济效益主要取决于肥料的成本和家畜的价格。

（六）草原火烧

火烧是管理大平原草原的另一种有用工具（Wright，1974，1978；Wright 和 Bailey，1982）。Vallentine（1989）列出了草原火烧的 18 个不同目标，同时提出了三个最主要的作用：①杀死或抑制不良草种（彩图 6 - 21）。②防止有害及不良物种入侵。③增加牧草产量及载畜量。

尤其是在高草草原，有计划的燃烧常被用于减少陈旧牧草的生长和刺激新的更美味的牧草生长（Anderson，Smith 和 Owensby，1970；McMurphy 和 Anderson，1965；Smith 和 Owensby，1972）。Wright（1978）建议，用火烧提高高草草原植物的适口性，抑制树木和灌木丛的入侵，减少与冷季型植物的竞争力。然而把握火烧的时间非常重要，春季火烧对冷季草生长非常不利（Hensel，1923；Wright，1978）。春季火烧有增加家畜夏季增重的趋势，但增重可能不会持续到秋季（Anderson，Smith 和 Owensby，1970；Vallentine，1989）。晚冬火烧处理，可使春季牧草开始生长的时间比没有火烧提早 2～3 周（Ehrenreich 和 Aikman，1963）。

(七) 草原的发展

草原不论空间还是时间上都是动态变化的 (Dix，1964；Sims，1988)。因此，不同学者对影响草原植被和动物群落发展因素的看法不同。草地作为生态系统，由于一些内在组成与其他因素结合可以改变系统的自然状态，试图剥离外在因素可能是徒劳的。例如，Larson (1940) 认为，高强度放牧野牛之后有助于维持矮草草原。但是，在草原环境植被、气候、其他食草动物和食肉动物进化生态系统中，一个组分的变化会引起整个循环的改变。

相反，Sauer (1950) 认为草原要通过定期的火烧来维持。没有火烧，草原将逐步进化为林地或森林。实际上，北美中部的草原已经经历了一系列自然和人为因素引起的火烧变革 (Flores，1999；Sauer，1950)。Flores (1999) 指出自然闪电导致的火烧与本地美洲人人为火烧有所不同。他认为，以大型食草家畜为主的大平原南部草地的保留主要取决于本地美洲人的火烧管理。

多变的气候是草原的一个显著特点，周期性干旱是草原的普遍特性 (Dix，1964)。20 世纪 30 年代的干旱所导致的大平原草原中的沙尘暴就是一个很好的证明 (Albertson 和 Weaver，1942；Robertson，1939；Weaver 和 Albertson，1936，1939，1940；Whitman，Hanson 和 Peterson，1943)。20 世纪 30 年代的干旱使堪萨斯州 (Weaver 和 Albertson，1956) 生长的格兰马草的丰富度急剧下降 (下降多达 70%～80%)。1936—1937 年在美国北达科他州的混合草原上，格兰马草大约减少到干旱前的 (1933) 40% (Whitman，Hanson 和 Peterson，1943)。受干旱不利影响的其他物种还有蓝茎冰草、旋芒针茅和大落草。唯一一个不受干旱影响的物种是针叶莎草 (线叶薹) (*Carex filifolia*) (Whitman，Hanson 和 Peterson，1943)。

对内布拉斯加州西部树木年轮的分析表明，在过去的 400 年间有近 160 年的"干旱"年和 237 年的"湿润"年 (Weakly，1943)。Borchert (1950) 报道连续干旱的时间较长，平均持续时间达 13 年，加重了干旱的影响。

从地质学上看，在地质年代较新的落基山脉西部和地质年代较老的阿巴拉契亚山系以东之间的山谷形成了大平原。这些山谷正是由于密苏里州和密西西比河流域的岩石和阿巴拉契亚山脉冲刷下来的沉积物分层沉积形成的 (Dix，1964)。从地质年代来看，位于北美中部的草原自白垩纪晚期以来经历了许多变迁 (Axelrod，1958；Dix，1964；Donart，1984)。那时，泛热带落叶林覆盖着现在美国的大部分地区 (Axelrod，1979)。这些热带落叶林在始新世时期分化形成了两个截然不同的森林类型：北极第三纪森林和新热带第三纪森林 (Dix，1964；Axelrod，1958)。这两个森林是中部草原的前身，在近代 (上新世至更新世) 森林衰退后形成了中部草原 (Dix，1964)。植被的变化与草原气候变迁、地质事件和食草动物利用方式的改变有关。更新世时期的冰河作用对景观和植被有显著的影响，但其对草原的影响还没有完全弄清楚（Dix，1964；Flint，1957；Love，1959）。

（八）当前草原研究和管理状况

按照惯例，大平原草原的研究都在"赠地"大学（学院）。1862 年的《莫里尔法案》通过了在每一个州建立一所大学，并无偿赠予草地（Holechek，Pieper 和 Herbel，2001）。1887 年的《哈奇法》和 1914 年的《史密斯—利弗法》对"赠地"大学的教学、研究和服务三方面进行了全方位关注（美国国家研究委员会，1996）。这些大学的每个草原研究站都将研究成果用于农业生产实践，其研究得到联邦、州及其他资金来源的资助。这些研究部门涉及农学、园艺、农业经济学、动物科学和同类学科。合作推广服务作为研究人员与农场和农场主联系的纽带（彩图 6-22 和 6-23，来自加拿大的实例）。在"赠地"大学进行放牧研究的人员主要依附草原所在州的相关部门，如蒙大拿州、新墨西哥州、达科他州北部和南部的动物科学部门；内布拉斯加州、堪萨斯州和俄克拉荷马州的农学部门。在蒙大拿州立大学的林学院也有一个草原系为草原学提供学位（Bedell，1999），科罗拉多州立大学有一个独立的草原系，在得克萨斯理工大学（与野生动物科学）和得克萨斯州农工大学同样设有草原专业。

农业研究部门也对草地农业进行研究。在美国北达科他州大平原北部、蒙大拿的悉尼（现已关闭）、科罗拉多普兰斯草地中部和俄克拉何马大平原草地南部建立的实验站主要研究草原和家畜问题。在大学和农业研究服务实验站进行的研究有着十分广泛的基础，以基础和应用研究为特点。

大平原相关州的草地研究同样吸引了来自生物学或植物学系的生态学者。包括 Frederic E. Clements 博士在内的早期科学家，对内布拉斯加大学的生态学专业的建立发挥了重要作用。20 世纪 30～40 年代，内布拉斯加大学在 Dr John E. Weaver 主持下，生态学研究领域一直处于前列（Tobey，1981）。密苏里大学的 Clair Kucera 博士，北达科他州立大学的 Warren Whitman，堪萨斯州立大学的 Lloyd C. Hulbert，俄克拉荷马州立大学的 William Penfound、Elroy Rice 和 Paul G. Risser，艾奥瓦州立大学的 John Aikman 都有雄厚资历的草原研究团队（Kucera，1973；Tobey，1981）。

在 20 世纪 60 年代末到 70 年代初，草原生态方面的另一个主要研究内容是由国际生物计划（IBP）（Golley，1993）发起的。就是在科罗拉多州州立大学建立草原生物群落研究中心，Dr George M. Van Dyne 担任主任。在南达科他州（由南达科他州州立大学主管）的混合草原植被区，建立了 Cottonwood 卫星研究站；在俄克拉荷马州（由俄克拉荷马州立大学主管）的高草植被区建立了 Osage 研究站；以及在得克萨斯州（由得克萨斯理工大学主管）和美国科罗拉多州（由科罗拉多州立大学主管）的矮草区建立了 Pantex 研究站和 Pawnee 研究站（Van Dyne，Jameson 和 French，1970）。其他的草原研究站，例如荒漠草原、山地草原和美国加利福尼亚州的一年生草原，也被列入了该项目。虽然该项目为草地生态方面提供了大量的生态信息和文献资料，但为每种草地类型出版一个综合卷册的目标还未完成（Golley，1993）。只有高草草原册已经出版（Risser等，1981）。

IBP 项目的其他主要结果应由长期生态研究站测得，其观点是可能要通过10 年甚至更长时间对生态系统进行动态观测才能得出结论。目前，堪萨斯州（Knapp 等，1998）的 Conyza 草地和大草原中部试验牧场（以前的国际生物方案中的波尼站点）都是长期生态研究站。

从各个方面看，大平原农业如今都面临着许多挑战。此项分析只能针对这些挑战中的一部分。和西部地区一样，大平原地区的许多小城镇和社区正面临着严重的经济状况，许多已废弃（Flores，1999；Licht，1997）。Licht（1997）指出1980—1990 年，大平原地区人口数量下降了81%。乡村人口流失的原因是多方面的。如靠近铁路，管理和技术的影响，大城市发达的交通运输，县城中农业机构的位置，以及政府的政策等（Burns，1982）。因此，Licht（1997）认为："……大平原农村地区衰退的主要原因是无可争议的，不适宜的气候，缺乏有经济价值的天然资源，高额的运输费用以及其他因素，这些意味着它对人口密集、经济发达的地区没有足够的承载能力。"

随着农村社区的缩减，许多农业企业已陷入经济紧缩状态，一方面生产成本高，另一方面产品价格低廉。集约农业和畜牧部门都是如此。因此，小规模的生产商（如家庭农业）已不能正常维持了（Licht，1997）。

与环境有关的其他生物学问题：尽管 Lauenroth 等（1994）认为美国大平原的放牧地自欧洲人定居以来没有多大变化，但养殖业（农业、耕作）和其他的干扰因素对其有很大的影响。例如，Klopatek 等（1979）研究结果表明，大平原中的大部分县已经失去了一些潜在性自然植被，梅西奇湿地东部边缘地区受到的影响最严重，旱生的西部矮草草原受到的干扰最小。85%～95%的须芒草草原被转为农田（Sieg，Flather 和 McCanny，1999）。这些干扰和植被的改变意味着草原上未被破坏的许多野生物种栖息地的分裂。开垦为耕地可以为其他物种创造栖息地，但草原上植物和动物多样性的损失更为严重（Sieg，Flather 和 McCanny，1999；Leach 和 Givnish，1996；Licht，1997）。例如，Sieg，Flather 和 McCanny（1999）报道加拿大萨斯喀彻温省和美国的六个草原州，1966—1996 年鸟的种类下降了19%。然而，有记载的濒危的动植物种的数量与其他地区相比还是比较低的（Ostlie 等，1997；Sieg，1999）。大平原草原已罕见濒危物种，估计已知濒危物种丧失有9～12 种。这些州散布在大平原（Sieg，1999）。濒危物种有黑尾草原犬鼠、黑足鼬和西部草原流苏兰花（*Platanthera praeclara*）（Sieg，Flather 和 McCanny，1999）等。

其他的环境问题涉及杀虫剂和除草剂以及化肥的使用，家畜放牧，湿地状况、外来植物和动物的入侵。早在 20 世纪初期，冰草就被引入大平原（Holechek，1981；Rogler，1960）。20 世纪 30 年代，这些物种在恢复大平原北部地区废弃麦田的过程中起到了主导作用（Rogler，1960），但有学者将冰草视为导致物种单一的外来入侵种。

引入植物中最棘手的一种就是乳浆大戟（彩图 6 - 24），它是从欧洲东部或亚洲西部偶然被引入美国的一种多年生植物（Biesboer 和 Koukkari，1992）。它是一种侵略性极强的杂草，目前在美国的分布面积超过 100 万公顷（DiTomaso，2000），大平原北部超过 65 万公顷（Leistritz，Leitch 和 Bangsund，1995）。因乳浆大戟入侵而导致的放牧家畜损失估计达到 73.6 万个家畜单位（AUMs），每年折合 3 700 万美元（Leistritz，Leitch 和 Bangsund，1995）。

引入的一年生牧草如雀麦也改变了草地植被（Haferkamp 等，1993；Haferkamp，Heitschmidt 和 Karl，1997）。雀麦遍布整个大平原（Hitchcock，1950），经常与本地多年生禾草竞争。Haferkamp，Heitschmidt 和 Karl（1997）报道雀麦的存在使蒙大拿东部蓝茎冰草产量降低，因为其他物种不能完全取代雀麦，去除日本雀麦会降低整个地上植物的产量。除了经济重要性以外，Huenneke（1995）和 Hobbs，Huenneke（1992）列举了以下植物入侵的生态影响（由于缺乏一个更合适的字眼）：有毒物质的传播，本地物种的更换，水文特性的改变，土壤性质的改变，以及养分循环的改变。

管理大平原的其他一些建议包括增加国有草原的数量和发展一定比例的"野牛放牧区"（Licht，1997；Popper 和 Popper，1994）。虽然这样的建议已经向一些环保机构提出申请，但是 Licht（1997）也讨论了这些建议的局限性。

大平原的湿地如同其他地区一样令人关注（Johnson，1999）。尽管这些区域占陆地表面不到 1%，但对集水过程、动植物多样性，以及包括工业和农业在内的人类利用来说都是极其重要的（Johnson 和 McCormick，1979；Swanson，1988）。大平原的湿地面积由于人类活动已经被改变，例如，清理农业、放牧、渠、截流和引水（Johnson，1999）。Johnson（1999）针对人类活动是如何改变北达科他州的密苏里河、内布拉斯加州的普拉特河、南达科他州的福斯特溪进行了实例研究。

九、大平原的前景

从现在到可预见的未来，农业将很有可能继续主导大平原。因为技术不断更新，如免耕种植，水资源和肥料的有效利用，调查和监测景观方法的进步，但由于经济、社会因素和生物学因素的限制，其中一些技术暂时难以应用。

例如，我们现在掌握的技术，可以考虑较大范围内的管理方式（Ludwig 等，

1997）。包括遥感（Tueller，1989）、地理信息系统（GIS）和全球定位系统（GPS）的现代化研究手段，为掌握土地管理和生态景观及栖息地的状况提供了条件。然而，这些方法的应用需要考虑一些限制因素，例如，在遥感和地理信息系统的应用过程中缺乏足够的地面真实数据。大平原的景观发展规划可能需要考虑农业作物、湿地栖息地和"自然"植被类型。即使每种类型提供的比例和空间分配达成一致，但由于土地所有权方式和农业发展程度不同，使农业生产和草原保护等面临不同程度的挑战。土地私有化使像"野牛放牧区"这样的国家公共草地发展很难实现。最后，水资源缺乏将会严重影响农业和工业的发展。

大平原地区的主要城市可能与其他西部城市一样不会大面积扩展而占用邻近的耕地和未开发的土地，但也会有一些占用。位于大平原西部边缘的一些城市——柯林斯堡、丹佛、科罗拉多斯普林斯、普韦布洛等，由于其靠山的有利位置将继续扩张。

畜牧业，即使强调经济效益，仍需保持相对稳定。Walker（1995）指出，放牧系统在很大程度上没有改变放牧家畜选择的天性。载畜量是决定家畜和植被反应的首要因素（Holechek，1988；Walker，1995）。灌溉条件下牧草生产的竞争（对抗）有可能继续减少大平原草地的家畜生产（Glimp，1991）。

转基因植物和动物有改变大平原地区植物和动物农业的潜力（Walker，1997）。然而，公众对转基因植物和动物的认可将影响这些技术的快速使用。

参 考 文 献

Adams, D. C., Clark, R. T., Klopfenstein, T. J. & Volesky, J. D. 1996. Matching the cow with the forage resources. *Rangelands*，18：57 – 62.

Albertson, F. W. & Weaver, J. E. 1942. History of the native vegetation of western Kansas during seven years of continuous drought. *Ecological Monographs*，12：23 – 51.

Anderson, K. L, Smith, E. F. & Owensby, C. 1970. Burning bluestem range. *Journal of Range Management*，23：81 – 92.

Axelrod, D. E. 1958. Evolution of the Madro-tertiary Geoflora. *Botanical Review*，24：434 – 509.

Axelrod, D. E. 1979. Desert vegetation, its age and origin. pp. 75 – 82，in：J. R. Goodin and D. K. Northington (eds). *Aridland plant resources*. Lubbock，Texas，USA：ICASALS，Texas Tech University Press.

Ayyad, M. A. G. & Dix, R. L. 1964. An analysis of a vegetation – microenvironemtal complex on prairie slopes in Saskatchewan. *Ecological Monographs*，34：421 – 442.

Barbour, M. G., Burk, J. H. & Pitts, W. D. 1987. *Terrestrial plant ecology*. 2nd ed. Menlo Park，California，USA：The Benjamin Cummings Pub. Co.

Baxter, F. P. & Hole, F. D. 1967. Ant (*Formica cinerea*) pedoturbation in a Prairie soil. *Soil*

Science Society of America Proceedings, 31: 425 - 428.

Bazzaz, F. A. & Parrish, J. A. D. 1982. Organization of grassland communities. pp. 233 - 254, *in*: J. R. Estes, R. J. Tyrl and J. N. Brunken (eds). *Grasses and Grasslands. Systematics and ecology*. Norman, Oklahoma, USA: University of Oklahoma Press.

Beavis, W. D. , Owens, J. C. , Ortiz, M. , Bellows, T. S. Jr. , Ludwig, J. A. & Huddleston, E. W. 1981. Density and developmental stage of range caterpillar *Hemilueca oliviae* Cockerill, as affected by topographic position. *Journal of Range Management*, 34: 389 - 392.

Bedell, T. E. 1999. *The educational history of range management in North America*. Denver, Colorado, USA: Society for Range Management.

Bement, R. E. 1969. A stocking-rate guide for beef production on blue-grama range. *Journal of Range Management*, 22: 83 - 86.

Bement, R. E. , Barmington, R. D. , Everson, A. C. , Hylton, L. O. Jr. & Remmenga, E. E. 1965. Seeding of abandoned cropland in the Central Great Plains. *Journal of Range Management*, 18: 53 - 65.

Bernardo, D. B. & McCullom, F. T. 1987. An economic analysis of intensive-early stocking. *Oklahoma State University Agricultural Experiment Station Research Report*, No. 887.

Biesboer, D. D. & Koukkari, W. L. 1992. The taxonomy and biology of leafy spurge. pp. 51 - 57, *in*: R. A. Masters, S. J. Nissen and G. Friisoe (eds). *Leafy spurge symposium* Lincoln, Nebraska, USA, 1992. Lincoln, Nebraska, USA: Dow Elanco and Nebraska Leafy Spurge Working Task Force.

Blocker, H. D. 1970. The impact of insects in grassland ecosystems. pp. 290 - 299, *in*: R. L. Dix and R. G. Beidleman (eds). *The grassland ecosystem* . Range Science Department Series, No. 2. Colorado State University, Fort Collins, Colorado, USA.

Bolen, E. C. & Crawford, J. A. 1996. The birds of rangelands. pp. 15 - 27, *in*: P. R. Krausman (ed). *Rangeland wildlife*. Denver, Colorado, USA: Society for Range Management.

Borchert, L. R. 1950. The climate of the central North America n grassland. *Annals of the Association of American Geographers*, 40: 1 - 39.

Breymeyer, A. I. & Van Dyne, G. M. (eds). 1979. *Grasslands, systems analysis and management*. New York, New York, USA: Cambridge University Press.

Bryant, F. C. , Dahl, B. E. , Pettit, R. D. & Britton, C. M. 1989. Does short-duration grazing work in arid and semiarid regions? *Journal of Soil and Water Conservation*, 44: 290 - 296.

Burns, N. 1982. The collapse of small towns on the Great Plains: a bibliography. Emporia State Research Studies, Emporia, Kansas, USA.

Buol, S. W. , Hole, F. D. & McCracken, R. J. 1980. *Soil genesis and classification*. 2nd ed. Ames, IA, USA: Iowa State University Press.

Burzlaff, D. F. & Harris, L. 1969. Yearling steer gains and vegetation changes of western Nebraska rangeland under three rates of stocking. *University of Nebraska Agricultural Experiment Station Bulletin*, No. SB. 505.

Chili, P. , Donart, G. B. , Pieper, R. D. , Parker, E. E. , Murray, L. W. & Torell, L. A. 1998. Vegetational and livestock response to nitrogen fertilization in southcentral New Mexico. *New Mexico State University Agricultural Experiment Station Bulletin*, No. 778.

Costello, D. F. 1944. Natural revegetation of abandoned plowed land in the mixed prairie association of northeastern Colorado. *Ecology*, 25: 312 – 326.

Deneven, W. 1996. Carl Sauer and native American population size. *The Geographical Review*, 86: 385 – 397.

Dahl, B. 1994. Mesquite-buffalograss. pp. 27 – 28, *in*: T. N. Shiflet (ed). *Rangeland cover types of the United States*. Denver, Colorado, USA: Society for Range Management.

Danz, D. P. 1997. *Of bison and man: from the annals of a bison yesterday to a refreshing outcome from human involvement with America's most valiant of beasts*. Boulder, Colorado, USA: University of Colorado Press.

DiTomaso, J. M. 2000. Invasive weeds in rangelands: species, impacts and management *Weed Science*, 48: 255 – 265.

Dix, R. L. 1964. A history of biotic and climatic changes within the North American Grassland. pp. 71 – 89, *in*: D. J. Crisp (ed). *Grazing in terrestrial and marine environments*. Oxford, UK: Blackwell Scientific.

Dodd, J. L. & Lauenroth, W. K. 1979. Analysis of the response of a grassland ecosystem to stress. pp. 43 – 58, *in*: N. R. French (ed). *Perspectives in grassland ecology*. New York, New York, USA: Springer-Verlag.

Donart, G. B. 1984. The history and evolution of western rangelands in relation to woody plant communities. pp. 1235 – 1258, *in*: *Developing strategies for rangeland management*. Boulder, Colorado, USA: Westview Press.

Donohue, D. L. 1999. *The western range revisited. Removing livestock from public lands to conserve native biodiversity*. Norman, Oklahoma, USA: University of Oklahoma Press.

Engle, D. 1994. Cross timbers – Oklahoma. p. 37, *in*: T. N. Shiflet (ed). *Rangeland cover types of the United States*. Denver, Colorado, USA: Society for Range Management.

Ehrenreich, J. H. & Aikman, J. M. 1963. An ecological study of certain management practices on native plants in Iowa. *Ecological Monographs*, 33: 113 – 130.

Engle, D. M. 2000. Eastern redcedar (*Juniperus virginiana*). Expanded abstract. 53rd Annual Meeting of the Society for Range Management, Boise, Idaho, USA. Society for Range Management, Denver, Colorado, USA.

Ensminger, M. E. & Parker, R. O. 1986. *Sheep and goat science*. 5th ed. Danville, Illinois, USA: Interstate Printers and Pub.

Fisher, C. E. & Marion, P. T. 1951. Continuous and rotation grazing on buffalo and tobosa grassland. *Journal of Range Management*, 4: 48 – 51.

Flint, R. F. 1957. *Glacial and Pleistocene geology*. New York, New York, USA: John Wiley and Sons.

Flores, D. 1999. Essay: the Great Plains "wilderness" as a human-shaped environment. *Great*

Plains Research, 9: 343 – 355.

Freckman, D. W. , Duncan, D. A. & Larson, J. R. 1979. Nematode density and biomass in an annual grassland ecosystem. *Journal of Range Management*, 32: 418 – 422.

Garretson, M. S. 1938. *The American bison*. New York, New York, USA: New York Zoological Society.

Gehring, J. L. & Bragg, T. B. 1992. Changes in prairie vegetation under eastern red cedar (*Juniperus virginiana* L.) in an eastern Nebraska bluestem prairie. *American Midland Nauralist*, 128: 209 – 217.

Gillen, R. L. & Berg, W. A. 2001. Complementary grazing of native pasture and old world bluestem. *Journal of Range Management*, 54: 348 – 355.

Gleason, H. A. 1913. The relation of forest distribution and prairie fires in the Middle West. *Torreya*, 13: 173 – 181.

Gleason, H. A. & Cronquist, A. 1964. *The natural geography of plants*. New York, New York, USA: Columbia University Press.

Glimp, H. A. 1991. Can we produce lambs for $ 0. 40/lb? *Symposium Proceedings - Sheep Forage Production Systems*. Denver, Colorado, USA, 1991. Denver, Colorado, USA: American Sheep Industry.

Glover, F. A. 1969. *Birds in grassland ecosystems*. pp. 279 – 289, *in*: R. L. Dix and R. G. Beidleman (eds). *The grassland ecosystem. A preliminary synthesis*. Range Science Department Scientific Series, No. 21. Colorado State University, Fort Collins, Colorado, USA.

Goetz, H. 1989. The conservation reserve program - where are we heading? *Rangelands*, 11: 251 – 252.

Golley, F. B. 1993. *A history of the ecosystem concept in ecology: more than the sum of the parts*. New Haven, Conneticut, USA: Yale University Press.

Guthery, F. S. 1996. Upland gamebirds. pp. 59 – 69, *in*: P. R. Krausman (ed). *Rangeland wildlife*. Denver, Colorado, USA: Society for Range Management.

Gunderson, J. 1981. True prairie past and present. *Rangelands*, 3: 162.

Haferkamp, M. R. , Karl, M. G. , MacNeil, M. D. , Heitschmidt, R. K. & Young, J. A. 1993. Japanese brome in the northern Great Plains. pp. 112 – 118, *in*: *Research & Rangeland Agriculture: past, present & future*. USDA Ft. Keogh Livestock and Range Research Laboratory, Miles City, Montana, USA.

Haferkamp, M. R. , Heitschmidt, R. K. & Karl, M. G. 1997. Influence of Japanese brome on western wheatgrass yield. *Journal of Range Management*, 50: 45 – 50.

Harlan, J. R. 1960. Production characteristics of Oklahoma forages, native range. *Oklahoma State University Agricultural Experiment Station Bulletin*, No. B- 547.

Hart, R. H. & Samuel, M. J. 1985. Precipitation, soils and herbage production on southeast Wyoming range sites. *Journal of Range Management*, 38: 522 – 525.

Hart, R. H. , Samuel, M. J. , Test, P. S. &Smith, M. A. 1988. Cattle, vegetation and economic

responses to grazing systems and grazing pressure. *Journal of Range Management*, 41: 282 -
286.

Hart, R. H. , Waggoner, J. W. Jr. , Dunn, T. G. , Kaltenbach, C. C. & Adams, L. D. 1988.
Optional stocking rate for cow-calf enterprises on native range and complementary improved
pastures. *Journal of Range Management*, 41: 435 - 440.

Heimlich, R. E. & Kula, O. E. 1989. Grazing lands: how much CRP land will remain in grass ?
Rangelands, 11: 253 - 257.

Heitschmidt, R. K. , Downhower, S. L. & Walker, J. W. 1987. Some effects of a rotational
grazing treatment on quantity and quality of available forage and amount of ground litter.
Journal of Range Management, 40: 318 - 321.

Heitschmidt, R. K. , Kothmann, M. M. & Rawlins, W. J. 1982. Cow-calf response to stocking
rates, grazing systems, and winter supplementation at the Texas Experimental Ranch.
Journal of Range Management, 35: 204 - 210.

Hensel, R. L. 1923. Recent studies on the effect of burning on grassland vegetation. *Ecology*,
4: 183 - 188.

Herbel, C. H. 1974. A review of research related to development of grazing systems on native
ranges of the western United States. pp. 138 - 149, *in*: K. W. Kreitlow and R. H. Hart
(Coordinators). *Plant morphogenesis as the basis for scientific management of range
resources. USDA Miscellaneous Publication*, No. 1271.

Herbel. C. H. & Anderson, K. L. 1959. Response of true prairie vegetation on major Flint Hills
range sites to grazing treatment. *Ecological Monographs*, 29: 171 - 186.

Herbel, C. H. & Pieper, R. D. 1991. Grazing management. pp. 361 - 385, *in*: J. Skujins (ed).
Semiarid lands and deserts. Soil resource and reclamation. New York, New York, USA:
Marcel Dekker.

Hewitt, G. B. 1977. Review of forage losses caused by rangeland grasshoppers. *USDA
Miscellaneous Publication*, No. 1348. Washington, D. C. , USA

Hewitt, G. B. & Onsager, J. A. 1983. Control of grasshoppers on rangeland of the United
States - a perspective. *Journal of Range Management*, 36: 202 - 297.

Hickey, W. C. Jr. 1969. A discussion of grazing management systems and some pertinent
literature (abstracts and excerpts) 1895—1966. USDA Forest Service Regional Office,
Denver, Colorado, USA.

Hitchcock, A. S. 1950. *Manual of the grasses of the United States. USDA Miscellaneous
Publication*, No. 200. U. S. Printing Office, Washington, D. C. , USA

Hobbs, R. J. & Huenneke, L. F. 1992. Disturbance, diversity and invasion: implications for
conservation. *Conservation Biology*, 6: 324 - 337.

Hole, F. D. & Nielsen, G. A. 1968. Some processes of soil genesis under prairie. *Proceedings
of a Symposium on Prairie and Prairie Restoration.* Galesburg, Illinois, USA, 1968.
Galesburg, Illinois, USA: Knox College.

Holechek, J. L. 1981. Crested wheatgrass. *Rangelands*, 3: 151 - 153.

Holechek, J. L. 1984. Comparative contribution of grasses, forbs and shrubs to the nutrition of range ungulates. *Rangelands*, 6: 245 – 248.

Holechek, J. L. 1988. An approach for setting the stocking rate. *Rangelands*, 10: 10 – 14.

Holechek, J. L. , Pieper, R. D. & Herbel, C. H. 2001. *Range management principles and practices*. Upper Saddle River, New Jersey, USA: Prentice Hall.

Hoveland, C. S. , McCann, M. A. & Hill, N. S. 1997. Rotational vs. continuous stocking of beef cows and calves on mixed endophyte-free tall fescue – bermudagrass pasture. *Journal of Production Agriculture*, 10: 193 – 194.

Huenneke, L. F. 1995. Ecological impacts of plant invasions in rangeland ecosystems. *Abstracts of the Annual Meeting of the Society for Range Management*. Phoenix, Arizona, USA, 1992. Society for Range Management, Denver, Colorado, USA.

Johnson, R. R. & McCormick, J. F. 1979. Strategies for protection and management of floodplain wetlands and other riparian ecosystems . *USDA Forest Service General Technical Report*, No. WO – 12.

Johnson, W. C. 1999. Response of riparian vegetation to streamflow regulation and land use in the Great Plains. *Great Plains Research*, 9: 357 – 369.

Jordan, C. F. 1995. *Conservation. Replacing quantity with quality as a goal for global management* . New York, New York, USA: John Wiley & Sons.

Joyce, L. A. 1989. An analysis of the range forage situation in the United States, 1989—2040. *USDA Forest Service General Technical Report*, No. RM – 180.

Keller, W. 1960. Importance of irrigated grasslands in animal production. *Journal of Range Management*, 13: 22 – 28.

Klipple, G. E. & Costello, D. F. 1960. Vegetation and cattle response to different intensities of grazing on short-grass ranges of the central Great Plains. *USDA Agricultural Technology Bulletin*, No. 1216.

Klopatek, J. M. , Olson, R. J. , Emerson, C. J. & Jones, J. L. 1979. Land-use conflicts with natural vegetation in the United States. *Environmental Sciences Division*, *Oak Ridge National Laboratory Publication*, No. 1333. Oak ridge, Tennessee, USA.

Knapp, A. K, Briggs, J. M. , Harnett, D. C. & Collins, S. L. 1998. *Grassland dynamics: long-term ecological research in tallgrass prairie*. New York, New York, USA: Oxford University Press.

Knopf, F. L. 1996. Perspectives on grazing nongame bird habitats. pp. 51 – 58, *in*: P. R. Krausmann (ed). *Rangeland wildlife*. Denver, Colorado, USA: Society for Range Management.

Kretzer, J. E. & Cully, J. F. Jr. 2001. Effects of black-tailed prairie dogs on reptiles and amphibians in Kansas shortgrass prairie. *Southwestern Naturalist*, 46: 171 – 177.

Kucera, C. L. 1973. *The challenge of ecology*. Saint Louis, Missouri, USA: C. V. Mosby.

Lacey, J. , Studiner, S. & Hacker, R. 1994. Early spring grazing on native range. *Rangelands*, 16: 231 – 233.

Larson, F. 1940. The role of the bison in maintaining the short grass plains. *Ecology*, 21: 113 - 121.

Lauenroth, W. K. 1979. Grassland primary production: North American grasslands in perspective. pp. 3 - 24, *in*: N. R. French (ed). *Perspectives in grassland ecology*. New York, New York, USA: Springer-Verlag.

Lauenroth, W. K. , Milchunas, D. G. , Dodd, J. L. , Hart, R. H. , Heitschmidt, R. K. & Rittenhouse, L. R. 1994. Effects of grazing on ecosystems of the Great Plains. pp. 69 - 100, *in*: M. Vavra, W. A. Laycock and R. D. Pieper (eds). *Ecological implications of livestock herbivory in the West*. Denver, Colorado, USA: Society for Range Management.

Lauenroth, W. K. , Burke, I. C. & Gutmann, M. P. 1999. The structure and function of ecosystems in the Central North American Grassland Region. *Great Plains Research*, 9: 223 - 259.

Launchbaugh, J. L. & Owensby, C. E. 1978. Kansas rangelands: their management based upon a half century of research. *Kansas State University Agricultural Experiment Station Bulletin*, No. 622.

Laycock, W. A. 1979. Introduction. pp. 1 - 2, *in*: N. R. French (ed). *Perspectives in grassland ecology*. New York, New York, USA: Springer-Verlag.

Leach, M. K. & Givnish, T. J. 1996. Ecological determinants of species loss in remnant prairies. *Science*, 273: 1555 - 1558.

Leistritz, F. L, Leitch, J. A. & Bangsund, D. A. 1995. Economic impact of leafy spurge on grazingland and wildland in the northern Great Plains. *Abstracts of the Annual Meeting of the Society for Range Management*. Phoenix, Arizona, USA, 1995. Society for Range Management, Denver, Colorado, USA.

Leopold, A. S. , Cain, S. A. , Cottan, C. M. , Gabrielson, I. N. & Kinball, T. L. 1963. *Wildlife management in the National Parks: the Leopold Report*. Advisory Board on Wildlife Management, Washington, D. C. , USA.

Licht, D. S. 1997. *Ecology and economics of the Great Plains*. Lincoln, Nebraska, USA: University of Nebraska Press.

Lodge, R. W. 1970. Complementary grazing systems for the northern Great Plains. *Journal of Range Management*, 23: 268 - 271.

Love, D. 1959. The post-glacial development of the flora of Manitoba: a discussion. *Canadian Journal of Botany*, 37: 547 - 585.

Ludwig, J. , Tongway, D. , Fruedenberger, D. , Noble, J. & Hodgkinson, K. 1997. *Landscape ecology, function and management: principles from Australia's rangelands*. Collingwood, Australia: CSIRO Publications.

Malechek, J. C. 1984. Impacts of grazing intensity and specialized grazing systems on livestock responses. pp. 1129 - 1165, *in*: *Developing strategies for rangeland management*. Boulder, Colorado, USA: Westview Press.

Manley, W. A. , Hart, R. H. , Samuel, M. J. , Smith, M. A. , Waggoner, J. W. & Manley, J. T.

1997. Vegetation, cattle and economic responses to grazing strategies and pressures. *Journal of Range Management*, 50: 638 – 646.

McClendon, T. 1994. Mesquite. pp. 46 – 47, in: T. N. Shiflet (ed). *Rangeland cover types of the United States*. Denver, Colorado, USA: Society for Range Management.

McCalla, G. R. II, Blackburn, W. H. & Merrill, L. B. 1984. Effects of livestock grazing on infiltration rates, Edwards Plateau of Texas. *Journal of Range Management*, 37: 265 – 269.

McCollum, F. T. , Gillen, R. L. , Engle, D. M. & Horn, G. W. 1990. Stocker cattle performance and vegetation response to intensive-early stocking of Cross Timbers rangeland. *Journal of Range Management*, 43: 99 – 103.

McDaniel, B. 1971. The role of invertebrates in the grassland biome. *In: Preliminary analysis of structure and function in grasslands*. Range Science Department Scientific Series, No. 10. Colorado State University, Fort Collins, Colorado, USA.

McIlvain, E. H. & Shoop, M. C. 1969. Grazing systems in the southern Great Plains. *Abstracts of the Annual Meeting of the American Society for Range Management*, 22: 21 – 22.

McIlvain, E. H. & Savage, D. A. 1951. Eight-year comparisons of continuous and rotational grazing on the Southern Great Plains Experimental Range. *Journal of Range Management*, 4: 42 – 47.

McIlvain, E. H. , Baker, A. L. Kneebone, W. R. & Gates, D. H. 1955. Nineteen-year summary of range improvement studies at the U. S. Southern Great Plains Field Station, Woodward, Oklahoma. *USDA Agricultural Research Service Progress Reports*, No. 5506.

McMurphy, W. E. L. & Anderson, K. L. 1965. Burning Flint Hills range. *Journal of Range Management*, 18: 265 – 269.

McPherson, G. R. 1997. *Ecology and management of North American savannas*. Tucson, AZ, USA: University of Arizona Press.

Miller, R. W. & Donohue, R. L. 1990. *Soils – an introduction to soils and plant growth*. 6th ed. Englewood Cliffs, New Jersey, USA: Prentice Hall.

Mitchell, J. E. 2000. Rangeland resource trends in the United States: A technical document supporting the 2000 USDA Forest Service RPA assessment. *USDA Forest Service General Techical Report*, No. RMRS – GTR – 68.

National Research Council. 1996. Colleges of Agriculture at the Land Grant Universities. Public service and public policy. Board on Agriculture, National Research Council. Washington, D. C. , USA: National Academy Press.

Nelson, E. W. 1925. Status of pronghorn antelope, 1922 – 24. *USDA Bulletin*, No. 1346. Washington, DC. , USA.

Neubauer, T. A. 1963. The grasslands of the West. *Journal of Range Management*, 16: 327 – 332.

Neumann, A. L. & Lusby, K. S. 1986. *Beef cattle* . 7th ed. New York, New York, USA: John Wiley and Sons.

Newell, L. C. 1948. Hay, fodder and silage crops. pp. 281 – 287, in: *Grass, the* [*USDA*]

Yearbook of Agriculture. Washington, DC. , USA: U. S. Govt. Printing Office.

Nichols, J. T. , Sanson, D. W. & Myran, D. D. 1993. Effect of grazing strategies and pasture species on irrigated pasture beef production. *Journal of Range Management*, 46: 65–69.

Nyren, P. E. 1979. Fertilization of northern Great Plains rangelands: a review. *Rangelands*, 1: 154–156.

Olson, K. E. , Brethour, J. R. & Launchbaugh, J. L. 1993. Shortgrass range vegetation and steer growth response to intensive-early stocking. *Journal of Range Management*, 46: 127–132.

Ostlie, W. R. , Schneider, R. E. , Aldrich, J. M. , Faust, T. M. , McKim, R. L. B. & Chaplin, S. J. 1997. *The status of biodiversity in the Great Plains*. Arlington, Virginia, USA: The Nature Conservancy.

Owensby, C. E. 1970. Effects of clipping and supplemental nitrogen and water on loamy upland bluestem range. *Journal of Range Management*, 23: 341–346.

Pettit, R. 1994. Sand shinnery oak. pp. 42–43, *in*: T. N. Shiflet (ed). *Rangeland cover types of the United States*. Denver, Colorado, USA: Society for Range Management.

Pieper, R. D. 1980. Impacts of grazing systems on livestock. pp. 131–151, *in*: K. C. McDaniel and C. D. Allison (eds). *Proceedings grazing management systems for southwest rangelands symposium.* . Albuquerque, New Mexico, USA, 1980. Range Improvement Task Force, New Mexico State University, Las Cruces, New Mexico, USA.

Pieper, R. D. 1988. Rangeland vegetation productivity and biomass. pp. 449–467, *in*: P. T. Tueller (ed). *Vegetation science applications for rangeland analysis and management* . Dordrecht, The Netherlands: Kluwer Academic Publishers.

Pieper, R. D. 1994. Ecological implications of livestock grazing. pp. 177–211, *in*: M. Vavra, W. A. Laycock and R. D. Pieper (eds). *Ecological implications of livestock herbivory in the West*. Denver, Colorado, USA: Society for Range Management.

Pieper, R. D. & Beck, R. F. 1980. Importance of forbs on southwestern rangelands. *Rangelands*, 2: 35–36.

Pieper, R. D. & Heitschmidt, R. K. 1988. Is short-duration grazing the answer? *Journal of Soil and Water Conservation*, 43: 133–137.

Pieper, R. D. , Nelson, A. B. , Smith, G. S. , Parker, E. E. , Boggino, E. J. A. & Hatch, C. F. 1978. Chemical composition and digestibility of important range grass species in south-central New Mexico. *New Mexico State University Agricultural Experiment Station Bulletin*, No. 662.

Pieper, R. D. , Parker, E. E. , Donart, G. B. , Wallace, J. D. & Wright, J. D. 1991. *Cattle and vegetation response of four-pasture rotation and continuous grazing systems. New Mexico State University Agricultural Experiment Station Bulletin*, No. 756.

Pitts, J. C. & Bryant, F. C. 1987. Steer and vegetation response to short duration and continuous grazing. *Journal of Range Management*, 40: 386–390.

Pluhar, J. J. , Knight, R. W. & Heitschmidt, R. K. 1987. Infiltration rates and sediment production as influenced by grazing systems in the Texas rolling plains. *Journal of Range Management*, 40: 240 - 244.

Popper, D. E. & Popper, F. J. 1994. The buffalo commons: a bioregional vision of the Great Plains. *Landscape Architecture*, 84: 144 - 174.

Power, J. F. 1972. Fate of fertilizer nitrogen applied to a northern Great Plains rangeland ecosystem. *Journal of Range Management*, 25: 367 - 371.

Rao, M. R. , Harbers, L. H. & Smith, E. F. 1973. Seasonal change in nutritive value of bluestem pastures. *Journal of Range Management*, 26: 419 - 422.

Redmann, R. E. 1975. Production ecology of grassland plant communities in western North Dakota. *Ecological Monographs*, 45: 83 - 106.

Rehm, G. W. , Sorensen, R. C. & Moline, W. J. 1976. Time and rate of fertilizer application for seeded warm-season and bluegrass pastures. I. Yield and botanical composition. *Agronomy Journal*, 68: 759 - 764.

Risser, P. G. , Birney, E. C. , Blocker, H. D. , May, S. W. , Parton, W. J. & Wiens, J. A. 1981. *The true prairie ecosystem*. Stroudsburg, PA, USA: Hutchinson Ross.

Robertson, J. H. 1939. A quantitative study of true-prairie vegetation after three years of extreme drought. *Ecological Monographs*, 9: 431 - 492.

Rogler, G. A. 1951. A twenty-five year comparison of continuous and rotation grazing in the Northern Plains. *Journal of Range Management*, 4: 35 - 41.

Rogler, G. A. 1960. Growing crested wheatgrass in the western states. *USDA Leaflet*, No. 469.

Rogler, G. A. & Hurtt, L. C. 1948. Where elbowroom is ample. pp. 447 - 482, *in*: *Grass, the* [USDA] *Yearbook of Agriculture*. U. S. Printing Office, Washington, DC, USA.

Sauer, C. O. 1950. Grassland, fire and man. *Journal of Range Management*, 3: 16 - 21.

Savage, D. A. 1937. Drought, survival of native grass species in the central and southern Great Plains. *USDA Technical Bulletin*, No. 549.

Savory, A. 1983. The Savory grazing method or holistic resource management. *Rangelands*, 5: 555 - 557.

Savory, A. 1999. *Holistic management, a new framework for decision making*. Washington, D. C. , USA: Island Press.

Savory, A. & Parsons, S. D. 1980. The Savory grazing method. *Rangelands*, 2: 234 - 237.

Scales, G. H. , Streeter, C. L. & Denham, A. H. 1971. Nutritive value and consumption of range forage. *Journal of Animal Science*, 33: 310 - 312.

Seton, E. T. 1927. *Lives of game animals*. Vol 3. New York, New York, USA: Literary Guild of America.

Shaw, J. H. 1996. Bison. pp. 227 - 236, *in*: P. R. Krausmann (ed). *Rangeland wildlife*. Denver, Colorado, USA: Society for Range Management.

Sieg, C. H. , Flather, C. H. & McCanny, S. 1999. Recent biodiversity patterns in the Great Plains: implications for restoration and management. *Great Plains Research*, 9: 277 - 313.

Sims, P. L. 1988. Grasslands. pp. 324 – 356, in: M. G. Barbour and W. D. Billings (eds). *North American terrestrial vegetation*. New York, New York, USA: Cambridge University Press.

Sims, P. L. & Singh, J. S. 1978a. The structure and function of ten western North American grasslands. II. Intra-seasonal dynamics in primary producer compartments. *Journal of Ecology*, 66: 547 – 572.

Sims, P. L. & Singh, J. S. 1978b. Intra-seasonal dynamics in primary producer compartments in ten western North American grasslands, III. Net primary production, turnover and efficiency of energy capture and water use. *Journal of Ecology*, 66: 573 – 597.

Sims, P. L. , Singh, J. S. & Lauenroth, W. K. 1978. The structure and function of ten western North American grasslands. I. Abiotic and vegetational characteristics. *Journal of Ecology*, 66: 251 – 285.

Smeins, F. 1994. Little bluestem-Indiangrass-Texas winter grass – SRM 717. pp. 65 – 66, in: T. N. Shiflet (ed). *Rangeland cover types of the United States*. Denver, Colorado, USA: Society for Range Management.

Smeins, F. E. 2000. Ecology and management of Ashe juniper and redberry juniper. *Abstracts of the Annual Meeting of the Society for Range Management*. Boise, Idaho, USA, 2000. Denver, Colorado, USA: Society for Range Management.

Smith. E. F. , Anderson, K. L. , Owensby, C. E. & Hall, M. C. 1967. Different methods of managing bluestem pasture. *Kansas State University Agricultural Experiment Station Bulletin*, No. 507.

Smith, E. F. & Owensby, C. E. 1972. Effects of fire on true prairie grasslands. *Proceedings of the Tall Timbers Ecology Conference*, 12: 9 – 22.

Smith, E. F. & Owensby, C. E. 1978. Intensive-early stocking and season-long stocking of Kansas Flint Hills range. *Journal of Range Management*, 31: 14 – 17.

Smoliak, S. 1956. Influence of climatic conditions on forage production of shortgrass rangeland. *Journal of Range Management*, 9: 89 – 91.

Smoliak, S. 1968. Grazing studies on native range, crested wheatgrass and Russian wildrye pastures. *Journal of Range Management*, 21: 47 – 50.

Smoliak, S. , Johnston, A. , Kilcher, M. R. & Lodge, R. W. 1976. Management of prairie rangeland. Canada Department of Agriculture, Ottawa, Canada.

Smolik, J. D. 1974. Nematode studies at the Cottonwood Site. *US/IBP Grassland Biome Technical Report*, No. 251. Colorado State University, Fort Collins, Colorado, USA.

Soil Conservation Service. 1973. *National soils handbook*. Washington, D. C. , USA: USDA.

Steuter, A. A. & Hidinger, L. 1999. Comparative ecology of bison and cattle on mixed-grass prairie. *Great Plains Research*, 9: 329 – 342.

Stoddart, L. A. & Smith, A. D. 1955. *Range management*. 2nd ed. New York, New York, USA: McGraw-Hill Book Co.

Stoddart, L. A. , Smith, A. D. & Box, T. W. 1975. *Range Management*. 3rd ed. New York,

New York, USA: McGraw-Hill Book Co.

Summer, C. A. & Linder, R. L. 1978. Food habits of the black-tailed prairie dog. *Journal of Range Management*, 31: 134 – 136.

Swanson, S. 1988. Riparian values as a focus for range management and vegetation science. pp. 425 – 445, *in*: P. T. Tueller (ed). *Vegetation science applications for rangeland anslysis and management*. Dordrecht, The Netherlands: Kluwer Academic.

Thomas, G. W. , Herbel, C. H. & Miller, G. T. Jr. 1990. Rangeland resources. pp. 284 – 290, *in*: G. T. Miller Jr. (ed). *Resource conservation and management*. Belmont, California, USA: Wadsworth Pub. Co.

Thurow, T. L. , Blackburn, W. H. & Taylor, C. A. 1988. Infiltration and interrill erosion responses to selected livestock grazing strategies, Edwards Plateau, Texas. *Journal of Range Management*, 41: 296 – 302.

Tobey, R. C. 1981. *Saving the prairies. The life cycle of the founding school of American Plant Ecology*, 1895—1955. Berkeley, California, USA: University of California Press.

Transeau, E. N. 1935. The prairie peninsula. *Ecology*, 16: 423 – 437.

Trewartha, G. 1961. *The earth's problem climates*. Madison, Wisconsin, USA: University of Wisconsin Press.

Tueller, P. T. 1989. Remote sensing technology for rangeland management applications. *Journal of Range Management*, 42 (6): 442 – 453.

Vallentine, F. F. 1989. *Range development and improvements*. 3rd ed. San Diego, California, USA: Academic Press.

Vallentine, F. F. 1990. *Grazing management*. San Diego, California, USA: Academic Press.

Vanderhoff, J. L, Robel, R. J. & Kemp, K. E. 1994. Numbers and extent of black-tailed prairie dogs in Kansas. *Transactions of the Kansas Academy of Science*, 97: 36 – 43.

Van Dyne, G. M. & Dyer, M. I. 1973. A general view of grasslands – a human and ecological perspective. pp. 38 – 57, *in*: *Analysis of structure, function and utilization of grassland ecosystems*. Proposal submitted to the National Science Foundation. Colorado State University, Fort Collins, Colorado, USA.

Van Dyne, G. M. , Jameson, D. A. & French, N. R. 1970. *Analysis of structure and function of grassland ecosystems*. A progress report and a continuation proposal. Colorado State University, Fort Collins, Colorado, USA.

Van Poollen, H. W. & Lacey, J. R. 1979. Herbage response to grazing systems and stocking intensities. *Journal of Range Management*, 32: 250 – 253.

Wagnon, K. A. , Albaugh, R. & Hart, G. H. 1960. *Beef cattle production*. New York, New York, USA: MacMillan.

Walker, J. W. 1995. Viewpoint: grazing management and research now and in the next millennium. *Journal of Range Management*, 48: 350 – 357.

Weakly. H. E. 1943. A tree ring record of precipitation in western Nebraska. *Journal of Forestry*, 41: 816 – 819.

Weaver, J. E. & Albertson, F. W. 1956. *Grasslands of the Great Plains: their nature and use*. Lincoln, Nebraska, USA: Johnson Publishing.

Weaver, J. E. & Albertson, F. W. 1940. Deterioration of grassland from stability to denudation with decrease in soil moisture. *Botanical Gazette*, 101: 598 – 624.

Weaver, J. E. & Albertson, F. W. 1939. Major changes in grassland as a result ofcontinued drought. *Botanical Gazette*, 100: 576 – 591.

Weaver, J. E. & Albertson, F. W. 1936. Effects of the great drought on the prairies of Iowa, Nebraska and Kansas. *Ecology*, 17: 567 – 639.

Weltz, M. & Wood, M. K. 1986. Short-duration grazing in central New Mexico: effects on infiltration rates. *Journal of Range Management*, 39: 365 – 368.

Wester, D. & Bakken, T. 1992. Early allotments in South Dakota revisited. *Rangelands*, 14: 236 – 238.

White, M. R. , Pieper, R. D. , Donart, G. B. & White-Trifaro, L. 1991. Vegetation response to short-duration and continuous grazing in southcentral New Mexico. *Journal of Range Management*, 44: 399 – 404.

Whitman, W. , Hanson, H. C. & Peterson, R. 1943. Relation of drought and grazing to North Dakota range lands. *North Dakota Agricultural College Agricultural Experiment Station Bulletin*, No. 320.

Wiens, J. A. 1973. Pattern and process in grassland bird communities. *Ecological Monographs*, 43: 237 – 270.

Wiens, J. A. 1974. Climatic instability and the "ecological saturation" of bird communities in North American grasslands. *The Condor*, 76: 385 – 400.

Wight, J. R. 1976. Range fertilization in the northern Great Plains. *Journal of Range Management*, 29: 180 – 185.

Wright. H. A. 1974. Range burning. *Journal of Range Management*, 27: 5 – 11.

Wright, H. A. 1978. Use of fire to manage grasslands of the Great Plains: Central and Southern Great Plains. pp. 694 – 696, *in*: D. N. Hyder (ed). *Proceedings of the First International Rangeland Congress*. Denver, Colorado, USA, 1978. Society for Range Management, Denver, Colorado, USA.

Wright, H. A. & Bailey, A. W. 1982. *Fire ecology: United States and southern Canada*. New York, New York, USA: John Wiley and Sons.

Yoakum, J. D. , O'Gara, B. W. & Howard, V. W. Jr. 1996. Pronghorn on western rangelands. pp. 211 – 226, *in*: P. R. Krausmann (ed). *Rangeland wildlife*. Denver, Colorado, USA: Society for Range Management.

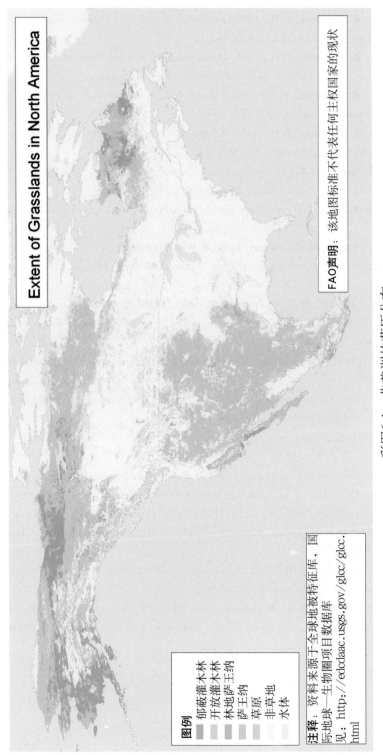

图例

郁蔽灌木林
开放灌木林
林地萨王纳
萨王纳
草原
非草地
水体

Extent of Grasslands in North America

FAO声明：该地图标准不代表任何主权国家的现状

注释：资料来源于全球地被地特征库，国际地球一生物圈项目数据库
见：http://edcdaac.usgs.gov/glcc/glcc.html

彩图6-1　北美洲的草原分布

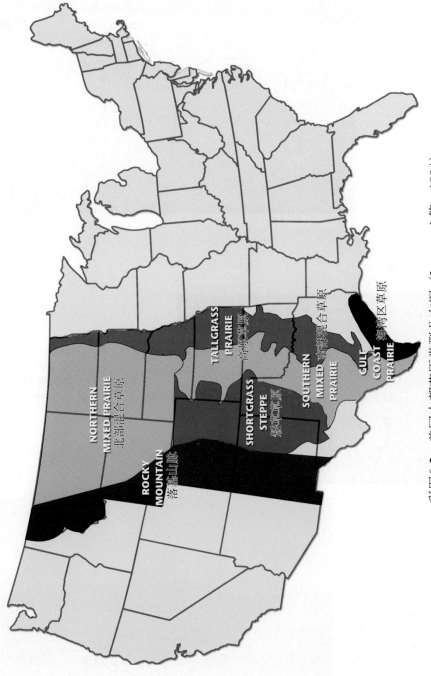

彩图6-2　美国中部草原类型分布图（Lauenroth等，1994）

彩图6-3a 矮草草原（新墨西哥州中部）

彩图6-3b 北部高矮草混合草原（北达科他中部）

彩图6-3c 高草草原来自美国北部的北达科他州到美国南部的新墨西哥州——高草草原（东部堪萨斯州）的三个主要草地类型。

彩图6-4 混合草原上的叉角羚羊——美国北达科他州

彩图6-5 零星的野牛群（美洲野牛）

彩图6-6 加拿大萨斯喀彻温省混合草原上的放牧牛群

彩图6-7 美国盐湖城附近犹他州牧场的放牧牛群

彩图6-8 美国北达科他州地区的高草草原

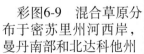

彩图6-9 混合草原分布于密苏里州河西岸，曼丹南部和北达科他州

彩图6-10　美国北达科他州中北部的混合草原

彩图6-11　加拿大萨斯喀彻温省混合草原的莫奈草原农场，为恢复区

彩图6-12　荒原地区矮草草原

彩图6-13　格兰马草

彩图6-14　美国北达科他州曼丹附近的混合草草原

彩图6-15　美国犹他州盐湖城附近的蒿属草原

彩图6-16　加拿大
萨斯喀彻温省的莫奈
草原农场恢复区估测
每年的生物量

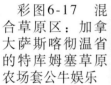

彩图6-17　混
合草原区：加拿
大萨斯喀彻温省
的特库姆塞草原
农场套公牛娱乐

彩图6-18　混合
草原区：加拿大萨
斯喀彻温省的喀里
多尼亚草原农场的
放牧牛群

彩图6-19　加拿大草原冬季放牧

彩图6-20　扁穗冰草

彩图6-21　加拿大萨斯喀彻温省沃尔弗林（Wolverine）混合草场恢复区，火烧控制山杨的蔓延

彩图6-22 草地管理人员在加拿大萨斯喀彻温省大马迪国家牧场的混合草地进行植物鉴别

彩图6-23 在加拿大萨斯喀彻温省混合草地进行牧草取样

彩图6-24 加拿大萨斯喀彻温省混合草地砂质土壤上侵入的乳浆大戟

第七章　蒙古放牧管理

J. M. Suttie

摘要

蒙古国 80%的国土面积是粗放型管理的放牧草地，约有 10%的森林或灌木林地也用于放牧。蒙古国是干旱半干旱气候，多数典型草原的无霜期为 100 天，季节性放牧是天然草地唯一的利用方式。放牧家畜包括牛、高原牦牛、马、骆驼、绵羊和山羊，均为本土品种。20 世纪中期，放牧管理从传统的季节性放牧转变成仍然保留家畜流动的集体放牧管理；从 1992 年开始，家畜所有权转变为私有。目前家畜私有，而草地的放牧权仍然没有落实到人，导致了牧场基础设施和优化放牧管理等方面的一系列问题。家畜私有化后草地家畜的数量不断增加，目前已经超过 1950 年的高产水平。传统出口贸易的下降和家庭牧场数量的增加是导致这些现象发生的主要原因。近年来，虽然靠近市区和主干道的局部地区存在过牧现象，但草地状况基本良好。水源的限制或远离居民生活区的草地大部分处于轻度放牧状态。放牧管理和牧场生产的改进，需要制订与之相适应的新的放牧管理体制和畜群组织法规。天然草地干草生产有利于提高家畜的越冬存活率。几个世纪以来的季节性迁移放牧证明，当地畜种能够持续发展，并且目前仍繁育兴旺。

一、引言

蒙古国是为数不多的纯畜牧业国家之一，经济来源主要依靠畜牧业，小部分来自于农作物、林业和工业生产。蒙古国干旱寒冷的气候条件只适合粗放型放牧管理，本地一些耐寒畜种仍为季节性放牧。用这种放牧管理方式，牧民们工作不那么辛苦，技能要求不高，投入也不大（彩图7-1）。经过 20 世纪的政治变迁，这种古老的放牧系统已被证实是有生产价值的，是确实可行的。良好的放牧地条件使本土畜种不变且繁育兴旺；而在一些邻近的国家，正面临着过多使用外来品种、过多依赖购买和进口冬季饲料的问题。

蒙古国地处北纬 42°~52°、东经 88°~120°，约有一半的土地在海拔 1 400 米以上。蒙古国完全是一个内陆国家，毗邻俄罗斯联邦和中国（图 7-1），并具有明确的以蒙古草原为界限的自然边界：西部和西南部是阿尔泰戈壁和阿尔泰山区，中部以北是杭盖山区，南部是戈壁荒漠，北部是针叶林，这对贸易和交通运

输不利。蒙古国的出海通道是距离边疆 1 000 千米的中国天津港。蒙古国的硬地
公路很少，俄罗斯到中国的主要铁路横穿该国，但国内只有少数的交通运输线
路。牲畜由人赶入市场，其他的货物不得不通过破旧的、未铺硬路面的公路或小
路来运输。草地和气候条件与中亚邻国极为相似，包括布里亚特、图瓦和中国的
部分地区（内蒙古自治区和新疆维吾尔自治区北部），蒙古国人民的经济和生活
主要依靠放牧家畜，其农业生产很落后。除了气候条件略有不同，蒙古国从集体
到私人放牧管理的过渡与中亚的局部地区很相似，如哈萨克斯坦、吉尔吉斯斯坦
和塔吉克斯坦。与独联体国家相比，蒙古国畜牧业的集体经济改进幅度比较小。
在独联体国家，牧民的迁移率是确保全年饲草料生产和避免风险的关键，耐寒植
物和本土品种仍是发展畜牧业的基础。蒙古国整个区域的草地畜牧业发展可能都
需要技术和战略支持。

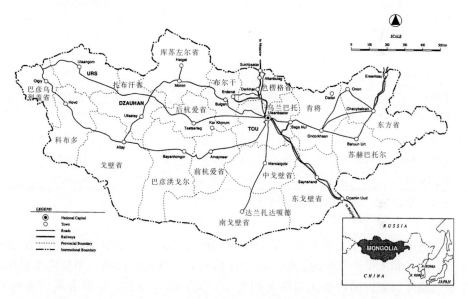

图 7-1　蒙古地图

蒙古国拥有 1 210 000 千米² 的草地和干旱草场（占国土面积的 80%，彩图 7-
2），森林和森林灌木面积 150 000 千米²（占国土面积的 10%）；人民居住和基础设施
占有 90 000 千米²，国家公园占地 52 000 万千米²。国营农场的消退使得耕地面积下降
（估计 7 000 千米² 左右的土地可被再次利用），目前耕地面积不足 10 000 千米²，全部
是机械化作业的大型农场。因此，约占蒙古国国土面积 80% 的草地延用传统的放牧
管理方式（彩图 7-3）。

蒙古国 5 个主要的生物地带区为：

● 高山区（70 000 千米²）

● 山区针叶林（60 000 千米²）

- 山地林带和典型草原—混交林放牧场（370 000 千米²）
- 干草原（410 000 千米²）
- 戈壁—荒漠草原和荒漠（580 000 千米²）

目前，粗放的家畜生产是土地利用和产业发展的主要方式（表 7-1）。水平起伏的蒙古高原常常被低山脉阻断，并且被周围粗糙的地貌所包围。淋溶的干旱土和典型盐土占了土地的大部分（典型草原和戈壁沙漠），此外，还有一定数量的薄层漠境土和盐土的混合土。蒙古草原北部和东部最好的土地主要由淋溶栗钙土与正常盐土的混合物组成。山脉被淋溶的干旱土和薄层漠境土的混合土所覆盖（联合国教科文组织，1978 年）。

表 7-1　蒙古国的土地资源

土地使用	比例（%）	面积（千米²）
草原和干旱放牧场	80.7	1 210 000
森林	6.9	104 000
戈壁梭梭林	3.1	46 000
耕地*	0.5	7 000
国家公园	3.5	52 000
割草地*	1.3	20 000
道路、建筑物和其他	4.0	61 000
总土地面积	100	1 500 000

* 为 20 世纪 90 年代数据，现在多为撂荒地。

资料来源：蒙古国农业与食品部。

蒙古国气候寒冷、半干旱，是明显的大陆性气候。高大的山脉使得当地气候不受大西洋和太平洋气候的影响。由于西伯利亚反气旋的影响，当地降水量少，冬季气温低。蒙古国首都无霜期大约为 100 天，四季分明，春季多风、天气多变，夏初之前的春雨对牧草生长非常宝贵；夏季炎热，降雨主要集中在夏初；秋季凉爽；冬季漫长而寒冷，气温降低至－30℃。因此，生长季节一般只有 3 个月左右。

降水大部分集中在 6~9 月份，并且降水量很少。最大的放牧区——草原、山地草原以及森林区，每年的降水量为 200~300 毫米，荒漠草原区的降水量为 100~200 毫米；沙漠地区的降水量低于 100 毫米，只有北部地区的降水量能超过 300 毫米。大部分降水通过蒸发返回大气层，大约 4% 的降水渗透到地下蓄水层，6% 的降水形成了地表径流。强风（风速超过 20 米/秒）在春季和初夏很常见，沙尘暴给人民和牲畜带来的灾难，经常发生在干旱的空旷地区。

这个国家大部分人口是蒙古人，占总人口的 80%，最西部居住的是哈萨克人，最北部有一些驯鹿民族，其余为布里亚特人、图瓦人和一些与蒙古人有关系的人。比起牲畜数量增长的速度，人口总数增长的速度非常快，比 1950 年增长了 2 倍（表 7 - 2）。向城市化发展的速度很快，以前城市居民仅占总人口的 15%，但是 10 年后增长到 40%；1989 年集体经济结束时，城市人口已经占到 57%（包括生活在苏木中心的人）。1997 年的数据显示，城镇人口比例（不是数量）有小幅的减少，这反映出一些家庭回归到了从前的放牧生活。

　　1950 年以来，人口数量大幅增长，且增长速度很快；后来的 20 年里人口（表 7 - 3）持续增长，增加了近 1 倍。

表 7 - 2　蒙古国人口数量变化（万人）

年份	1950	1956	1960	1963	1969	1970	1979	1980	1989	1997	1998
城市	n.a	18.30	n.a	40.88	52.74	n.a	81.70	n.a	116.11	122.63	n.a
农村	n.a	66.25	n.a.	60.83	67.02	n.a.	77.80	n.a	87.79	112.70	n.a.
总人口	77.24	84.55	96.81	101.71	119.76	126.54	159.50	168.20	204.40	235.33	242.28
城市（%）		1.53		4.01	4.40		5.12		5.70	5.21	

　　注：n.a.＝资料不详。资料来源：蒙古国国家统计办公室。

表 7 - 3　到 2020 年预计总人口数（万人）

年份	2000	2005	2010	2015	2020
总人口数	278.1	319.5	361.23	394.55	428.48

　　资料来源：联合国开发计划署试验项目报告，21 世纪发展纲要。乌兰巴托，1998 年。地图 - 21，MON/95 - G81

　　6～16 周岁儿童接受义务教育已实施多年，人们的文化水平普遍提高。国内拥有较高水平的大学培训机构，并有许多研究生在国外接受培训。每个盟（相当于省）都有技术培训学校。中学和大学的女孩比男孩多，因为她们的家庭不需要她们去放牧，而奶牛场的女工非常多。

　　牧民们都实行季节性连续放牧，这意味着他们和家畜必须跟随季节的变迁而游走（彩图 7 - 4）。他们生活在蒙古包里（在俄罗斯是圆顶帐篷）。蒙古包是一种有毛毡覆盖的木制框架的圆顶形帐篷（彩图 7 - 5），可以移动，并且能长期使用，就像一顶不用绳索固定的帐篷。蒙古包容易拆卸和竖立，家具也设计成易于拆卸拼装的。频繁的搬移蒙古包和行李是一个很辛苦的过程。做饭和取暖用的原料主要是风干的家畜粪便，在林区也使用木材。

　　蒙古国有丰富的野生动物资源，羚羊、瞪羚、麋鹿和鹿与畜群共享草原。啮齿动物分布很广泛，它们的取食和挖洞会对草场造成很大的破坏。曾经通过投毒药来控制鼠害，不过现在已经不再使用。许多食肉动物、老鹰、秃鹫和狐狸以啮齿动物为食物。以羊为食的狼在阿尔泰戈壁可能对保护动物雪豹造成危害。

　　目前，农业和工业在蒙古国经济中所占比例非常小，矿产资源得到不同规模的利用，森林面积相对较小，树木生长缓慢。经济自由化以来，农产品加工业（几乎完全以畜牧业为基础）收缩。蒙古国人的经济和生活方式完全是牧区化的，气候条件限制了他们利用农业技术的想法。大湖地区（the Great Lakes）种植小面积的灌溉作物：主要是小麦和大麦，这些作物的谷粒被烘干磨成面粉（类似于西藏的糌粑）。

20 世纪下半叶蒙古国有了适当的农业机械，能够进行大规模谷物生产（彩图 7 - 6）：在蒙古国中部不利因素较少的地区，超过 100 万公顷的土地被开垦。当然，土地利用率最高的还是放牧地。虽然种植一些饲料（详细讨论见下文）和马铃薯，但是与谷物的种植面积相比，它们的种植规模还较小。当地采用从加拿大引进的休耕轮作技术。

国营农场和集体生产大队（Negdel）（彩图 7 - 7）在适宜地区生产的粮食能够满足人民的需求——在集体经济时期食用谷物远远多于以前或现在。据联合国粮农组织（1996）称，当地面粉消耗量减少了 40%。半干旱地区生长季节非常短，因此所有的农业措施必须在短时间内快速完成，尤其是准备苗床和播种。由于生产力低，所以生产方法非常粗放。这种生产的季节性风险很大，如果夏季生长受不良因素影响，作物推迟成熟或者遇到早期霜冻或下雪，收获就很困难。小面积种植作物不受欢迎，在超过 1 千米^2 的大块土地上生产则需要高度机械化。作物由联合收割机收获，通常辅助以干燥设备。通过机器把秸秆加工成饲草——有些丢弃在地里的秸秆成为"浓缩"饲料的一部分。夏天耕耘休耕土地以控制杂草并为来年的农耕做准备。

以前的生产机构组织倒闭后，虽然许多公司仍然积极生产农作物，但是作物的播种面积减少了很多。农作物生产存在许多财政和技术问题，包括种子供应问题和进口面粉的竞争问题。目前，蒙古国很大程度上依赖邻国的谷物供应，这涉及一个国家的食品安全问题。曾经大面积种植农作物的土地即将成为撂荒地，虽然不清楚面积有多少，但估计有 70 万公顷的土地能够恢复作物生产，农作物种植需要持续控制杂草，秸秆并不是主要的家畜饲料来源。

（一）20 世纪管理系统的改变

干旱寒冷的气候非常适合粗放型放牧和季节性迁移放牧。不同年份、不同季节、不同地区牧草的可利用率各不相同，季节性迁移放牧可以充分利用草地。这种古老的、原始的管理系统就是在尽可能大的范围内进行季节性游牧（Humphrey 和 sneath，1996a）。

在蒙古和内蒙古，旗是满族政府主要的管理部门。旗的面积近似于现在内蒙古的县。在蒙古国，旗的版图已经不存在，它们被合并成盟，盟又被划分成苏木。苏木是一个更小的单位，比以前的旗的数量多。在中亚地区草原管理制度改革之前，一般"传统"的放牧范围是以领导或官方设置的同一级别的牧场领域为基础进行划界。

蒙古国的居民区是由几个家庭组成的小型牧民集体。在那里有大型的社会公共机构、著名的佛教寺院和由具有统治地位的贵族管理的经济管理中心。这些社会公共机构的管理内容包括：牲畜、土地和金钱在内的财产和资金。在蒙古国和新中国成立前的内蒙古，动物是由在寺院做苦工的人或者旗郡王的奴隶放养的。对于建有庙宇的地方上的人来说，大型的庙宇就相当于旗的行政区，但在贵族多的旗里面仍有许多的小庙宇。

1921年蒙古共和国建立时废除了封建土地所有制。季节性游牧和政府延续到现在，取代了封建主义制度及其监督管理。

13世纪晚期，马可波罗描述了蒙古牧民的季节性游牧及其蒙古包（Latham，1958）：每当冬天来临的时候，他们就迁移到比较温暖的平原上，以便为家畜寻找水草充足的地方。夏天他们回到凉爽的山中，那里不但水足草丰，还可避免马蝇和其他吸血害虫侵扰家畜。两三个月后他们不断向高处跋涉，寻找新的牧场，因为单凭一个地方的水草不能饲养大群家畜。

他们的蒙古包，任何时候都可以用四个轮子的马车带走。木杆做的框架非常灵活和轻便，携带起来很方便。每次他们展开这个房子，总是把门朝向南面。他们还有非常好用的两个轮子的大车——用牛或骆驼拉。车上可以带上他们的妻子、孩子和在路上必需的家庭用品。马可波罗写了很多，其中有这样一句话：我敢肯定"一切买进卖出的商业活动都由妇女经营，丈夫和家中所需要的每样东西都由她们准备。男人的全部时间都用于打猎、放鹰和军事活动。"

蒙古草原重度放牧可能是个历史问题，而不是最近才兴起的事情。哈仁、塔卡哈什和Hsrsshshesh（1999）、Przevalsky（1883）曾说"所有适合农业的土地都没被开垦，所有草原都是超载的。"

1950年畜牧业集体经济发生根本性转变，使得政府提供服务和市场更便利（这也许能够控制游牧人口数量）。这种转变减小了牧民游牧的范围，因此能降低饲料缺乏时期发生风险的几率。集体经济时期的管理组织为集体生产队，包括具有独立权利的地方政府（苏木），主要负责家畜市场，给成员提供投资指导、供应消费产品和饲草料，以及进行运输服务，也提供健康、教育和兽医服务。尽管牲畜是集体的，但是只允许每家每人占有2个家畜单位（bod*），因此大约有1/4的牧场是受控制的。正如上面所说，集体经济导致了城市人口数量大幅度上升。

在集体经济时期，政府通过提供家畜的繁殖、饲草料、市场和运输服务，与家畜生产者之间建立联系。它是一个被大力资助的生产系统，不需对资源进行有

* bod为家畜单位：1只骆驼＝1.5家畜单位，牛和马＝1家畜单位，7只绵羊或10只山羊＝1家畜单位。

效分配。集体经济对通过辅助草料的生产来替代游牧。在气候条件恶劣到威胁家畜生存时，国家的紧急饲草料基金可以提供饲料以应急。但是，由于这个机构可以提供较高的运输补助和低价饲料，牧民们很快把它作为定期的饲料来源，并且对其产生依赖性。直到 1991 年，国家紧急饲草料基金每年经手饲料 15.76 万吨，同时已成为国家财政预算的一个重要组成部分（彩图 7-8 和 7-9）。家畜市场网络化后可使家畜运输到市场进行屠宰，也可以在途中育肥。兽皮、皮革、羊毛和山羊绒的初级加工设备和市场也相应存在。

18 个省被分为 225 个区（苏木），苏木又被依次划分为生产队。集体生产大队总部设有管理部门、学校（寄宿）、医疗设施、兽医、通信、娱乐设施和商店。集体生产大队设置生产指标，并支付相应的奖金——该系统是生产的动力。特别是在首都，集体生产队拥有许多不同级别的工薪管理人员和专业工作人员。

集体生产大队被分成畜牧生产队或组，进一步分成苏日（suuri）——由 1～4 个家庭组成的个体单位（sur）。还有其他的为了制作干草、进行机械化管理等而组成的领薪团队。这样的团队对 sur 都有生产目标，根据每年国家的采办秩序来确定供给的肉、羊毛和其他产品的数量。一个 sur 一般只进行单一畜种的生产，每个月都可以领薪水（每一个家庭都有一些能够维持生活的私有牲畜）。牧民们按照合理的路线有计划地进行季节性迁移放牧（和草地休牧），sur 遵循预定计划，有组织地进行草场管理。这种制度的重点是动物生产而不是草场改良，但是与现在混乱的草场管理相比，这种制度无疑更好些。从放牧草场中分离出来的打草地，被保留并且管理起来。

1991 年集体生产大队被私有化，主要有两个发生阶段。30％的集体生产大队的资产分给了社员，另外 10％的牲畜分发给苏木的居民（行政和卫生工作者等），其余 60％的资产合并为一个有限责任公司，这些公司大都经营不善以至于家畜产业又恢复到早期的以家庭为基础的季节性放牧。没有创办公司的牧户就可把家畜分了。

（二）放牧场、草原和饲草料

由于受低温限制，天然牧场的牧草生长季很短。牧草 5 月中旬开始生长，但由于干旱往往在 8 月中旬以后就停止生长了。霜冻可能会发生在 8 月底，山区的热量增长季节较短，戈壁热季较长。20 年前，经过仔细的草原测量绘制出了蒙古国的草场地图。集体生产大队对草原进行了监测并认可了牲畜的季节游牧。现在草原的监测条件需要更新，以便明确当前形势，而政策的制定应以事实而不是舆论为基础。草场和牲畜之间的利益分歧是政府分工的问题：家畜在农业部和粮食部的管辖下，然而牧场和草原的植被监测则是环境和自然资源部的责任；在国家级牧场管理的任意一项工作中，部门间的密切合作都是很必要的。

对蒙古草原现状的看法有很多，人们普遍认为，过度放牧发生在人口密集区，尤其是首府和公路沿线；各种交通工具随意行驶对草地造成的损害很普遍，尤其在山谷底。后来，有人宣布全国的草原发生了严重退化，面临严重生态危机；也有人说过度放牧只是一个局部现象，劳动力的有效性才是畜群发展的重要限制因素，而不是牧草生产。然而，牲畜头数从有记录的 1918 年至今已经达到空前的数量，1996 年的总量仅略高于 1950 年。大家一致认同的看法是：①不同地区存在的问题有所不同；②在夏、秋季偏远的牧场没有被充分利用，而冬、春季牧场却经常被滥用。在改变超载放牧现状的过程中，牲畜数量的自然调控是一种传统方式。周期性的雪灾（冬季自然灾害，以后讨论）或长期干旱会造成大量的牲畜死亡，使草畜关系回到平衡状态。尽管自然灾害对草原植被的"保护"作用可能很大，但不可避免地会导致贫穷和牧民们的苦难。

蒙古国广阔的草原是斯太普大草原的一部分，是中亚森林和荒漠的一个过渡地带。牧草在草原植被中占有优势地位，尤其是针茅和羊草。豆科植物稀少，比较普遍的是黄花苜蓿和黄氏属植物（*Astragalus* spp.）。紫云英属、蒿属植物比较普遍，是构成荒漠草原的主要牧草种。山区森林草原的优势植物是羊茅属和蒿属植物。

主要的草原有其典型植物。高山草原的主要植物是蒿草（*Kobresia bellardii*）、细柄茅（*Ptilagrostis mongolica*）、蚤缀属（*Arenaria*）植物、*Formosa* 属植物和雪白委陵菜（*Potentilla nivea*）；森林草原的主要植物为羊茅（*Festuca lenensis*）、日荫苔草（*Carex pediformis*）、高山紫菀（*Aster alpinus*）和黄花昌都点地梅（*Androsace villosa*）；典型草原区的主要植物是针茅（*Stipa capillata*）、披碱草（*Elymus chinensis*）、糙隐子草（*Cleistogenes squarrosa*）、大花落草（*Koeleria macrantha*）、冰草（*Agropyron cristatum*）、寸苔草（*Carex duriuscula*）、冷蒿（*Artemisia Frigida*）和星毛委陵菜（*Potentilla acaulis*）；荒漠草原的主要植物为戈壁针茅（*Stipa gobica*）、沙生针茅（*S. glareosa*）、碱韭（*Allium polyrhizum*）、旱蒿（*Artemisia xerophytica*）、短丝蒿（*A. caespitosa*）、短叶假木贼（*Anabasis brevifolia*）和驼绒藜（*Eurotia ceratoides*）；沙漠区主要是灌木和半灌木，像短叶假木贼（*Anabasis brevifolia*）、珍珠猪毛菜（*Salsola passerina*）、合头草（*Sympegma regelii*）和小篷（*Nanophyton erinaceum*）。

典型草原主要包括 5 个不同家畜生产能力的地区。西北的杭盖-浩布苏勒地区是散布着落叶松林的山区，包括后杭盖、浩布苏勒和布尔干的部分区域和扎布汗省。这里是混合放牧区，在高纬度地区放牧的是牦牛而不是牛。北部中心区的色楞格-敖嫩（图瓦、色楞格和布拉汗地区）是主要的农业生产区域。这两个地区的水流入贝加尔湖。阿尔泰（包括乌布苏、巴彦郭勒、浩布德和扎布汗的部分地区和阿尔泰戈壁省）是一个高山内流地区，有很多湖泊，该地区北部的主要牲畜是牦牛，在有灌溉的低海拔地区有一些当地的饲草和园艺生产。中部和东部草原区〔包括东方省、肯特省（彩图 7 - 10），苏赫巴托尔和东戈壁盟的部分地区和中戈壁〕的特点是广阔的没有树木的平原，克鲁伦河横穿该地区的一些地方。当地主要的生产活动是放养马、牛、绵羊、山羊和骆驼。戈壁地区（主要巴彦洪格尔、南戈壁、前杭盖的大部分以及中戈壁部分和戈壁阿尔泰）是荒漠草原和沙漠，用于放牧骆驼、马、牛和山羊，收获干草的困难很大。雨水内渗，绿洲可以生产蔬菜和水果。

饲草的种植

为了制备干草，集体经济时期由集体生产大队和国营农场在降水量大的地区种植了一些饲用牧草，机械化奶牛场可以生产一些青贮饲料。由于体制的变化，该地区的饲草种植面积从 1989 年的 147 000 公顷降低到 1993 年的 25 000 公顷，也许现在已经变得更低（表 7 - 4）。燕麦是种植的主要干草原料，可使用小麦种植设备进行耕作。它可以在较短的生长季内长到适合制作干草，收获和加工方法也很简单，都是机械化的。燕麦生产主要使用的种子都是当地产的。在主要作物生产区，向日葵是一种常见的青贮饲料作物，在低温影响其生长前已达到抽穗期，适合青贮，向日葵也是非常耐旱的。然而，在主要的青贮制备区，向日葵籽不能完成成熟。蒙古东部一些地势低、温暖的地区有种子生产，绝大部分的种子是从中亚进口的。

表 7 - 4　1989—1993 年饲料和秸秆生产

年　份 饲草类型	1989	1990	1991	1992	1993
饲草种植面积（公顷）	147 700	117 800	79 900	52 900	25 600
干草收获（吨）	1 166 400	866 400	885 500	668 800	698 400
秸秆的使用（吨）	99 500	58 300	54 600	31 900	26 500

在西北大湖地区，灌溉条件下规模种植紫花苜蓿（苜蓿草）已经有很长时间了。在集体经济时期种植规模增长很多，但现在规模变小了。本地紫花苜蓿品种的结实和生产性能都较好，它也许是紫花苜蓿的一个中间品种。蒙古国西部的条件很适宜制作干草。在有灌溉条件的一些国营农场种植黄花苜蓿，如哈日浩仁（Khar Horin）。戈壁上几个小的灌溉地区也种植黄花苜蓿。戈壁的一些地方种植更受欢迎且有利润的甜瓜和蔬菜。

在目前经济状况和社会条件下饲草的种植不具优势，但对特定地区冬、春饲草的供给起重要作用。如果在谷物农场重新建立作物产业，燕麦干草将会作为经济作物得到开发。因此，在种子供应链的发展上栽培品种的筛选非常必要。

由于 1944 年的雪灾，政府鼓励个体牧户进行饲料储备，事实上它在集体时期才发展成熟。1971年蒙古国设立了国家应急饲草基金，在12个中心和41个分点运作，其来源可追溯到20世纪30年代，那个时候干草调制开始使用从俄罗斯引进的役马进行牧草收获。直到1991年国家紧急饲料基金在22个中心运作，但由于资金问题，大多数被转移到省级行政部门。国家紧急饲料基金在减少天气紧急情况的影响方面起到重要的作用，但作为经济自由化的进展，中央政府不能提供预先补助金，因此国家紧急饲草基金能否继续行使其功能遭到质疑。

1997年饲料生产总量估计为34万饲料单位，全国平均生产量为每只羊4.9个饲料单位，比1980年平均值的1/10还少（表7-5中已经给出了1960—1985年之间的干草生产数据）。2000年干草生产量估计为68.9万吨。土地使用权的问题严重妨碍牧民们的干草生产，在某些系统割草地的位置是更深层次的问题：有时割草地距离夏季牧草场很远（彩图7-11），牧民们会错过干草制备季节；有时冬、春季节需要干草而割草地距离放牧场却很远。

表7-5 每年的干草生产量（万吨）

年份	国营农场	合作社	其他省	私人
1960	4.98	72.88	1.25	—
1970	11.62	32.89	3.44	4.27
1980	24.66	56.32	16.18	9.86
1985	32.38	61.53	22.83	10.82

资料来源：蒙古国农业和粮食部。

牧民生产干草最大的障碍是缺乏劳动力和机械。8月下旬，大部分生态区牧草的产量和质量都能达到最大值，这和该季节充足的降雨有关。刈割牧草很费力，把草质不柔软的作物调制成质量好的干草也很困难。

二、阿日杭盖天然草场的干草制备

联合国粮农组织通过设在伊克塔米尔苏木的高山研究站，对阿日杭盖地区的干草制备工作给予了一些支持。研究站侧重于处理山区草场管理和牲畜管理的问题（在牲畜管理问题上主要是牦牛的管理）。阿日杭盖盟在杭盖山脉（蒙古人民共和国西部）的中西区域，总部特斯特色日勒格离乌兰巴托西面500千米，地处北纬47°30′、东经103°15′。它覆盖了包括高山、山地草原和典型草原在内的生态区。平均海拔1 700～1 850米，年降水量363毫米，其中80%集中在5～8月份；8月平均最高气温大约16.0℃，12月到次年2月下旬降到−16.0℃，绝对最高和最低气温分别为34.5℃和−36.5℃。全盟面积55 300千米²，其中有41 000千米²的牧场，540千米²的割草地和8 645千米²的森林。东部草原带气候温和，1月平均气温−16℃（绝对最低气温−38℃）

和 7 月平均气温 17.5℃（绝对最高气温 35℃），无霜期 98～125 天。阿日杭盖
主要的生态区列于表 7 - 6。

表 7 - 6　阿日杭盖的生态区

生态区	海拔范围（米）	降水量（毫米）	无霜期（天）
典型草原和山地草原	1 300～1 700	315～360	130～165
山地草原	1 700～1 900	370～480	90～150
中高度山脉	1 900～2 350	440～470	70～140
高山脉	2 350～2 500	450～550	50～120

　　高山地区是夏季放牧牦牛的草原，也能被马群利用，但却很难被其他种类的
家畜利用。因为地势高的地区潮湿度较高，小型反刍动物在那里会引发腐蹄病。
该地区的山间溪流和小河能提供很好的水源，虽然局部会出现缺水情况，但是在
温暖季节水对于家畜来说并不是大问题。冬天，家畜必须把冰块弄碎喝水或者是
吃雪来解渴，这也是额外能量需求影响的结果。高山和高山草甸地区多森林：高
山森林主要生长落叶松属植物、桦木属植物和山杨；河畔森林主要生长着杨属和
柳属植物。大多数盟都有足够的木材和薪柴来源。一般草地主要生长着禾草，不
过在湿度条件良好的地域，阔叶植物种类非常普遍，如豆科草。在较高海拔的牧
场上莎草很常见，高山地的主要草原是苔草-蒿草群落。

　　目前，割草地没有分配给牧民引起了无秩序的刈割和竞争，由此可见保持或
改善割草地是不可能的。这个地区的干草饲料地不能满足当地牲畜生长的需要，
且产量很低。在全部的试验地区植物的生长季节都比较短，冬、春饲料供给不足
是发展当地畜牧业的主要限制因素。牧民不愿意给家畜补充饲料，除了一些特殊
种类的家畜（挤奶和妊娠期动物，坐骑）。因为补饲饲料会导致家畜在野外吃草
减少，早早回家等着饲喂。

　　现在几乎所有的干草都是从天然草地上刈割的，产量低，每亩 600～700 千
克，含 18% 的水分，干草的制作既漫长又费力。虽然产量受降水的强烈影响，
但大多数干草地由于几乎每年都被刈割，很长时期得不到休养和施肥，使其产量
减少、品质下降。高山研究站有一段时间一直研究如何采用自然方法（变动刈割
期、控制粪便和肥料、灌溉等）提高干草产量。在高山-典型草原，一些传统的
灌水方法是在冬天将零星的泉水引流至割草地形成冰层，冰在植物生长初期开始
融化。

　　牧场附近裸露和郁蔽的山丘是为冬天放牧预留的，春、秋在山坡上放牧，但
是到了冬天，厚厚的积雪使得树木覆盖地区很难进入。打草场（和潜在打草场），
通常是草甸，位于河流沿岸的保护点和排水系统良好、湿度适宜、优质牧草生长

的地区。这些地方早春放牧（彩图 7 - 12），后期割草（在秋、冬饲喂），家畜（马、山羊、绵羊、牛、牦牛）被转移到低海拔地区。

调制干草已经延续了好长一段时间。过去，每年每个牧民都有权利在一些草地进行割草。但实行个体所有制后，每一个牧场都成了个体牧民和集体成员之间、团体与团体之间争论的焦点。由于过去几十年的反复刈割，牧场的生产能力严重下降，到目前仍没有牧民们进行牧场改良的迹象。天然牧场长期用来割草，大部分石块和杂物已经被清除。进一步的研究必须放在畜力机械资源上，如除草机、徒步搂草机，同时还要帮助牧民筹措资金，组织他们经营自己的牧场。要发展干草调制就必须要研究提高干草产量的方法——调制成本、运输和储存的研究与提高干草调制研究同等重要。

当然，位置不同割草地上的植物组成不同。山地草原的主要牧草是羊草（*Leymus chinensis*）、克氏针茅（*Stipa krylovi*）、羊茅（*Festuca lenensis*），草本植物主要有菭草（*Koeleria cristata*）、寸苔草（*Carex duriscula*）、蒿（*Artemisia lacenata*）、灰绿蒿（*A. glauca*）、变蒿（*A. commutata*）和车前（*Plantago adpressi*）。河滩草甸草原的主要植物是羊草、菭草（*Koeleria c ristata*）、扁穗冰草（*Agropyron cristatum*）、寸苔草、蒿、菊叶委陵菜（*Potentilla tanacetifolium*）、鹅绒委陵菜（*P. anserina*）、蓬子菜（*Galium verum*）和车前（*Plantago adpressa*）。在多雨的山地草甸草原，牧草种为扁穗冰草、散穗早熟禾（*Poa subfastigata*）、羊茅属植物（*Festuca* spp.）、日荫苔草（*Carex pediformis*），典型的草本植物有蒿、狭叶青蒿（*A. dracunculus*）、灰绿蒿（*A. glauca*）、直立唐松草（*Thalictrum simplex*）和蓬子菜。面北的斜坡山地草甸有无芒雀麦（*Bromus inermis*）、拂子茅（*Calamagrostis epidois*）、披碱草（*Elymus turczanovi*）、狼针草（*Stipa baicalensis*）、日荫苔草；主要牧草和类似草类的植物有蒿、高原老鹳草（*Geranium pratense*）、北方拉拉藤（*Galium boreale*）。割草地植物类型的总比例为苔草属植物占 11%～12%，禾草占 20%～37%，豆科草占 6%～18%，其他牧草（饲喂价值低）占 39%～58%。

1996 年在伊克塔米尔地区建立了干草调制试验示范基地。最初的试验主要研究不同粪肥比例对植物的影响。试验地每公顷施用 50 吨的粪肥，采用冰水灌溉，施矿物质肥料。试验表明冰水灌溉、粪肥、矿物质肥料都可以增加单位面积植物的数量、营养枝的长度和干物质产量，但是目前条件下施化肥产生的经济效应并不显著。1996 年施肥对草地生产的影响非常大，但是在干旱的 1997 年这种影响就小了。1997 年冰水灌溉草地产量增加了 253%，冰水灌溉＋施牲畜粪便的草地产量增加了 470%，冰水灌溉＋施化肥的草地产量增加了 707%。试验点的莎草被采伐后禾本科草的比例增加。土地的所有权（目前土地是国有化的）和土地所有权的继承仍是关键问题，尽管牧民家庭有传统意义上的放牧权利（但没有所有权），但是任何增加草地土壤肥力并提高产草量的投入，应以确保牧民在一定时期内拥有土地管理权为基础。

1995 年阿日杭盖的牧民制定了每 100 头家畜供给 1 340 千克干草的计划，比正常水平少 1/12。部分地区可能是因为牧民受一些因素的影响而过高地估计了收获物的产量。有两个家庭最近已经开始订立干草制备合约，使用畜力设备，接受实物支付或共享部分收成。

（一）放牧家畜的生产

在草原上，蒙古国的家畜饲养方式采取传统的粗放放牧。这是最好的——有时是唯一的，也是最适合的放牧地利用方式。牧民骑着马在露天牧场上放养家畜，每天晚上把它们赶回营地。家畜被围栏圈起来或被拴起来，但骆驼可以留在牧场上。自从当地天然草原难以作为生产基地后，饲料大量依靠进口，大部分国营牧场纷纷倒闭。当地的奶牛产奶量很低，引进的奶牛品种需要较好的、温暖的棚圈来度过漫长的冬季。暖棚中奶牛的饲料供给花费很高，且供给冷季 8 个月的饲料必须在 3 个月的生长季里积攒下来。一些小型半集约化的奶牛场出现在城市周围和农牧混合地区。集体经济解散后，猪和家禽的数量急剧减少。从前当地允许养狗，但是现在狗的繁殖速度迅速到难以控制其数量。家畜眩倒病就是当地所说的"转圈病"，通过采访那些地区的牧民得知，"转圈病"与绦虫（很可能是多头绦虫，中绦期为脑多头蚴）的中级寄主犬有关。

经过许多年有规律的疫苗接种，主要传染性疾病已经得到控制。最近，兽医服务领域已经私营化，国家仍然对许多疾病提供免费的疫苗，但是牧民需支付兽医的出诊费和手术费。

现在家畜已变成个人私有，1998 年 11 月份超过 95％是私人经营，8.36 万个牧民家庭共有 40.96 万头家畜。牧民家庭平均有 170 头家畜，71％的家庭每家拥有 51～500 头家畜。

（二）家畜放牧体系

普遍饲养的六种家畜是骆驼（双峰驼）、马、牛、牦牛、绵羊、山羊。家畜的分布和数量依生态条件和牧场状况而定。虽然小型反刍动物的数量最多（彩图 7 - 13），但是按家畜单位计算，骆驼、马、牛等大型家畜占绝对优势，占总数的 69％（表 7 - 9 给出了一些家畜的数量）。当前，全部的牲畜数量估计超过 310 万头；表 7 - 10 是 1918—1996 年间国家统计的数据（表 7 - 10 未区分牦牛及其杂交种，但表 7 - 7 中有区分）。总体上，除了骆驼，其他家畜数量是稳定增长的。骆驼的数量从 1960 年最多时的 85.9 万峰下降到 1995 年的 35.8 万峰。当人们开始用汽车搬运营地（很有可能是军队的机械）时，骆驼的数量降低至集体经济时期水平，但现在还没有机械动力的个体牧民感觉到了骆驼的缺乏。

表 7 - 7　1940—1994 年不同年份牛、牦牛及其杂交种（万头）

种　类 ＼ 年　份	1940	1950	1960	1970	1980	1990	1994
牛和牦牛的总数	263.49	195.03	190.55	210.78	239.71	284.87	300.52
牦牛	72.58	56.10	49.56	45.22	55.45	56.69	57.08
海纳格牛（F₁）	7.36	5.24	6.92	6.91	5.07	7.00	5.63
牦牛和海纳格牛占总数的百分比（%）	3.03	3.15	2.97	2.47	2.52	2.24	2.09

注：海纳格牛是黄牛和牦牛的杂交第一代。
资料来源：Cai Li 和 Weiner，1995。

表 7 - 8　畜牧业生产模式

种　类	配种时期	生育时期	屠宰时期
骆驼	12 月上旬至翌年 2 月下旬	2 月下旬至 5 月中旬	12 月
母马	5 中旬至 8 月下旬	4 月中旬至 7 月下旬	12 月
母牛	5 月中旬至 9 月下旬	3 月中旬至 7 月下旬	12 月
牦牛	6 月上旬至 9 月下旬	4 月上旬至 5 月下旬	12 月
母羊	9 月下旬至 12 月下旬	2 月下旬至 5 月中旬	11～12 月
母鹿	9 月中旬至 11 月中旬	2 月中旬至 3 月下旬	11～12 月

资料来源：特楞格德，1996 年。

表 7 - 9　1950—1985 年不同年份卖给国家屠宰场的牲畜平均活重（kg）

种　类 ＼ 年　份	1950	1960	1970	1980	1985
牛	242	248	243	217	259
绵羊	37	36	36	33	41
山羊	28	28	28	26	32

表 7 - 10　1918—2003 年间家畜数量的变化（万头）

年份	骆驼	马	牛	绵羊	山羊
1918	22.87	115.05	107.87	570.00	148.79
1924	27.50	138.98	151.21	844.48	220.44
1930	48.09	156.69	188.73	1 566.03	408.08
1940	64.34	253.81	272.28	1 538.42	509.63
1950	84.42	231.70	198.78	1 257.46	497.86
1961	75.17	228.93	163.74	1 098.19	473.26
1970	63.35	231.79	210.78	1 331.17	420.40

（续）

年 份	骆 驼	马	牛	绵 羊	山 羊
1980	59.15	198.54	239.71	1 423.07	456.67
1985	55.90	197.10	240.81	1 324.88	429.86
1992	41.52	220.02	284.00	1 465.70	560.25
1996	35.79	227.05	347.63	1 356.06	913.48
2000	32.29	266.07	397.60	1 387.64	1 026.98
2003	27.50	220.00	205.37	1 179.70	885.80

注：牛包括牦牛及其杂交种。牲畜单位修改成 bod，由表 7-10 开始。

资料来源：蒙古国农业和粮食部；2003 年的数据来自粮农组织统计数据库。

传统家畜都对恶劣的气候条件有较强的适应性，它们会在很短的生长季节里迅速恢复体况、增加脂肪。骆驼的驼峰和绵羊的肥臁可提供能量帮助它们度过冬季和春季。牦牛、骆驼和绒山羊冬天通过皮下组织的生长来减少热量的散失。所有生活在户外的动物整个冬天几乎没有庇护的场所，没有充足的饲草料供应，仍然可以存活。大部分幼仔春天出生，并且能吃到新鲜的嫩草。总的繁殖季节见表 7-8，家畜个体都比较小，表 7-9 给出了送到国家屠宰场的牲畜的平均重量，这些数据可以反映家畜的正常体重。有人认为通过仔细的挑选和良好的管理，能使畜群体重增加。

双峰驼在戈壁和其他干旱地区都是非常重要的，主要用来拉车及搬运行李，它们是牧民家畜中唯一一种数量在减少的畜种，数量从 1960 年的 86 万峰降到 1995 年后的 36 万峰。有一个很有趣的现象：骆驼数量降低的趋势已经停止，且开始攀升，骆驼曾经被用来挤奶以及食肉，驼绒则是副产品，但其价格很高，来自戈壁的三个骆驼品种已经被审定。在转移牧民营地时，骆驼在这个国家的大部分地区很重要。骆驼主要在沙漠及半干旱地区饲养繁育（彩图 7-14）。

当地的马虽然很小，但却非常耐劳。马在牧民的生活中起着非常重要的作用，如娱乐、食肉及产奶（用马奶发酵的奶品非常受欢迎）。用马奶发酵的酸奶是蒙古国西部分地区非常畅销的饮料，但并不是全国所有地区，比如在乌布苏盟就不挤马奶。在有市场销售机会的大草原和山地草原区马奶是一项重要的经济收入。挤马奶是从 7 月中旬到 9 月，有时能持续到 10 月，白天每 2~2.5 小时挤一次，一天大约能挤 6 次，每天约产 2~2.5 升奶，在一个哺乳期内大约能挤 150 升奶。2001 年酸奶在路边的售价是每升 400 图格里克（大约 40 美分）。赛马很受欢迎，通常通过速度来选拔优秀者。

小型本地牛是牛肉产业的基础，许多地区有很多外来的杂交品种牛（西门塔尔牛和白脸哈萨克）。纯种蒙古牛一般生活在条件较差的地区，比较健壮，很少用于挤奶，大多数乳制品只供自家使用。秋末，母牛因为饲喂的饲料相对较少而停止产奶，不用于产犊的母牛会被处理掉。在极冷地区牧养的主要是牛和牦牛的杂交种海纳格牛（khainag，即犏牛）。

牦牛和海纳格牛饲养在高海拔地区（彩图 7-15）。一些没有被命名的品种和一些无角的牛很受牧民喜爱。牦牛和海纳格牛在全国畜群数量中所占的比例有所下降（见表 7-7）（从 1950 年的 1/3 到 1994 年的 1/5），但一些实例研究表明某些品种的牦牛比例有所回升。

不同于其他家畜种类，有许多地方羊品种，适应不同的生态环境。在世界动物普查（1990 年在巴图苏和与札格德苏仁地区）中有一篇文章对此进行了详细描述。据报道，1996 年当地拥有 1 356.06 万只羊，是 1990 年的 90%。蒙古羊羊毛主要用来制造羊毛毯，成年羊平均每年能生产 2.0～2.4 千克羊毛（未去油脂）。

蒙古山羊以其优质的羊绒而著称，它们的数量在最近几年迅速攀升，从 1988 年开始蒙古山羊的数量已经翻了一番。这在一定程度上是因为过去的市场体制解体后，高质量的产品生产商业化更容易，现在商人们直接从牧场主的手里购买羊绒。习惯上山羊放养在肥嫩的草地上，现在山羊的数量正在增长，那些过去山羊数量很少的地区也开始大量养殖。每只山羊产粗绒 250 克（母羊）到 340 克（阉割的公羊）不等。山羊一胎产两仔的情况比绵羊普遍。

大多数地区制作的乳制品都是供自家使用。母牛和母马是主要的奶源，母羊仅在断奶后能挤几周的奶。所有牛的泌乳期都比较短，一般在 12 月份即停止产奶，此时日粮供应往往不足，这样可以避免母牛在产犊期过于疲劳。奶一般经过特殊的加工保存起来，以备在奶短缺季节使用。传统的乳制品加工工艺很多，但以奶油和干奶制品为主。发酵酸奶是一种备受喜爱且畅销的饮料，它也能被凝练成马奶酒（rakbi），凝练之后的残余物也可以被用作凝乳。

（三）牲畜数量的变化

从表 7-10 中可以看出 1918—2003 年间五种牲畜数量的变化情况。因为放牧强度要依据放牧家畜的种类和总数而定，这些数值在彩图 7-4 中已经被转变成家畜单位（依据传统的 bod 即将五种牲畜归为一类的方式），这些改变都很粗略，并没有考虑到畜群中成熟家畜所处的不同时期，但可用于粗略比较。按照家畜单位计算，现存的家畜数量非常多，但实际上 1996 年家畜总量只比 1950 年集体经济生产初期的总量高 6%。家畜数量从 1918 年的动乱时期到 1930 年有一次飞速发展，1930 年后全国畜群生产水平接近于现在水平。

1961 年到 20 世纪 90 年代早期，家畜单位的总体数量保持相对稳定，这也能间接地反映出那段时间的市场管理和市场状况。自从经济自由化之后，家畜的数量以及家畜单位量都有所增长，其数量的增长主要是山羊群的增长。牛的数量增长也较大，已增长到 100 多万头，大约是所有家畜总量的 12%。一些小型的

反刍动物占总数的30%。1950—1996年之间，按家畜单位计算绵羊和山羊数量
的变化幅度很小，大约在2 880万～3 190万头。因此，大型的食草动物及马给
草原带来很大的压力。

　　从表7-11可以看出，蒙古草原曾经承载过与现在差不多数量的家畜。它们
当年是如何控制草原上家畜分布的，大家不得而知。然而，自从家畜数量有记录
开始，家畜的人均占有率已经降到了一个稳定的值，1950年34头（11.6个单
位），1961年23.6头（8.1个单位），1970年16.1头（5.6个单位），1980年
13.4头（4.5个单位）及1996年的12头（3.8个单位）。人口数量是建立在大
量家畜基础之上的，现在家畜的人均占有率仅为1950年的1/3。

表7-11　以家畜单位评价全国家畜种类和总数的变化

年　份	骆驼（%）	马（%）	牛（%）	绵羊（%）	山羊（%）	总数（万头）
1918	9.7	32.5	30.5	23.0	4.2	353.53
1924	8.7	29.3	31.9	25.5	4.7	474.12
1930	10.6	23.0	27.7	32.8	6.0	682.08
1940	9.6	25.3	27.2	30.7	7.2	1 002.90
1950	10.8	28.4	30.5	24.6	5.7	893.34
1961	16.1	29.5	25.3	22.8	6.3	786.53
1970	15.9	32.2	23.1	22.1	6.7	709.64
1980	12.3	30.1	27.4	24.7	5.5	769.80
1985	11.1	26.1	31.9	25.1	5.7	754.02
1992	7.5	26.5	34.1	25.2	6.7	831.71
1996	5.9	24.9	38.6	21.2	10.0	913.44
2000	4.8	26.3	39.2	19.6	10.1	1 013.03
2003	5.7	30.4	28.4	23.3	12.2	737.27

　　图7-2显示了过去几年里的牲畜总数的变化。

　　当然，畜群组成也反映了当地生态条件以及地域类型。表7-12对比了两个
省的情况，其中一个是图瓦，为典型草原；另一个是乌布苏，为半荒漠和山地。
各省的畜群组成不同，乌布苏是干旱地区，有着比图瓦更多的骆驼。两个地区马
的数量差异很大，图瓦省马的数量是乌布苏省的2倍；塔日雅楞仅有10.4%的
马，数量非常少。干旱苏木的畜群结构中，小型反刍动物占的比例较大（彩图
7-16）。

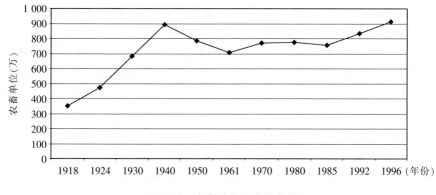

图 7-2　家畜单位变化趋势图

表 7-12　两个盟（省）家畜种类的比率（％）

地　区	骆驼	马	牛	羊	山羊
乌布苏省	6.4	17.4	24.6	33.3	18.3
特日根苏木	5.7	14.7	25.6	35.4	18.6
塔日雅楞苏木	6.1	10.4	25.0	37.2	21.2
图瓦省	0.8	35.9	26.5	26.4	10.4
札木尔苏木	0.0	31.1	34.0	22.2	12.7
仑苏木	0.6	31.6	29.4	27.3	11.0

　　资料来源：最后报告（2002 年 9 月）关于干草制备的顾问，牧草和饲料储备规划，为准备粮农组织的 TCP 项目 TCP/MON/0066 -牧区风险管理战略。

（四）家畜生产的集约化

　　随着集体经济生产的发展，地方性家畜集中生产的规模逐渐壮大，在这股强大的发展浪潮下国营农场和一些集体生产队也参与进来。主要的企业包括：奶牛场，引进外来家畜的"机械化奶牛场"，养猪场和养禽场。一个人工授精服务机构为奶产业提供服务支持。由于外来产奶家畜冬天需要在温室里喂养，因此这种奶牛场维持起来困难重重，在 8～9 个月的新鲜牧草缺乏时期，奶牛场要生产或采购优质的饲料。这些饲草和饲料浓缩料价格很高，经常依靠从国外进口。同样猪和家禽饲养场也在很大程度上依靠进口畜种和饲料。由于开放经济的影响，大多数"机械化奶牛养殖场"和养猪场倒闭，使得在城市地区奶制品严重短缺。而一些小规模的奶制品生产企业在城市周边地区逐步发展，使得用于种植和放牧的土地变得混乱。由于这些小企业发展缓慢，其经济可行性尚不明朗。

1. 放牧管理

第一部土地法早在 1933 年就颁布了。土地使用的第一次重大变革直到 20 世纪 50 年代才开始实行——采用集体经济生产。1971 年一项新的法律明确了土地分类，它是根据经济组织和行政部门对土地使用的责任、权力和义务来划分的。同时该法律还介绍了土地使用的规则。2002 年出台的牧场法将政治局势的变化和涉及的因素考虑在内，例如，个人所有权（由牧民、经济实体和组织机构构成），天然牧场与冬、春两季放牧区域的拥有者（bag）；用于紧急情况下放牧的原则；在居住地区家畜的饲养；与权力拥有者约定规则；成立跨省级和跨区域的育肥（使用远处草地育肥）地区；给予个人及牧民团体干草制备的权利。有三个主要的育肥阶段：①以采食新鲜青草的春季育肥阶段；②用来积累足够的肌肉和内部脂肪的夏季育肥阶段；③用来巩固脂肪含量的秋季育肥阶段，在寒冷的冬季这里仍然有大量的牧草储备。不过，传统的放牧权利仍然很大，是考虑土地问题的一个主要因素。

2. 季节性游牧

在欧洲和亚洲的夏、冬两季牧场，游牧是普遍现象。传统的放牧周期是从春季的低平草地转移到夏季的高山草场，常常延续到冰雪覆盖的阿尔卑斯山区高草地。Suttie 和 Reynolds（2003）对在亚洲温带地区的季节性游牧制度做过详细描述。蒙古草原的游牧形式不同于传统的放牧形式，在这里大量的降水通常发生在几个温暖的月份，冬季寒风强烈，家畜无处避寒。冬、春营地是游牧的关键，一般选在可以提供庇护并接近饲草和水源的地方。在典型草原，冬季营地选在适当的小山谷，或是可以提供庇护的河畔森林。有人认为，在封建时代蒙古非沙漠地区往返于平原与山地的游牧形式持续了很长时间。传统的游牧方向大多是在南北方向往返，而目前的游牧趋向东西方向迁移。其路线调整可能在一定程度上改变了传统的游牧形式。

由于冬季放牧草场大都在山脚下，山区的游牧路线近乎垂直。比起平坦的草原地区，山地草场的游牧在通常情况下比水平迁移距离更短。进入夏季和秋季草场放牧营地比进入冬季放牧营地更加容易，同一苏木或类似团队的草场几乎公用。在饲料供应存在较大差异的情况下，放牧周期不能一成不变，因为这与天气因素有关。为了使畜群能一直处在有饲草供给的地方，游牧就必须具有灵活性和高度的流动性，这导致游牧的距离逐年变远。同时，这也在某种程度上预示了牧民间的关系变化：在天气允许的情况下，一个牧民大队可以让另一个大队应急放牧，饲料和庇护所并不是控制放牧的唯一原因。在一些山区，包括乌布苏在内的西部几省，在夏季炎热的时候，严重的叮咬类昆虫会迫使畜群寻找高地来躲避这种灾难。地形是迁徙路线的决定性因素。在高山地区，家畜的迁移可能不得不使用通道口，同时这会影响游牧日程和放牧制度；通道也只可能在有限的几个季节开放，这也将再次影响游牧时机。额尔德尼巴特尔（2003）对乌布苏和库布德古勒的这种系统做过详细研究。

3. 放牧的风险性

在蒙古草原放牧是一项冒险性行业，许多牧民的工作和计划都涉及如何避免或者减少风险损失。雪灾、风雪和严寒造成严重的自然灾害。放牧的主要风险包括雪灾、干旱、疾病和其他因素。天气预测部门确认的严重气候灾害有：暴风雪，风速≥12米/秒，能见度低于2 000米，持续时间长达3小时；冰雹，直径在10毫米以上，无时间限制；草原覆冰，冷暖交替，使积雪转变为冰层，且冰层覆盖可持续1周或者更长时间。2001年巴斯、额尔德尼巴特尔和斯威福特详细讨论了草原放牧的风险性。雪灾和干旱一直都是影响家畜数量的关键因素。从目前的草场状况来看，白灾有着双重影响，它在减少牲畜数量的同时也为春季万物的复苏提供了必要的水分。通过以下几种形式，雪灾起着双重效应：

（1）在寒冷的冬季，黑灾发生在长期缺乏积雪但草原又极度需要水的时候。因为地表水冻结，所以牲畜和牧民们都没有了饮用水。但这种黑灾不会每年发生，也不会对大范围草场造成影响。在黑灾来临时，水井会提供足够的饮用水，但是汲水必须经过长途跋涉，且在扎营地的水井旁没有住房和供休息的生活用具。

（2）白灾是由于长期覆盖草场厚厚的积雪造成的（彩图7-17）。这是一种频繁且严重的灾害，会造成大量牲畜死亡。人们依据雪层的厚度把白灾划分为不同的级别：超过7厘米会对海纳格牦牛放牧地造成影响；当达到10厘米时，森林草场及普通草场幼龄家畜的饲草就会受到威胁；在山地较少的典型草场，积雪达到6厘米即被视为白灾。当然，如果干旱的夏季过后，草地上植物很少的情况下发生白灾，其危害会更大。

（3）持续的降雪是造成白毛风的主要原因，且它们的形成会对广大的地区造成严重危害。如果一次白毛风形成于一年中最寒冷的时候，那么它的危害性就不言而喻了。当风暴到来时，家畜可能会顺风奔跑数千米直至劳累而死或坠河而亡。

（4）冻灾是由于极度的寒冷或者寒风来袭造成的，当冬季气温比平均季节性气温低10℃时，家畜不但不能像往常一样自由放牧，且需要耗费更多的能量来维持体温。冻灾通常在两个或两个以上夜晚连续急剧降温后发生。白灾、白毛风、冻灾的接踵而至，给牧民造成了严重损失。

从牧民的角度来说，干旱就是在一年中温暖的季节缺少降水。这样在晚春和初夏干旱最为严重，因为在这个时候草场开始返青，家畜急需优质牧草来恢复体膘并哺乳幼畜。大范围的干旱使得家畜都集中在某个水源充足又更适于放牧的地方，这种情况造成了对植被的严重破坏。在海拔较高、较凉爽的地方，夏末降雨对草原植物生长的作用不大，因为这时气温已经很低了。

没有控制的火灾对于草原来说是极其危险的，但冬季牧民聚集区很少发生火灾，因为在到处充满易燃物的场所里，人们非常小心谨慎。在山区，引起山火的直接原因是猎人和采摘野果者的大意。失火会彻底毁掉贮存的饲草，导致家畜饲料来源缺乏，并且耗费大量的劳动力来控制火灾（保护蒙古包、财产和家畜）。定期的火烧常常被用来除去植物的枯老组织，以刺激新芽的萌发。由于有关狼捕杀牲畜的保险项被撤销，牲畜被捕食（主要来自狼）的风险正在增加。在阿尔戈壁滩上，由于要保护稀有珍稀动物——雪豹，牧民们不得不将畜群从这里迁走。为此，如何对这些牧民进行补偿也是一个问题。尽管最近在北部边境地区发生了一起跨境牲畜偷盗案。其实在草原上，偷家畜是很少发生的。

4. 关于集体生产队的放牧管理

在集体公社时期放牧管理是基于集体生产队范围内做有限的改动，那时某种单一畜群的管理往往掌握在某生产大队手中，他们可能在同一草场放牧不同牲畜以增加利用率，私有家畜的放牧进一步增加了草地的压力。畜牧管理部门明确规定了放牧的区域及季节，同时提到了要防止过度集中放牧。有组织的销售既可以避免家畜的过度囤积又可以避免放牧者的营地集中在道路和地区中心附近。集体公社时期的家畜所有权在表 7-13 中已详细给出。

表 7-13　集体公社时期家畜所有权（头数的百分比）

种　类	国营农场（%）	合作社（%）	私人（%）
骆驼	1.7	84.5	13.8
马	2.4	54.8	40.8
牛	2.2	46.0	43.6
绵羊	2.0	80.2	17.8
山羊	0.8	74.9	24.3

注：牛包括牦牛及其杂种。

资料来源：蒙古国农业和粮食部。

三、当前的放牧现状

畜群从国有转变为私有后，规避风险和经济管理的义务由国家转移到农户。牧民们很快便回归到以家庭为单位的传统季节性游牧。以前集体大队雇的员工，在大队解散时分配给他们家畜从事放牧工作，但有的没有成功。拥有 100～150 头牲畜被认为是维持正常生存的临界值，50 头是贫困线下。1995 年 40% 的牧户拥有的家畜数量低于 50 头，45% 的牧户拥有的家畜数量超过 100 头，仅仅有 15% 的牧户拥有超过 200 头的家畜。虽然控制放牧的时代已经结束，但一些草场的使用却非常混乱，一些移民非法侵入他人的传统放牧地。在社区和生活区周边重新出现了其他的风俗制度。这些群体还提供了调节放牧草场使用权利的办法。他们常常以亲属关系为基础，依附于某个自然放牧管理单元，例如，山谷或干旱地区的水源。现在干草和草料是无足轻重的——越冬生存依靠秋季的条件和放牧技术。

粗放型放牧仍然存在，但控制放牧的集体时期已经结束。然而，这种改变使女人们在做决策方面的作用有了很大提高。因为在集体经济时期尽管有很多女兽医，但政府成员都是男性。现在在管理部门，尤其是在市场管理上女性起到了积极作用。

在草场利用中水是决定性因素，尤其在典型草原和戈壁地区（山区草原往往有丰富的地表水），一些地方只能在冬季下雪时放牧，因为雪可作为水的来源，在其他地方水井可以作为水的来源。在戈壁，牧民们的活动范围根据水源来确定。大部分深机井毁坏以后，使曾经使用机井的地区无法用水，尤其是在东部草原地区。瞪羚几乎成为那里唯一的居民，且数量越来越多。

许多草原没有得到利用或没有被充分利用。根据联合国粮农组织 TCP/MON/0066 工程的研究，多达总数 1/3 的草原没有得到充分利用。这些草场包括：①发生过牲畜被偷盗事件的边界沿线地区；②基础设施落后、牧民的社会问题得不到解决的东部区；③没有充足的水源以及其他生活资料的西部部分地区。1990—1997 年间，大约有 600 口水井下沉，另外有 12 800 口不能使用，1 070 万公顷的牧场由于缺水不能利用。大多数没有被利用的土地远离管理中心，且牧民越来越不愿意远距离游牧，尤其是在基础设施缺乏的时候。在草场缺乏的蒙古国西部、各省连接处的大面积草场并没有得到充分的利用。

现在所有的家庭都饲养多种牲畜（至少有三种家畜），每一种都占家畜数量的 15％以上，附属畜种占 10％以下，如许多地区的骆驼和高山-典型草原区山麓的牦牛。牲畜种类多样化有许多优点，不过增加了放牧劳动强度。不同的畜种放牧习惯和采食习性不同，混合放牧可以更好地综合利用饲草。例如，牦牛和马可以比其他的家畜采食更高山上的牧草，山羊和骆驼牧草采食留茬更低。冬季不同家畜混合放牧更具优势：大型家畜，尤其是马，被用来打开大雪覆盖的小道，使绵羊和牛放牧起来更便利。牲畜混合放牧的风险比单一牲畜放牧大，包括运输、役力在内的一系列工具也是混合放牧的必要条件。

当然，在草原上不同种的牲畜是分开的（有些季节不同性别的生活区也会分开管理），如繁殖公牛被分开管理。对不同种类家畜的关注程度不同，小反刍家畜晚上经常被带回营地特别保护，因为他们容易遭到食肉动物的袭击；除了挤奶，牛被留在放牧场；马经常在无人监管的情况下放牧；骆驼除了在运输使用的时候管理，常常需要它们"自力更生"。

牧民根据季节制定放牧年历。冬季和春季营地是整体放牧制度的关键，营地不但能够提供住所，还要在困难时期提供可利用的饲料。经常会由于冬季放牧权而发生冲突；对于许多新的放牧家庭来说，主要问题是找到冬季放牧场。相比之下，在其他许多采用迁移式放牧的地方，牧民们在冬天经常去山上寻找庇护场所来躲避席卷草原的寒风，这些山上雪比较少，比平原更容易获得牧草。冬天没有雪的时候，由于缺水而限制利用的一些草地也被用来放牧。因为春季大部分小家畜要出生，且这个时候的饲草却很缺乏。春季放牧也很重要，夏季和秋季牧场一般是共用的，很少发生草地使用权冲突问题。

把家畜带到遥远的育肥牧场，是有序管理畜群的重要部分，如果在冬季到来之前很好地解决这个问题，就可以在很大程度上改善冬季放牧条件。当然，去往育肥牧场需要消耗大量的精力和劳力，由于离开大本营去其他地方安营。冬季放牧条件得到很大程度的改善，也许会减弱对冬季露营地的监管，但是只有这样才能让家畜更好地存活。与以前相比，现在很多的牧民开始采取更短的游牧路线，他们生产的干草也远不及以前。在补充饲草料上，牧民的目的是让牛和骆驼的体况损失降到最低，且确保来年更好地生产，能够早期繁育；提高小家畜和母马的抗病能力以及减少流产；照顾哺乳母畜和幼仔，维护饲养役用家畜。牧民们主张给比较弱的家畜补饲，使其在气候和草场条件都比较适合家畜采食之前不被淘汰。

冬、春两季舍饲是集体生产队体系的一个非常有用的改进，通常的舍饲点是一个面朝南的简单木制棚子，能够给牲畜提供有效的保护。在私有化体制下，尽管只需要很少的投入（劳动力除外）就可以使棚圈重新得到使用，但是由于没有将棚圈分给牧民，棚圈经常破烂不堪。灵活迁移是这个体制基本的部分，以前牧民可以用机动车方便地移动蒙古包，现在他们常常没有资金或车，其活动受到了限制。运货马车和骆驼成为迁移的主要动力，但是它们数量有限；除林区外，很少使用传统交通工具如二轮和四轮马车，因其花费的人力和时间要比用汽车更多。

在国家补贴资金被转移和服务减少甚至是缺乏的情况下，牧民们又回到了传统的风险管理（这种管理一直处在危险的环境）当中，包括维持牲畜种类的多样性以及和其他牧户在放牧工作中合作，来一起应对饲养不同种类家畜更多的劳动力需求。这种合作的基础是浩特艾利（khot ail），是一种牧户合作、露营和在一个集体一起工作的传统水平的牧民合作；这种合作存在于集体经济之前，尤其是在夏、秋放牧的时候。集体生产队体制的先进性在一定程度上复制了这种合作体制，但是避开了在联产系统当中常见的以亲属关系为基础。这些工作单位常常是以家庭纽带为基础，但这不是必须的，牧户之间为了共同利益的联合才是重要的。在不同的季节和经济区联产系统的规模也是不同的：在戈壁，浩特艾利常常是由单一牧户组成；在水源较好的地区，也许多达5户牧户组织在一起。

牧户制定了一种方法规范放牧行为，他们常以家族为基础，以自然放牧的管理区为单位，如同一块山谷、同在一个干旱区、公用一个水源等。他们受传统分区单位的限制，如巴格（bag）是一个传统机构，负责牧草地的划分，解决公共牧区的争端。现在巴格的边界线由官员决定。新型合作方式具有吸引力，因为许多牧民现在正储备移居过程中不需要的冬季用的工具和衣物；由于冬天宿营并不安全，储备物被安放在人们居住的中心区；付款可以是实物也可以是其他形式的服务。

对于肉和乳制品，牧民自给自足，从 1990—1992 年消费量分别增加了 30％
和 50％。同期其他食物的消费量有所下降，如面粉下降了 40％，其他谷物类食
物下降超过了 80％，这是农村贸易服务恶化的结果，因为牧户不像以前一样可
以从官员居住区（brigado center）或游动销售社买到商品，现在只能在牧户中
心区买东西。

改革措施已经将组织有序的放牧系统，变成一个私人拥有牲畜的公共牧场
地。这对于过度利用牧草的确是一个解决方案。尽管土地所有制往往是良好经营
管理的先决条件，但是在蒙古国粗放式放牧的草原上情况就变了（对于可耕种的
土地、集约化的家畜，居民地和采矿占用地，情况就截然不同了）；以某种群体
形式进行放牧登记的方法具有可操作性和合理性。理由引自米尔纳斯和斯威福特
（1996）及畜牧业发展组织的政策改变（默恩斯，1993）：

（1）在蒙古国粗放型畜牧业中，关于促进土地管理的可持续性和减少草原上
的冲突对提高草原放牧安全的稳定性方面争论激烈。在蒙古国自然条件下，放牧
草场的私有化确实会助长冲突的发生、破坏环境的稳定性，尤其是在通过行政手
段执行管理政策的能力还存在很多缺陷的情况下。

（2）私有化常常需要增加投资、需要为其创造需求、需要为其提供贷款。因
为土地作为经济商品进行管理，在这种管理形式下，提高土地的可利用性及防止
其退化必须进行投资。在蒙古国粗放型畜牧业中，这种假设下的放牧草场土地不
是大部分，如果需要外来的投资维持其生产力，那么这种假设下的放牧草场土地
就更少了。在这种环境中，牧场管理的可持续性主要依靠其移动性和灵活性，而
不是资金的投入。也有一些例外情况：冬春季节露营、棚圈、水井、其他水资源
上的投资，在维护游牧时，也需要贷款来负担运输所需要的资金。并不清楚在蒙
古国是否把缺乏安全性作为妨碍提供贷款的主要原因，也无法借助于认可的财产
所有权来贷款，比如浩特艾利（khot ail）这种层面的群体，他们是进行大部分
投资最合适的层面。

（3）另外，牧草地市场的发展将不受欢迎，这有很强的生态学原因。在粗放
型放牧体制下，土地利用的可持续性需要牲畜每个季节在适合的牧草场间进行灵
活移动。这样的季节性牧场需要与邻近的牧户一起共用，因为他们移动的模式部
分是重叠的，放牧的有效性移动在不同年份间有区别。蒙古国的景观空间排列在
生态区间完全不同，在沙漠草原区所有的季节里更大面积的土地需要适当围起，
然而在草原区和山地森林草原区需要围起的面积却很小。大多数情况下，相比其
他自然灾害，出现干旱和雪灾这类危险事件时需要牧民们进入传统放牧区域进行
紧急情况的使用。在蒙古国，不同生态区呈现不同的空间尺度，把这些因素共同
作为牧场土地的不可分割的原因。土地的转让是绝对不允许的，否则这些具有可
持续牧场资源的区域将会以某种形式被破碎成最小化的可持续的草场资源区域。

牧民可以获得冬季宿营地的权利，但不是冬季放牧地的使用权。冬季从干旱地区移居到水资源充沛的地方是一个严重的问题（彩图 7 - 18）。按照权利，新来的牧户能够放牧整个冬天，这给已经严重过牧的冬季牧场带来巨大压力。在返回到他们自己的牧场之前，他们一直放牧到早春直到牧草开始生长（彩图 7 - 19）。

改善牧场管理和生产

上面已经讨论了蒙古国放牧管理可持续的限制性因素。严寒的气候条件不是限制条件，它是形成粗放式的、游牧式的牲畜生产的原因，这样的牲畜生产完全是以天然牧场为基础，并且通过几个世纪已经证明是可持续的。许多限制性因素与其说是技术方面的还不如说是组织形式上的，其根源在于这个地区目前的经济形式或者是 20 世纪期间政府政策的变化。最主要的组织限制是认识上的缺失，或者是对于放牧所有权的划定不明确，尤其是冬季宿营地和割草地，以及如何通过法律处理这些问题。一些地方严重缺乏放牧管理，一些地方基本没有管理，而其他的地方被过度使用。为了有效地使用和维护放牧地所进行的监测和服务，需要一个具有新活力的监控系统提供明确的保障。牧民们没有在家庭团体以外组织过，现有组织形式太小，对于制定如此大面积土地的粗放型放牧管理措施的决策显然是不行的。

放牧管理指南对于使用中的意见和管理是一个有效的辅助，这些指导方针是在牧民团体组织下，由牧民参与完成的。国家的指导方针是建立指南的基础，考虑各个地方不同的生态条件、地理位置、地形和生产系统，建立其他一系列相关规章是必需的，在建立过程中应与使用者密切协商。应考虑家畜数目增加的因素，其数量 20 世纪 50 年代已经达到或接近目前的水平。人口的快速增长和牧户家庭数量的增加使草地放牧压力的控制更为困难。

牧民已经受到有效服务减少的影响，并且互相之间并不协作，以前所做的决定和服务成为行为指南。如果市场收益能够改善，可改变良种家畜缺乏的现状，良种家畜的不足是值得关注的。市场基础设施的匮乏严重影响到外来购买者的采购和商品销售，以及出售产品的质量。同样，消费商品和供应渠道的不足减少了出售畜产品的欲望，最终导致非繁殖牲畜的累积。国家紧急饲草基金的终止，使牧民只能依靠自身财力来补充草料供给。研究、训练和技术支持服务预算中所占的比例逐年减少。

在维持和提高产出过程中，有很多提高牧场管理和牧草条件的时机。蒙古国的放牧地非常适应粗放型放牧家畜的生长，且一般草场都处于很好的条件下。放牧一直是全民主要的职业，且人们具有高超的放牧技能和动力，他们也有牢靠的技术专家和知识的支持。一旦与放牧权利相关的法律问题以及牧民团体组织方式得到解决，牧民的生活就会得到提高和改善，就有能力管理好这些资源。

消除或减轻这些限制因素需要很多行政决策或行动：放牧权力的界定和准许，加强冬季宿营地和割草地的管理。应建立起牧户群体的组织结构，使他们参与到本地区土地使用权的制定、牧场管理、发展以及维护中，所有这一切必须有使用者的参与；草场的监控和其使用规章的制定也需要牧民社团的参与，应确立关于放牧地使用的指导方针（下至地方一级）。必须定期或加强对牧户进行培训，科学研究也应该继续并逐渐深入。恢复水的供应和发展干草制备，对提高草场使用性和牲畜生存率有很明显的效果。现在这些方法仅仅运用在以前组织起来的放牧社团组织中。个体牧户的干草制备需要简单的工具、保障安全的措施和培训。在找到现实可行的方法以前，水力的发展必须得到权力机构和牧户组织的资助。

大面积的、从未用过的牧场是为紧急情况所储备的，在近年的灾害期常常被利用。然而，更为有效的是，牧民需要水供应和其他基础设施得到保障和恢复生产，且在使用过程中牧民们也需要一些生活必需品和设备。

四、近期的干旱和雪灾问题

集体经济解散后，牲畜的数量急剧上升。1999—2000 年间和 2000—2001 年间一系列连续干旱的夏天和严峻的寒冬带来的灾害表明，牧民应对严重天灾的准备不充分。从表 7-14 可以看出每年都会损失 200 万头的牲畜，使许多人接连遭受贫穷和苦难。

表 7-14　干旱和雪灾损失牲畜的数量（万头）

年　份	灾难的类型	成年牲畜损失量	幼年牲畜损失量
1944—1945	干旱＋雪灾	810	110
1954—1955	雪灾	190	30
1956—1957	雪灾	150	90
1967—1968	干旱＋雪灾	270	170
1976—1977	雪灾	200	160
1986—1987	雪灾	80	90
1993—1994	雪灾	160	120
1996—1997	雪灾	60	50
1999—2000	干旱＋雪灾	300	120
2000—2001	干旱＋雪灾	340	n. a.

注：n. a. = 没有获得的数据。

1999—2000 年间和 2000—2001 年间连续几年先遭受恶劣干旱，随之遭受雪灾，家畜生长季节放牧在贫瘠的草场上，冬天因为雪已结冰无法采食。当然在这种气候条件下放牧是具有风险的。最大的灾害发生在 1944—1945 年间，损失掉了 800 万头成年牲畜。这场灾害之后，又发生了 8 场雪灾，最严重的一次发生在 1967 年。雪灾的危害程度是通过损失的牲畜头数来判定的，并不是气象资料。雪灾发生后，大部分地区都有较好的放牧管理组织系统，提供较好的棚圈和冬季贮存的饲草料，应急系统也储备得比较好。对于反映恶劣天气事件所造成损失的程度，以及由于官方和牧民准备不足造成牲畜数量损失也不清楚。自从 1990 年以来，牲畜的数量急剧增长，这可能是造成严重灾害损失的一个重要因素。

一旦雪灾发生，如果当地的储备不够充分，救济不仅要付出很高的代价，且人们对其最终无能为力。因为时间不等人，当救济的饲草料被调集运输到的时候，许多牲畜已经死掉，并且小草开始返青，春天已经到来。2001 年就是对此的证明。救济工作中使用的饲草料也是一个问题：当地干草饲用价值很低，且长途运输次等牧草不经济。遗憾的是蒙古国生产的庄稼和秸秆很少，虽然它们是很好的应急饲草且运输费用较低，但无法有效利用。

继 1993 年的雪灾，杭盖盟利用国际农业发展基金，对牧民们进行了相当大规模的"再储备"，希望这能成为救助贫穷的有效方法。对于牧民家庭来说"再储备"就是供应物资的再分配，这样可以使得他们利用最少的资金来保存他们的牲畜。然而，最近的雪灾显示，这样的再储备实际上是不可持续的——再储备牧民们的损失和以前在雪灾中遭受的损失一样。除非另一个问题能够得以解决——牧民的准备、棚圈的维修、紧急无线电通信的建立、牧场权利问题的解决——这种再储备太昂贵，他们从中只能得到很少的利益。

五、可持续发展

几千年来放牧几乎是蒙古人利用土地的唯一方式，虽然草场被过度放牧，但在相当程度上仍然维持着良好的状态。因此，粗放型的游牧体制是可持续的，且将继续作为这个国家主要的经济活动。在集体经济时期，蒙古国改进了游牧体制。这种体制是在没有外来物种资源的情况下，利用本地的家畜品种，与大部分的畜牧业集体化的相邻国家相比，蒙古国的牧场秩序保持得很好。

在大多数邻国（吉尔吉斯斯坦、布里亚特、中国北方部分地区），畜牧业集体化改进了它们的放牧体制，这种体制常常限制牧民的移动，使他们定居下来。在某些情况下，引进外来品种、进口牧草保证了牲畜过冬，但是这也导致了严重的过度放牧。这些国家的牧草条件比起蒙古国更糟糕，比如 Ho（1996）描述了中国宁夏回族自治区草场的退化状况。在吉尔吉斯斯坦集体经济解体后以外来细毛羊品种和进口品种为基础的绵羊产业崩溃了，因为在没有大量、不经济投入的情况下，外来的绵羊不能存活下来，牲畜数量从 1990 年的 950 万头降到了 1999 年的 320 万头（van Veen，1995；Fitzherbert，2000）。

参　考　文　献

Baas, S. , Erdenbaatar, B. & Swift, J. J. 2001. Pastoral risk management for disaster prevention and preparedness in Central Asia-with special reference to Mongolia. *In: Report of the Asia-Pacific conference on early warning, prevention, preparedness and management of disasters in food and agriculture*. Chiangmai, Thailand, 12 – 15 June 2001. FAO RAP Publication No. 2001: 4. Doc. no. APDC/01/REP.

Batsukh, B. & Zagdsuren, E. 1990. Sheep Breeds of Mongolia. *FAO World Animal Review*.

Cai Li & Weiner, J. 1995. *The Yak*. FAO RAP, Bangkok, Thailand.

Erdenebaatar, B. 1996. Socio-economic aspects of the pastoral movement pattern of Mongolian herders. pp. 59 – 110, *in:* Humphrey and Sneath, 1996b, q. v.

Erdenebaatar, B. 2003. Studies on long distance transhumant grazing systems in Uvs and Khuvsgul aimags of Mongolia, 1999—2000. pp. 31 – 68, *in:* Suttie and Reynolds, 2003, q. v.

FAO. 1996. *Trends in pastoral development in Central Asia*. Rome, Italy.

FAO/UNESCO. 1978. *Soil Map of the World*. Vol. III: *North and Central Asia* . Paris, France: UNESCO.

Fitzherbert, A. R. 2000. Pastoral resource profile for Kyrgyzstan . *Available at:* http: // www. fao. org /waicent/faoinfo/agricult/AGP/AGPC/doc/Counprof/kyrgi. htm

Ho, P. 1996. Ownership and control in Chinese rangeland management : the case of free riding in Ningxia. *ODI Pastoral Network Paper*, No. 39c.

Humphrey, C. & Sneath, D. 1996a. Pastoralism and institutional change in Inner Asia: comparative perspectives from the MECCIA research project. *ODI Pastoral Network Paper*, No. 39b.

Humphrey C. & Sneath, D. (eds) . 1996b. *Culture and environment in inner Asia: I. Pastoral economy and the environment*. Cambridge, UK: White Horse Press.

Kharin, N. , Takahashi, R. & Harahshesh, H. 1999. Degradation of the drylands of Central Asia. Center for Remote Sensing (CEReS), Chiba University, Japan.

Latham, R. E. (translator) . 1958. *The Travels of Marco Polo*. Harmondsworth, UK: Penguin.

Mearns, R. 1993. Pastoral Institutions, Land Tenure and Land Policy Reform in Post – Socialist Mongolia. PALD Research Report, No. 3. University of Sussex, UK.

Mearns, R. & Swift, J. 1996. Pasture and land management in the retreat from a centrally planned economy in Mongolia. pp. 96 – 98, *in:* N. West (ed) . *Rangelands for a Sustainable Biosphere. Proceedings of the 5th International Rangeland Conference*, 1995. Denver, Colorado, USA : Society for Range Management.

Przevalsky, N. M. 1883. *The third expedition in Central Asia*. Sankt – Petersburg. Quoted by Kharin, Takahashi and Harahesh, 1999: 56.

Suttie, J. M. & Reynolds, S. G. (eds) . 2003. *Transhumant grazing systems in Temperate Asia*. FAO *Plant Production and Protection Series*, No. 31.

Telenged，**B.** 1996. Livestock breeding in Mongolia. pp. 161 – 188，*in*：Humphrey and Sneath，1996b，q. v.

van Veen，**T. W. S.** 1995. Kyrgyz sheep herders at crossroads. *ODI   Pastoral   Network Paper*，No. 38d.

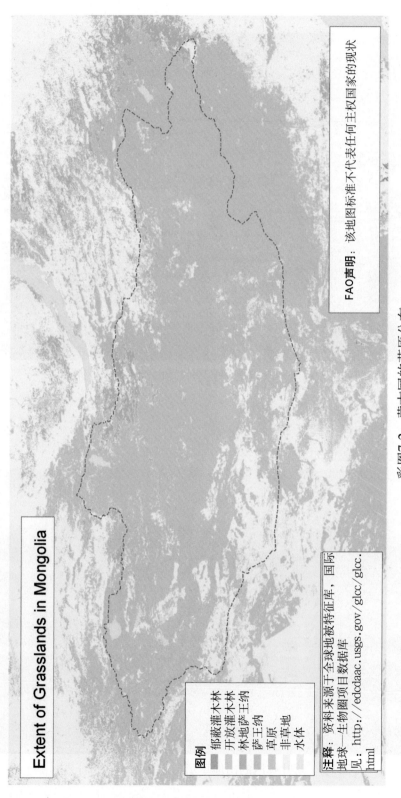

Extent of Grasslands in Mongolia

图例
郁蔽灌木林
开放灌木林
林地萨王纳
萨王纳
草原
非草地
水体

注释：资料来源于全球地被特征库，国际
地球—生物圈项目数据库
见：http://edcdaac.usgs.gov/glcc/glcc.
html

FAO声明：该地图标准不代表任何主权国家的现状

彩图7-2　蒙古国的草原分布

彩图7-1　蒙古国阿日杭盖省夏季牧场的蒙古包和放牧绵羊

彩图7-3　落叶林区的山地草场与牦牛——扎布汗省

彩图7-4　羊群正在越过乌兰坡去夏季牧场的路上——乌布苏省

彩图7-5　蒙古包和秋天的牧草

彩图7-6 曾经在蒙古国大部分地区种植的小麦

彩图7-7 图瓦的社区草场和高山

彩图7-8　由国家紧急饲料基金提供的储备干草

彩图7-9　正在准备冬季饲草的卡车

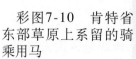

彩图7-10　肯特省东部草原上系留的骑乘用马

彩图7-11　阿日杭盖省的干草地

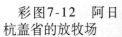

彩图7-12　阿日杭盖省的放牧场

彩图7-13　正在被驱赶围拢去挤奶的羊群

彩图7-14　在戈壁给骆驼饮水

彩图7-15　阿日杭盖省秋天的无角牦牛

彩图7-16　冬季羊棚

彩图7-17　图瓦在雪地上采食的家畜

彩图7-18　乌布苏省雅日嘎斯湖附近的荒漠草原

彩图7-19　乌布苏湖沼泽草地旁边驮行李的骆驼

第八章　中国青藏草原

Daniel J. Miller

摘要

　　青藏高原地域辽阔，位于喜马拉雅山北部，横跨北纬 $26°50'\sim39°11'$。大部分地区为干旱、半干旱的大陆性气候。冬季的强降雪天气会给这一区域带来灾难。青藏草原的放牧地类型变化极大，包括高寒荒漠、半干旱草原和灌丛草地到高寒草原和湿润高寒草甸等不同类型。多数草地位于海拔 4 000 米以上，一些定居点甚至达到 5 100 米。青藏高原是传统的季节性放牧地，在过去的半个世纪经历了巨大变化：封建制度后放牧区域实现集体所有制，直到改革开放后家畜和放牧权分配给牧户。在这种气候条件下，私有放牧降低了流动的必要性，避免了放牧风险。该区域主要饲养牦牛、绵羊、山羊，其中在湿润的东部地区以牦牛为主，西部以绵羊为主。青藏高原是亚洲许多主要河流的源头，具有丰富的动植物区系，其中有许多是该区域的特有品种，因此放牧管理不仅有利于牧民维持生计，而且对水资源保护以及基因资源和生物多样性的保护均非常重要。

一、引言

　　青藏草原是地球上主要的放牧生态系统之一，面积约为 1 650 000 千米^2（彩图 8-1）。青藏草原的生态系统一直延伸到不丹西部、尼泊尔北部和印度西北部，本文所介绍的区域仅是中国的西藏自治区。放牧地包括从高寒荒漠到半干旱草原、灌丛草地到高寒草原和湿润的高寒草甸。这里有世界上海拔最高的草地，大多数位于海拔 4 000 米以上。一些牧民在海拔高达 5 100 米的地方还保留有永久宿营地，这也是世界上海拔最高的人类居住地。由于典型的大陆性气候，青藏草原是世界上最艰苦的放牧环境之一，但它却为大约 1 200 万头牦牛和3 000万只绵羊和山羊提供了饲草（彩图 8-2），且养育了大约 500 万牧业和半农半牧业人口。

　　偏远的西北草原是稀有野生动物的家园，相比较而言这是没有人类干扰的放牧生态系统之一。在这里能够见到大量野生牦牛和藏羚羊在冬季牧场和夏季放牧地之间迁徙，成群的野驴从草原上奔驰而过（彩图 8-3）。鉴于青藏草原的特有物种、生态过程及进化现象，青藏草原已被世界野生动物基金会收录到全球生物多样性重点关注的 200 个生态区域名录中（Olson 和 Dinerstein，1997）。

许多重要河流都发源于青藏草原，包括黄河、长江、澜沧江、怒江、印度河、苏特累季河、恒河以及雅鲁藏布江等。这些水资源在未来将会更加重要，对这些资源的保护和管理将具有全球性影响。青藏草原的可持续发展面临相当大的挑战，但它也为实现保护和发展草地资源的双重目标提供了许多机遇。恰当的管理可以使放牧地继续成为水源地，继续为野生动物提供栖息地，为家畜提供饲草，同时为整个青藏高原地区的经济发展作出贡献。

二、概述

西藏草原位于中国的青藏高原，与不丹、尼泊尔和印度接壤。其南缘为喜马拉雅山，北界为昆仑山、阿尔金山、祁连山，西面有喜马拉雅山、喀喇昆仑山、昆仑山和帕米尔山脉，东边延伸到青海、甘肃西部、四川和云南西北部。青藏高原约占中国国土面积的 1/4，南北长约 1 500 千米，东西长约 3 000 千米，是地球上最大的高原。其中超过 80% 的地区海拔在 3 000 米以上，大约一半的地区海拔超过 4 500 米（Schaller，1998）。放牧地植被主要是以特定植物区系组成，也是世界上最大的高原生态系统之一（Schaller，1998），面积约为 1.65 亿公顷，占中国放牧草地的 42%（Miller，1999a）。这片广大的草地被称为青藏草原，它包括西藏自治区和青海省的全部（1.184 亿公顷），新疆南部的昆仑山北麓（1 500万公顷），四川西部（1 400 万公顷），云南西北部（500 万公顷）以及甘肃西部（1 200 万公顷）。尽管近几十年耕地的面积有所增加，尤其是在柴达木盆地周边，但是草原总的开垦面积不足 1%。在青藏高原东部，耕地主要分布在低谷地带；在西部，耕地分布于雅鲁藏布江（布拉马普特拉河）及其支流谷地。在东部地区，耕种的最高海拔低于 3 300 米，而在西部地区，最高海拔可达 4 400 米。这里的主要作物为大麦、小麦（彩图 8 - 4）、豌豆、油菜和马铃薯。

青藏高原被流域和平行山脉分割而形成了一些独特地形（Schaller，1998）。仅在高原的东部和南部有入海口，发源于昆仑山的河流向北流入塔克拉玛干沙漠和柴达木盆地。许多草地均有由群山环绕而成的大的内陆湖。森林仅仅分布于四川西部、云南西北部、青海东南部以及西藏东部的高原东缘和喜马拉雅山脉北麓的部分河谷。

三、气候

青藏草原是典型的大陆性气候，夏季受东南季风的影响，冬季受西风带和蒙古西伯利亚高压的影响（Huang，1987）。整个草原的地形向东南方向倾斜，所以西南季风中的暖湿气流从东方、南方的峡谷中进入草原，夏季降水量从东向西、从南向北逐渐减少。青藏草原的东部为湿润气候，南部为半干旱气候，而最西部为干旱气候。草原的中心地区属于亚寒带，从甘肃和青海西部一直延伸到西藏的广大地区，该区东部属于湿润气候，西部属于半干旱气候。草原北部属于寒带干旱气候（Schaller，1998）。

拉萨海拔 3 658 米，1 月份平均气温−2℃，7 月份平均气温 15℃；最低气温−16℃，无霜期大约 130 天。位于藏北海拔 4 507 米的那曲，1 月份平均气温−14℃，7 月份平均气温 9℃，无霜期只有 20 天，最低气温−41℃。当地日出后气温迅速升高，日落后气温急速下降。白天的气温在 14～17℃，全年平均日照时数 2 500～3 000 小时（Huang，1987）。

青藏草原年降水量从东部的 600 毫米逐渐下降到西部的 60 毫米，且降水集中在每年的 6～9 月份，大多是雪和冰雹。大多数放牧地年降水量少于 400 毫米。通常冬季都很干燥，周期性的大雪会覆盖牧草，低温与暴风雪会给家畜带来额外的生存压力。大部分草原特别是西部的草原多有大风，且每年有 100～150 天风速会超过每秒 17 米。

青藏草原的东部在牧草生长季节能获得足够的降水（＞400 毫米），植被具有均衡系统特征（Schaller，1998）。晚春和初夏的干旱期会使牧草返青推迟，但降水基本能够保障草场植被的茂盛。中部和西部草原，牧草产量受降水的影响而产生很大的年季波动，小区域内也会由于降水量的变化而使牧草生长有显著差异。因此，非平衡的生态系统动态变化对景观产生很大的影响（Ellis 和 Swift，1988；Laycock，1991；Westoby，Walker 和 Noy-Meir，1989a）。传统的平衡理论可能无法解释这种环境下的不确定性和变化，这就像载畜量和放牧率等概念对预测生态系统生产力和动态变化是无效的。

四、草地生物多样性

亚洲中部通常划分为蒙古和西藏两个植物群系，后者包括了除柴达木盆地、帕米尔高原、新疆西南部以外的整个青藏高原。柴达木盆地在地理上属于青藏高原的一部分，但是其植被更接近于蒙古区系（Walter 和 Box，1983）。青藏高原植被区系可以分成 4 个区域：①东北部的南山和昌都；②东南部的深河谷地；③南部东西走向的雅鲁藏布江深谷；④广大的青藏高地羌塘。青藏草原是多种植物区系的结合，其中有中亚沙漠植物区系、东亚温带植物区系、喜马拉雅植物区系。西藏已鉴定出的植物种超过 2 000 种（Gu，2000），主要归属于菊科（330 种）、禾本科（277 种）、豆科（123 种）、蔷薇科（102 种）、莎草科（102 种）、蓼科（63 种），其中超过 1 720 种发现于西藏东部的湿润和半湿润草地，占总植物种类的 86%；西北部的干旱和半干旱草地有 540 种，占总植物种类的 27%（Gu，2000）。

高原的植被和其植物区系结构与西藏东南部亚热带山地森林带差距极大（Chang，1981）。高原物种具有喜马拉雅和中亚地区共同的特征，包含大约1 200 种地方特有种，占西藏全部植物物种的 1/4。许多地方种都是建群种，如紫花针茅（*Stipa purpurea*）是高原上最主要的优势种，三刺草（*Aristida triseta*）、固沙草（*Orinus thoroldii*）以及三角草（*Trikeraia hookeri*）是分布在一些河谷的地方特有种。灌丛草原的优势物种沙生槐（*Sophora moorcroftiana*）、*Caragana versicolar*（锦鸡儿属）、毛蓝雪花（*Ceratostigma griffithii*）和一些重要的伴生植物藏沙蒿（*Artemisia wellbyi*）、短茎黄芪（*Astragalus malcolmii*）都是地方种。垫状驼绒藜被认为是高寒荒漠植被中一个特殊物种，它形成于青藏高原隆起时期（Chang，1981）。

许多草地植物都是珍贵的牧草遗传资源。其中包括短柄草（*Brachypodium sylvaticum*）、喜马拉雅雀麦（*Bromus himalaicus*）、鸭茅（*Dactylis glomerata*）、毛蕊草（*Duthiea brachypodium*）、垂穗披碱草（*Elymus nutans*）、麦滨草（*E. tangutorum*）、草地羊茅（*Festuca ovina*）、紫羊茅（*F. rubra*）、高山梯牧草（*Phleum alpinum*）、黑药鹅观草（*Roegneria melanthera*）以及多种苜蓿属植物。青藏高原发现了至少 10 种紫花苜蓿的野生近缘种（Gu，2000）。青藏草原的许多牧草都具有抗寒、抗旱、耐盐碱等优良特性。中国农业部和美国农业部曾经联合派遣考察组收集和鉴定青藏高原的牧草种质资源。

在古北区和印度-马来西亚植物地理区系的交界处，草原养育了多种哺乳动物区系。青藏高原西北部生存着一个特有的大型哺乳动物群落（Miller 和 Schaller，1997），其中许多有蹄类动物是地方特有种，具有特殊的意义。例如，西藏野驴（*Equus kiang*）、野生牦牛（*Bos grunniens*）、藏羚羊（*Pantholops hodgsoni*）和西藏瞪羚（*Procapra picticaudata*）（Harris 和 Miller，1995）。群山成为岩羊（*Pseudois nayaur*）和西藏盘羊（*Ovis ammon hodgsoni*）的栖息地，林草混交的东部山区生存着麝鹿（*Moschus sifanicus*）、马鹿（*Cervus elaphus macneilli*）、白唇鹿（*Cervus albirostris*）、狍（*Capreolus capreolus bedford*）和羚牛（*Budorcas taxicolor*）（Miller，1998b）。在西藏南部仍然有少量散生的西藏马鹿（*Cervus elaphus wallichi*），青海湖周边有一些普氏瞪羚（*Procapra prewalskii*）。在青藏高原北缘有鹅喉羚（*Gazella subgutturosa*）。棕熊（*Ursus arctos*）、狼（*Canis lupus*）、雪豹（*Uncia uncia*）、猞猁（*Felis lynx*）、藏狐（*Vulpes ferrilata*）和红狐（*Vulpes vulpes*）等食肉动物，以及小型哺乳动物旱獭（*Marmota bobak*）和鼠兔（*Ochotona* spp.）在青藏草原草地上都很常见（Miller 和 Jackson，1994）。

仅在西藏有记录的鸟类就超过 500 种（Vaurie，1970），包括草原鹰（*Aquila nipalensis*）、大鵟（*Buteo hemilasius*）、猎隼（*Falco cherrug*）、苍鹰（*Accipiter gentilis*）、鸢（*Milvus migrans*）和小鸮（*Athene noctua*）等大型食肉鸟

类，其他的包括雪雀（*Montifringilla* spp.）、山鸡（*Crossoptilon* spp.，*Tetraogallus* spp.）、西藏沙鸡（*Syrrhaptes tibetanus*）以及一些水禽，如黑颈鹤（*Grus nigricollis*）、天鹅（*Anser indicus*）和赤麻鸭（*Tadorna ferruginea*）。

（一）天然优势植被

Kingdom-Ward（1948）将青藏高原主要自然植被分为 6 个亚区：①高原内部；②高原外部；③湿润河谷地带；④干燥河谷地带；⑤柴达木盆地；⑥中国西藏或青藏高原东北部。西藏草地资源的科学调查开始于 20 世纪 60 年代（中国科学院西藏全面调查组，1966；中国科学院青海甘肃联合调查组，1963）。

Chang（1981）将青藏高原植被分为 5 个主要区域：①藏东高寒或高山草甸；②藏南的雅鲁藏布江和印度河河谷的耐旱灌丛草原和干草原；③藏北高寒或高山草原；④藏西北高寒荒漠；⑤藏西南的温性荒漠。

Schaller（1998）沿用了 Chang 的分区方法，但加入了第 6 个区，即柴达木盆地。每一个区的植物群落有很大差异，包括植物的组成种类和结构，影响因子包括海拔、坡向、径流、降水等（Chang，1983）。Chang 和 Gauch（1986）描述了西藏西部的 26 个植物群落，Achuff 和 Petocz（1988）在青藏草原北部的新疆阿尔金山一带鉴定出 18 个群落。平原植被呈水平宽带状分布，而在山坡地植被呈垂直狭窄带状分布，这都受到降水和海拔的影响。

中国全国草地资源调查完成于 20 世纪 80 年代，根据各地的气候、湿度指数、植被类型以及对畜牧业的重要性贡献将全国草地分为 17 个类型。每一大类下又分许多小类。表 8-1 列出了草原的 17 个类型。

表 8-1　青藏高原的草地类型

类　　型	面积（万公顷）	占草地总面积比例（%）
温性草甸草原	21.0	0.16
温性草原	383.3	2.92
温性荒漠草原	96.8	0.74
高寒草甸草原	562.6	4.28
高寒草原	3 776.2	28.75
高寒荒漠草原	867.9	6.61
温性草原荒漠	10.7	0.08
温性荒漠	208.4	1.59
高寒荒漠	596.7	4.54
热带草丛	0.9	—

（续）

类　　　型	面积（万公顷）	占草地总面积比例（%）
热带灌草丛	2.8	0.02
温带草丛	0.1	—
温带灌草丛	14.0	0.10
低地草甸	116.8	0.88
温带高山草甸	606.7	4.61
高寒草甸	5 865.2	44.64
沼泽	2.1	0.01
总计	13 132.2	99.93

资料来源：引用自 Chen 和 Fischer，1998；Ni，2002。

1. 高寒草甸

高寒草甸主要分布于青藏草原东部，占全部草地面积的 45%，主要分布于海拔 3 500～4 500 米之间，年降水超过 400 毫米的山坡地和河谷谷地。高寒草甸广泛分布于甘肃西南部、四川西南部、青海南部与东南部，并且一直水平延伸到西藏的拉萨。在高原西部，高寒草甸主要分布于河畔以及具有冰川融水的区域（Cincotta 等，1991；Schaller，1998）。土壤质地为高寒草甸土，平均深度20～40厘米，且富含有机质。土壤表层为坚实且具有弹性的草皮（Huang，1987）。Ni（2002）认为由于有厚实的草皮层，中国高寒草甸的高碳储量对全球碳循环有重要意义。

高寒草甸的建群种是莎草科嵩草属，优势植物有高山嵩草（*Kobresia pygmaea*）、矮生嵩草（*K. humilis*）、线叶嵩草（*K. capillifolia*）、四川嵩草（*K. setschwanensis*）、赤箭嵩草（*K. schoenoides*）和藏北嵩草（*K. littledalei*）。暗褐苔草（*Carex atrofusca*）、珠芽蓼（*Polygonum viviparum*）和圆穗蓼（*P. macrophyllum*）是高寒草甸上的亚优势种。高寒草甸上也存在着大量杂类草，包括火绒草属（*Leontopodium*）、银莲花属（*Anemone*）、香青属（*Anaphalis*）、蓼属（*Polygonum*）、马先蒿属（*Pedicularis*）、大黄属（*Rheum*）、点地梅属（*Androsace*）、龙胆属（*Gentiana*）、毛茛属（*Ranunculus*）、乌头属（*Aconitum*）、黄芪属（*Astragalus*）、棘豆属（*Oxytropis*）、报春花属（*Primula*）和委陵菜属（*Potentilla*）植物。禾本科植物包括垂穗披碱草（*Elymus nutans*）、垂穗鹅观草（*Roegneria nutans*）、短芒落草（*Koeleria litwinowii*）、藏异燕麦（*Helictotrichon tibeticum*）、短柄草（*Brachypodium sylvaticum*）、异针茅（*Stipa aliena*）、紫羊茅（*Festuca rubra*）、硬羊茅（*F. Ovina*）和细叶稷（*Deschampsia cespitosa*）。高寒草甸上大面积的高产草地以垂穗披碱草（彩图 8－5）

为优势种，这些草地主要分布于四川西北部、甘肃西南部和青海东部。高寒草甸中的沼泽低地以蒿草属中高度超过 30 厘米的喜马拉雅蒿草（*K. royleana*）和赤箭蒿草（*K. schoenoides*）为建群种。以柳属（*Salix* spp.）、鬼剑锦鸡儿（*Caragana jubata*）、金露梅（*Potentilla fruticosa*）和杜鹃属（*Rhododendron* spp.）植物为主的灌丛植物群落在高寒草甸北部非常常见。

大多数西藏牧民和他们的牲畜聚集在高寒草甸地区。这些地方的家畜密度非常高，在青海东部、载畜率达到每平方千米 28～70 头。由于重牧以及家畜的践踏，对表层土壤产生了严重影响，造成草地大面积退化。

2. 高寒草原

高寒草原约占整个青藏高原草原的 29%，主要分布在中西部海拔 3 500～4 600 米的地区。与高寒草甸不同，这里没有草根层，土壤主要是沙砾土和粗沙壤土。高寒草原是温性草原，是在青藏草原寒冷条件下发展变化而来的（Huang，1987）。以针茅为建群种的草地上，紫花针茅（*S. purpurea*）和坐花针茅（*S. subsessiliflora*）是优势种并且常伴生有垫状植物。伴生植物主要是旱生和旱中生草本：高山早熟禾（*Poa alpina*，彩图 8-6）、冷地早熟禾（*P. crymophila*）、长秆早熟禾（*P. dolichachyra*）、垂穗鹅观草（*Roegneria nutans*）、梭罗草（*R. thoroldiana*）、冰草（*Agropyron cristatum*）、异针茅（*Stipa aliena*）、固沙草（*Orinus thoroldii*）、拂子茅属（*Calamagrostis* spp）、紫羊茅（*Festuca rubra*）、蒿草属（*Kobresia* spp.）和青藏苔草（*Carex moorcroftii*）。灌木包括金露梅（*Potentilla fruticosa*）、*Ajana* spp.、蒿属（*Artemisia* spp.）和垫状驼绒藜（*Ceratoides compacta*）。杂类草有二裂委陵菜（*Potentilla bifurca.*）、白花胡枝子（*Dracocephalum heterophyllum*）、阿尔泰狗娃花（*Heteropappus altaicus*）、马先蒿属（*Pedicularis* spp.）、葱属（*Allium* spp.）、棘豆属（*Oxytropis* spp.）、黄芪属（*Astragalus* spp.）和一些垫状植物如垫状点地梅（*Androsace tapete*）、垫状蚤缀（*Arenaria musciformis*）和小叶棘豆（*Oxytropis microphylla*）等。

沿着雅鲁藏布江流域以及在喜马拉雅降水笼罩的山麓，在海拔 3 500～4 000 米的河谷冲积地和低矮山坡上，优势植物主要为禾本科植物，包括三刺草（*Aristida triseta*）、本氏针茅（*Stipa bungeana*）、白草（*Pennisetum flaccidum*）、垂穗披碱草（*Elymus nutans*）和固沙草（*Orinus thoroldii.*）。灌木有 *Artemisia webbiana*、小檗属（*Berberis* spp.）、沙生槐（*Sophora moorcroftiana*）、白刺花（*S. viciifolia*）、棘枝忍冬（*Lonicera spinosa*）、薄皮木（*Leptodermis sauranja*）和毛蓝雪花（*Ceratostigma griffithii*）等，它们常与禾本科植物混生或组成非常独特的群落。在山坡上部可以看到桧属灌木群落。自从河谷中心地区有农业人口定居以来，大多数草地都经历了数百年甚至数千年的连续重度放牧，已严重过牧并退化（Meiners，1991；Ryavec 和 Vergin，1998）。荒漠化及荒漠化地区的移动沙丘对于雅鲁藏布江河谷的大部分地区是个严重的威胁。

在农田的留茬地放牧（彩图 8-7）并且种植饲料作物，如芜菁，作为牲畜过冬的饲草（彩图 8-8）。

高寒草原上的许多植物都对恶劣环境有着特殊的适应能力（Huang，1987）。有些植物体表面有绒毛，可用于保持温度及反射热量的作用；有些植物具有粗大的直根用于贮存营养；有些垫状植物通过积累风吹来的土和雪来创造自己的微环境。高寒草原上植物盖度在 10%～30%，生产力通常很低（每公顷干物质少于 300 千克）。在高寒草原内部，沼泽逐渐消退，由积雪和冰川融化水形成的沼泽地以蒿草属植物为优势种。高原草原是核心放牧地，因为其比仅依靠夏季降水为水源的草原返青早（Miller 和 Schaller，1996）。高寒草原对于草地畜牧业生产非常重要（Miller 和 Bedunah，1993）。尽管在定居点周围的草原有过牧现象，但大多数高寒草原仍然保持着相当好的草原基况。Schaller（1998）估计青藏高原北部的高寒草原载畜率为每平方千米 8.7 头家畜（包括绵羊 5.71 只、山羊 2.60 只、牦牛 0.36 头和马 0.07 匹）。

3. 高寒荒漠草原

高寒荒漠草原从西藏北部一直延伸到新疆南部，该区域阴冷、干旱，其中有一大部分的区域几乎没有植被覆盖（Schaller，1998）。高寒荒漠草原约占青藏高原草原的 6%，植被类型与高寒草原相类似但其盖度更低。小灌木驼绒藜（*Ceratoides compacta*）和青藏苔草（*Carex moorcroftii*）是其主要建群植物。在这个高寒的荒漠区域中几乎没有家畜，甚至连野生的有蹄类动物的数量都很少（Miller 和 Schaller，1998）。

4. 温性山地草甸

温性山地草甸主要分布于四川西部、青海东南部和西藏东部海拔 3 330～4 200 米的林地中间，约占青藏高原草原面积的 4.6%。森林主要以云杉（*Picea* spp.）为主。主要禾本科植物有羊茅属（*Festuca*）、细柄茅属（*Ptilagrostis*）、早熟禾属（*Poa*）、异燕麦属（*Helictotrichon*）、剪股颖属（*Agrostis*）、雀麦属（*Bromus*）、披碱草属（*Elymus*）、鹅观草属（*Roegneria*）和野青茅属（*Deyeuxia*）。非禾草类植物常见有蓼属（*Polygonum*）、乌头属（*Aconitum*）、翠雀属（*Delphinium*）、大黄属（*Rheum*）、橐吾属（*Ligularia*）。常见灌木有杜鹃属（*Rhododendron*）、山梅花属（*Philadelphus*）、花楸属（*Sorbus*）、柳属（*Salix*）、绣线菊属（*Spiraea*）、樱桃属（*Prunus*）和忍冬属植物（*Lonicera*）。

5. 温性荒漠

温性荒漠分布于柴达木盆地，它是蒙古荒漠和青藏高原高寒草原的过渡带，位于青藏高原造山运动的外缘隆起地带，但是植物区系属于蒙古区系（Walter 和 Box，1983）。柴达木盆地宽 100～200 千米，长 600 千米，平均海拔 3 000 米，比蒙古高原高 1 500 米，比青藏高原低 1 500 米，曾经是一片海洋。灌木建群植物主要有沙拐枣属（*Calligonum*）、梭梭属（*Haloxylon*）、白刺属（*Nitraria*）、枇杷柴属（*Salsola*）、猪毛菜属（*Reaumuria*）、蒿属（*Artemisia*）、柽柳属（*Tamarix*）、麻黄属（*Ephedra*）、盐爪爪属（*Kalidium*）和合头草属（*Sympegma*）等。大量盐层散落在盆地中，沼泽地区生长着芦苇（*Phragmites*）群落。

（二）草地类型和植物群落分类

西藏自治区的草原分为 12 个类型（Mou，Deng 和 Gu，1992；Deng，1981；Gu，2000），表 8-2 列出了西藏自治区不同草地类型以及各个类型的优势植被群落。

表 8-2 西藏自治区草地类型和优势植被群落

草地类型	优势植被群落类型
高寒草甸	蒿草属 *Kobresia* spp.
高寒灌丛草甸	杜鹃属-蒿草属（*Rhododendron-Kobresia*）
亚高山灌丛草甸	圆柏属-北方蒿草（*Sabina-Kobresia bellardii*）
	云杉属-北方蒿草（*Picea-Kobresia bellardii*）
	高山栎-北方蒿草（*Quercus semicarpifolia-Kobresia bellardii*）
高山灌丛草原	柳属-绣线菊属-小檗属（*Salix-Spiraea-Berberis*）
高山草甸	白刺花-白草（*Sophora viciifolia-Pennisetum flaccidum*）
	白刺花-固沙草（*Sophora viciifolia-Orinus thoroldii*）
	冻原白蒿-北方蒿草（*Artemisia stracheyi-Kobresia bellardi*）
	冻原白蒿-针茅属（*Artemisia stracheyi-Stipa* spp.）
高寒草原	冻原白蒿-固沙草（*Artemisia stracheyi-Orinus thoroldii*）
	固沙草（*Orinus thoroldii*）
	虎克芨芨草（*Achnatherum hookeri*）
高山荒漠草原	长芒草-白草（*Stipa bungeana-Pennisetum flaccidum*）
	紫花针茅（*Stipa purpurea*）
	紫花针茅-蒿草属（*Stipa purpurea-Kobresia* spp.）
	紫花针茅-变色锦鸡儿（*Stipa purpurea-Caragana versicolar*）
高山荒漠	紫花针茅-羊草（*Stipa purpurea-Festuca ovina*）
	沙生针茅（*Stipa glareosa*）
高寒荒漠	沙生针茅-驼绒藜（*Stipa glareosa-Ceratoides latens*）
	变色锦鸡儿-沙生针茅（*Caragana versicolar-Stipa glareosa*）

（续）

草地类型	优势植被群落类型
高寒垫状植被	变色锦鸡儿-驼绒藜 （Caragana versicolar - Ceratoides latens）
湖盆河谷草甸	灌木亚菊-沙生针茅 （Ajania fruticulosa - Stipa glareosa）
林间草甸	驼绒藜-针茅属 （Ceratoides latens - Stipa spp.）
	驼绒藜 （Ceratoides latens）
	青藏苔草 （Carex moorcroftii）
	垫状驼绒藜-青藏苔草 （Ceratoides compacta - Carex moorcroftii）
	垫状驼绒藜 （Ceratoides compacta）

资料来源：引自 Mou，Deng 和 Gu，1992；Gu，2000。

（三）植被特性

西藏草原植被特征随特定的类型、地形、土壤、降水和放牧历史等存在很大的变化。一些重要的植被特征对于阐明放牧地动态变化是非常有帮助的，这包括植物组成、生产力和牧草的养分组成等。

五、植被组成

表 8-3 为藏北羌塘野生动植物保护区中高寒草原和高寒荒漠的植物组成种类，该地区平均海拔 4 800 米，年降水量大约 250 毫米。主要禾本科植物只有紫花针茅（Stipa purpurea）一种。高寒草原的山坡上禾草较少，而杂类草很多。高寒荒漠上莎草科植物变得更重要，占全部植被组成的 48%～70%，其中多为青藏苔草（Carex moorcroftii）。表 8-4 为青海东部高寒草甸和温性草甸草原上植被的平均种类组成。高寒草甸中禾草类只占到植被种类组成的 8%，而莎草类的比例高达 40%，其他为杂类草。温性草甸草原中占比例最大的是禾草类（68%）。

表 8-3 藏北羌塘野生动物保护区植被组成（%）

类 型	平原	高寒草原平原区	山地	高寒荒漠	草原
禾草类	61.9	58.8	29.8	42.7	17.5
莎草类	15.2	28.5	22.8	48.5	69.8
阔叶类	17.5	10.6	35.2	6.2	9.3
灌木类	5.4	2.1	12.2	2.6	3.4

资料来源：引自 Miller 和 Schaller，1997。

表 8-4　青海省海南藏族自治州草原植被组成（％）

类　　型	高寒草甸	温性草甸草原
禾本科	8.2	68
莎草科	40.70	3.87
豆科	4.05	2.45
可食杂类草	29.33	18.68
不可食杂类草	17.72	7.00
总计	100.00	100.00

资料来源：Lang，Huang 和 Wang，1997。

六、草地生产力

草原地上生物量的变化相当大。高寒草甸是最高产的草地类型之一，年平均干物质产量能达到每公顷 1 000 千克。荒漠草原生产力很低，年平均生产干物质每公顷只有 100～200 千克。表 8-5 列出了不同草地类型的年平均干物质产量和载畜率。Harris 和 Bedunah（2001）在甘肃阿克塞县内的研究表明，地上生物量的平均变化幅度，可以从荒漠灌丛的每公顷 115 千克干物质到荒漠半灌溉草甸的每公顷 790 千克干物质（表 8-6）。

表 8-5　青海省海南藏族自治州不同草地类型年平均干物质产量和承载力

草原类型	干物质产量（千克/公顷）	载畜率［公顷/（畜·年）］
高寒草甸	934	0.78
温性草甸草原	623	1.17
高寒草原	594	1.23
温性荒漠草原	345	2.11
温性荒漠	228	3.19
低地草甸	1 341	0.54

注：畜＝家畜单位。

资料来源：Lang，Huang 和 Wang，1997。

表 8-6　甘肃省阿克塞县不同植被类型（海拔 3 100～4 400 米）的产量（地上干物质 千克/公顷）

植被类型	产　量	优　势　种
荒漠灌丛	115	合头草（*Sympegma regelii*），红砂（*Reaumuria soongarica*）

（续）

植被类型	产 量	优势种
荒漠草原	167	猫头刺（*Oxytropis aciphylla*），毛穗赖草（*Leymus paboanus*），沙生针茅（*Stipa glareosa*）
高寒荒漠灌丛	141	垫状驼绒藜（*Ceratoides compacta*），沙生针茅（*Stipa glareosa*）
高寒草原	245	紫花针茅（*Stipa purpurea*），早熟禾属（*Poa* spp.），羊茅属（*Festuca* spp.），青藏苔草（*Carex moorcroftii*）
荒漠半灌溉	790	苔草属（*Carex* spp.）
草甸和沙地	423	苔草属（*Carex* spp.），毛穗赖草（*Leymus paboanus*），针茅属（*Stipa* spp.），蒿草属（*Kobresia* spp.）

资料来源：Harris 和 Bedunah，2001。

（一）牧草养分

大多数草原牧场，除少量的干草和购买的精料外，天然牧草是家畜营养的唯一来源，因此了解牧草的养分动态和牲畜需求的关系以及牧草养分动态变化至关重要。了解牧草生长的时空动态变化对家畜生产也非常重要（Sheehy，2000）。

表 8-7　青海省果洛藏族自治州植物粗蛋白（CP）和总消化养分（TDN）（％）

时　期	禾　草		杂 类 草		灌　木	
	CP	TDN	CP	TDN	CP	TDN
6 月下旬	16.12	79.48	16.60	85.43	19.14	83.11
7 月下旬	15.02	78.21	14.95	83.93	17.76	82.56
9 月中旬	10.47	79.61	10.46	83.77	9.97	80.69

资料来源：Sheehy，2000。以干物质比例计算

对青海省果洛藏族自治州高寒草甸的调查得出的关于牧草养分的结果出人意料。表 8-7 列出了三类牧草在三个不同生长阶段的平均粗蛋白（CP）含量和平均总消化养分（TDN）的数值。调查中发现，这里牧草的一个重要特征是在生长季末其蛋白质含量和营养成分含量高，使进入秋、冬季节后牲畜可以获得的养分总量远高于其他放牧生态系统。这也意味着：①青藏高原草原仍可以为家畜提供足够的营养物质，以供牲畜度过牧草非生长季节；②即使是退化植被也含有相对较高的养分；③对草地的家畜承载力需要使用营养成分和可采食营养物质的产量进行评价（Sheehy，2000）。

（二）草地退化

当前青藏高原草原大约 1/3 的放牧地正处于中度或者重度退化状态，面临

的问题是在现有利用方式下如何保持草原长期的可持续发展（Sheehy，2001）。在西藏，1980—1990 年草地退化面积从 18％增加到 30％。草地退化在那曲逐渐受到关注，退化草地面积占西藏自治区退化草地总面积的 40％（Ciwang，2000）。

严重退化的高寒草甸通常被称为"黑土滩"，蒿草建群的群落退化到一定程度，绝大多数莎草科植物和相关禾草都已消失，仅留下一年生植物和裸地。对这种退化的动态过程还没有完全阐明，通常认为是过度放牧和鼠害造成的，但是越来越多的证据显示气候的改变和干旱可能是导致植被退化的主要因素（Miehe，1988），家畜可能只是加速了自然生态进程而并非根本原因。

七、青藏畜牧生产体系

青藏畜牧业体系是牧民在对环境的长期适应中形成的（Ekvall，1968；Goldstein，1992；Goldstein 和 Beall，1991；Miller，1999b）。牧民将各种家畜混合饲养时，在家畜物种、类型和混合放牧地的利用方面，是根据季节和年度的变化来选择的。牧民用畜产品交换粮食和生活必需品（彩图 8-9），农区和牧区之间形成了非常紧密的贸易联系（彩图 8-10），传统畜牧业不仅仅是以生活所需为导向的。青藏草原的畜牧业与除蒙古以外的其他半干旱地区有明显的区别，因为它与农区的生态差别是由温度而不是水分形成的（Ekvall，1968；Barfield，1993；Goldstein 和 Beall，1990；Miller，1998a）。对寒冷的青藏草原有着特别适应能力的牦牛，是青藏草原畜牧业的标志（彩图 8-11）。

（一）历史和文化

青藏草原的早期牧民很可能从 4 000 年前就开始饲养家畜（Barfield，1989；Lattimore，1940）。早在夏朝（公元前 2205—1766），昆仑山脉中的游牧民族羌族就能制作精美的羊毛织物。商朝时（公元前 1766—1027）青藏高原东部的游牧民族就以牧养马匹而闻名。青藏高原畜牧业由于中亚的游牧民族带来绵羊、山羊和马而逐渐发展。青藏高原的黑色牦牛毛帐篷（彩图 8-12 和彩图 8-13）与阿富汗、伊朗和伊拉克的山羊毛帐篷非常相似（Manderscheid，2001）。在青藏高原驯化的牦牛能够帮助游牧民族利用海拔更高的草原（Miller 等，1994）。

青海大多数牧民都是藏族，也有少数蒙古族和哈萨克族。整个草原人口密度小于每平方千米 2 人（Ryavec 和 Vergin，1998）。藏语作为文字和语言已经有 1 300 年的历史。近 10 年来，草原上多数牧民建起了居所和畜舍，他们每年在传统的冬、春牧场停留 6～7 个月。绝大多数牧民会"定居"一段时间，但仍保持传统的游牧的方式。

（二）畜群管理

虽然畜群结构和规模不同，但整个草原上的牧民的放牧方式都很相似。牧民们对挤奶和干奶期牦牛（彩图8-14和彩图8-15）、杂交牦牛、绵羊（彩图8-16）、山羊和马进行混合放牧。整个高原上牦牛是畜牧业的代表，它们适合在乡间崎岖的道路上行进，尤其是高海拔地区和雪地（Ekvall，1974）；牦牛粪还是很重要的燃料。藏语中"牦牛"一词同时也是财富的意思。在青藏草原西部，绵羊和山羊是最重要的畜种，因为它们比牦牛更适应当地的植被，同时也作为奶源供应；在东部，牦牛则作为所有游牧牧民的奶源。羊肉比其他肉类受欢迎。山羊可以产绒、肉和奶，藏羊绒也是世界最好的羊绒之一。绵羊、山羊和骆驼（彩图8-17）也经常被用作驮畜，但是在长途运输中，它们的角色各不相同。马起初作为坐骑，但是逐渐也用作驮畜，母马也不被挤奶，藏民也不吃马肉。20世纪80年代实行家庭联产承包责任制以来，家畜属于每个牧户。每个牧户各自负责自己的家畜生产、畜产品加工和销售。

畜种比例和畜群大小随草地状况和不同家畜对环境适应性而有差异。表8-8列出了从西到东1 500千米16个乡镇、县的畜群组成。例如，西藏自治区的双湖县牦牛只占全部家畜的4%，而在东边1 200千米以外的四川红原县牦牛比例高达85%。双湖县气候干旱，高寒草原的植被更适宜饲养绵羊和山羊。红原县气候相对湿润，主要植被类型为高寒草甸，适合养殖牦牛。同一个地理区域内，畜群组成还受劳动力技能水平、喜好和供应量的影响。甘肃西南的碌曲县靠近四川阿坝州和红原县，两地草原类型比较相似，但是碌曲县政府鼓励牧民养绵羊，因此当地绵羊比例远高于邻县。

表8-8 各县、乡牧户的平均牲畜数量及种类

行政单位	牦牛（头）	绵羊（只）	山羊（只）	马（匹）
西藏双湖县	18	282	107	4
西藏尼玛县	14	220	144	2
西藏安多县	45	189	25	4
西藏那曲县 Takring 镇	31	57	13	1.5
西藏那曲县 Tagmo 镇	30	54	11	1.5
西藏聂荣县	27	46	8	1.4
四川阿坝州	70	34	0	6
四川红原县	85	7	0	5
甘肃玛曲县	46	48	0	6
甘肃玛曲县曼日玛乡	51	71	0	6
甘肃玛曲县尼玛镇	46	81	0	1.8
甘肃碌曲县	33	65	0	2

资料来源：访问和政府记录。

整个草原上牧户饲养的牲畜数量有很大差异。西藏的双湖县一个达到中等水平的五口之家，饲养约280只绵羊、100只山羊、18头牦牛和4匹马。在那曲县一个五口之家一般拥有60～80只绵羊和山羊、30～35头牦牛和2匹马。在那曲，富裕家庭拥有大约200～300只绵羊和山羊以及100头牦牛。四川西北的红原县一个典型牧户拥有80～100头牦牛、5匹马、没有或者有少量绵羊。在红原县一个家庭饲养的80～100头牦牛中只有30～40头是乳用母牛。西藏日喀则地区的西北部，最富有的六口之家拥有286只绵羊、250只山羊、77头牦牛和8匹马。

畜群结构能够反映牧民在畜群管理中的特点。在日喀则西北部60%的成年山羊和绵羊都是母羊，成年公羊占30%，但是牧民收入的重要部分就是来自成年公羊的羊毛和羊肉。在牧区家畜全年放牧，冬春两季会刈割部分干草饲喂体弱的家畜。近几年，一些牧民种植牧草留作冬春季放牧或作干草储备。

（三）游牧

依据当地环境条件，牧民为了更好地保护草场和提高家畜生产力，实施定期轮牧这一传统的粗放型管理模式是有效的手段。根据不同的管理和生产目标，将放牧地分成不同的季节牧场。牧民的迁徙是由复杂的社会结构决定的，并且受到社会体制的制约。虽然现在定居是一个趋势，迁移放牧逐渐受到限制，但是游牧对绝大多数牧民来说依然必不可少（彩图8-18）。粗放型放牧管理体系就是围绕牲畜的季节性迁徙来设计的，家畜在夏季牧场和为度过漫长冬季而储备牧草的秋、冬牧场间迁徙。今天数量庞大且繁荣的青藏高原草地牧业人口，就是他们对当地自然资源和草地畜牧业技巧熟练掌握的出色证明。大多数放牧生态系统都保持了完整的特有植物群系和野生动物群系，尽管经历了数百年的草地畜牧业生产，生态系统仍然具有缓冲能力。然而今天，在整个青藏草原上行之有效的传统畜牧业和放牧管理体系正随着现代社会的发展而发生改变。

（四）土地所有权

1949年以前西藏的土地归封建政权下的宗教和贵族阶层占有（Goldstein和Beall，1990）。富有并掌握权力的寺院占有大面积的草地、无数牧场和大量的财物。牧民被束缚在土地上不允许离开，但他们可能拥有自己的家畜并且能自主管理，他们给地主交税并且提供劳力。

按照传统，草原资产会被划分为许多草场，并将边界记录在册（Goldstein和Beall，1990）。牧民根据养畜的数量得到牧场，包括用于不同季节放牧的多种牧场。草场产权由专人管理，管理者强制制定牧场边界。牧民们在管理草场和牲畜时彼此独立，并没有开放的公共放牧地。每3年进行一次人口普查，并在不同家庭中重新分配草场，这种分配调节着草场上的草畜平衡。为了保持每片草场上放牧一定数量的畜群，牲畜数量增加的牧民可以分到更多的草场，而牲畜数量减少的家庭会失去相应的土地（Goldstein 和 Beall，1990）。

许多地区的牧民组织起以血缘、家族群体为基础的部落，这些群体的规模不同，每个群体都能够对不同类型的土地在不同的季节拥有使用的权力。每个群体是由 5～10 个牧户组成的"露营地"，每个"露营地"都有权利在广阔的"部落"领土范围内拥有季节性牧场。自然景观特征，如山脊和河流常作为牧场边界（Levine，1998）。牧民在部落领土范围内的放牧权可以继承（Clarke，1998）。

按照传统，在大牧场管理范围之外的地方，放牧权并不固定，完全取决于暴力（Levine，1998）。尽管部落对某块土地的占有权已确定，但是"扎营"权力具有更大的不确定性，除非有其他部落用武力占据该地。群体扎营地点和放牧地可以在部落领土上变化迁徙，这种迁徙由部落领袖根据营地的需求状况来决定（Levine，1998）。青藏草原东北部果洛地区的冬季营地从某种意义上讲被一个特定的群体所拥有。营地牧户对靠近冬季牧场的特定草场享有私有权（Ekvall，1954）。

1949 年以来国家对土地所有权和畜牧业结构进行了意义深远的改革。20 世纪 50 年代，在全国推行的土地改革中，草原被国有化，贵族和有地位的僧侣失去了地产。1982 年草原国有化被写入法律（Ho，2000）。20 世纪 50 年代末和 60 年代，建立了人民公社，土地所有权归生产队，草原被视为集体财产，当时实际上是国家和集体共同占有草原，所有的牲畜都是公社财产。牧民变成了牧户，共同拥有公社的牲畜。在人民公社时期，游牧在继续，畜牧业生产的草地面积并未减少。

1978 年后中国推行了农业领域的体制改革。农村体制改革在中国东部展开，人民公社和国有农场解散，土地在家庭联产承包责任制下重新分配（Ho，1996）。在农区农民可以出租土地，土地使用权可以转包或者继承。承包制使农业土地所有权得到规范，随着 1985 年《中华人民共和国草原法》（以下简称《草原法》）的颁布，承包制也应用于草原地区（Ho，2000），《草原法》规定国家或集体的草原使用权可以长期租给家庭，实际租赁期延长至 30 年，在某些特殊情况下延长至 50 年。青海大部分地区、甘肃西南部和四川西北部的牧区，许多牧民定居并且通过租赁承包了围栏牧场。这种草原的分配方式很明显是在社区和小群体的层次上进行，与人民公社时期相类似（Goldstein 和 Beall，1991）。

（五）传统畜牧业生产体系的转变

近几十年来，传统土地利用方式的改变意义深远，主要改变了草原基况、扰乱了牧民的生活。政治、社会、经济和生态上的转变，改变了之前牧民和草原间稳定的关系。

20 世纪 80 年代中期，冬季放牧地分给牧户并且建立了围栏（彩图 8 - 19）。

这种现象最早出现于青海湖地区，且很快发展到甘肃和四川的牧区。牧户对特定放牧地具有使用专有权，一般情况下，该权利受法律保护 30 年，这种专有权可以继承但是不能买卖。尚没有机制对其放牧地做出适当调整。

在西藏自治区，草原并没有分配给牧户，当个别家庭的牲畜数量发生变动时，草原分给了牧民群体。西藏草地承包过程与其他地区存在差异的一种解释是，由于草地生产力低而个人财产的支出却很高。除了西藏自治区将放牧地分给集体而不是牧户，夏季牧场的承包和围栏也成为一个新的发展方向。为了完成承包，实施"四步走"的办法，包括：

- 在夏季牧场围封 20～30 公顷用于冬末和春天放牧；
- 建立畜舍；
- 在冬季放牧点为牧民建立定居点；
- 在冬季定居点周围小面积（0.5～2 公顷）种植燕麦，用于圈养饲喂（彩图 8 - 20）。

在部分地区还采取了以下措施：

（1）围封大约 20 公顷的退化草地，并通过补播草种进行植被恢复；

（2）额外围封 20 公顷草地，施农家肥和化肥进行草地培育。

这些措施在政府和投资者支持下大范围推广，几乎整个青海、甘肃和四川都已实施，而西藏主要注重科学的养畜管理和牧民的当地定居生活。

近年来，高原上无管理可言的重度放牧使管理者认识到游牧方式需要重新调整。牧民定居、牧场承包和建立围栏，以及种植饲料作物以备严冬使用等措施用于控制大范围的草原退化。尽管这些措施起到一定的效果，如种植一年生饲草用作牲畜饲料，但是从长期生态意义来看，对草原承包、限制牧民放牧范围这些举措几乎没有人认真分析过（Miller，2000）。牧民定居的社会学、经济学效应以及土地承包后的影响也没有被验证。

Foggin 和 Smith（2000）总结出，夏、秋牧场的退化更可能是由于人为造成冬季畜群的增多，而被迫占用一部分夏、秋牧场进行放牧。畜牧业管理部门认为技术能够解决资源有限的问题，却都没有意识到冬、春牧场的增多意味着夏、秋牧场的不足，在很短的生长季期间过度放牧可能导致更多的牲畜在持续退化的草地上放牧（Foggin 和 Smith，2000）。大量的投资可能不适合用于冬、春牧场和夏、秋牧场的划分及其他辅助工程。例如，在青海省达日县，可观的投资"建设"项目后，草地状况在牲畜数量下降的情况下依然恶化。

在青藏草原上，政府管理模式总是从家畜生产的角度出发，而并不重视草地管理（Foggin 和 Smith，2000），即管理的重点是牲畜数量，其次才关注植被。随着牧区人口的增长，冬、春季重度放牧的趋势加剧。由于冬、春时节牲畜最容易因营养不良而死亡，因此扩大冬、春放牧草地或补饲是保证牲畜存活的可行办法。但这种做法只是着眼于家畜生产最大化而不顾草原的可持续性管理。

（六）暴风雪与畜牧业系统动态

整个青藏草原降水充沛的地方，畜牧业生产系统实际上是有关饲草生产的平衡管理问题，大陆性气候和周期性的气象扰动以突如其来的暴风雪形式表现出来，这给自然生态系统增添了复杂性和动态性（Goldstein，Beall 和 Cincotta，1990；Miller，2000）。暴风雪是青藏高原草原生态系统中一个基本组成部分，可能是重要的调节机制。大雪和严寒会造成畜牧业严重的损失（Cincotta 等，1991；Clarke，1998；Goldstein，Beall 和 Cincotta，1990；Miller，1998a；Schaller，1998；Prejevalsky，1876；Schaller，1998）。据报道，从 1990—1995年共有 6 起重大雪灾，每次都造成 20%～30% 的牲畜死亡。Schaller（1998）报道了，1985 年 10 月青海西南部一场罕见的雪灾，降雪厚度高达 30cm，气温降至 −40℃，大量的牲畜和野生动物死亡。Goldstein 和 Beall（1990）报道，1988年西藏日喀则西北部的雪灾造成全部羔羊和幼畜死亡。1989—1990 年冬季，西藏受灾地区损失了 20% 的牲畜。1995—1996 年青藏高原多处遭受严重雪灾，青海玉树地区损失 33% 的牲畜。夏季的损失并不常见，Goldstein 和 Beall（1990）报道了 1986 年夏季持续 5 天的降雪，一个牧区损失 30% 的牲畜。Ekvall（1974）提到冰雹对西藏畜牧业的影响。大多数的草原牲畜数量受到气候因素的影响，造成系统不稳定，如暴风雪袭击，对草原生态系统的危害更大（Miller，1997a）。

1997—1998 年的严冬，当时 9 月份一场大雪之后，低温天气使得积雪无法融化，在 11 月份时又出现了强降雪天气，积雪将牧场都覆盖了。截至 1998 年 4 月，超过 300 万头牲畜死亡，数以千计的家庭损失了全部的牲畜，一夜之间倾家荡产。1997—1998 年的严冬，那曲地区 340 万头牲畜中的 20% 营养不良，至1998 年春这个比例增加至 40%。

政府将严重的暴风雪和严寒定义为"灾害"。但是，牧民们在草原上已经放牧了数个世纪，他们将暴风雪和严寒——类似 1997—1998 年冬天的状况视为草原系统中的自然现象。放牧是一种高风险的行业，牧民应采取风险最小的策略、采用最佳的方式利用自然资源（Goldstein 和 Beall，1990；Miller，1998a）。在半干旱的牧区里相对严重干旱的区域，大量降雪对植物并不是单纯的负面影响。暴风雪不像干旱对家畜的影响是长期的，它是突发性事件，短时间内发生，且没有"预警"，但会在数天和数周后造成家畜大量死亡。

八、青藏草原的困境

为了促成当地放牧生产的转型，以便同市场经济接轨，增加产出成为制定政策的主要目标。这种转型可以通过畜群和土地的承包，牧民定居，引入减少了流动性的集约化放牧管理和牧草加工等措施来促进。尽管许多措施都达到了预期的政治或经济目标，提高了草原的社会服务功能，但却与保持草原健康和可持续性的目标相冲突，因为它束缚了自然放牧方式的流动本性（Miller，1999a；Goldstein 和 Beall，1989；Wu，1997a）。不同季节牧场间的迁徙减少或者消失，畜群结构根据商业需求而重新调整，牧民被迫成为养殖户。随着游牧方式的消失或大量减少，自然环境和放牧文化受到毁灭的威胁（Humphrey 和 Sneath，1999；Sneath 和 Humphrey，1996）。

绝大多数研究都着眼于家畜生产力的最大化，但很少有研究关注如何让牲畜在生态系统中起到有利于社会可持续发展的作用。另一个很少有人研究的问题是在牧区土地所有权如何有效承包。与政策相关的交易成本高，包括与效益相关的个人成本以及监测和强化落实草地管理政策成本（World Bank，2001）。正如世界银行（1999）所指出的，土地承包政策应在物权定义明确的前提下规定个人土地使用权，那样安全性更好而且能避免一般性错误。这些预期能激励牧民更好地管理草原，更多的为草原投入。有一种理论认为把土地和牲畜同时变成为私人财产能避免过度放牧（Banks，1997），这个方案遭到大多数草原专家的普遍反对，他们认为这种方式对理解草地家畜生产系统和制定草原发展规划的导向作用不明显。

半干旱牧区土地承包常常导致生产力低下，减少了相同土地上养育的人口数量，有时甚至是对自然资源的毁灭性利用（Galaty 等，1994）。使用权的私人化导致放牧管理失去弹性，进而意味着管理环境有风险。Sneath（1998）在内蒙古自治区的研究指出，草原退化最严重的地方也是牲畜流动性最差的地方；衡量草原退化时，流动性是比载畜率更好的指标。Williams（1996a，b）指出，内蒙古围栏草地存在很多放牧问题，如在脆弱草地上增加放牧率，为保护小块独立的农田而很少进行投资，结果对产量及管理很差的饲料生产造成大面积的土地风蚀和土壤侵蚀。

许多繁荣的牧业群体仍然居住在青藏高原，就是得益于他们对草原和牲畜的广泛了解。混合放牧能最大限度地利用草地，但是需要复杂的管理措施。混合放牧也能最大限度减少暴风雪和疾病带来的损失。正如 McIntire（1993）在非洲所发现的，典型的传统放牧系统——低生产力、牧草与家畜生产的易变性、低生产密度以及很高的市场交易成本——表明当地传统的土地、劳动力和资本市场都没有得到充分发展。然而西藏人经常通过人际关系来解决劳动力需求问题，在不考虑财产权属下管理草地，在金融市场之外把牲畜作为财产分配。

越来越多的证据表明，西藏牧区现行政策是基于一些不完善的信息，如有关畜群大小和关于破坏草地系统不正确的假设。现行政策和投资共同推动中国西部地区的发展，帮助牧民脱贫，这意味着此前许多潜在的生态和社会经济问题已经得到适时的应对。Goldstein，Beall 和 Cincotta（1990）也指出，用一些不完善的信息、偏见和未经验证的假设来贯彻落实现代资源保护和发展，这将破坏牧区的生活方式，将会酿成一场历史悲剧。

九、放牧迁徙

现今的草原上，几十年前还终年住在帐篷里的牧民们已盖起了砖瓦房（彩图 8-21）、畜舍并围起了私有的冬季牧场。是否"草原上的固定居所"无奈地象征着自由放牧方式的消亡？或还存在着游牧并保留这种传统生产方式精髓的可能性？

强调按照西方模式让牧民定居，进行集约化农场管理，保守的放牧和进行草地围栏导致了全球范围内政策和规划的误导。游牧的形式既不是怀念那些过去的美好日子，也不是让牧民们保持现状（Niamir-Fuller，1999），它是探索合适的政策、法律框架和支撑体系，以促进放牧系统向着经济、社会和环境可持续的方向发展。它提供了一个框架来分析与资源、牧民、生活方式和公共财产制度相关的问题。游牧的形式不仅给游牧生产系统一个存在的理由，也试图纠正由重视集约化生产导致的生态系统的不均衡（Niamir-Fuller，1999）。

游牧迁徙提倡的牲畜迁徙是青藏草原可持续发展的必不可少因素，只要牲畜能保持流动性，房屋、畜舍、私人围栏、冬春放牧和干草生产就能协调共存。"关键放牧点"和高产放牧小区的重要性不可忽视。将各家的牲畜聚成一个大的畜群在公共草场上放牧是一种寻求新的公有财产制的解决方案。游牧迁徙应通过将风险最小化和缓冲风险来解决不确定性，同时在畜群的分散方式和实际操作流程上需要达成一致。

十、总结

青藏草原畜牧业经济和环境可持续发展在有效监督下稳步进行，但是很少有草原生态学家和畜牧专家研究青藏草原，制定政策时缺乏必要的信息限制了正确的管理和草原的可持续发展。我们对草原生态系统的动态和生态演变过程的信息知之甚少，关于植被功能和放牧对草原生态的影响等许多问题都没有解决。食草动物和植物资源的关系，家畜和野生食草动物的关系都急需更多更深层次的研究。

对于青藏草地而言，在生态系统的动态和草原发展方面需要更多新的观点和信息。单一顶级的平衡群落的植物演替理论，已经无法充分解释半干旱和干旱草地生态系统中的复杂连续演替（Stringham，Krueger 和 Thomas，2001；Westoby，Walker 和 Noy-Meir，1989a）。这种认识催生了对选择理论的研究，选择理论更合理地解释了草原生态系统的动态，包括多重连续演替，多重稳态和稳态与过渡进程的选择理论逐渐被更多的人接受。因此在青藏草原上，传统的环境和承载力指标不能作为管理的有效依据。新观点包括非平衡状态下生态系统动态和半干旱生态系统的植物演替进程，并提出分析青藏草原的一个值得注意的新框架（Cincotta，Zhang 和 Zhou，1992；Fernandez-Gimenez 和 Allen-Diaz，1999；Westoby，Walker 和 Noy-Meir，1989b）。

西藏草原生产系统的社会效应和经济效应都未被充分了解（Clarke，1992；Goldstein 和 Beall，1989；Levine，1998），更多的研究应该针对如何更好地理解现行体系，如何改变现行体系以适应发展的需要。整个青藏草原区域，放牧习惯有着相当大的不同，这一点需要更多研究（Clarke，1987）。为什么不同地区的牧民采用不同的畜种构成？目前产量多少？畜产品市场需求的增加如何影响畜产品价格？牧民认为增加畜牧业生产力的机遇和束缚是什么？什么构成了管理牲畜和草原的社会结构？近些年来放牧的方式有哪些变化？这些变化产生了什么影响？解读这些相关的问题，将会对了解青藏草原畜牧系统的复杂性有所帮助。对社会经济发展进行分析的工作，是对研究人员的关键考验。在青藏草原上从当地认知规律和传统放牧方式中选择可用于新发展方式的经验也很重要（Miller，2002；Wu，1998）。

复杂的、生态的、经济的传统放牧体系得到越来越多的认可（Wu，1997b），它认为牧民所掌握的经验可能对发展规划有所帮助。传统放牧体系也使得牧民更容易认可和参与到草原发展的规划和实行中。牧民必须参与规划的制定，规划中必须考虑他们的需求和想法并把他们的经验应用其中。对于决策者很重要的一点，就是保证在发展进程中各个方面都有牧民的积极参与，并且授权牧民管理自己的发展方式。

鉴于全球其他草原牧民定居的不佳经验，青藏草原上鼓励更多本地畜牧生产体系，将会是很有意思的尝试。放牧地承包将会对草原环境产生什么样的影响？牧民是否会在自己占有的草原上过度放牧？保护草原使用权需要哪种监测程序？土地承包和围封对传统的集中养殖和集中放牧会产生什么影响？

很有必要根据草原管理、畜牧生产和农村发展来重新调整政策目标。最大限度地提高农业产出已经与现在的环境不相符，21 世纪需要生态和经济可持续发展的草原（World Bank，2001）。政策和发展战略应基于对生态后果的考量，以及牧民的需求和兴趣，选择符合社会目标的方法。青藏草原需要在草地和牲畜研究方面的投资，用以引导政策，并帮助牧民发展与生态和社会经济条件相符的技术。科学研究需要更多人参与，牧民应该在确定优先权和研究价值上扮演更重要的角色。

在改进草原资源管理，增加畜牧业生产，改善群众生活水平方面仍有发展空间。着眼多重利用，参与性发展，可持续性、经济和生物多样性的规划应当在资源管理、家畜生产和野生动物保护中通过互补的行动来实现。青藏高原草原上土地的可持续利用很大程度上取决于自然资源的使用者——西藏牧民。在这个层面

上草地资源的利用取决于基础日粮。人们的认知、动机、制度和基础设施状况都
应适当，以确保草地可持续利用。

　　青藏高原草原上可持续的草地管理和牧场发展需要做到如下几点：①增加牧
民生活福利；②给予草地退化和生态进程更多关注；③政府有意愿来解决问题。
但无论是关注程度还是政策的重视都有所不足，需要通过提高人力资源水平来履
行实施政策。地方人才缺乏是制约西藏草原可持续发展和草原管理进步的主要因
素。因此，很有必要为地方层面的人才发展构建一个合适的环境。必须重视那些
与气候、土壤、生态、畜牧生产、社会经济因素相关的各区域的变化和各区域的
特殊情况。

　　图8-1、图8-2、图8-8、图8-9、图8-11~图8-14、图8-16~图8-
18、图8-20由DANIEL MILLER提供。

　　图8-3、图8-4、图8-6、图8-7、图8-10、图8-15由S. G. REYNO-
LDS提供。

　　图8-5由A. PEETERS提供。

　　图8-19由J. M. SUTTIE提供。

参 考 文 献

Achuff, P. & Petocz, R. 1988. Preliminary resource inventory of the Arjin Mountains Nature Reserve, Xinjiang, People's Republic of China. World Wide Fund for Nature, Gland, Switzerland.

Banks, T. J. 1997. Pastoral land tenure reform and resource management in Northern Xinjiang : A new institutional economics approach. *Nomadic Peoples*, 1 (2): 55 - 76.

Banks, T. J. 1999. State, community and common property in Xinjiang : Synergy or strife. *Development Policy Review*, 17: 293 - 313.

Barfield, T. 1993. *The Nomadic Alternative*. Englewood Cliffs, New Jersey, USA: Prentice-Hall.

Barfield, T. 1989. *The Perilous Frontier: Nomadic Empires and China*. Oxford, UK: Basil Blackwell.

Cai Li & Wiener, G. 1995. *The Yak*. FAO Regional Office for Asia and Pacific, Bangkok, Thailand.

Chang, D. 1983. The Tibetan plateau in relation to the vegetation of China. *Annals of the Missouri Botanical Garden*, 70: 564 - 570.

Chang, D. 1981. The vegetation zonation of the Tibetan Plateau. *Mountain Research and Development*, 1 (1): 29 - 48.

Chang, D. & Gauch, H. 1986. Multivariate analysis of plant communities and environmental factors in Ngari, Tibet. *Ecology*, 67 (6): 1568 - 1575.

Cincotta, R., Zhang, Y. & Zhou, X. 1992. Transhumant alpine pastoralism in Northeastern

Qinghai Province: An evaluation of livestock population response during China's agrarian economic reform. *Nomadic Peoples*, 30: 3 - 25.

Cincotta, R., van Soest, P., Robertson, J., Beall, C. & Goldstein, M. 1991. Foraging ecology of livestock on the Tibetan Chang Tang: A comparison of three adjacent grazing areas. *Arctic and Alpine Research*, 23 (2): 149 - 161.

CISNR [Commission for Integrated Survey of Natural Resources] . 1995. *Atlas of Grassland Resources of China*. Beijing, China: Map Press,

CISNR. 1996. *Map of Grassland Resources of China*. Beijing, China: Science Press.

Ciwang, D. 2000. The status and harnessing of the grassland ecological environment in Naqu, Tibetan Autonomous Region, pp. 106 - 112, *in*: Z. Lu and J. Springer (eds) . *Tibet's Biodiversity : Conservation and Management*. Beijing, China : China Forestry Publishing House.

Clarke, G. 1998. Socio-economic change and the environment in a pastoral area of Lhasa Municipality, Tibet. pp. 1 - 46, *in*: G. Clarke (ed) . *Development, Society and Environment in Tibet*. Papers presented at a Panel of the 7th International Association of Tibetan Studies, Graz, Austria, 1995. Verlag de Osterreichischen, Vienna, Austria.

Clarke, G. 1992. Aspects of the social organization of Tibetan pastoral communities. pp. 393 - 411, *in*: *Proceedings of the 5th Seminar of the International Association for Tibetan Studies*. Narita, Japan.

Clarke, G. 1987. China's reforms of Tibet and their effects on pastoralism. *IDS Discussion Paper*, No. 237. Institute of Development Studies, Brighton, England, UK.

Deng, L. 1981. Classification of grasslands in Xizang (Tibet) and the characteristics of their resources. pp. 2075 - 2083, *in*: D. Liu (ed) . *Proceedings of Symposium on Qinghai-Xizang Plateau*. Beijing, China : Science Press.

Ekvall, R. 1954. Some differences in Tibetan land tenure and utilization. *Sinologica*, 4: 39 - 48.

Ekvall, R. 1968. *Fields on the Hoof : The Nexus of Tibetan Nomadic Pastoralism*. New York, NY, USA : Hold, Rinehart and Winston.

Ekvall, R. 1974. Tibetan nomadic pastoralists: Environment, personality and ethos. *Proceedings of the American Philosophical Society*, 113 (6): 519 - 537.

Ellis, J. & Swift, D. 1988. Stability of African pastoral ecosystems : alternate paradigms and implications for development. *Journal of Range Management*, 41 (6): 450 - 459.

Fernandez-Gimenez, M. & Allen-Diaz, B. 1999. Testing a non-equilibrium model of rangeland vegetation dynamics in Mongolia. *Journal of Applied Ecology*, 36: 871 - 885.

Foggin, M. & Smith, A. 2000. Rangeland utilization and biodiversity on the alpine grasslands of Qinghai Province. pp. 120 - 130, *in*: Z. Lu and J. Springer (eds) . *Tibet's Biodiversity: Conservation and Management*. Beijing, China : China Forestry Publishing House.

Galaty, J., Hjort af Ornas, A., Lane, C. & Ndagala, D. 1994. Introduction. *Nomadic Peoples*, 34/35: 7 - 21.

Goldstein, M. 1992. Nomadic pastoralists and the traditional political economy-a rejoinder to Cox. *Himalayan Research Bulletin*, 12 (1 - 2): 54 - 62.

Goldstein，M. & Beall，C. 1989. The impact of reform policy on nomadic pastoralists in Western Tibet. *Asian Survey*, 29 (6): 619 – 624.

Goldstein，M. & Beall，C. 1990. *Nomads of Western Tibet ; Survival of a Way of Life*. Hong Kong，China : Oydessy.

Goldstein，M. & Beall，C. 1991. Change and continuity in nomadic pastoralism on the Western Tibetan Plateau. *Nomadic Peoples*, 28: 105 – 122.

Goldstein，M. ，Beall，C. & Cincotta，R. 1990. Traditional nomadic pastoralism and ecological conservation on Tibet's Northern Plateau. *National Geographic Research*, 6 (2): 139 – 156.

Gu，A. 2000. Biodiversity of Tibet's rangeland resources and their protection. pp. 94 – 99, *in*: Z. Lu and J. Springer (eds) . *Tibet's Biodiversity; Conservation and Management*. Beijing, China : China Forestry Publishing House.

Harris，R. & Bedunah，D. 2001. Sheep vs. sheep : Argali and livestock in western China. Unpublished final report to the National Geographic Society. University of Montana, Missoula，USA.

Harris，R. & Miller，D. 1995. Overlap in summer habitats and diets of Tibetan Plateau ungulates. *Mammalia*, 59 (2): 197 – 212.

Ho，P. 1996. Ownership and control in Chinese rangeland management since Mao: the case of free-riding in Ningxia. *ODI Pastoral Development Network Paper*, No. 39c.

Ho，P. 2000. China's rangelands under stress: A comparative study of pasture commons in the Ningxia Hui Autonomous Region. *Development and Change*, 31: 385 – 412.

Huang，R. 1987. Vegetation in the northeastern part of the Qinghai-Xizang Plateau. pp. 438 – 489, *in*: J. Hovermann and W. Wang (eds) . *Reports of the Northeastern Part of the Qinghai-Xizang (Tibet) Plateau*. Beijing，China : Science Press.

Humphrey，C. & Sneath，D. 1999. *The End of Nomadism? Society，State and the Environment in Inner Asia*. Durham，USA : Duke University Press.

Kingdom-Ward，F. 1948. Tibet as a grazing land. *Geographical Journal*, 110: 60 – 75.

Lang，B. ，Huang，J. & Wang，H. 1997. Report on the pasture and livestock survey in IFAD Project Areas，Hainan Prefecture，Qinghai Province，China. Unpublished report. IFAD Project Office，Xining，Qinghai.

Lattimore，O. 1940. *Inner Asian Frontiers of China* . New York，New York，USA : American Geographic Society.

Laycock，W. A. 1991. State states and thresholds of range condition on North American rangelands: A viewpoint. *Journal of Range Management*, 44 (5): 427 – 433.

Levine，N. 1998. From nomads to ranchers: Managing pasture among ethnic Tibetans in Sichuan. pp. 69 – 76, *in*: G. Clarke (ed) . *Development，Society and Environment in Tibet*. Papers presented at a Panel of the 7th International Association of Tibetan Studies，Graz, Austria，1995. Verlag de Osterreichischen，Nienna，Austria.

Manderscheid，A. 2001. The black tents in its easternmost distribution: The case of the Tibetan Plateau. *Mountain Research and Development*, 21 (2): 154 – 160.

McIntire, J. 1993. Markets and contracts in African pastoralism. pp. 519 - 529, *in*: K. Hoff, A. Braverman and J. Stiglitz (eds). *The Economics of Rural Organization*: *Theory, Practice and Policy*. New York, NY, USA : Oxford University Press.

Meiners, S. 1991. The upper limit of alpine land use in Central, South and Southeastern Tibet. *GeoJournal*, 25: 285 - 295.

Miehe, G. 1988. Geoecological reconnaissance in the alpine belt in southern Tibet. *GeoJournal*, 17 (4): 635 - 648.

Miller, D. 1997a. New perspectives on range management and pastoralism and their implications for Hindu Kush-Himalayan-Tibetan plateau rangelands. pp. 7 - 12, *in*: D. Miller and S. Craig (eds). *Rangelands and Pastoral Development in the Hindu Kush-Himalayas*. Proceedings of a Regional Experts' Meeting, Kathmandu, Nepal, 5 - 7 November 1996. ICIMOD, Kathmandu, Nepal.

Miller, D. 1997b. Conserving and managing yak genetic diversity: An introduction. pp. 2 - 12, *in*: D. Miller, S. Craig and G. Rana (eds). *Conservation and Management of Yak Genetic Diversity*. Proceedings of a Workshop. Kathmandu, Nepal, 29 - 31 October 1996. ICIMOD, Kathmandu, Nepal.

Miller, D. 1998a. *Fields of Grass : Portraits of the Pastoral Landscape and Nomads of the Tibetan Plateau and Himalayas*. ICIMOD, Kathmandu, Nepal.

Miller, D. 1998b. Conserving biological diversity in Himalayan and Tibetan Plateau rangelands. pp. 291 - 320, *in*: *Ecoregional Co-operation for Biodiversity Conservation in the Himalaya* , Report of the International Meeting on Himalaya Ecoregional Co-operation, 16 - 18 February 1998, Kathmandu, Nepal. New York, New York, USA : UNDP and WWF.

Miller, D. 1998c. Grassland privatization and future challenges in the Tibetan Plateau of Western China. pp. 106 - 122, *in*: Jian Liu and Qi Lu (eds). *Proceedings of the International Workshop on Grassland Management and Livestock Production in China*. Beijing, China, 28 - 29 March 1998. Reports of the Sustainable Agricultural Working Group, China Council on International Cooperation on Environment and Development (CCICED). Beijing, China: China Environmental Science Press.

Miller, D. 1999a. Nomads of the Tibetan Plateau rangelands in Western China, Part Two: Pastoral Production. *Rangelands*, 21 (1): 16 - 19.

Miller, D. 1999b. Nomads of the Tibetan Plateau rangelands in Western China, Part Three: Pastoral Development and Future Challenges. *Rangelands*, 21 (2): 17 - 20.

Miller, D. 2000. Tough times for Tibetan nomads in Western China : Snowstorms, settling down, fences and the demise of traditional nomadic pastoralism. *Nomadic Peoples*, 4 (1): 83 - 109.

Miller, D. 2002. The importance of China's nomads. *Rangelands*, 24 (1): 22 - 24.

Miller, D. & Bedunah, D. 1993. High elevation rangeland in the Himalaya and Tibetan Plateau: issues, perspectives and strategies for livestock development and resource conservation. pp. 1785 - 1790. *Proceedings of the 17th International Grassland Congress*, New Zealand

Grassland Association, Palmerston North, New Zealand.

Miller, D. , Harris, R. & Cai, G. 1994. Wild yaks and their conservation on the Tibetan Plateau. pp. 27 - 34, *in*: R. Zhang, J. Han and J. Wu (eds) . *Proceedings of the 1st International Congress on Yak* . Gansu Agricultural University, Lanzhou, China.

Miller, D. & Jackson, R. 1994. Livestock and snow leopard s: making room for competing users on the Tibetan Plateau. pp. 315 - 328, *in*: J. Fox and Du Jizeng (eds) . *Proceedings of the Seventh International Snow Leopard Symposium*. International Snow Leopard Trust, Seattle, USA.

Miller, D. & Schaller, G. 1996. Rangelands of the Chang Tang Wildlife Reserve, Tibet. *Rangelands*, 18 (3): 91 - 96.

Miller, D. & Schaller, G. 1997. Conservation threats to the Chang Tang Wildlife Reserve, Tibet. *Ambio*, 26 (3): 185 - 186.

Miller, D. & Schaller, G. 1998. Rangeland dynamics in the Chang Tang Wildlife Reserve, Tibet, pp. 125 - 147, *in*: I. Stellrecht (ed) . *Karakorum-Hindukush-Himalaya : Dynamics of Change*. Koln, Germany: Rudiger Koppe Verlag.

Mou, X. , Deng, L. & Gu, A. 1992. [*Rangelands of Xizang (Tibet)*] (In Chinese) . Beijing, China : Science Press.

Ni, J. 2002. Carbon storage in grasslands of China . *Journal of Arid Environments*, 50: 205 - 218.

Niamir-Fuller, M. 1999. *Managing Mobility in African Rangelands : the Legitimization of Transhumance*. London, UK: IT Publications, on behalf of FAO and Beijer International Institute of Ecological Economics.

Olson, D. & Dinerstein, E. 1997. The Global 200: Conserving the World's Distinctive Ecoregions. Conservation Science Program, WWF-US, Washington, D. C. , USA

Ryavec, K. & Vergin, H. 1998. Population and rangelands in Central Tibet : A GIS-based approach. *GeoJournal*, 48 (1): 61 - 72.

Schaller, G. 1998. *Wildlife of the Tibetan Steppe* . Chicago, USA : University of Chicago Press.

Sheehy, D. 2001. The rangelands, land degradation and black beach: A review of research reports and discussions. pp. 5 - 9, *in*: N. van Wageningen and Sa Wenjun (eds) . *The Living Plateau : Changing Lives of Herders in Qinghai*. Kathmandu, Nepal: ICIMOD.

Sheehy, D. 2000. Range resource management planning on the Qinghai-Tibetan Plateau. Unpublished report, prepared for the Qinghai Livestock Development Project. ALA/CHN/9344. EU Project, Xining, Qinghai Province, China.

Sneath, D. 1998. State policy and pasture degradation in Inner Asia. *Science*, 281: 1147 - 1148.

Sneath, D. & Humphrey, C. 1996. *Culture and Environment in Inner Asia : I. The Pastoral Economy and the Environment*. Cambridge, UK: White Horse Press.

Stringham, T. , Krueger, W. & Thomas, D. 2001. Application of non-equilibrium ecology to rangeland riparian zones. *Journal of Range Management*, 54 (3): 210 - 217.

Thomas，A. 1999. Overview of the geoecology of the Gongga Shan Range，Sichuan Province，China. *Mountain Research and Development*，19（1）：17 - 30.

Vaurie，C. 1970. *Tibet and its Birds*. London，UK：Witherby.

Walter，H. & Box，E. 1983. The deserts of Central Asia. pp. 193 - 236，*in*：N. West（ed）. *Ecosystems of the World*. V：*Temperate Deserts and Semi-Deserts*. New York，NY，USA：Elsevier.

Westoby，M.，Walker B. & Noy-Meir，I. 1989a. Range management on the basis of a model which does not seek to establish equilibrium. *Journal of Arid Environments*，17：235 - 239.

Westoby，M.，Walker B. & Noy-Meir，I. 1989b. Opportunistic management for rangelands not at equilibrium. *Journal of Range Management*，44：427 - 433.

Williams，D. 1996a. The barbed walls of China：A contemporary grassland drama. *Journal of Asian Studies*，55（3）：665 - 691.

Williams，D. 1996b. Grassland enclosures：Catalyst of land degradation in Inner Mongolia. *Human Organization*，55（3）：307 - 312.

World Bank. 2001. *China：Air，Land and Water. Environmental Priorities for a New Millennium*. Washington，D. C.，USA：World Bank.

Wu，N. 1998. Indigenous knowledge of yak breeding and crossbreeding among nomads in western Sichuan，China. *Indigenous Knowledge and Development Monitor*，1（6）：7 - 9.

Wu，N. 1997a. Tibetan pastoral dynamics and nomads' adaptation to modernization in northwestern Sichuan，China. Unpublished research report（Grant No. 5947 - 97）. National Geographic Society，Washington，D. C.，USA.

Wu，N. 1997b. *Ecological Situation of High-Frigid Rangeland and Its Sustainability：A Case Study of the Constraints and Approaches in Pastoral Western Sichuan，China*. Berlin，Germany：Dietrich Reimer Verlag.

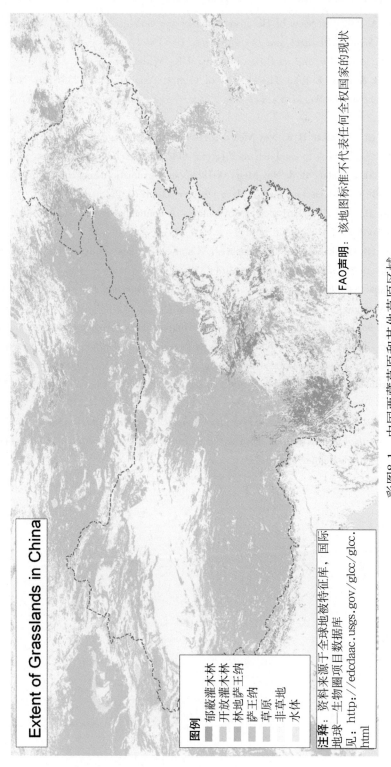

Extent of Grasslands in China

图例
- 郁蔽灌木林
- 开放灌木林
- 林地萨王纳
- 萨王纳
- 草原
- 非草地
- 水体

注释： 资料来源于全球地被地特征库，国际地球—生物圈项目数据库
见：http://edcdaac.usgs.gov/glcc/glcc.html

FAO声明： 该地图标准不代表任何全权国家的现状

彩图8-1　中国西藏草原和其他草原区域

彩图8-2　绵羊群

彩图8-3　藏野驴
(*Equus kiang*)

彩图8-4　雅鲁
藏布河谷正在收
获的小麦

彩图8-5　垂穗披碱草

彩图8-6　高山早
熟禾（*Poa alpina*）

彩图8-7　在刈割
后的留茬地放牧

彩图8-8　冬季饲喂常用的芜菁甘蓝

彩图8-9　运输羊毛的牦牛

彩图8-10　牦牛运输队

彩图8-11 牦牛
(*Bos grunniens*)

彩图8-12 具有特色
的黑牦牛毛帐篷

彩图8-13 妇女、
孩子和帐篷

彩图8-14 挤牦牛奶

彩图8-15 收奶

彩图8-16 高原上放牧的绵羊

彩图8-17　蒙古族人
和驼队

彩图8-18　高原上
的游牧生活

彩图8-19　围封
草原

彩图8-20　中国青海在羊圈周围种植冬季饲喂家畜用的燕麦

彩图8-21　朗日县夏季营地

第九章　澳大利亚草原

John G. Mclvor

摘要

澳大利亚位于南纬 11°～44°，年降水量在 100～4 000 毫米，在此形成了大范围的草原生境。澳大利亚草原地形以大量的平原和为数不多的高地为特征，本土牧草依然是放牧业中的重要组成部分。200 年前欧洲移民定居于澳大利亚，他们发展农业和引进外来动、植物给当地植被造成了巨大影响。大多数农场依靠草原上的动物产品生存。土地所有权包括自有产权和政府租赁，主体是家庭经营的农场。大多数畜产品都用于出口。干旱和半干旱热带地区用于粗放型放牧管理，在这些地区自流井和人工钻井中的水源是不可缺少的。牧草生长受季节影响明显，在旱季牲畜一般都会掉膘。中等降水区域从昆士兰东南穿越新南威尔士、从北部维多利亚延伸到澳大利亚南部，包括西南澳大利亚的一部分。作物生产系统耦合在绵羊系统中，以 2～5 年生豆科牧草为基础的草地农业系统与 1～3 年生作物轮作，这种做法在南部被广泛采用。沿海地带和东部大陆相邻处的高原是雨量充沛的区域，这里广泛采用的是播种人工草地。绵羊和牛是数量最多的畜种，其中毛用羊和肉牛占主导，但是在一些地方乳业也很发达。与家畜竞争放牧资源的食草动物还包括大量袋鼠（其中一种）和当地野生动物。温带地区选育重点品种，并以此建立以豆科牧草为主的人工草地。热带地区人工草地的发展比较慢，主要原因就是病害影响笔花豆属牧草的生长。

一、引言

从殖民地时代起草场和放牧在澳大利亚大部分地区就占有重要位置，放牧始终是最广泛的土地利用方式，放牧场约占澳洲大陆土地面积的 70%。澳洲的土著居民以在草原上狩猎为生。18 世纪末期，欧洲殖民者将家畜引入澳洲。放牧地最初的牧草（尤其是禾草）和灌木主要是本地品种，但后来被外来物种所补充甚至替代。

笔者准备写本章时收集了大量关于澳大利亚草原的描述（如 McTaggart，1936；Moore，1970，1993；Groves 和 Williams，1981），根据 Moore（1970）对草原的定义，所有用于家畜生产的草本植物群落都是草原，包括用于放牧的原生群落和引进的植物群落，本章关注的重点是干旱草原和湿润草原，但灌溉草原也很重要（接近 100 万公顷），特别是在澳大利亚南部的一些乳业地区（澳大利亚约一半的灌溉用水用在草原上）。

二、地理位置

澳大利亚的面积达 7 680 000 千米^2，跨度从南纬 11°～44°，年降水量分布从 100 毫米至 4 000 毫米，包括沿海和内陆地区多种类型的土壤，形成大范围的草原生境。

三、自然特征

澳大利亚景观特征为大面积的平原和低矮高原（3/4 地区海拔为 180～460 米），高海拔地区较少。整个大陆分为三个主要组成部分——西部低矮高原、中部平原（大自流盆地）、东部山地（从塔斯马尼亚到昆士兰北部）。它们形成于远古时期，但一定程度受现代地壳运动的影响。这些结构决定着地貌和流域的格局。东部高地中有澳大利亚最高峰（科西阿斯科山，海拔 2 200 米），它是唯一有雪的地方，它成了东部河流峡谷和西部流域的分水岭。中央盆地有两个主要的流域——默里—达利系统，它包括了来自东南部的径流，一个流域包括艾尔湖。大自流盆地位于东部高地的昆士兰、新南威尔士和南澳大利亚的西部，来自盆地的水使得牧业得以发展，它们流过澳大利亚内陆干旱和半干旱气候的广大地区。

四、气候

（一）降水

这里年降水量变化很大，从昆士兰东北山区的 4 000 毫米以上到南澳大利亚北部的不足 100 毫米。总的来说，澳大利亚 1/3 的地区降水超过 500 毫米，1/3 降水在 250～500 毫米，剩下 1/3 降水少于 250 毫米。沿海地区降水充沛，内地降水相对稀少。大陆型季节性降水变化非常明显，从北部夏季强烈降水（如 Daly Waters，表 9-1）到西南部冬季强烈降水（如 Narrogin，表 9-1）。总降水量和分布反映出澳大利亚大陆的气候系统。11 月到次年 3 月间北端会有季风雨，这个时期热带飓风能影响澳大利亚北部的大部分地区，但是飓风非常不确定。信风给昆士兰东北沿海带来地形雨。与此相对，在澳大利亚南部大多数降水来源于 5～9 月间的锋面雨。

表 9 - 1 特定地点的气象数据

地 名	纬度(S)	经度(E)	降水量（毫米）夏季	降水量（毫米）冬季	温度（℃）最高温	温度（℃）最低温	蒸发量（毫米）
戴利沃特斯（Daly Waters）	16.26°	133.37°	625	43	38.5	11.7	2 508
凯恩斯（Cairn）	16.89°	145.76°	1 567	440	31.5	17.0	2 254
盖恩达（Gayndah）	25.66°	151.75°	510	196	32.4	6.9	2 035
查尔维尔（Charlville）	26.41°	146.26°	326	156	34.9	4.1	2 583
纳罗金（Narrogin）	32.94°	118.18°	113	391	30.9	5.6	1 646
沃加沃加（Wagga Wagga）	35.16°	147.46°	276	309	31.2	2.7	1 830
哈密尔顿（Hamilton）	37.83°	142.06°	268	432	25.9	4.2	1 311

注：雨季为 10 月到次年 3 月（夏季）和 4～9 月（冬季），最高温为最热月日最高温平均值，最低温为最冷月日最低温平均值。

资料来源：数据来源于澳大利亚气象局气候平均值。

不确定的降水、灾难性的干旱和偶尔的洪水是澳大利亚气候的写照。用百分比表现出年平均气温偏离程度可表示不确定性，最稳定的区域为西北沿海的达尔文、西南部的西澳大利亚、南澳大利亚、维多利亚、新南威尔士的沿海和塔斯马尼亚。而内陆的不确定性增加，澳大利亚草原上绝大部分降水都高度不稳定，最不稳定的地方在西海岸靠近南回归线和澳大利亚中部的地方。澳洲东部绝大多数的降水变动都与太平洋海面温度和气压变化的 ENSO 现象（厄尔尼诺-南方波动）相关。

（二）温度和蒸腾

澳大利亚的夏季从温暖到炎热（表 9 - 1）。内陆地区最高气温超过 38℃非常常见，其他地方（除东南部山区之外）也偶尔出现。澳大利亚的冬季北部温暖、南部寒冷，海拔 600 米以上的地方偶尔还会有雪。除了最北端和热带亚热带沿海，其他地区都会出现霜冻。塔斯马尼亚高地蒸腾最弱。大陆上，沿海地区蒸腾最弱，内陆蒸腾逐渐增加，澳洲中心最高达到 3 000 毫米。整体的湿润环境使得家畜冬季不需要舍饲。

（三）生长季

鉴于整个大陆降水的数量变化和分布以及温度范围，这里各个范围的生长季也就不足为奇了——从干旱内陆不固定的生长季到某些沿海地区几乎全年的生长季。Fitzpatrick 和 Nix（1970）介绍了一种通过气象资料估测生长季的方法，用指数从 0 到 1 的值变化反应光、热和湿度。A=0 表示该水平下生长停滞，A=1 表示该条件下无限制生长。3 种指标组成生长指数，用于指所有因素的组合影响。图 9 - 1 显示的 4 个点的周平均温度和湿度值来证明生长季的长度（光指数作为辐射被忽略，通常不影响生长）。在汉密尔顿（放牧和农业系统中降水最高的区域）夏季湿度限制了植物生长，但是其他季节湿度适合生长。水分有效性在秋季迅速增加，生长会不断持续，直到冬季气温成为限制因素，春季旺盛生长以后水分又成了夏季的限制因素。纳罗金（小麦-绵羊系统）夏天几乎没有湿度影响，生长主要在春、秋季，尽管冬季气温不像汉密尔顿那么严酷。位于昆士兰东北湿润地带的凯恩斯，整个雨季温度和水分水平都很高，生长的限制因素主要是旱季的水分。Charleville（牧区）全年平均湿度都很低（尽管特殊年份中湿度会很高），温度成为冬季热带作物的重要限制因素。

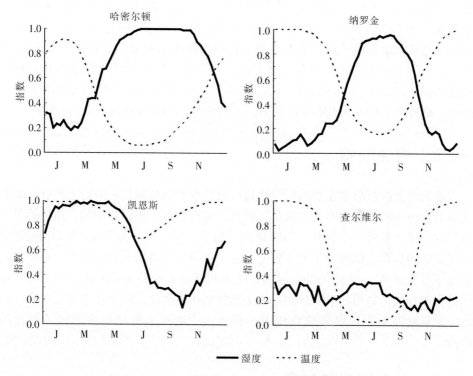

图 9-1 澳大利亚特定地区周均湿度和温度指数

五、土壤

Hubble（1970）指出澳大利亚土壤的三个特性。首先，土壤养分低，低养分土壤大面积分布且严重缺乏氮素和磷素（有些地区缺硫），同时缺乏微量元素（铜、锌、钼、钴、锰、硼）。多种元素缺乏很常见，正如 Morley（1961）所说的"澳大利亚土壤在元素缺乏的多样性和程度上是相当丰富的"。其次，表层土壤物理性状较差，通透性差，表土径流严重。结果土壤水分渗透很少，水分储存也很少。第三，土壤风化严重，质地极其不同，优质土壤（深、肥沃、灌溉良好）很少，如果气候允许通常都用于耕作，只有贫瘠的土壤用于放牧。

六、牲畜

绵羊和牛是澳大利亚的主要牲畜，但在过去 30 年中它们的相对重要性发生了显著变化。主要的绵羊品种为毛用美利奴羊，但是英国品种和其与美利奴的杂交种是重要的羔羊生产品种。1970 年绵羊数量到达 18 000 万只的顶峰，之后数量开始下降，在 1990 年再次达到 17 000 万只。羊毛市场自 1990 年以来一直不容乐观，到 2000 年时，已经下降到 1 190 万只。大多数牛都是肉牛，但在湿润的沿海地区和灌溉地区奶牛也很重要，特别是在维多利亚。1976 年牛的数量达到 3 300 万头的顶峰，而后数量一直下降，到 20 世纪 80 年代中期才停止，之后开始增加，在 2000 年达到 2 400 万头肉牛和 300 万头奶牛。内陆有些地区放牧山羊，估计野生山羊大约有 450 万只，小规模的养鹿业大约拥有 20 万头鹿。

七、野生动物

澳大利亚拥有数量众多的野生动物，包括本地物种和外来的野生种群。拥有大量的食肉动物（澳洲野狗、狐狸、野猪、乌鸦、鹰）和食草动物。还包括了一系列的袋鼠（袋鼠、小袋鼠）和驯化种（兔子、驴、马、骆驼）。自 20 世纪 50 年代黏液瘤病毒大幅减少了兔子种群，它一直都是家畜最大的竞争者，近来又流行兔子萼状病毒（rabbit calicivirus）。澳大利亚没有可以与非洲或美洲的一些地区的大型食草动物相匹敌的动物，本土植物是在轻度放牧的条件下进化而来，因此，自从欧洲人定居以来放牧压力不断增大，给本土植物存活带来了严重的挑战。

八、社会因素和制度

（一）人口

澳大利亚有人类定居的日期记载一直备受争议，但是土著人在澳大利亚居住的历史已经超过 6 000 年了。他们主要靠狩猎为生，通过对火的广泛应用来诱捕猎物和辅助打猎，同时也对草原产生主要影响。

与长期在澳大利亚居住的土著人相比，欧洲殖民者定居在这片土地的时间仅仅只有 200 多年，但是在这短暂的时间里他们有意识（砍伐树木、农业耕种并引入外来物种、施肥、放牧家畜等）和非意识（杂草和病虫害防治）的行为均给植被带来了巨大影响。殖民地扩展迅速，到 19 世纪末，殖民者几乎占据了所有适宜居住的地方，移民的数量迅速增多。尽管这种扩展迅速，但是人口仍然只集中在主要几个大城市和沿海区域，内陆地区人口稀疏。澳大利亚约 80％的地区，包括所有草原区域（见上文），其人口密度少于每平方千米 1 人。例如，昆士兰州东南部的迪亚曼蒂纳希雷（Diamantina Shire）县的土地面积是 94 832 千米^2，2001 年人口普查时常驻人口仅为 319 人。

（二）政治体制

直到 1901 年，澳大利亚联邦政府成立，将英国原来在澳大利亚自治的 6 个殖民地改为州，建立了州、地方等各级政府，特定的权力（如国防、移民、社会福利）由联邦政府控制。许多影响农业的重要政策仍然保留在州的职责范围内，包括土地使用和所有权，水供应和病虫害及毒害草的防治等。

（三）土地使用权和所有权

澳大利亚放牧地的使用权是自由保有和向政府租赁的结合形式。自由保有在雨量充沛的地区非常普遍，租赁制是澳大利亚热带和内陆干旱区广阔放牧地上的最主要使用形式。总体上，仅有约 10％的土地是私有的，但是这个比例在不同州和地域内变化很大，从北部区域土地私有不到 1％到维多利亚的近 60％。租赁时间在不同的州之间也变化很大，从 1 年期到永久性的，虽然大部分的租赁是长期的，但是条件也有变化，例如，设施的改善（建筑设施、围栏和供水能力）和载畜量的变化等。在过去的 10 年中发生了一些重要变化：增加了有关土著居民草地承租权的不确定性；更加强调草地租赁中的土地状况；植被管理，尤其是与清除树木相关的自由保留土地的管理与利用的限制越来越多。

澳大利亚 14.5 万户农户中大约有 9 万户农户依靠人工草地和天然草地进行动物生产（Anon，1999）。家庭所有或经营的农场，草地畜牧业仍然是澳大利亚农业结构的主体。澳大利亚农业和资源经济局（ABARE）1994—1995 年的调查表明，99.6％的大规模农业生产（放牧地、耕作）和奶牛场是家庭所有，只有0.4％是公司所有（至少部分是公有公司所有）（Martin，1996）。肉牛业公司所有很普遍，尤其是在澳大利亚北部。然而，即使是在牛肉业中，1996—1997 年仅有 1.1％的特有牛肉专卖店属于公司所有（Martin 等，1998）。肉牛企业土地占有份额更大（占企业总占地的 47％），且拥有较多的牛（占饲养牛数量的19％）。家庭所有制式的农场在新南威尔士有 31％，昆士兰有 28％和维多利亚有26％，但是公司农场主要分布在昆士兰（占 40％）和北部（占 32％）。农场的数量由于资产合并而减少，数量在过去的 40 年中减少了一半。

（四）土地管理部门的职责

澳大利亚宪法规定土地管理是州政府的职责。所有州和领地都由土地部门负责与管理其相关的事宜。欧洲殖民者早期主要是占据土地并建立和维持农业生产，19 世纪 50 年代的淘金热后，由于需要大量的小农场刺激农村经济发展。19 世纪 60 年代通过了《城镇定居法案》（Closer Settlement Acts），政府通过城镇定居计划来促进农村的发展，这一计划一直到 20 世纪 70 年代依然很重要，尤其是在两次世界大战后。这种对农业生产的重视一直持续到最近，目前重点已经放在了土地管理的问题上。

（五）市场体系

农业生产虽然受私有化的约束，但是澳大利亚农产品生产有多种市场机制。但随着 1992 年羊毛最低保护价的取消，这些机制对草地农产品生产来说已经不再重要。

多数来自草地的产品用于出口。1994—1997 年 3 年间（ABARE，1998）澳大利亚平均生产了 180 万吨牛肉和小牛肉、5.82 万吨羊肉和羔羊肉，其中分别有 42% 和 56% 都用于出口。全脂奶的平均产量是 86.5 亿升，虽然只有一小部分（7 100 万吨）用于出口，但 7.39 万吨奶产品（黄油、奶酪、全脂奶粉、脱脂奶粉、酪蛋白等）中的 64% 用于出口。这一时期羊毛的平均产量是 71.8 万吨，但是出口量受期货涨跌的影响，这意味着国际市场价格对生产者的赢利影响很大。

（六）草地农业和牧业系统

许多因素影响一个地区所采用的农业系统，如气候、生长条件、土壤类型和地形、市场以及距市场的距离、可获得的劳动力等。动物生产系统按照澳大利亚农业和资源经济局（ABARE）简单地分成三个产业区，草原区、小麦-绵羊区和高降水区。这样的划分主要与土地和资源利用方式及商品生产有关。

1. 草原区

这个区包括了干旱和半干旱区以及北部热带的大部分地区。该区的农业土地利用特征是原生植被的粗放放牧利用。虽然也进行一些耕种，但是由于降水不足而不可行。土地集体所有在这个区域比在其他两个区域更为重要。

在干旱内陆地区原生植被自 19 世纪中期就开始利用，在澳大利亚南部主要用于羊毛生产，北部和内陆地区用于肉牛生产。人工草地非常有限，因此并不重要。这个区没有稳定的生长季节，干旱频发，生产和盈利在不同年度之间变化很大。在很大区域内依靠打自流井和半自流井为家畜生产供水。肉牛在当地繁殖，只进行部分家畜的育肥，其中许多进行易地育肥，包括送到昆士兰西部的引渠灌溉的天然草地上育肥。

羊毛产业几乎全部是基于美利奴羊在天然草场上放牧，得到中等质量的羊毛。由于草地产量和质量的巨大波动性：①土地面积广阔（5 000～100 000 公顷的草地上有 5 000～20 000 只羊），②放牧率很低（每 2～40 公顷 1 只羊）。虽然羊毛生产水平令人满意，但是在严酷环境下的产羔率通常很低，尽管如此，繁殖畜群仍然是管理的主体。在谷物价格高时，此区中降水量高的地方可种植一些谷物，但动物产品仍然是收入的主要来源。

热带放牧草地分为夏季牧草生长季、冬季干旱。在生长季开始时植物生长迅速，牧草质量高，但是随后牧草质量下降很快；动物在生长季节增重，而在旱季掉膘。肉牛生产是土地的主要利用方式。开始所有肉牛都是黄牛（*Bos taurus*）品种（尤其是短脚牛），现在几乎都是适应性更强的瘤牛（*Bos indicus*）或其杂交种，其耐热力更强、抗扁虱能力强、草地放牧能力提高、采食量增加（Frisch 和 Vercoe，1977；Siebert，1982），这类牛有着优异的生长性能、繁殖表现和存活力。

本区是异地育肥牛的重要来源地，产品主要为分割牛肉，出口到美国市场。在过去的 10 年中，在东南亚发展并形成了重要的活牛贸易。这对澳大利亚西北部的肉牛生产者尤其重要，因为他们与这些市场的距离更近，而与澳大利亚本国的市场与屠宰场的距离远。热带放牧地的范围从沿海和昆士兰中部的高生产力区域到金伯利和的亚约克半岛。这些地区间有较大的差异：沿海和昆士兰中心地区，草地和畜群小一些（不到 1 万公顷的草地承载 500～2 000 头牛是比较典型的规模），畜牧业管理投入大，家畜生产力高，拥有亚洲市场。在边远地区，草地和畜群规模更大（20 万～50 万公顷的草地承载 6 000～8 000 头牛），但动物生产力低，活体出口、贮藏以及美国市场是最为重要的。

人工草地在昆士兰东部和中部非常重要，但是除了北部狭窄的区域外，人工草地在其他地区都不是很重要，肉牛主要依靠天然草地。一些引进的植物种，如笔花豆属植物（*Stylosanthes* spp.）、纤毛蒺藜草（*Cenchrus ciliaris*）目前已经本土化。同时利用补饲饲养（尤其是基于尿素的饲料）。谷物种植在昆士兰的中部和南部很重要，有时在草田轮作时与动物生产紧密结合。

2. 小麦—绵羊区

与草原区相比，小麦—绵羊区的气候与地形允许在通常的谷物生产外，还能进行更为密集的家畜放牧。通常在一个草田轮作当中，降雨量能满足一些牧草的需求。牧场比草原区的更小，但是比高降水量区的要大。

这个降水量的中间带从昆士兰东南部（年降水量 500～750 毫米）一直从新南威尔士的平原和坡地（300～600 毫米），延伸到维多利亚北部（300～550 毫米）和南澳的南部（250～700 毫米）。最重要的作物是小麦、大麦、燕麦、豆类谷物、豆类蔬菜和油料籽等，而高粱在北部地区很重要。美利奴羊毛生产（纤维直径中等）、羔羊育肥和肉牛生产是家畜生产的主体。作物和动物产品都是重要的收入来源，土地利用的平衡在很大程度上是依靠相关的财政收入。近年来，作物生产上升而羊毛生产下降。这里有比草原区更好的气候条件和更灵活的收入来源，因此收入更稳定。家庭牧场是本区的主体。

2～5 年期的草地与 1～3 年期的作物进行轮作的草地农业系统，这是在第二次世界大战后，南部地区广泛采用的耕作制度。草田轮作对于提高土壤肥力和打破并间断后茬作物的病害及动物生产都非常重要。几乎所有草田轮作植物都是一年生的,能够反映出生长季节的长度并且在作物阶段容易移除。地三叶(*Trifolium subterraneum*)在酸性土壤区域广泛种植,一年生苜蓿(*Medicago* spp.)在干旱的碱性土壤上种植。这些草地既能为放牧家畜提供高质量的放牧地,又能改良土壤结构并为作物增加土壤中的氮素。但是,正如随后讨论的,这些豆科植物的草地生产力已经下降了。这导致一些农民开始转向连作豆类谷物,并通过施氮肥,减少耕作来保持土壤物理状况,用豆类谷物、豆类蔬菜和油料籽实代替禾谷类作物来进行病害控制,用除草剂防除杂草。

过去的 30 年中,育肥场(将肉牛限制在棚圈中,完全由手工或机械饲喂以获得高水平畜产品)在澳大利亚日益重要。有约 800 个有资质的育肥场,能承载 90 万头肉牛的育肥。它们主要由昆士兰和西南威尔士为国内市场和出口市场(尤其是日本)服务。肉牛以前通常是以饲草为饲料,现在依据市场集中以精料日粮育肥 30～300 天(普遍育肥 90～120 天)。

3. 高降水区

这个区由沿海的大部、邻近高原的东部三个州、南澳东南部的小面积区域、西澳西南部和全部的塔斯马尼亚州组成。降水主要在夏季,在昆士兰和新南威尔士的北部是全年,南部地区主要是冬季降雨。更多的降水量、陡峭的地形,充足的地表水资源和高湿度使这个带与小麦—绵羊带相比不适宜进行谷物类作物生产,而是更适应放牧和其他作物的生产,但最近几年这里栽培谷物类新品种有上升的趋势。这些湿润地区比其他区有更长的生长季节,地三叶改良草地分布广泛,同时白三叶(*T. repens*)、多年生黑麦草(*Cocium rerenne*)也是重要草种。

羊毛、肥羔羊和肉牛生产都很重要,所有这三类生产都在草地上进行,增加收入的稳定性。农场规模从很小(通常是部分时间经营)到超过 5 000 公顷的大企业,和草原区及小麦区等农场以中等细度的羊毛生产为主相比,细羊毛生产在这些湿润区域更重要。

奶牛场仅局限在生长季长(或有灌溉)的地方,因为这些地方草场的质量高。维多利亚和新南威尔士是主要乳产品生产州。虽然精料的饲喂上升,但是畜产品仍旧是基于天然牧草和几乎全部由人工草地组成的牧场。收入来源于所有奶产品的销售和加工以及剩余牛的出售。绝大多数奶牛牧场是个体经营,家庭成员是主要劳动力。过去的 30 年,奶牛业发生了巨大的变化,农场和农民日益减少,但每头牛和每公顷的产量有了大幅度的提高。平均的畜群大小已经增加到 150 头,其中的一些会超过 1 000 头。

九、天然植被

尽管人工草地有了一定的发展,但是天然牧草仍然是畜牧业的重要基础。很多学者都对澳大利亚的植被做过分类和描述（如 Leeper，1970；Carnahan，1989；Thackway 和 Cresswell，1995）。Moore（1970）根据气候将澳大利亚的放牧地分成 13 类，以主要禾草（高禾草＞90 厘米，中等禾草 45～90 厘米，矮禾草＜45 厘米）的高度和特性以及重要物种来划分。其中的 3 类（石楠和莎草草地，小桉树草地，林地）放牧价值很小。其他 10 类的分布见彩图 9-1，并主要依据 Moore（1970，1993），以及 Tothill 和 Gillies（1992）对于北部澳大利亚草地的详细描述，分述如下。澳大利亚草地范围见彩图 9-2。

（一）热带高禾草草原

这些群落是热带林地的下层禾草，呈"弓形"在澳大利亚北部延伸，又被 Mott 等（1985）、Tothill 和 Gillies（1992）进一步分成季雨林型、热带型和亚热带型。季雨林型高禾草群落主要在西部的金伯利北部，澳大利亚最北端和昆士兰州亚约克半岛北部的降水量超过 750 毫米的地区，且降水主要有明显的干、湿季之分。相比较，热带型（昆士兰东北部）和亚热带型（昆士兰东南部）的高禾草群落很难定义，且降水模式不确定，通常年降水量小于 750 毫米。

在季雨林高禾草群落中，主要为多年生禾草毛菅（*Themeda triandra*，彩图 9-3）、*Chrysopogon fallax*、*Sorghum plumosum*、*Sehima nervosum*、黄茅（*Heteropogon contortus*）和 *Aristida* spp. 出现在热带灰化土红壤和砖化壤变性土上，以一年生禾草高粱属植物（*Sorghum* spp.）、尖叶裂稃草（*Schizachyrium fragile*）为主要的建群种的群落主要生长于沙地和疏松性土壤。黄茅（*Heteropogon contortus*）是昆士兰东部热带和亚热带型高禾草群落中的重要物种。最初，黄背草（*Themeda triandra*）是常见种，一些地区黄茅数量下降而匍匐茎繁殖的禾草孔颖草（*Bothriochloa pertusa*）和 *Digitaria didactyla* 增加。其他重要的属是孔颖草属（*Bothriochloa*）、双花草属（*Dichanthium*）、金须茅属（*Chrysopogon*）和三芒草属（*Aristida*）。无树草原由生长在干裂黏土上的双花草属植物和孔颖草属植物建群。在亚热带高禾草草原清除树木能促进草的生长，应用十分广泛，但这在热带型和季雨林型草原上并不那么重要，因为对产量的影响很小（Mott 等，1985）。

（二）镰叶相思树

镰叶相思树（*Acacia harpophylla*）森林和林地从昆士兰中部延伸到新南威尔士北部很肥沃的黏土或壤土上。其他木本物种，如桉属（*Eucalyptus*）、金合欢属（*Acacia*）、木麻黄属（*Casuarina*）、榄仁树属（*Terminalia*）也有分布。下层的本土物种很少且生产力低，主要禾草种是类雀稗属（*Paspalidium*）、孔颖草属（*Bothriochloa*）、三芒草属（*Aristida*）、虎尾草属（*Chloris*）。这些群落已经被广泛清除并利用其自然肥力来种植引进牧草（主要是禾草 *Cenchrus ciliaris*、非洲虎尾草（*Chloris gayana*）、*Panicum maximum* var. *trichoglume* 和作物。

（三）干燥地带的中禾草草原

这些草地是由广泛分布在澳大利亚北部和南部轻度贫瘠到中等肥沃土壤上的半干旱低林地中的草本层组成。在澳大利亚北部，它们主要在沿海内部的弓形地带紧邻高禾草群落，主要在西澳大利亚和昆士兰年降水量为350～750毫米地区。它们的植物种类组成变化大，建群种的范围包括三芒草属植物、虎尾草属植物、*Bothriochloa decipiens*、*B. ewartiana*、鹧鸪草属（*Eriachne* spp.）植物、马唐属（*Digitaria* spp.）植物和*Chrysopogon fallax*。一年生植物(*Sporobolus australasicus*、三芒草属植物、*Dactyloctenium radulans*) 也很重要。南方组分广泛分布在新南威尔士西部，扁芒草属（*Danthonia* spp.）、*Chloris truncata*、*C. acicularis*、*Stipa variabilis*、*S. setacea*、*S. aristiglumis* 和画眉草属（*Eragrostis*）、三芒草属、九顶草属（*Enneapogon*）、肠须草属（*Enteropogon*）的植物都非常重要。

这些林地有各种树木和灌木层。在昆士兰中部和南部及新南威尔士，清除树木始终都非常重要。主要灌木的灌木层如*Eremophila*、决明属（*Cassia*）、车桑子属（*Dodonaea*）和金合欢属植物的密度增加，使禾草产量下降并在一些地区威胁到放牧能力。

（四）温带高草草原

Dichelachne spp.、*Poa labillardieri* 和阿拉伯黄背草（*Themeda triandra*）使冬季湿润的森林能够进行稀疏的放牧，这些地区包括新南威尔士东部的石楠区域、维多利亚和塔斯马尼亚岛，干旱的硬叶常绿林中*Danthonia pallida* 也非常重要。这些草场的放牧利用价值很低，动物生产主要依靠清除植被后建立人工草地进行。

（五）温带矮草草原

除了小面积的无树草地，这些群落由生长在土壤要求宽泛的温带林地的草本层形成，从昆士兰南部经过新南威尔士和维多利亚一直延伸到南澳的西南部，其他分布区还包括阿德莱德附近地区，塔斯马尼亚和西澳的西南部。年降水量变动在400～650毫米，夏季主要出现在北部，冬季主要出现在南部。这些是最早用来饲养家畜的草地之一，已经广泛地经过清除植被、放牧、施肥和引进外来草种进行改良。它们的原生植物组成是暖季型高禾草（阿拉伯黄背草、*T. avenacea*、*Stipa bigeniculata*、*S. aristiglumis*、*Poa labillardieri*），但是自成为欧洲殖民地以来，高强度的放牧压力已经使其被冷季型矮草植物种（*Danthonia* spp.、*Stipa variabilis*、虎尾草原）和外来一年生草种［野燕草（*Hordeum leporinum*）、雀麦属（*Bromus* spp）、三叶草属（*Trifolium* spp.）]、苜蓿属（*Medicago spp.*），牻牛儿苗属（*Erodium* spp.）植物和金盏草（*Arctotheca calendula*）替代。

（六）亚高山草甸

该群落小面积的发生在无树草原上或东南部高地降水量超过 750 毫米的亚高山林地下层的酸性土壤上。主要禾本科草是早熟禾属（*Poa* spp.）植物、扁芒草（*Danthonia nudiflora*）和阿拉伯黄背草（*Themeda triandra*）。历史上，这些草地通常在初夏被焚烧后再用于夏季放牧，但是由于目前强调冬季供水、旅游和保护，放牧利用呈下降趋势。

（七）旱生滨藜中草草原

这些群落通常稀疏并以藜科灌木为特征，高度常不足 1 米，为滨藜（*Atriplex*）、地肤（*Maireana*）、*Sclerolaena*、*Rhagodia* 和 *Enchylaena* 等属的植物。在新南威尔士、南澳（彩图 9 - 4）、西澳以及昆士兰的小部分地区和北部区域降水量在 125~400 毫米的地区，这类群落很重要。灌木间的空间在雨后生长一年生禾草和杂类草，在南部这些植物主要是 *Danthonia caespitosa*、*Stipa variabilis*、*Chloris truncata* 和 *Calandrinia*、*Ptilotus*、*Sclerolaena* 等属的物种。在北部，*Enneapogon* spp.、*Eragrostis* spp.，三芒草和 *Dactyloctenium radulans* 等植物非常重要。

放牧家畜对这些群落中不同种类表现出的生产性能差异很大。新南威尔士南部的研究（Leigh 和 Mulham, 1966a、b, 1967）表明，家畜喜食多汁禾草和杂类草，然后是干燥禾草和阔叶杂草，一年生和短寿命的多年生藜科植物，最不喜食多年生滨藜属和地肤属灌木。多年生藜科植物主要作用是稳定土壤和植被，并作为草地上重要的抗旱性饲草贮备。在干旱期，藜科灌木是家畜日粮的主要组成部分。干旱和过度放牧导致藜科灌木减少，适口性好的滨藜属和地肤属植物消失。

（八）金合欢属灌木—矮草草原

金合欢灌木广泛分布在除维多利亚外澳大利亚所有干旱州的轻度贫瘠的土壤上。大灌木无脉相思树（*Acacia aneura*）是主要灌木，但是其他如金合欢属、决明属和 *Eremophila* 属物种也很重要，再加上南部地区的藜科植物。这些灌木给家畜提供了重要的"顶部饲草"，尤其是修剪或砍伐无脉相思树，可以在干旱季节给家畜提供饲草。草本层由一年生、短命多年生禾草和阔叶杂草建群。主要有画眉草属、*Monachather paradoxus*、鹧鸪草属、*Aristida contorta*、*Thyridolepsis mitchelliana*、针茅属（*Stipa* spp.）、*Neurachne* spp. 和九顶草属的牧草。通常阔叶植物为刺冠菌属（*Calotis*）、*Helipterum* 和*Ptilotus* 。

动物生产依靠草本层，草本层植物种类组成随这些干旱地区不稳定的降水时间而变化很大。冬季降雨使草地上很快出现大量的阔叶杂草（尤其是紫菀属植物）；夏季降雨使多年生和一年生禾草受益，且是牧草高产的原因。

（九）旱生草丛禾草草地

群落的建群种是米契尔草属（*Astrebla*）植物，广泛分布（4 000 万公顷）在澳大利亚北部干裂的黏土平原上，尤其是在昆士兰州。多数这类群落属温带草原、无林，但是却在大面积上散生着树木和灌木。一些地区已经被外来树种侵入，如阿拉伯金合欢（*Acacia nilotica*，彩图 9 - 5）。多年生米契尔属植物能提供稳定的干旱季节饲料储备，但是动物生产力却与短生植物、中间为中生草丛营养丰富的植物种类的生长密切相关，这些植物种主要是一年生禾草（尤其是 *Iseilema* spp.，也包括 *Dactyloctenium* spp. 和*Brachyachne convergens*）和阔叶植物如黄细心（*Boerhavia*）、黄花稔（*Sida*）、马齿苋（*Portulaca*）和番茄（*Ipomoea*）等属的植物种。肉牛采食干的一年生草本植物可以增重，但是仅依靠干的米契尔草却会减重。其他多年生禾草也很重要，如*Panicum decompositum*、*Aristida latifolia*、*Eragrostis* spp.、*Bothriochloa* spp.、双花草属植物、*Eulalia aurea* 和*Chrysopogon fallax*。

米契尔草草地是澳大利亚半干旱、干旱放牧地上生产力较高的类型。它们在耐受长时间重牧的情况下，仍然很稳定，在一些地区三芒草属植物的侵入也受到了一定关注。

（十）旱生沙丘状草地

这些群落以多年生物种*Plectrachne* 和*Triodia*（spinifex）为特征，它们占据降水量 200～400 毫米的沙地土壤中的很大区域，以及降水量稍高一点的土层浅、土质疏松的地区。*Plectrachne* 和*Triodia* 组成直径从 1～6 米的丘或隆起的土堆，整个区域中还有稀疏的灌木和小树种群（金合欢属和桉属）。这些地区具有低而不稳定的降水量，且包括放牧价值很小甚至无放牧价值的无水沙漠。在火烧后生长的三齿稃除适口性改善，其他情况下适口性差，且成熟后的草本植物品质变差，但是这些土地仍然是重要的放牧地（主要饲养牛），尤其是有适口性好的多年生种（如*Chrysopogon fallax*、画眉草属植物）存在的时候。降雨后，一年生禾草和阔叶杂类草都可以用来放牧。

十、人工草地

澳大利亚一直进行着利用选育种、外来种并以豆科牧草为重点的人工草地改

良，改良草地植物中除有意识引种外，还有很多种是意外引进本地的，如许多地
三叶品种。

　　天然植被一节中描述的本土植物群落很重要，但是在欧洲殖民者定居后不久
即开始引种。1800年以前，殖民者意识到悉尼附近草场质量很差，需要用豆科
和禾本科植物进行改良。苜蓿和三叶草是1803年在当地开始种植的非本土植物
（Davidson和Davidson，1993）。许多现在普遍利用的草地植物在20世纪早期就
被开发利用，只是利用规模比现在小很多，如多年生黑麦草（*Lolium perenne*）、
多花黑麦草（*L. multiflorum*）、鸭茅（*Dactylis glomerata*）、紫花苜蓿（*Medi-
cago sativa*）、白车轴草（*Trifolium repens*）、红车轴草（*T. pratense*）、草莓车
轴草（*T. fragiferum*）、毛花雀稗（*Paspalum dilatatum*）、大黍（*Panicum
maximum*）（Davies，1951）。另外，人们没有认识到偶然性引种也非常重要，
如地三叶（*Trifolium subterranean*）、一年生苜蓿（*Medicago* spp.）、*Cenchrus
ciliaris* 和*Stylosanthes humilis*。建植温带人工草地和热带人工草地有相当大的
差别，将在下面的章节中分别讲述。图9-2显示了自1950年开始昆士兰平原
（主要是热带人工草地）和澳大利亚其余地区（主要是温带人工草地，包括西澳、
新南威尔士、南澳）人工草地面积的变化。

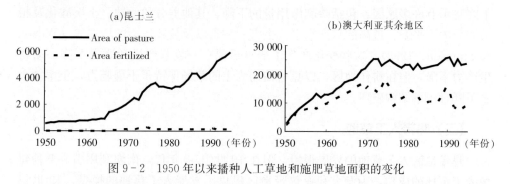

图9-2　1950年以来播种人工草地和施肥草地面积的变化

（一）温带人工草地

　　在20世纪的前50年中，研究者收集了很多温带人工草地植物种和其生长条
件的信息：A. W. Howard积极推动了地三叶信息的收集，记录了过磷酸钙对人
工草地的影响，发现了微量元素的作用。直到20世纪20年代前，研究重点从识
别适宜生长的物种转向了种内优良品系的培育。

　　这些进展为人工草地提供了基础，但20世纪30年代的经济萧条、干旱和
40年代的战争延误了大规模的草地改良，"地三叶＋过磷酸钙"的革命指地三叶
的广泛播种和过磷酸钙的应用，一直到50年代早期才开始进行（Crofts，
1997）。在这期间，羊毛、小麦、黄油和牛肉价格创历史新高，黏液瘤病毒降低
了兔的数量，气候适宜，临时和永久性人工草地的发展一直延续到60年代晚期

（图 9 - 2）。

如图 9 - 2 所示，自从 1970 年以后，温带人工草地面积的变化很小。导致人工草地发展趋势下降的原因有以下几点：这个时期羊毛、牛肉和小麦的价格低没有利润；持续提高的经营成本增加了农民的压力；普遍干旱；1970 年石油危机期间，过磷酸钙的价格快速上涨；过磷酸钙的优惠政策取消；草地改良的所得税抵扣降低。

施肥已经成为温带地区草地改良的主要方法，过磷酸钙大致占到化肥使用量的 90%。20 世纪早期在南澳草地进行了过磷酸钙的检测，记录了其对草地和动物生产的影响（如 Trumble 和 Donald，1938）。图 9 - 2 显示在 20 世纪 50 年代，进行施肥处理的草地区域与总人工草地面积相似，但是在 60 年代施肥比例下降到 80%，70 年代和 80 年代分别为 56% 和 46%。近来 ABARE 关于生产谷物的农场的调查发现，草场施肥的比例低于 10% 的下降趋势仍然在继续（Hooper 和 Helati，1999）。

Wilson 和 Simpson（1993）总结了商用人工草地的一些调查结果，有许多关于在高降水量和小麦—绵羊带"豆科牧草下降"的报道，如地三叶、苜蓿属牧草和白三叶等。一年生禾本科杂草和阔叶类杂草在这两个带都非常突出。豆科牧草下降暗示有许多原因：包括磷肥施用量的下降、其他养分的亏缺、土壤酸化及相关养分的不平衡、过高的氮素水平、虫害、病害以及放牧压力的增加等（Wilson 和 Simpson，1993）。这些变化产生了严重后果——牧草产量和质量下降、动物生产力下降，但在耕作地区，以豆科植物为主的草场保持了土壤肥力，土壤氮水平下降且土壤结构破坏。

（二）热带人工草地

热带地区人工草地的发展很慢，但在 19 世纪 50 年代，南澳利用引进草种建植人工草地的成功，为澳大利亚热带地区提供了发展人工草地的模型。19 世纪晚期和 20 世纪早期引进了一些草种，包括有意引进的，如大黍、非洲虎尾草和巴拉草（Brachiaria mutica），和偶然引进的，如 Stylosanthes humilis 和纤毛蒺藜草（Cenchrus ciliaris），彩图 9 - 6）。植物引进和评价一直在继续，开始时强调禾本科牧草，但是 19 世纪 50 年代开始了对豆科植物广泛的研究，开始更多地关注豆科牧草的引进（Eyles 和 Cameron，1985）。

大部分的热带人工草地种植在昆士兰州，在新南威尔士北部、北部地区和西澳有稍小面积的分布。图 9 - 2 显示出，昆士兰在 1960 年之前人工草地面积增加缓慢，1960 年之后人工草地面积扩展迅速。大约在 10 年后澳大利亚温带人工草地出现了相似的增长规律。这种扩展一直持续到 90 年代，但不包括 20 世纪 90 年代后期和 80 年代后期，这主要与 Stylosanthes humilis 草丛疾病暴发、动物产品的收益低以及作物种植面积扩大相关。大约 70% 的草地是单播禾草，这些禾草的生长主要依靠土壤施肥，尤其是那些以前生长镰叶相思树（*Acacia harpophylla*）和小相思树（*A. cambagei*）的土地。与此相比，禾本科-豆科混播草地在土壤肥力差的地方更重要（Walker 和 Weston，1990）。利用浅塘来种植极耐水的禾本科草，可以在旱季提供绿色的饲草（*Brachiaria mutica*、*Hymenachne amplexicaulis* 和 *Echinochloa polystachya*）。

与南澳相比，施肥在热带草地建植中并不是很重要。这反映了利用肥力好的土壤建植禾本科牧草单播草地和柱花草属植物的重要性（彩图 9-7），因为其磷肥需要量低，并且能够生长在速效磷水平低（4～8 毫克/千克）的土壤上（McIvor，1984；Jones 等，1997）。对于南澳，草场上以过磷酸钙为主的施肥方法，占总施肥量的 70%。但是施氮肥对禾草有重要的特殊作用，包括一些种植温带草种并在冬季提供饲草给奶牛场的草场。

热带人工草地没有相关类似于上面提到的温带草地的调查。但是，一些人工草地存在问题，1986—1987 年和 1989—1990 年，每年约 10 万公顷的草地由于播种量的下降而没有产量（Walker 和 Weston，1990）。在肥力高的土壤上单播禾草草地开始时产量高，但该阶段通常只持续 4～10 年，然后因可利用氮和有价值草种的丧失，而导致动物生产力降低（Myers 和 Robbins，1991；Jones，McDonald 和 Silvey，1995）。

十一、可利用草种和品种

目前被授权的登记品种约有 500 个，包括饲料作物、草坪草和豆科灌木，但是多数是人工草地禾草和豆科草本植物。品种中有 70 个是热带、亚热带草种（37 个禾本科、33 个豆科），60 个温带草种（24 个禾本科、36 个豆科）。不是所有品种都在使用，仅有一些是重要的。除了几个本土品种 *Astrebla* spp.、扁芒草属植物（*Danthonia* spp.）、阿拉伯黄背草、*Microlaena stipoides* 外，其余都是引进品种）。除了登记品种，另外还有一些正在使用但是没有官方登记的引进品种。

十二、种子生产

虽然人工草地广泛种植，但因需要稳定的生长季节（或灌溉条件）及收获季节的干旱期，所以种子生产仅局限在很小的区域，热带和亚热带种子生产集中在昆士兰东部和新南威尔士北部海岸，北部领域生产量少。南澳、维多利亚和西澳是白三叶和苜蓿属植物种子的主要生产州，紫花苜蓿和温带多年生禾草产自所有南部各州。1996—1998 年，3 年的平均牧草种子产量是 26 000 吨，多产自维多利亚和南澳（Anon.，1999）。

十三、目前草地主要问题

（一）研究

澳大利亚草地发展吸收了其他地方的研究和经验，但是本地研究对于解决澳大利亚的特有问题非常关键，并已经形成了强大的草地研究力量，且多数研究已经被公开资助。草地研究的持续性非常重要，但近年来长期资助及资助水平均有所下降。实际上，降低草地研究的资助（既有政府又有企业）已经成为近期调查中发现的威胁和限制热带草地利用的最苛刻的限制（McDonald 和 Clements，1999）。

近年来草地研究的数量不仅发生了变化，草地研究方法也发生了改变。研究站目前的作用较小，大量的研究在私有草地上进行，有些生产者自己参与试验的设计和指导，阐述试验的结果。

研究成就的主要部分是选育出了新品种（植物引进、育种、鉴定和评价），主要国家项目是禾草和豆科牧草新品种的选育（Pearson，1994）。这些研究包括为逆境条件或新环境下鉴定适宜植物种，以及从现有商业品种中培育优异的新品系。虽然选育新品种主要是由公众资助，但是私有企业在选育温带多年生草种中也发挥了巨大作用。

在新品种选育继续的同时，目前增加了草地管理和草地在农业系统中的作用等方面的研究。高质量的草地对于增加动物生产力的重要性的研究仍在继续的同时也出现了一些重要研究领域的新问题（见下节）。这些包括用深根性植物种（如紫花苜蓿、*Phalaris aquatica*）增加水的利用效率，使深层土壤的水得到充分利用来降低土壤盐碱化；多年生禾草对于改善土壤结构和有机质水平的作用；草地在谷物轮作中的作用，既可以增加土壤氮源，又可以在抗除草剂杂草问题严重的地方起到控制杂草的作用。该研究已经对近来选育的品种完成了商业性评价，并确定了将草地结合到农业系统中的最佳途径。

（二）草地管理

草地管理的目标是维持期望的牧草组分，这样既可获得高产（既包括牧草也包括畜产品），又能保护资源。所期望的组分要有合理的时间和空间分布，以满足特定的系列需求，所以多品种的混合是必要的。

所有草地都有管理问题。在高降雨的小麦—绵羊区，家畜生产的主要限制因素是干旱夏季的饲草营养价值低和秋、冬季节饲草短缺（Wilson 和 Simpson，1993）。生产性能好的豆科牧草对混播的牧草（以及下一季作物）和其本身的高品质饲草都很重要，但正如先前发现的一样，豆科牧草的减少是一个主要问题。

在草地放牧区，家畜生产的主要限制因素是饲草的质量和数量。在羊毛生产地区，一些植物带有特殊结构的种子或果实，会对羊毛产生植物性污染。高强度放牧会导致适口性差的、多纤维的或短寿命牧草替代高适口性牧草，降低饲草品质（特别在澳大利亚南部和中部，那里的旱季时间长，草地主要成分是 C4 植物）。在澳大利亚南部和中部，当地的灌木如决明属（*Cassia*），九子母属（*Dodonea*）和 *Eromophila* 属植物是主要的问题。而在北部，外来物种是一个主要问题，如阿拉伯金合欢（*Acacia nilotica*）、橡胶茉莉（*Cryptostegia grandiflora*，彩图 9-8）、牧豆树属（*Prosopis* spp.）、扁轴木（*Parkinsonia aculeata*）和 *Ziziphus mauritiana*。

Tothill 和 Gillies（1992）对澳大利亚北部的天然草地进行了评估，他们把草地分为三个等级——合理利用级（期望牧草种类为主，＞75%），恶化级（不受欢迎种类的植物增加到＞25%）和退化级（不受欢迎种类的植物为主）。总体上 56% 草地属于合理利用，32% 是恶化级，12% 为退化级。

在热带人工草地的不同区域，豆科牧草过多或缺乏的问题都会出现。在半干旱热带区，一些 30 多年的笔花豆属植物（*Stylosanthes* spp.）草地，特别是 *Stylosanthes scabra* 比例过高，正在引起人们的关注。问题是在土地特别贫瘠的本地草原上笔花豆属植物被过量播种。雨季早期，在笔花豆属植物与禾草混播草地，家畜会优先采食禾草（Gardener，1980），选择采食发生在极易受影响的植物生长初期（Hodgkinson 等，1989；Mott 等，1992）。建议用于控制笔花豆属植物比例过大的措施主要有火烧、草地轮牧、种植耐牧禾草和增加土壤磷供应等（McIvor，Noble 和 Orr，1998）。在较干旱的亚热带，豆科牧草的持久性是一个问题，含有豆科牧草的草地很不稳定，杂草始终是一个大问题。在过去的 10 年，适口性差的鼠尾粟属植物（*pyramidalis*，*natalensis*，*indicus* var. *major*）再次增加并向内陆扩展，飞机草（*Chromolaena odorata*）也被首次记载。

已提出了很多草地管理的方法，Westoby，Walker 和 Noy-Meir（1989）提出了植被变化的状态-跃迁模型，也就是植被存在一定程度的或多或少的稳定状态，在管理与气候等因子的影响下，可以在这些状态间移动。状态-跃迁模型主要是在北澳天然草地植物群落上发展形成（McIvor 和 Scanlan，1994；Stockwell 等，1994；Orr，Paton 和 McIntyre，1994；Hall 等，1994；McArthur，Chamberlain 和 Phelps，1994；Jones 和 Burrows，1994），为达到理想变化提供了管理的基础，同时也指出了如果不积极管理，草地向反方向变化的风险。Jones（1992）在 *Macroptilium atropurpureum* 和 *Setaria sphacelata* 人工草地上应用了状态-跃迁模型。这些草场在连续重牧条件下可以转变成 *Digitaria didactyla* 和 *Axonopus affinis*；休牧可以使其逆向转变，但是只要保持长期的重牧，这种影响就会日益减小。

利用 Spain，Pereira 和 Gauldron（1985）推荐的模型评价热带人工草地，Kemp（1991）形成了一个"草地管理阈"理论，认为草地管理的目的是在最高

和最低限度内维持草场生产稳定（主要草种如豆科植物的比例）和动物生产性能
（能提供的饲草）。豆科牧草低于最低限度时，不可能对饲草料供给和氮素固定有
作用；然而高于上限，草地也可能不稳定，容易被嗜氮杂草入侵。饲草供应量超
过上限，很多牧草不会被利用；然而低于下限，家畜牧草采食量（与家畜维持需
要有关）受到限制，草地生长降低，地表覆盖度降低导致土壤易受侵蚀。如果有
在此之外的草地限制条件，需要改变管理使草场移动到限制阈内。通常包括改变
季节放牧压力（如湿润季节早期草场休牧；以白三叶为主的草地春季重牧），一
些地区也使用火，然而人工草地很少使用火。火对天然草地很重要，尤其是热带
地区去除积累的草本枯落物、改变放牧行为和控制木本杂草。

在澳大利亚，近些年来放牧系统受到广泛关注，与连续放牧相比，对建立在
短期放牧和长期休牧（如短期放牧、限时放牧、单元放牧）基础上的放牧系统的
优点存在很大的争议。虽然其他生产者并没有发现积极的结果（如 Waugh，
1997）但许多生产者很积极地采用这些系统，并报道在经营利润和资源可持续上
的收益都很大（McCosker，1994；McArthur，1998；Gatenby，1999）。与报道
的这些放牧系统的积极效益相对照，对包括连续放牧在内的放牧系统研究的综述
表明，这些放牧系统并不比轮牧差，并且可能对动物生产更好（Norton，
1998）。Norton（1998）认为关于这些看法的分歧是因为与利用的一致性有关，
甚至小区试验也表明轮牧没有优点。然而，利用在大的商业牧场上通常是不一致
的，如果按照轮牧系统划分牧场，利用会更均匀，因此导致生产效益增加。

（三）资源问题与植被恢复

尽管已经成功发展了许多人工草地，但是资源仍旧是澳大利亚草地的主要问
题。因土壤退化导致的农业生产能力的丧失，澳大利亚农业部估计每年要花费超
过 10 亿澳元（Williams，1999）。土壤侵蚀始终是一个重要问题，20 世纪早中
期，在许多地方这个问题并不严重，但是盐碱化、加速的酸化和树木顶端枯死等
都成为 20 世纪末草地的重要问题。

在温带（如 Williams，1980；Ridley，Helyar 和 Slattery，1990）和热带地
区（Noble，Cannon 和 Muller，1997），一些土壤本身就是酸性，而豆科草场加
速了土壤的酸化。许多过程和此有关：移除植物（尤其是干草加工）和动物产
品；放牧小区内家畜粪尿等营养物质的净转化；氮（相关的阳离子）淋失到根层
下；土壤有机质增加和可交换阳离子容量大。耐酸性植物种的使用可以部分解决
该问题，但是克服长期酸化需要使用石灰。

清除树木并用作物和一年生草地取代主要引起了水分循环的变化。干旱土地
的盐碱化现在影响了大约 250 万公顷的土地，并且将来可能发展到超过 1 200 万
公顷（Williams，1999）。西澳和维多利亚是受盐碱化影响最大的州，但是新南
威尔士、南澳和昆士兰州的面积也在增加。逆转水分循环的这些变化需要深根系

植物来降低水分在流入地下前的蒸发进而补给地下水，同时植物能增加排放和降低地下水位。深根性多年生草地植物（如*Medicago sativa* 和*Phalaris aquatica*）有这种作用（如 Ridley 等，1997；McCallum 等，1998；Pitman，Cox 和 Belloti，1998），但需对主要树种进行重植，这在一些地区已经开始了。

本土树种的顶端死亡（通常有滞后性，枝条先死亡，最后树木死亡）已变得很严重，这在定居时间长以及种植强度很大的地区极为严重，比如新南威尔士的新英格兰高地。食叶昆虫对树叶的反复采食也是众多涉及顶端死亡综合征的因素之一，而人工草地就预示着高水平的昆虫采食，为此提出两个机制。第一，施肥改良草地改善并增加了昆虫幼虫的食物供应，和天然草地相比，还使土壤无脊椎动物种群保持高水平（King 和 Hutchison，1983）。第二，高土壤肥力水平也能改善饲草质量并使树叶对成虫更有诱惑力。种群数量大和有吸引力的树叶共同增加了树木被昆虫侵食的几率和程度。昆士兰土地上的一项调查发现，树木顶端枯死症状严重的土地超过 50％的地区都是改良过的草地（Wylie 等，1993）。

（四）草地生物多样性

人工草地发展对生物多样性的影响仍旧在争论。当增加新物种时，许多情况下会变成本土化物种，至少会使一些本土物种处于不利地位。但是，正如调查显示，许多其他物种也出现在人工草地中。

人工草地发展有很多要素，所有这些都会影响生物多样性，如树木清除、播种引进草种、施肥、增加放牧压力、使用除草剂和灌溉等。McIvor（1998）验证了其中的一些因素（清除树木、施用过磷酸钙、播种草种、耕作措施和放牧率），所有单个管理措施都影响多样性，但是对多样性的影响随季节、地点和管理水平而变化。本土物种的密度随着播种引进草种而降低，但是另一方面在高放牧率和树木清除的措施下增加。当这些措施被混合使用时，随着高度开发本土物种出现减少的现象，并且额外播种的物种对总物种数量的减少影响不明显（表 9-2）。

表 9-2　牧场的发展对牧草物种数量的影响

牧场类型	播种百分率（%）	播种数量（个）	物种数量（个）		合　计
			本土的	外来的	
轻度放牧，有树木，本土牧草	0.1	1.0	27.9	1.4	30.3
重度放牧，有树木，施肥＋补播	86.1	4.2	15.0	1.7	20.9
重度放牧，清除树木，施肥＋补播	93.2	4.5	11.4	0.5	16.4

注：表中数据记录的是北昆士兰查特斯堡（Charter Towers，north Queensland）附近的试验牧场 3 年（1990—1992）的平均数值，其中 2 块试验地的处理已经至少实施 4 年。

资料来源：McIvor，1998。

（五）环境管理

当已经了解了足够多的草地发展和利用知识后，如果我们想持续利用草地，就不能把草地管理与其他措施割裂开来，而必须与土地管理的其他方面相结合。这就需要考虑农场内外、景观、区域大小的影响。McIntyre，McIvor 和MacLeod（2000）概述了桉树放牧地的一整套原理，为获得环境的可持续性提供了指导。这种管理由于气候的不稳定和多变性，以及产品价格常较低，实施并不容易，但是土地的可持续利用却需要这种管理。过去的 10 年间，土地关爱运动和汇流区域一体化管理群体的巨大发展为土地资源可持续管理提供了一些希望。这些生产群体和其他关注土地的人们认识到一些超越个体生产者能力的问题，而且已在他们自己的资源范围内采取了一些以提高资源管理为目的的措施。

十四、可持续草地管理：总结过去，展望未来

草地管理总是很复杂，因为我们面对的是植物种群的混合体，且大范围多变的气候、生长季节不同和程度不同的采食等。目前对限制草地生长和生产力的各种限制因素的了解增长了许多，农业需要持续不断地更新知识和适应性改变。生产水平高效率是研究和商业发展的主旋律，但是在固有的可变环境中，人们逐渐意识到产品系统的稳定性和最优化是最大化生产中唯一更好的目标。

澳大利亚的欧洲农场开始尝试改变欧洲农业的通常做法，以此来适应新的环境。但是，当发现了新环境的限制后，他们对于约束条件和克服办法了解得越多，农场系统发生的变化也就越大。这可以用小麦产业的历史性变化来解释（Donald，1965；Malcolm，Sale 和 Egan，1996）。开始，每年种植适应性差、晚熟的英国品种，使土壤养分枯竭，所以到 19 世纪末，产量与刚开始时的土壤相比下降了一半。20 世纪初发生了主要转变：广泛施用过磷酸钙，克服了普遍的磷亏缺；采用了长时间的休耕制（超过 1 年），增加了供水和由于有机质降解后的速效氮供应；选育出了适宜澳大利亚条件的早熟品种（Federation）。产量又回到了天然土壤水平。但是，长期撂荒意味着土壤裸露时间长和侵蚀（水蚀和风蚀）成为主要的问题，并且土壤有机质水平下降，氮供应和土壤稳定性都下降，导致 20世纪 20 年代后产量没有进一步提高。1950 年后，广泛使用草地—农田轮作，用豆科草场提高土壤氮肥状态和物理条件。这一措施曾一度使产量大增，但是就像其他地方提到的，豆科牧草也变得效果不显著了。由于豆科牧草草场的下降和动物产品的价格降低，一些农民开始将草地—农田轮作系统转向豆科小谷物连作，施氮肥提供氮素，免耕或最小限度的耕作来保持土壤结构，用除草剂控制杂草。耐除草剂植物的出现产生了很多棘手的杂草（如 *Avena* spp.，*Lolium rigidum* 和

Raphanus raphanistrum），有人怀疑该系统是否能保持土壤有机质和物理性状（Malcolm，Sale 和 Egan，1996）。农业系统中的草地阶段对于克服这些问题可能是非常必要的。

（一）豆科植物的重要性

氮素是草地的主要限制性养分，但澳大利亚一直很少在草地上施用氮肥，这主要是由于与动物产品的价值相比，施肥的成本太高了，同时还考虑到土壤酸化和水的硝酸盐污染问题。氮肥的使用仅限于在高利润回报的情形下，诸如亚热带奶牛场的冬季饲料供应。

豆科牧草的生产利用是澳大利亚畜牧业的主要成功案例，在 19 世纪 50 年代草地大发展期以前（图 9-2），许多草地被大量繁殖的野兔严重破坏，草地有大量劣质一年生植物，土壤侵蚀严重。在谷物种植地区，经常发生沙尘暴，带走了大量的表层土，土壤有机质水平下降，土壤稳定性和氮肥水平都下降了（Malcolm，Sale 和 Egan，1996）。1950 年开始，含有三叶草和苜蓿的温带草地，通过施用磷肥，牧草和畜产品产量及土壤肥力都获得很大提高（Donald，1965）。虽然现在该系统的有效性已经有所降低，但总体上含有豆科牧草的草地仍使生产受益。

澳大利亚南部的经验为北部提供了一个模型，乐观的估计认为该区域适合建立热带人工草地，如昆士兰就有 5 000 万～6 000 万公顷（Davies 和 Eyles，1965；Ebersohn 和 Lee，1972；Weston 等，1981），虽然后来大概减少到 2 200 万公顷（Walker 和 Weston，1990）。最初期望的缠绕型豆科牧草（如 *Macroptilium atroprupureum* 和 *Desmodium* spp.）没有成功，尽管有些仍在使用，其主要问题是不耐牧（Clements，1989），在重牧下缺乏持久性。较成功的是柱花草和银合欢（*Leucaena leucocephala*，彩图 9-9），种植量一直在增加。其他数量较少但也有成功应用的热带豆科牧草，主要有 *Aeschynomene americana*、*Chamaecrista rotundifolia*、*Centrosema pascuorum* 和 *Vigna parkeri*。澳大利亚对割草草地的热带和亚热带豆科牧草的需求仍在增加，割草地一般建立在黏质土壤的原天然草地或镰叶相思树地上。然而多年的连续割草耗尽了土壤养分，产量和谷物蛋白质含量严重下降，土壤肥力亟待恢复，利用豆科牧草轮作（如 *Clitoria ternatea*）将发挥重要的作用（Dalal 等，1991）。

在使用豆科牧草带来的提高产量和土壤改良等积极变化的同时，也产生了负面影响，如加速土壤酸化。对克服所产生的问题的研究和发展的需求是持续的。同时也需要持续的草地管理——豆科牧草的使用不是简单地选择和种植，然后就能期望在只有很少管理的情况下持续生长和生产。

（二）本土草种的作用

许多草地研究（包括商业上的）活动都集中于外来草种而不是本土草种。虽然已经意识到本土草种可能的价值，及需要科学地研究它们的特性和价值（Davies，1951），普遍结论是"我们的本土草种作为人工播种草种没有实际或者潜在价值……它们不能高产，高水平肥力对其影响不大。它们适应贫瘠土壤，轻度放牧和干旱气候条件。"（Donald，1970）

然而，很少的人工草地上只有播种的草种，因为一些本土草种仍然可以存活——在以冬季降雨为主的地区，本土草种很少，但是夏季多降雨地区（Wilson和Simpson，1993），或者以夏季降雨为主的热带，像未播种区域一样，一些重要的本土草种仍然在已播种的人工草地上生长。

Donald（1970）的结论对高肥力条件下总体上是正确的，但是随着地三叶的广泛使用，不再使用过磷酸钙，土壤肥力不再进一步增加，在许多具有"贫瘠土壤、干燥条件"局部地块，本地草种则能更好地适应。许多早期对本土和引进草种的比较是有偏见的（Wilson和Simpson，1993），更多近期的评价结论是本土草种的农业价值特征在于其可在一年的某个阶段能提供优质的饲草（Archer和Robinson，1988；Robinson和Archer，1988）。本土草种的草场通常不能支持高强度放牧，而引进草种建植并施肥的草地可以。但是，在低到中等放牧率下，它们的存在和贡献可以充分开发，并且可以在动物生产中持续发挥作用。

（三）环境杂草

虽然外来牧草种对澳大利亚的经济效益贡献很大，一些草地植物已经本土化，但是这些植物对环境的影响也越来越受到人们的关注。其中的一些已经列入环境杂草名录中，如侵入本土植物群落中的物种，导致植被结构（物种组成和丰富度）或生态系统功能都发生变化。草场植物种中很重要的两个特征在这些环境杂草中是普遍存在的，一是在新的或未播种地区的侵入和拓展能力，二是在生长地区成为优势种的能力。澳大利亚近来公布的环境杂草名录中，55种重要种中有11种是草原植物种；名录中的前18种中有6种草原植物，分别是巴拉草（*Brachiaria mutica*）、纤毛蒺藜草（*Cenchrus ciliaris*）、多穗麦（*Echinochloa polystachya*）、水甜茅（*Glyceria maxima*）、灯心草（*Hymenachne amplexicaulis*）和多穗狼尾草（*Pennisetum polystachyon*）（Humphries，Groves和Mitchell，1991）。条件适宜的地方（如低竞争力的植被，适宜的土壤肥力条件和放牧制度），所有这些种几乎都能够形成单生草丛。最近形成的国家杂草策略，这是海关评价所有有目的引进的新植物潜在成为杂草能力的重要依据，这个草案已经被加强，并且不允许引进有成为杂草潜力的植物。但是，有一些目前建植良好或已经本土化的草场植物种目前虽然不是杂草，但是将来可能成为杂草。

十五、未来发展

人工草地和天然草地的产品为澳大利亚经济作出了巨大贡献，在 19 世纪，天然草地支撑了整个放牧畜牧业（尤其是羊毛），与淘金业共同创造了澳大利亚的繁荣。20 世纪，基于地三叶和其他豆科牧草的温带草场及较小范围内的热带草场提高了生产水平，使盈利达到前所未有的水平。

将来的草场管理将同时关注生产力和草地资产内外的环境。最近对澳大利亚农业可持续性的评估显示，奶牛业的长期生产力提高了，但是资源问题——含钠和酸性土壤、原生植被、盐碱化等已经或正在成为主要问题（SCARM，1998）。产量和环境压力对于人工草地和天然草地仍是重要问题。正如先前讨论的，人工草地的发展与季节性条件和牧场的收益密切相关，这种状况可能会继续。人工草地建植和管理费用依旧是种植者关心的主要问题。最近的调查（Clements，1996；McDonald 和 Clements，1999）发现 21 个因素可能成为未来热带人工草地植物利用的限制条件，农民认为商品价格的不确定性、建植费用高、维持和改良费用是最重要的 4 个限制因素。

农业在经济中的相对重要性正在并且会持续下降，但是在今后的很多年中，仍然会对国家和地区经济作出重要贡献。天然草地和人工草地依旧很重要，在许多地区它们是生产有价值产品的唯一方式。在耕作地区，草地仍起着重要作用，通过草田轮作可以增加氮肥的供应量，减少病虫害，以及作为控制杂草的"除草剂"，从而减少除草剂的使用量。

彩图 9-3 至彩图 9-9 由 J. G. MclVOR 提供

参 考 文 献

ABARE［Australian Bureau of Agricultural and Resource Economics］. 1998. *Australian Commodity Statistics* 1998. Australian Bureau of Agricultural and Resource Economics，Canberra ACT，Australia.

Anon［ymous］. 1999. Agriculture 1997-98. Australian Bureau of Statistics Catalogue No. 7113.0.

Archer，K. A. & Robinson，G. G. 1988. Agronomic potential of native grass species on the northern tablelands of New South Wales. II. Nutritive value. *Australian Journal of Agricultural Research*，39：425-436.

Carnahan，J. A. 1989. *Natural Vegetation*，*Australia*. Department of Administrative Services，Canberra ACT，Australia.

Clements，R. J. 1989. Rates of destruction of growing points of pasture legumes by grazing cattle. pp. 1027 – 1028, *in*: *Proceedings of the 16th International Grassland Congress*.

Clements, R. J. 1996. Pastures for prosperity. 3. The future for new tropical pasture species. *Tropical Grasslands*, 30: 31 – 46.

Crofts, F. 1997. Australian pasture production: the last 50 years. pp. 1 – 16, *in*: J. V. Lovett and J. M. Scott (eds). *Pasture Management and Production*. Melbourne, Australia : Inkata Press.

Dalal, R. C., Strong, W. M., Weston, E. J. & Gaffney, J. 1991. Sustaining multiple production systems. 2. Soil fertility decline and restoration of cropping lands of sub-tropical Queensland. *Tropical Grasslands*, 25: 173 – 180.

Davidson, B. R. & Davidson, H. F. 1993. *Legumes: The Australian Experience*. Taunton, UK: Research Studies Press.

Davies, J. G. 1951. Contributions of agricultural research in pastures. *Journal of the Australian Institute of Agricultural Science*, 17: 54 – 66.

Davies, J. G. & Eyles, A. G. 1965. Expansion of Australian pastoral production. *Journal of the Australian Institute of Agricultural Science*, 31: 77 – 93.

Donald, C. M. 1965. The progress of Australian agriculture and the role of pastures in environmental change. *Australian Journal of Science*, 27: 187 – 198.

Donald, C. M. 1970. Temperate pasture species. pp. 303 – 320, *in*: R. M. Moore (ed). *Australian Grasslands*. Canberra ACT, Australia : Australian National University Press.

Ebersohn, J. P. & Lee, G. R. 1972. The impact of sown pastures on cattle numbers in Queensland. *Australian Veterinary Journal*, 48: 217 – 223.

Eyles, A. G. & Cameron, D. G. 1985. *Pasture Research in Northern Australia-its History, Achievements and Future Emphasis*. Brisbane, Australia: CSIRO.

Fitzpatrick, E. A. & Nix, H. A. 1970. The climatic factor in Australian grassland ecology. p. 326, *in*: R. M. Moore (ed). *Australian Grasslands*. Canberra ACT, Australia : Australian National University Press.

Frisch, J. E. & Vercoe, J. E. 1977. Food intake, eating rate, weight gains, metabolic rate and efficiency of feed utilization in *Bos taurus* and *Bos indicus* crossbred cattle. *Animal Production*, 25: 343 – 358.

Gardener, C. J. 1980. Diet selection and liveweight performance of steers on *Stylosanthes hamata*-native grass pastures. *Australian Journal of Agricultural Research*, 31: 379 – 392.

Gatenby, A. 1999. Rangeland management : sustainable agriculture requires sustainable profit. pp. 165 – 172 (Vol. 2 – Agriculture), *in*: *Outlook* 99. Proceedings of the National Agriculture and Resource Outlook Conference, Canberra ACT, Australia, 1999. Canberra ACT, Australia: Australian Bureau of Agricultural and Resource Economics.

Groves, R. H. & Williams, O. B. 1981. Natural grasslands. pp. 293 – 316, *in*: R. H. Groves (ed). *Australian Vegetation* . Cambridge, UK: Cambridge University Press.

Hall, T. J., Filet, P. G., Banks, B. & Silcock, R. G. 1994. A state and transition model of the *Aristida-Bothriochloa* pasture community of central and southern Queensland. *Tropical Grass-*

lands，28：270 - 273.

Hodgkinson，K. C. ，Ludlow，M. M. ，Mott，J. J. & Baruch，Z. 1989. Comparative responses of the savanna grasses *Cenchrus ciliaris* and *Themeda triandra* to defoliation. *Oecologia*，79：45 - 52.

Hooper，S. & Helati，S. 1999. Pasture ：establishment，maintenance and expenditure on grain producing farms. pp. 47 - 59，*in*：*Australian Farm Surveys Report* 1999. Canberra ACT，Australia ：Australian Bureau of Agricultural and Resource Economics.

Hubble，G. D. 1970. Soils. pp. 44 - 58，*in*：R. M. Moore（ed）．*Australian Grasslands*. Canberra ACT，Australia ：Australian National University Press.

Humphries，S. E. ，Groves，R. H. & Mitchell，D. S. 1991. Plant invasions：The incidence of environmental weeds in Australia. *Kowari*，2：1 - 134.

Jones，P. & Burrows，W. H. 1994. A state and transition model for the mulga zone of south-west Queensland. *Tropical Grasslands*，28：279 - 283.

Jones，R. J. ，McIvor，J. G. ，Middleton，C. H. ，Burrows，W. H. ，Orr，D. M. & Coates，D. B. 1997. Stability and productivity of *Stylosanthes* pastures in Australia. 1. Long-term botanical changes and their implications in grazed *Stylosanthes* pastures. *Tropical Grasslands*，31：482 - 493.

Jones，R. M. 1992. Resting from grazing to reverse changes in sown pasture composition：application of the 'state-and-transition' model. *Tropical Grasslands*，26：97 - 99.

Jones，R. M. ，McDonald，C. K. & Silvey，M. W. 1995. Permanent pastures on a brigalow soil：the effect of nitrogen fertiliser and stocking rate on pastures and liveweight gain. *Tropical Grasslands*，29：193 - 209.

Keig，G. & McAlpine，J. R. 1974. WATBAL：A computer system for the estimation and analysis of soil moisture regimes from simple climatic data. CSIRO Division of Land Use Research Technical Memorandum，No. 74/4.

Kemp，D. 1991. Perennials in the tablelands and slopes：defining the boundaries and manipulating the system. *Proceedings of the Annual Conference of the Grassland Society of New South Wales*，6：24 - 30.

King，K. L. & Hutchison，K. J. 1983. The effects of sheep grazing on invertebrate numbers and biomass in unfertilised natural pastures of the New England Tablelands（NSW）．*Australian Journal of Ecology*，8：245 - 255.

Leeper，G. W. （ed）．1970. *The Australian Environment* . 4th ed. Carlton，Australia ：Melbourne University Press.

Leigh，J. H. & Mulham，W. E. 1966a. Selection of diet by sheep grazing semi-arid pastures of the Riverine Plain. 1. A bladder saltbush（*Atriplex vesicaria*）-cotton bush（*Kochia aphylla*）community. *Australian Journal of Experimental Agriculture and Animal Husbandry*，6：460 - 467.

Leigh，J. H. & Mulham，W. E. 1966b. Selection of diet by sheep grazing semi-arid pastures of the Riverine Plain. 2. A cotton bush（*Kochia aphylla*）-grassland（*Stipa variabilis-Danthonia caespitosa*) community. *Australian Journal of Experimental Agriculture and Animal Husbandry*, 6: 468 – 474.

Leigh, J. H. & Mulham, W. E. 1967. Selection of diet by sheep grazing semi-arid pastures of the Riverine Plain. 3. A bladder saltbush (*Atriplex vesicaria*) -pigface (*Disphyma australe*) community. *Australian Journal of Experimental Agriculture and Animal Husbandry*, 7: 421 – 425.

McArthur, S. 1998. Practical evidence supports cell grazing benefits. *Australian Farm Journal Beef*, September 1998: 8 – 9.

McArthur, S. R., Chamberlain, H. J. & Phelps, D. G. 1994. A general state and transition model for the mitchell grass, bluegrass-browntop and Queensland bluegrass pasture zones of northern Australia. *Tropical Grasslands*, 28: 274 – 278.

McCallum, M. H., Connor, D. J. & O'Leary, G. J. 1998. Lucerne in a Wimmera farming system: water and nitrogen relations. pp. 258 – 261, in: *Proceedings of the 9th Australian Agronomy Conference*. Parkville, Australia : Australian Agronomy Society.

McCosker, T. 1994 The dichotomy between research results and practical experience with time control grazing. pp. 26 – 31, in: *Australian Rural Science Annual* 1994. Sydney, Australia : Percival Publishing.

McDonald, C. K. & Clements, R. J. 1999. Occupational and regional differences in perceived threats and limitations to the future use of sown tropical pasture plants in Australia. *Tropical Grasslands*, 33: 129 – 137.

McIntyre, S., McIvor, J. G. & MacLeod, N. D. 2000. Principles for sustainable grazing in eucalypt woodlands: landscape-scale indicators and the search for thresholds. pp. 92 – 100, in: P. Hale, A. Petrie, D. Moloney and P. Sattler (eds) . *Management for Sustainable Ecosystems*. University of Queensland, Brisbane, Australia : Centre for Conservation Biology.

McIvor, J. G. 1984. Phosphorus requirements and responses of tropical pasture species: native and introduced grasses and introduced legumes. *Australian Journal of Experimental Agriculture and Animal Husbandry*, 24: 370 – 378.

McIvor, J. G. 1998. Pasture management in semi-arid tropical woodlands: Effects on species diversity. *Australian Journal of Ecology*, 23: 349 – 364.

McIvor, J. G., Noble, A. D. & Orr, D. M. 1998. Stability and productivity of native pastures oversown with tropical legumes. North Australia Program Occasional Publication No. 1. Meat Research Corporation, Sydney, Australia.

McIvor, J. G. & Scanlan, J. C. 1994. A state and transition model for the northern speargrass zone. *Tropical Grasslands*, 28: 256 – 259.

McTaggart, A. 1936. A survey of the pastures of Australia. *CSIR Bulletin*, No. 99.

Malcolm, L. R., Sale, P. & Egan, A. 1996. *Agriculture in Australia*. Melbourne, Australia: Oxford University Press.

Martin, P. 1996. Ownership and management of broadacre and dairy farms. pp. 46 – 47, in: *Farm Surveys Report* 1996. Canberra ACT, Australia : Australian Bureau of Agricultural and

Resource Economics.

Martin，P.，Riley，D.，Jennings，J.，O'Rourke，C. & Toyne，C. 1998. The Australian Beef Industry 1998. *ABARE Research Report*，No. 98. 7.

Moore，R. M. （ed）. 1970. *Australian Grasslands*. Canberra ACT，Australia ：Australian National University Press.

Moore，R. M. 1993. Grasslands of Australia. pp. 315 – 360，*in*：R. T. Coupland （ed）. *Natural Grasslands Eastern Hemisphere and Résumé*. Amsterdam，The Netherlands：Elsevier.

Morley，F. H. W. 1961. Subterranean clover. *Advances in Agronomy*，13：57 – 123.

Mott，J. J.，Ludlow，M. M.，Richards，J. H. & Parsons，A. D. 1992. Effects of moisture supply in the dry season and subsequent defoliation on persistence of the savanna grasses *Themeda triandra*，*Heteropogon contortus* and *Panicum maximum* . *Australian Journal of Agricultural Research*，43：241 – 260.

Mott，J. J.，Williams，J.，Andrew，M. H. & Gillison，A. N. 1985. Australian savanna ecosystems. pp. 56 – 82，*in*：J. C. Tothill and J. J. Mott （eds）. *Ecology and Management of the World's Savannas*. Canberra ACT，Australia ：Australian Academy of Science.

Myers，R. J. K & Robbins，G. B. 1991. Sustaining productive pastures in the tropics. 5. Maintaining productive sown grass pastures. *Tropical Grasslands*，25：104 – 110.

Noble，A. D.，Cannon，M. & Muller，D. 1997. Evidence of accelerated soil acidification under *Stylosanthes* dominated pastures. *Australian Journal of Soil Research*，35：1309 – 1322.

Norton，B. E. 1998. The application of grazing management to increase sustainable livestock production. *Animal Production in Australia*，22：15 – 26.

Orr，D. M.，Paton，C. J. & McIntyre，S. 1994. A state and transition model for the southern speargrass zone of Queensland. *Tropical Grasslands*，28：266 – 269.

Pearson，C. J. 1994. The Australasian temperate pasture grass improvement program. *New Zealand Journal of Agricultural Research*，37：265 – 268.

Pitman，A.，Cox，J. W. & Belloti，W. D. 1998. Water usage and dry matter production of perennial pasture species down a duplex toposequence. pp. 268 – 269，*in*：*Proceedings of the 9th Australian Agronomy Conference*. Parkville，Australia ：Australian Agronomy Society.

Ridley，A. M.，Helyar，K. R. & Slattery，W. J. 1990. Soil acidification under subterranean clover （*Trifolium subterraneum* L. ） in northeastern Victoria. *Australian Journal of Experimental Agriculture*，30：195 – 201.

Ridley，A. M.，White，R. E.，Simpson，R. J. & Callinan，L. 1997. Water use and drainage under phalaris，cocksfoot and annual ryegrass pastures. *Australian Journal of Agricultural Research*，48：1011 – 1023.

Robinson，G. G. & Archer，K. A. 1988. Agronomic potential of native grass species on the northern tablelands of New South Wales. I. Growth and herbage production. *Australian Journal of Agricultural Research*，39：415 – 423.

SCARM ［Standing Committee on Agriculture and Resource Management］. 1998. *Sustainable Agriculture*：*Assessing Australia's Recent Performance*. Standing Committee on Agriculture and Resource Management Technical Report No. 70. CSIRO, Canberra ACT, Australia.

Seibert, B. D. 1982. Research findings in relation to future needs. *Proceedings of the Australian Society of Animal Production*, 14: 191 - 196.

Spain, J. , Pereira, J. M. & Gauldron, R. 1985. A flexible grazing management system proposed for the advanced evaluation of associations of tropical grasses and legumes. pp. 1153 - 1155, *in*: *Proceedings of the 15th International Grassland Congress.* Kyoto, Japan, 1985. Nishi-nasunu, Japan: Japanese Society of Grassland Science.

Stockwell, T. G. H. , Andison, R. T. , Ash, A. J. , Bellamy, J. A. & Dyer, R. M. 1994. Development of state and transition models for pastoral management of the golden beard grass and limestone grass pasture lands of NW Australia. *Tropical Grasslands*, 28: 260 - 265.

Thackway, R. & Cresswell, I. D. (eds). 1995. *An Interim Biogeographic Regionalisation for Australia.* Canberra ACT, Australia: Australian Nature Conservation Agency.

Tothill, J. C. & Gillies, C. 1992. The pasture lands of northern Australia. *Tropical Grassland Society of Australia Occasional Publication*, No. 5.

Trumble, H. C. & Donald, C. M. 1938. The relation of phosphate to the development of seeded pasture on a podsolised sand. *Council for Scientific and Industrial Research Bulletin* 116, 12: 1 - 49.

Walker, B. 1991. Sustaining tropical pastures-summative address. *Tropical Grasslands*, 25: 219 - 223.

Walker, B. & Weston, E. J. 1990. Pasture development in Queensland-A success story. *Tropical Grasslands*, 24: 257 - 268.

Waugh, W. 1997. Pastures under adverse conditions-handling what you have: grazing systems in practice. pp. 91 - 94, *in*: *Proceedings of the 12th Annual Conference of the Grassland Society of New South Wales.* Dubbo, Australia, 1997. Orange, Australia: Grassland Society of New South Wales.

Westoby, M. , Walker, B. H. & Noy-Meir, I. 1989. Opportunistic management for rangelands not at equilibrium. *Journal of Range Management*, 42: 266 - 274.

Weston, E. J. , Harbison, J. , Leslie, J. K. , Rosenthal, K. M. & Mayer, R. J. 1981. Assessment of the agricultural and pastoral potential of Queensland. Technical Report, No. 27. Agricultural Branch, Queensland Department of Primary Industries, Brisbane, Australia.

Williams, C. H. 1980. Soil acidification under clover pasture. *Australian Journal of Experimental Agriculture and Animal Husbandry*, 20: 561 - 567.

Williams, J. 1999. Biophysical aspects of natural resource management. pp. 113 - 123 (Vol. 1 - Commodity Markets and Resource Management), *in*: *Outlook* 99. Proceedings of the National Agriculture and Resource Outlook Conference, Canberra, 1999. Canberra ACT, Australia : Australian Bureau of Agricultural and Resource Economics.

Wilson, A. D. & Simpson, R. J. 1993. The pasture resource base: status and issues. pp. 1 - 25, *in*: D. R. Kemp（ed）. *Pasture Management Technology for the 21st Century*. Melbourne, Australia : CSIRO.

Wylie，F. R. ，Johnson，P. J. M. & Eisemann，R. L. 1993. A survey of native tree dieback in Queensland. Queensland Department of Primary Industries，Forest Research Institute Research Paper，No. 16.

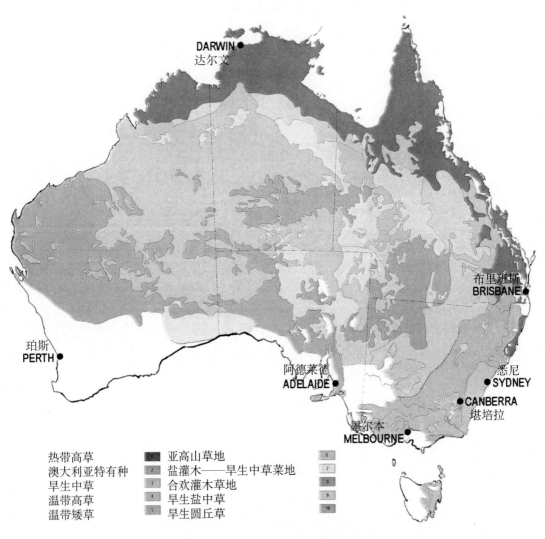

DARWIN ●
达尔文

珀斯
PERTH ●

阿德莱德
ADELAIDE

布里班斯
BRISBANE ●

悉尼
● SYDNEY

● CANBERRA
堪培拉

墨尔本
MELBOURNE ●

热带高草	1	亚高山草地	6	
澳大利亚特有种	2	盐灌木——旱生中草菜地	7	
旱生中草	3	合欢灌木草地	9	
温带高草	4	旱生盐中草	10	
温带矮草	5	旱生圆丘草		

彩图9-1　澳大利亚的自然植被带（改编自Moore，1970）

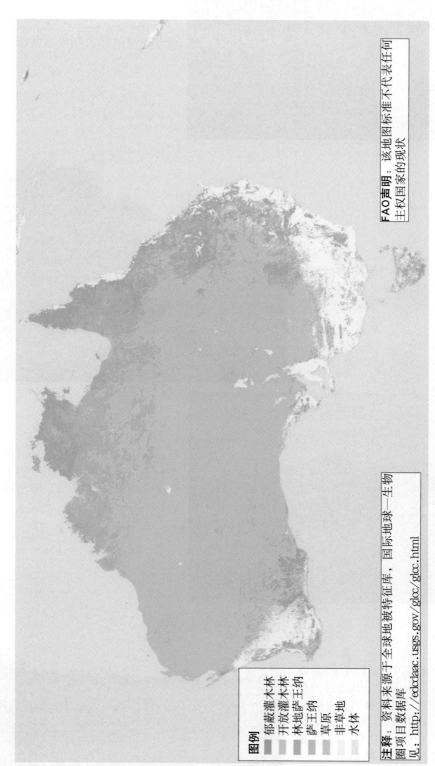

图例
郁蔽灌木林
开放灌木林
林地萨王纳
萨王纳
草原
非草地
水体

注释：资料来源于全球地被特征库，国际地球—生物圈项目数据库
见：http://edcdaac.usgs.gov/glcc/glcc.html

FAO声明：该地图标准不代表任何主权国家的现状

彩图9-2　澳大利亚草原分布

彩图9-3　昆士兰北部以毛
菅草建群的热带高禾草群落

彩图9-4　南澳的藜科灌
木群落

彩图9-5　Mitchell grass（澳
大利亚常见）群落中阿拉伯金
合欢（*Acacia nilotica*）灌丛和
幼林

彩图9-6　纤毛蒺藜草
（*Cenchrus ciliaris*）为热
带半干旱区广泛种植的
禾本科草，可以支撑高
水平的动物生产，但是
也被列为环境杂草

彩图9-7　北部林下种植
(*Stylosanthes hamata*)草

彩图9-8　澳大利亚北部
外来的木本入侵植物、密度
很大的橡胶茉莉(*Cryptostegia
grandiflora*)丛，一些攀援在
沿河道的树上

彩图9-9　银合欢(*Leucaena
leucocephala*)是高产优质的饲
用豆科灌木，支持高水平的
动物生产

第十章　俄罗斯典型草原

Joseph G. Boonman 和 **Sergey S. Mikhalev**

摘要

俄罗斯草原跨越了整个俄罗斯平原，从泰加林带的南部一直延伸到西伯利亚深处。它包括 3 个主要类型，呈东西向带状平行分布：北部为森林典型草原，中部为典型草原，南部则是半荒漠典型草原。在这些区域内，季节性洪水泛滥的冲积平原形成了重要的割草地。20 世纪开始草原逐渐被开垦成农田，最初是作物和再生草地的轮作，但到 20 世纪中叶加大了农作物种植力度。集体经济时期，注重工业化家畜饲养方式，舍饲养牛同时给予高经济投入；集体经济解体以后，由于经济因素及制度尚不稳定，密集型养殖企业逐渐消失。撂荒的耕地在自然条件下恢复成典型草原需要 6～15 年。干草是冬季饲喂家畜的重要资源，多产于季节性洪水泛滥的草甸。许多贫瘠的、半干旱的典型草原用于作物生产，收获的谷物大部分用于饲喂牲畜，由于其产量低，可饲喂家畜的数量甚至低于天然草地，且经济投入高，因此不具有经济可行性。所以应对贫瘠的耕地进行退耕，让其恢复为典型草原。

一、引言

黑海和里海以北，横跨顿河和伏尔加河流域，有一片广袤的草原，欧洲最后一支马背上的游牧部落直到 15 世纪末仍生活于此，他们是金色游牧部落的鞑靼人。后来另一支强大的力量——自称自由民兵，后被称为哥萨克人的部落驻扎于此，为沙俄帝国守卫新开辟的疆界，哥萨克人以部族和家庭为基础进行种植业和畜牧业生产。

历史上俄罗斯草原作为一个自然屏障，阻止了主要的文明国家或者移民从它的南部关口入侵。南北流向的顿河和伏尔加河是境内主要的通航河道，除了这些天然的屏障，人烟稀少的广阔领土，也有效地阻隔了南北之间的交流。因此，尽管古希腊殖民者为了寻找新谷仓而四处入侵，却依然只能在黑海沿岸前止步，此外类似的情况还包括罗马帝国及其近邻拜占庭帝国。截至 21 世纪前，除靠近其远东边缘的辽阔草原上生活的匈奴和蒙古人，分别在第 4 世纪和 13 世纪入侵外，再没有其他国家可以侵略到沙俄帝国的中心区域。

辽阔的欧亚平原由北侧的泰加林、中部落叶林及南侧的草原构成，从西到东（南）绵延 10 000 多千米，起自波罗的海、穿过第聂伯河、顿河、伏尔加河流，一路深入到西伯利亚的乌拉尔河流域，而乌拉尔河被认为是欧亚大陆的分水岭（彩图 10-1）。俄罗斯的大多数耕地位于"肥沃三角洲"地区，其西部区域的宽度由波罗的海一直延伸到黑海，然后向东面的南乌拉尔地区延伸并逐渐变窄，到达西伯利亚的西南边缘时，宽度已缩小到约 400 千米。

本章所涉及的有关俄罗斯典型草原、牧场及刍动物生产系统的资料源于《俄罗斯联邦草原概况》（Blagoveshchenskii 等，2002），见于联合国粮农组织草原网 http：//www. fao. org/ag/AGP/AGPC/doc/Counprof/russia. htm。

二、草原的前景

真正原生的典型草原越来越少，尤其在乌拉尔以西地区。最近一次大破坏发生在 20 世纪 50 年代，那时为提高农业生产而开始声势浩大的开荒运动，直接导致了 4 300 万公顷的草原被永久破坏掉而变为了耕地（马斯洛夫，1999）。这实际上意味着原生的典型草原在伏尔加地区、哈萨克斯坦和西伯利亚西部地区永久消失。被开垦为耕地的草原面积相当于加拿大农业用地的总面积。

由此产生的其他影响就是当局对草地资源的认知和兴趣递减，草地这种景观在学者们的眼中也逐渐褪色消失。目前并没有迹象表明是否该积极进行草地的恢复，若未来某一时刻提上日程的话，如在本章中所提及的，就需要参照过去的文献报告。因为这些报告是从自然科学和管理学思想中独立发展而来，在西方特别受到重视，尤其是美国，在那里有与俄罗斯相似的植被类型，但是无论在科学上还是在管理上所采取的途径与俄罗斯都截然不同。俄罗斯联邦近期的文献主要是涉及卫星影像和生态模型（Gilmanov，Parton 和 Ojima，1997）。为了避免混乱和基于对过去文献的尊重，植物学名都将引用最初公布的名称。因此，我们在文中使用 *Euagrypyron* 和 *Agropyron repens*，而不是 *Elytrigia repens*。

俄罗斯农业目前的倾向仍是以大规模集体农庄和国营农场作为集体和国营的核心，主要进行粮食生产，同时也集中饲养少量的牲畜。牲畜则进一步被集体农场的成员从集体中分离出来，转变为以家庭为基础进行经营。渐渐地，家庭所拥有的家畜开始依靠自家经营的草地和饲草料地以及农副产品进行饲养。目前，公共和公立的放牧地被私人牲畜所占用。

历史是否在重演？放牧权由农村公社共享，这是前革命时期的典型特征。牧场即放牧地属于社区集体所用，但牲畜属于个体家庭所有。围栏放牧和"大型牧场"非常罕见。虽然在农业发达的地区，大型农场占主导，但农场主也要妥善处理与大型社区中农户的关系，满足他们对农田、牧场和家畜饲草的需求，以此换取他们的劳动力。现在这种公有经济下的集体农庄模式是否在履行这前革命时期地主的作用？农民是否继续像以前那样期望被供给？在俄罗斯形成以家庭为基础的自营农场是否还有很长的路要走？

如世界上许多重要的天然草原一样，俄罗斯草原也是一种宝贵的自然资源。伴随着全新而未知的过程，目前的土地改革方案，将重新恢复天然草地，特别是典型草原其最初作为一种主要的放牧资源的重要性。前苏联工业化模式下的集体农庄和国营农场，对牲畜全年舍饲的经营方式，已被证实既不经济也不能维持可持续的发展。家庭为基础的农牧混合经营的小牧场放牧方式，将随着天然草地和典型草原放牧集体农庄畜群的发展共同发展。永久性或临时性牧场所提供的放牧和饲草料资源，在减少一年生的饲草和谷物饲料开销中显得尤为重要。据报道，一半的谷类作物被用于饲喂家畜。青贮玉米种植面积超过 1 000 万公顷，常常不是分布于在寒冷的地区就是干旱的地区，无论这些地区是否具备灌溉设施。这些涉及农业、经济和环境的新的发展方向，尽管在很大程度上促进了平衡发展，但同时也为露天放牧提出了艰巨的挑战。

三、有关草地的语义学

草甸，打草场和牧场（Luga，senokosy i pastbishcha）以及栽培草地（Lugo-vodstvo）是俄罗斯术语，通常用来区分用于提供饲草料或用于放牧的土地，而在英文中则称为草地。俄语中"草甸"通常指干草型禾草为主要优势种的草地，而"牧场"通常指用于放牧的草地，而这种差别在当代英语里已没有意义。在俄罗斯术语中，"草甸"一词（由中生植物组成）经常对比于"典型草原"（旱生植物），并强调了典型草原上河流的重要性，与河流接壤的大面积冲积平原孕育出了草甸。草甸拥有更为温和、湿润的气候（Shennikov，1950）。作为描述性名词的草甸和草原远离了它们在景观或地理区域上所代表的意义。俄语中仍在使用的术语，如草甸典型草原、荒漠典型草原和山地典型草原则增添了这种混乱（Gilmanov，1995）。本章中，草地是指广义的草地，包括典型草原，而放牧地是指特定用途的草地。青贮玉米是饲草，如同苏丹草和苜蓿，但当后者被用于放牧时则称为牧草。

典型的俄罗斯术语"草地"，强调其为干草的来源地，干草是牛过冬的主要饲料。前文提及的北部斯拉夫人调制干草的历史可追溯到其文明诞生时期，即公元 1 000 年左右。众多作品中都涉及有关"乡村干草节"的内容，在此期间整个乡村都参与到刈割和调制干草的过程。调制的主角是干草，而不是饲料作物。草地向耕地高比例转变的本质是为了发展农业（恰亚诺夫，1926）。除了处于大西洋气候控制的俄罗斯西部外，其他地方很少种植饲用甜菜、油菜和芜菁甘蓝。原因之一是，大多数的干草都来自没有其他经济利用价值的低地草甸。其二，北方饲料作物的可生长季节太短，东部和东南部又干旱，或两者兼而有之。虽然苜蓿出现较晚，通常也认为公元前第 6 和第 5 世纪的希腊波斯战争之前，塔吉克斯坦和乌兹别克斯坦就进行了种植；但是正如上述所言，由于南北的地理隔离，苜蓿传播到伏尔加地区的时间不太可能早于西欧。

四、气候、植被及土壤

波罗的海附近的气候还有些类似大西洋气候，但随着向欧亚平原东侧过渡，大陆冬季的气候则愈加严酷，时间也逐渐延长，以致在东部极端地区甚至无法进行耕种。受高纬度和海洋暖湿气团缺乏的影响，在俄罗斯地区盛行大陆性气候。在南部边界和中亚地区绵延的巨大山脉阻挡了来自海洋的热带气团。北冰洋的作用更多是形成了冰雪覆盖的冻原，而不是提供相对温暖的海洋气候。因为处于西风带区域，来自太平洋地区暖湿的海洋气团无法影响到内陆深处。冬季，以蒙古为中心的大型寒冷高压气团覆盖了西伯利亚的大部分地区。

在低气压气团作用下的夏天，温暖和潮湿的空气从大西洋一直挺进到西伯利亚。但是在许多地区夏季降雨分布并不总是有利于农业生产。6 月和 7 月往往干旱少雨，而在 8 月雨水多又会影响谷物的收获。年降水量从俄罗斯西部的 800 多毫米逐渐减少，在里海地区年降水量不足 400 毫米。

气候和植被类型呈东西平行带状分布。北极圈附近的冻原，存在永久性冻土层，植被为苔藓、地衣和低矮的灌木，树木由于太冷而无法生存。邻近此地区的（亚北极）是北部（针叶）森林带、泰加林带，占俄罗斯在欧洲领土的 2/5 及西伯利亚的大部分地区，此区域的大部分地区也为永久冻土层。大部分地区没有树木，这主要是因为当地排水不良，多形成沼泽植被。泰加林带的土壤是贫瘠的灰化土。

再往南是混交林带，北起圣彼得堡，南至乌克兰。混交林和真正的典型草原之间，存在一个狭窄的森林—典型草原交错带。

真正的典型草原，不同于北部的森林草原，其植被以草本植物为主，只在幽闭的山谷内生长着一些矮小的树木。典型草原带，始于黑海海岸沿岸，包括北高加索平原西部的半个区域，并向东北延伸到伏尔加河低地、乌拉尔南部和西西伯利亚的南部区域。

拥有黑钙土的森林草原和典型草原，共同成为俄罗斯农业的核心地区。森林草原的土壤是黑钙土，其有机质和矿物质含量高，并且水分条件好于典型草原。典型草原土壤的有机质略低一些，但矿物质含量高，多属于栗钙土—典型草原（栗色的）。

五、生态分类

在俄罗斯辽阔连绵的平原区，主要植被类型以气候类型和土壤类型进行划分。通常情况下，这些区域往往都略微从西北向东南方向延伸，区域与区域之间近似平行带状分布。

地形、水文和土壤条件与 rayon（小型的土地行政区划单位）相适应，或者与（前）集体农庄或国营农场水平相适应。正是在这些单位水平上，对草地描述更为精准、土地管理更为有效，最终使草地得到改善。已确定出草地利用措施的目标和框架。然而与世界其他地区相比其分类过于烦琐，使该分类方法失去了原本作为指导植被分类的作用，仅留下数以百计的代码和号码。而一个通俗的词汇就可以概括这一切（例如，mochazina——非泥炭沼泽，liman——河流下游的洪泛区）。在北部的国家森林地区若排水不良将形成沼泽，但在草原地区则会形成富饶的草场。相反，过度放牧可能会导致裸地面积增加，使该植被区域实际气候比降水量数据所示的更为干燥。草地（含典型草原）是一个由气候、土壤、生物和人为因素构成的复合体。与通过气象学或地质学仪器测定相比较，植被在农业环境上往往具有更好的指示作用（怀特，1974）。"有哪些主要的物种，这些物种又揭示了什么"往往是与之最相关的问题。

草地的组成存在波动性，对其波动模式人们已有了一些认识。其主要特征、群落外貌（包括高度、密度和盖度）和物种都相对稳定，或者在木本和草本物种之间或其内部的某一平衡点上下波动。显著的变化通常需要一个长期的过程。只有当对永久性积水进行人为的排干，或通过反复耕作和种植，草地才会发生显著改变，植被产生不可逆转的变化。

六、生态（区域）潜力

早期的分类是依据植物的组成来划分的，但随着认知的进一步发展和明确，开始认为生态潜力可能与可识别的植被组成有关。目前在评价生态潜力和土地使用潜力时，许多观测者都认为植被是一个非常微不足道的指标。因此就产生了一个问题，即如何用现有的植被来评价生态潜力。植物地理学专家进行的分类与规划者进行的草地改良计划完全是两码事。区域潜力是一个支配性因素，也就是说生态因素中所涉及的植被应占主导地位。顶级植被在自然演替与环境两者之间趋向平衡的基础上进行恢复重建。这个过程可能会中断，植被可能会被描述为一个"火烧亚顶级群落"或"放牧亚顶级群落"。顶级群落的概念所涉及的区域潜力决定于环境因素，如气候、土壤和地形。苔原、草原和半荒漠这些生态气候区可以利用植物种类及已确定的植被类型，进一步阐述其特征。

草地或典型草原，是指无论处于什么演替阶段，仍以禾本科牧草为主同时伴有少量杂类草的植被类型。目前用于栽培的禾本科牧草都是由野生种驯化而来（如草地早熟禾）。天然牧草和栽培牧草之间存在着密切的关系（Boonman，1993）。这里的"天然"不应该被理解为"原生的"或"非生产性的"，也不应该等同于顶级群落或稳定的群落。目前惯用语中，"天然牧草"包括下列任何一种：

①牧草，非栽培牧草；②栽培牧草，但栽培年限很长且现在仍被使用，不同于最近栽培利用的牧草；③当地草种，而不是外来草种；④原生的，非改良和栽培的牧草。天然牧草被习惯等同于任何可以用于放牧的天然草地，而非（已知的）栽培草地。常常还意味着，它在远古时期就被当作或"应该就是"放牧地。表10-1列举了典型草原中的几种主要的物种。

表 10-1　俄罗斯典型草原的重要物种

时　期	典　型　种　及　其　特　性
最早期 （4月、5月）	*Poa bulbosa*（早熟禾属）　丛生直径<20厘米，基部球茎状膨大。植物主要生长在半干旱和休耕植被的黑钙土和栗钙土上，夏枯，但在春季和秋季具有高生产力和营养价值
早期	*Festuca sulcata*（羊茅属）　丛生直径<35厘米，叶浅灰色。普遍且主要生长在原始草原和多年休耕地的黑土和栗钙土上。高产，也用于人工种植
	细叶针茅（*Stipa lessingiana*）　丛生直径<50厘米，普遍生长在维尔京草原和多年休耕地中，同样存在于森林草原和山地草原带，是针茅属中优质的牧草，可与 *Festuca sulcata* 媲美，但抽穗后适口性差
	Koeleria gracilis　丛生直径<25厘米，生长在原始草原和多年休耕地上，高产
中期	*Agropyron pectiniforme*　丛生直径<90厘米（图10-1）；是生长于半干旱条件下的黏土和壤土暗栗钙土上的代表植物，或在碱湖（靠近河流）附近成优势群落，高产，也可人工栽培
	西伯利亚冰草（*Agropyron sibiricum* B.）　丛生直径<100厘米，着生于草原轻质土上的典型和优势植物
	Agropyron racemosum（冰草属）　根茎<50厘米，常见于草原的多年休耕地和栗钙土上，与 *A. repens.* 相比，更抗旱、更耐盐且质地粗糙
	无芒雀麦（*Bromus inermis* Leyss）　根茎<100厘米，着生于草原、森林草原和冲积平原休耕地的黑钙土上的代表植物，往往也生长在林区中，适应性广，可人工栽培
后期	偃麦草［*Agropyron repens*（syn Elytrigia repens）］　根茎<80厘米（旱地），<170厘米（河漫滩地），是黑钙土和暗栗钙土的多年休耕地上的优势种，耐水淹和盐碱，可在盐碱地上栽培
	针茅（*Stipa capillata*）　簇生直径<60厘米，与 *S. lessingiana* 一样很常见，但出现晚于 *S. lessingiana*，常见于典型草原、森林草原及半干旱地区；抽穗前适口性和利用性好。种子芒刺会穿透羊毛和皮肤，可能造成羊的死亡

注：基于典型草原上牧草的抽穗期，4月中旬开始返青。

图 10－1　*Agropyron pectiniforme*

七、RAMENSKII 的草地分类

西方常见的有关草地分类的讨论，在俄罗斯文献中则很少出现，如 Clementsian 的顶级群落术语或最近提出的过度态模型，也没有出现涉及植被特征描述的 Braun－Blanquet 方法。有时会提及"马尔可夫模型"，但几乎从不与 Clementsian 进行区分比较。相比之下，L. G. Ramenskii 在俄罗斯所做的工作（Sorokina，1955），更引起了西方的注意。在他的标准工作中，Ramenskii（1938）强调，需要全方位的判断土地及其所有的因素，如生物和非生物的，必须考虑在植被出现过程中产生的某些变化（变异），并就其原因进行解释。Ramenskii 的分类被称为"phytotopological"，主要侧重于栖息地。首先将天然草原分为旱地或河漫滩。其次，根据地形和水分条件进行细分。首先确定出 50 多个类，每个类再以水分条件进一步细分为 22 个亚类。在相似的栖息地，一些植物会结伴出现。

举例说明，Ramenskii 发现在土质为暗栗钙土，且干旱、平坦的典型草原上，随着放牧强度的增加会相应出现以下现象：

● 在原生的典型草原中，低草草地生长着细叶针茅（*Stipa lessingiana*）（图 10－2），但 *Festuca sulcata*（针茅属）很少出现；

● 几年之后，*Festuca sulcata* 成为优势种；

● 最后，随着过度放牧的进一步加剧，萹蓄（*Polygonum aviculare*）群落出现。

图 10 - 2　细叶针茅（*Stipa lessingiana*）

这是典型的衰退演替（表 10 - 2）。Ramenskii 并没有对植被成分进行定量的分析，但对所谓的垂直"投影"进行估测，简单地估测了特定时期植被覆盖度。并没有雇佣人工对植物种类和样本重量进行区分。潜在产量估测来自于根据经验所确定的标准曲线图（见第八部分的植被基况）。

表 10 - 2　放牧强度对草原的影响

放牧强度	Oka 河漫滩草甸	北部高加索 普通黑钙土	西部哈萨克 暗栗钙土
不放牧		针茅属，沟叶羊茅，禾草，冰草属植物及无芒雀属频繁出现	
轻牧	猫尾草，小糠草，草地老鹳草	针茅，沟叶羊茅，少量禾草，冰草属植物和无芒雀属	细叶针茅，沟叶羊茅，针茅，银蒿
适牧	紫羊茅，葛缕子，无芒雀麦，草原看麦娘，小糠草	沟叶羊茅	沟叶羊茅，*Koeleria gracilis*（落草属），针茅，银蒿
重牧	草地早熟禾，千叶蓍，*Leontodon* spp.，黄花苜蓿，*Carex schreberi*（苔草属），白三叶，草原看麦娘	鳞茎早熟禾，*Carex schreberi*，银蒿和西格尔大戟	银蒿，鳞茎早熟禾，*Euphorbia virgata*（大戟属）
过牧	萹蓄和少量上述植物	萹蓄和角果藜	萹蓄，冰草属，角果藜，雾冰藜属

被开垦和耕种多年的典型草原，在撂荒后会出现以下变化：

● 第 1 年：一年生植物。

● 第 2 年至第 3 年：两年生和多年生草本植物。

● 第 3 年至第 4 年：*Agropyron racemosum* 出现。

● 第 5 年至第 8 年：*Agropyron racemosum* 占牧草覆盖度80％以上，与此同时沟叶羊茅（图 10 - 3）开始出现。

图 10 - 3　沟叶羊茅（*Festuca sulcata*）

● 沟叶羊茅逐渐成为优势种。

● 大约在第 15 年：细叶针茅成为优势种（恢复为最初的原始草原）。

由此可见，至少会出现 5 个不同的群丛。根据不同的撂荒管理措施和以往土地的种植历史，可以区分为几十个不同的群丛。虽然每一次的修正对于目前利用方式都具有重要意义，但其生境的潜力仍然大同小异。因此，Shennikov 倾向于将 Ramenskii 的原生低草草地归为"草本典型草原"；冰草属植物为主的撂荒地归为"（温性）草甸类型"，蓼属群丛属于"一年生草本植被"，草本植被的组成部分是植被类型的基础（见下文）。值得称赞的是，Shennikov 将因素合并考虑，不是单独考虑某一因素。

当时的重要术语，如"植物群落"和"动物群落"，以及形成了生物群落和与生物地理群落间的相互关联，是值得注意的（Sukachev，1945）。另一个值得注意的是被划分成的 4 个植被类型：①木本植被—树—灌木；②草本植被—草本植物（见上文）；③荒漠植被—荒漠植物；④漂浮植物群落—其他植物。

Shennikov 详细的分级可能为：①植被类型组（Vegetation - type group）：草本植物；②植被类型：草甸（主要用于生产干草的湿润草地）；③群系类型（Class of formations）：真正的草甸（相对于典型草原或沼泽来说）；④群系组：

粗大禾草，粗大的莎草；⑤群系：草原看麦娘为优势种；⑥群丛组：由草原看麦娘构成的群体；⑦群丛。

Sukachev 的分类隶属于"植物群落学（phytocoenological）"，而 Ramenskii 则属于"植物地形学（phytotopological）"，后者是由 Dmitriev（1948）和 Chugunov（1951）创建的。但两者之间的差异并不明确。Ramenskii 虽然不是由 Clementsian 本人或他的继任者创造出来的，但其植物演替系列阶段是对线性克莱门茨演替的经典继承。

荒草入侵并占据裸地后，随着有机质的不断积累逐渐进入草地演替阶段，最终被高大的丛生禾草取代。Clements（1916）的理论后被证实不仅在美国适用，而且在加拿大（Coupland，1979，他们的工作曾经在俄罗斯采用）、非洲东部和南部（Phillips，1929）地区同样适用。如果 Clements 企图提供适用于所有过渡情况的模型，或从农业的角度来说，认为在所有情况中，顶级群落植被是最适宜的或生产性最高的，这将会让人对此产生质疑。为了确定最适演替阶段的理想组成，可以对植物演替过程进行研究。正如在俄罗斯所看到的，许多情况下某些演替阶段（撂荒地）与顶级群落相比具有更高的生物多样性和牧草产量。然而由于差异太大，无法把它认为是演替模型的一种反证。如同美国的大平原，俄罗斯草原的顶级群落中的牧草对于家畜而言也是充足和适口的；此外，植被覆盖地面会对土壤起到保护作用，并有利于植物利用环境生长因子进行碳固定和营养元素循环。

作为环境的组成部分，生物、气候和土壤三者之间相互影响，也影响着草地植物群落的动态变化。改良草地目的在于控制植物组成，以促进可利用的物种增加，同时遏制那些不可利用物种的生长。目前草地改良基本就是将当前生态条件与其最大潜力进行比较后采取相应措施。在某一特定生境中确定植被的各种稳定状态，可以使管理策略更有效地应对非生物因素的变化，这样就可以摆脱一些教条的束缚，如采用火烧是不好还是最好。

八、植被基况（生态监测）

生态技术在农业的实践管理决策中无法发挥在草地科学发展中产生的影响。就测定产量本身而言，植被评价已被证明是评价环境及其草地生产力的一个更为可靠和有效的标准。鉴于未来的自然资源管理任务的艰巨，应适当给予有关草原植被调查新兴技术的更多关注。

苏联曾对所有联邦政体统一实行"国家机构的土地管制"，大约每 10 年就对同一（草原）土地进行一次勘测，直至现在还严格采用数十年未变的方法进行调查。最初的目的是畜牧业生产水平的最大化，然后增加了农业企业补助和贷款的水平，以适应企业的生产水平。对他们而言，要求 Kolkhozy 和 Sovkhozy 在地图上展示草地清单，包括其相应的植被、土壤类型及其他的物理条件以及目前利用的细节和对每个区域提出的改进措施。

这种测定样方（线框）内牧草现存量的方法是一个相当复杂的工作并需要大量的劳力。组成成分测定需要人工进行分拣和分析。化学分析测定饲用单位和可饲用部分的蛋白质含量，后者也可用样方内新鲜植物的现存量进行换算。为了实现这一目标，此方法采取不同的刈割高度，最大限度地模拟研究植物被采食后的生长状况。然而这些数据并不能完美地转换为动物生产。实际生长量——不仅仅指样地提供的产量——只能对每一个样地通过扣笼法研究笼内外变化来进行评估。由于缺乏参考数据，无法快速地评估草地的承载能力。

目前使用的植被分析方法是在在风干的基础上进行的，它提供了样方内物种出现的相对比例，但测定的数据不等同于全部的生态潜力。由于此方法的目的是为了安排动物生产，因此获取的植被数据并不适用进行植物组成的监测，或与最佳植物组成进行演替—退化的比较。事实上，上文提到的物种出现的相对比例与其他观测方法相比，其所提供的有关草原植被演替状态的信息显得更有价值。与产量数据相比，植被数据可以更有效地预测草原状况，可通过一个更有意义且省力的方法进行评估，例如干重排序（DWR）技术（t'Mannetje 和 Jones，2000）。

生产力测量法是前苏联土地勘测中的方法。随着负责国家中央计划生产管理部门对资源管理的职能变动，就需重新确定与现实相适应的技术方法。新型监测的最终目标是将草原恢复到可接受的最优群落组成，并将这种状态维持下去。

在村一级水平下或个人，对放牧权的分散发展和放牧管理，就要求对原有的方法进行修改，且最终赋予实践，并与在国家尺度上的自然资源管理要求相一致。这些新方法，如利用 DWR 技术测定植物组成方法，及用来测定草地现存量的相对产量评估（CYE）方法，必要时可以选用但不是必需的，在监测和测量植被基况中不仅具有准确性且投入资金少。此外，植被基况的确定，还需要了解更多信息（植物个体大小、草层密度和土壤条件）。

对草地基况变化的监测，主要通过监测草原组成成分及其土壤状况的变化来进行。参照已获取的数据，可以通过调整管理方法和载畜率来阻止或逆转草地退化。此外，对生产力的评估，要通过测量草原的实际增长量来确定，而不是单纯地利用草原现有产量（现存量）。参照已获取的数据，可以对载畜量进行调整以保持个体家畜的生产力。与生产力型的测量方法相比，生态参数被认为是监测草地基况最有价值且最经济的方法。t'Mannetje 和 Jones（2000）对最新的草地监测方法、途径及其工具进行了阐述。

畜牧业应注重保持草地的最适植物组成成分的动态平衡，以利于草原群落的可持续发展。最适植被组成成分的概念，认为保持稳定或可持续发展的植被组成即可称为顶级群落，这与早期更为正统的克莱门茨演替有所不同。无数的例子发现，顶级群落的牧草生产力低于演替过程中非顶级群落的牧草生产力。

九、典型草原植被组成动态

（一）气候

列举几个例子就可以阐明，气候与典型草原植被组成动态间的关系。森林区的草地早熟禾（*Poa pratensis*）以及草原的沟叶羊茅、狐茅和西伯利亚冰草它们的嫩芽保存在积雪下直到春天来临时再次萌发，即使在积雪下一些嫩芽也能继续生长。当春季温度达到3~5℃时，植物就开始进行同化作用和生长。短命植物和"类短命植物"（俄罗斯术语，意指多年生植物，其营养体每年都会死亡，如鳞茎早熟禾）春季开花，到初夏就会结束生长。酷夏来临时，植物因缺水，会在休眠套中进行休眠，并到秋季雨季重新来临才能恢复分蘖。前一个季节的气候状况对植物生长仍具有显著影响。如果没有积雪覆盖，会造成很多植物死亡，包括三叶草和黑麦草。当土壤没有冻结，但被厚达30厘米的积雪覆盖超过3个月，这些植物和其他植物也会死去，可能是因为缺氧而无法呼吸。无雪的冬季之后紧接着一个寒冷的或者干旱的春季也可能会造成幸存的牧草无法形成结实。

（二）从撂荒地到典型草原的演替

从撂荒地到原生的典型草原植被的过渡阶段常常关注以下特征：①一年生杂草；②多年生杂草；③根茎植物；④丛生禾草；⑤次级原生的典型草原植被。然而现在更多研究认为，早先的这些阶段之间并不一定逐次产生，而往往同时存在，有时甚至找不到有关根茎阶段存在的证据。

V. R. Vil'yams是俄罗斯早期最重要的草地改良先驱者，1920年期间，曾多次指出，植物和环境之间的相互作用会导致一个土壤—植物复合体被另一个土壤—植物复合体所取代。他认为，在草地的形成的过程中，甚至出现极端的情况，如森林逐渐稀疏，并最终让位于草原。Shennikov（1941）不认同Vil'yams的这部分观念，认为森林向草原的转换是不符合自然规律的，一般都是人为的砍伐和焚烧造成的，偶尔也会是由活跃在森林地表极具威胁的大规模虫害造成的。

Vil'yams也正确认识到有关草原土壤中有机质的积累、草地退化和（年轻）草地生产力（萧条期中期，土壤化学影响着牧草）的逐渐下降（萧条期）等现象。在他看来，草原到达"密丛型阶段"则意味着退化，要想恢复就需对草地进行翻耕和重新播种，而在此阶段不需要使用化肥。如下文所述的，试图吸引和鼓励更理想的植物进入撂荒地并占据主导地位，并使撂荒地获得预期的改善。

（三）典型草原及其利用类型

1954年，在大规模垦荒运动前，整个俄罗斯（169 000万公顷）拥有14 400万公顷的天然草原（割草地和放牧地）（表10-3）。如将苔草原计算在内，草原面积又新增 20 600 万公顷。哈萨克斯坦割草地的面积远小于放牧地的面积（分别为 1 200 万公顷和 17 600 万公顷），乌克兰草地面积总体都相对较少。摞荒地通常列入耕地范畴，而不属于草原。

俄罗斯农业科学院（RASHN）1998 年的数据表明，俄罗斯草原的总面积为 8 360 万公顷（占农业用地的 37%），其中割草地和放牧地的面积分别为 2 160 万公顷和 6 200 万公顷。与 1954 年相比存在 6 000 万公顷的差异，估计约 1 700 万公顷的草原是在 20 世纪 50 年代被开垦成了耕地（Maslov，1999）。

表 10 - 3   1954 年的天然草原面积（万公顷）

地 区	土地总面积	打草场		放牧场		草地总面积*
		总面积	摞荒面积	总面积	摞荒面积	
俄罗斯联邦	169 000	4 900	460	9 500	400	14 400
哈萨克	27 500	1 200	220	17 600	220	18 800
乌克兰	6 000	320	3	470	20	790
前苏联	222 700	7 400	720	34 700	880	42 100

  * 不含摞荒地和苔草原。

引自 Administrativno territorialnoe delenie soyznykh respublik，1954。

（四）森林典型草原

典型草原带位于森林区的北部和半荒漠区南部之间。森林典型草原的特点为岛状分布的森林和大面积的草本植被交替镶嵌出现。俄罗斯位于欧洲的地区（降水量 460～560 毫米）比位于亚洲的地区（降水量 315～400 毫米）气候更为湿润和温暖。在森林典型草原区，乌拉尔西面的地貌多为丘陵，西伯利亚西部为低地平原，其中洼地多被湖泊和沼泽所占据。

在位于欧洲区域的森林典型草原，覆盖着黑钙土的下游地区几乎都开垦成为耕地。其中残留着由桦树、白杨和橡树组成小面积的森林。草原位于陡坡和河床附近（河漫滩草甸）。由于重度放牧，细叶早熟禾和沟叶羊茅成为优势种。在保护良好的割草地上可以发现大量不同种类的禾草（拂子茅、各种冰草、无芒雀麦、羊茅、梯牧草属和早熟禾属）、豆科牧草（红三叶、三叶草、苜蓿、蚕豆属和山黧豆属）和其他草本植物（彩图 10 - 2）。干草产量可达每公顷 1 000～1 500 千克，且品质优良。而在过牧的地区，单产只有其 1/3。

位于亚洲区域的森林典型草原中，森林可占其面积的 15%，由桦树、白杨和柳树组成，但没有橡树。由于地下水位高，因此沼泽很常见。与西边的乌拉尔地区相比，被开垦的土地面积要少得多，并且主要位于山脊。在平原以碱土和典型黑钙土（主要为碱土）为主。优势植物是拂子茅，这是西伯利亚西部非常具有代表性的物种。其他物种有草地早熟禾、乳菀和白花枸杞。干草产量为每公顷 600～800 千克。

（五）典型草原

典型草原的面积为 14 300 万公顷。大陆性气候盛行（表 10 - 4），但山麓地区的气候则相对比较湿润（高加索、乌拉尔和阿尔泰山麓）。

表 10 - 4　黑钙土—典型草原的气象数据

地　区	平均日温<10℃的总积温（℃）	年降水量（毫米）	1 月的平均气温（℃）
北部高加索	3 000～3 500	400～600	0～—7
中部黑钙土区	2 600～3 200	350～500	—5～—12
伏尔加河流域	2 200～2 800	300～400	—12～—16
乌拉尔	2 000～2 900	300～400	—15～—17
西伯利亚西部	1 800～2 100	300～350	—16～—19
西伯利亚东部	1 600～2 000	200～400	低至—30

引自 Chibilev，1998。

典型草原的土壤主要为黑钙土和暗栗钙土。但在罗斯托夫（Salsk 和 Primanchy 草原）和伏尔加地区，以及哈萨克斯坦地区分布着大量的盐碱土。

典型草原是没有树木的平原，以针茅属植物和沟叶羊茅为优势种。树木和灌木仅出现于洼地和沟壑中，包括灌木锦鸡儿、绣线菊属植物、矮扁桃和金雀花。典型草原的牧草，包括旱生型牧草，地上部分在夏天停止生长并完全干枯。随着8 月底和 9 月初新的雨季来临，植物又开始恢复分蘖继续生长。早春短命植物和类短命植物出现在春季，并在 60～70 天内完成其生命周期，这与森林和森林典型草原区形成鲜明的对比。从畜牧业的角度看，有必要进行以下细分：①原生典型草原和多年撂荒地；②撂荒了 2～3 到 7～10 年的中期撂荒地；③新撂荒地。

（六）原生的典型草原

目前只有在欧洲区域部分如 Askaniya、Starobelsk、Khrenovskaya 和 Streletskaya，残存着孤岛状的小片原生的典型草原（Olikova 和 Sycheva，1996）。在俄罗斯的 Salsk、罗斯托夫的 Primanchy 草原、伏尔加格勒地区和斯塔夫罗波尔克瑞地区存在着大面积的原生的典型草原。塔吉克斯坦靠近里海的北部地区，绵延着半干旱的 Nogayskaya 沙地典型草原。最大面积的典型草原位于哈萨克斯坦，但在 1950 年和 1960 年期间，除了盐碱土地区，因垦荒运动造成了数百万公顷典型草原的消失。

正如前文所述，原生的典型草原与多年的撂荒地之间植被差异的界线较为模糊，所以，大部分被撂荒的土地可能很快就重新恢复成草原，且不会显露出太多曾经开垦过的迹象。这里着重强调了有利于推动这种转变的潜在过程，并将工作的重点放在既可放牧又可刈割干草，且处于资源丰富时期的原生典型草原。

事实上，北部典型草原的草本处于旺盛生长阶段，多为矮小（＜10 厘米）的禾草且种类丰富，南部地区多为旱生植物。据报道北部地区干草产量不超过每公顷 700 千克，南部地区不超过每公顷 450 千克。而鉴于其具有肥沃的土壤和高的年降水量，原本草地可以具有高的生产力，特别是当在河漫滩草地附近还发现有大量的高大植被（大于 1 米）时。初夏时期这种差异会更为显著，差异太大以致不能简单地用氮有效性是否受到遏制（氮固定或残茬沉积）、干旱或洪水、早期的放牧利用、后期打草利用等原因来进行解释。草原植被不能茂盛生长，很大程度上是因为在 4～5 月份的拔节期期间，可利用的水分（以降水的形式）缺乏或者是可利用矿化氮的形成受到了阻碍。在冬季温度很低，因此土壤有机质很少会进行分解。作物营养学研究表明，在黑钙土的耕地上，每年每公顷有 75 千克的氮被矿化，另外 75 千克的 P_2O_5 被利用。典型草原主要在春季和秋季被大规模用于放牧家畜。在南部地区生长着丰富的沟叶羊茅，并且积雪不厚的地区，也可作为冬季放牧场。

（七）半荒漠区

半荒漠区位于俄罗斯在欧洲区域的里海北部沿岸，呈月牙状，然后覆盖了哈萨克斯坦的大部分地区。西伯利亚的西部是非典型的半荒漠区。月牙状的半荒漠区始于塔吉克斯坦北部的 Nogaskaya 草原，覆盖了卡尔梅克和伏尔加格勒的南部，直达阿斯特拉罕地区，然后从伏尔加河的河口附近经过，到达古里耶夫，进入哈萨克斯坦。在前苏联，半荒漠区的面积共计 12 700 万公顷。该地区冬季降雪很少，草地可用于冬季放牧。然而，半荒漠地区的气候比典型草原更接近大陆性气候。尽管土壤为栗钙土和褐色土，夏季低湿和高温仍有利于盐土，特别是碱土的形成。随着地貌表面凹凸的变化，增加了植被分布的不均匀性。典型的半荒漠区是由大面积绵延的沙地（"新月形"沙丘）和"洪泛地"（在半荒漠区河流下游的季节性洪水泛滥后形成的草甸的地区）组成。伏尔加河东部平地（plakor）代表性的小灌木组成是：黑蒿＋木地肤（*Artemisia pauciflora* ＋ *Kochia prostrate*）（图 10-4），偶有短生和类短生植物（例如 *Poa bulbosa*、*Tulipa* spp、*Allium* spp. 鳞茎早熟禾和郁金香属、葱属植物）。浅洼地附近的牧草主要由沟叶羊茅组成，其次是光穗冰草、细叶针茅、针茅和其他的草本植物。同时，沟叶羊茅＋针茅或者细叶针茅也是海拔在 1 000～3 000 米之间的"高山草地"的代表性植被组成。

图 10 - 4　木地肤（*Kochia prostrata*）

十、草地类型

（一）洪泛地

由于其地形平坦，在春天半荒漠地区的解冻河流即使无法到达里海，也会泛洪淹没大片的区域，由此而形成草甸的地方就被人们称为洪泛地（Mamin 和 Savel'eva，1986）。该区域宽度可达 30～40 千米，但因其水浅，带车轮的运输工具可以从上面通过。强烈的蒸发和高水位的河床促进了盐土地和碱土地的形成，盐生植物或是耐盐性强的植物成为优势植物［蒿属植物（图 10 - 5）、碱茅属植物、疣苞滨藜（*Atriplex verrucifera*）和匍匐冰草］。随着河水从周边向中心退缩，出现了同心环的模式，此同心环反映出植被的分布状况。*Artemisia monogyna*（蒿属）和疣苞滨藜出现于没有被水淹没的外环，这种情况仅存在几天。这一区域可能仅占数百公顷。在离中心更远的环状或带状处，一旦洪水大量涌入且持续 2～3 个月，就算在 6、7 月份的时候水位仍能保持在 30～60 厘米之间，物种几乎全部被冰草属植物所占据，植株高度可达 150 厘米，干草产量达每公顷 6 000～7 000 千克。在河口中心和最低处由芦苇丛组成。在前苏联，洪泛地的面积曾经达 700 万公顷。毋庸置疑，洪泛地在萨拉托夫和伏尔加格勒地区具有非常重要的经济价值，并且能够缓解下游放牧区的压力。只需要建造较小的沟渠就可以把水引到那些长有更具有饲用价值植物［偃麦草（Agropyron repens）、*Agropyron pectiniforme*、*Euagropyron* spp.、黄花苜蓿（*Medicago sativa* spp.）、*falcata*、无芒雀麦（*Bromus inermis*）和 *Beckmannia* spp.］的地区。

图 10-5　蒿属植物（*Artemisia lercheana*）

　　Artemisia arenaria、*A. astracbanica*、*Carex colcbica*、*Kocbia prostrata*、冰草属植物、针茅和 *S. joannis* 是有利于沙地（较肥沃）固定的代表植物。在下游地区，河床的高度可能在 100～200 厘米，在这种环境下，冰草属植物就成为最有价值的草种，干物质产量可达每公顷 1 000 千克。一般认为，重牧会损坏表层土壤，在遏制蒿属植物生长的情况下反而促进了冰草属植物的生长。

（二）河漫滩草甸

　　欧洲一些较大河流南北流向横穿典型草原（彩图 10-3）。在河水泛滥的时期，大部分河流两边的地区都被水淹没。第一次发生在早春时期，主要是其区域内积雪的融化形成；第二次发生在晚春时期，随着融化的雪水到达北部地区。在河道附近随处可见河漫滩草甸。相比较而言，泛洪地只在河流下游和较平坦的半荒漠地区存在。

　　在苏联，河漫滩草甸（彩图 10-4）的总面积超过了 3 000 万公顷，割草地和放牧地面积基本上相等。河漫滩草甸的利用价值高于流域附近其他相对干旱的地区。正如上文所述的洪泛地一样，植被主要由水淹的次数、持续时间和深度决定的，同时也取决于沉积下的淤泥深度和质量，各种各样的因素都要考虑进去。水淹持续时间为 40 天或更长，植被主要建群种为 *Phalaris* spp.、*Bromus inermis*、*Stipa pratensis* 和 *Carex* spp.（表 10-5）。在典型草原较大河流附近的河漫滩草甸，季节性降水所形成的积水区是主要影响因素（当地叫做 Dnepr、Don、Volga、Ural）。在流域外延地区，盐化作用（盐土）普遍存在（地势高于河漫滩草甸）。

表 10-5　河漫滩草甸植被分类

森 林 区	典型草原区	荒 漠 区	
每年被水淹持续时间不超过 15~20 天	羊茅、甘松茅、藕草	沟叶羊茅，*Euagropyron* spp.，碱土和盐土上常常生长着蒿属植物（*Artemisia* spp.）、甘草属植物（*Glycyrrhiza* spp.）、碱茅属植物（*Puccinellia* spp.）等牧草和灌木	白杨、胡颓子属植物（*Elaeagnus* spp.）森林，多刺灌木、甘草属、骆驼刺属植物（*Alhagi* spp.）、藜科植物
每年被水淹持续时间通常在 20~40 天	禾本科植物、小糠草、白三叶和其他豆科牧草。梯牧草属、看麦娘属，草甸羊茅、湿生的发草属、剪股颖属等高大的禾本科牧草	匍匐冰草或看麦娘属植物等高大的禾本科牧草，伴随其他少量草本植物，广布野豌豆和山黧豆属。草地早熟禾很少见	獐茅（*Aeluropus littoralis*）、冰草属和甘草属植物
每年被水淹持续时间多于 40 天	藕草属植物（*Phalaris* spp.）、莎草，莎草—雀麦属、发草属植物（*Deschampsia* spp.）、苔草属植物（*Carex caespitosa*）和芦苇。淤泥中的桤木丛（Bogged-up alder stands）、柳条、沼泽草丛	芦苇、蔗草、香蒲、冰草属，少见看麦娘属植物（*Alopecurus* spp.）、蓟属植物（*Cirsium* spp.）和苔草属（*Carex acuta*），多沼泽的柳树河床，少量的莎草沼泽地	芦苇，几乎不见莎草为优势种的湿地
木本和灌木植被	针叶树和部分落叶林，主要集中在河漫滩中部。有很多柳树和桤木	河漫滩落叶林主要在河流附近和平原中部。有很多柳树和典型草原的灌丛	白杨、撑柳、oleaster（胡颓子属植物，*Elaeagnus* spp.）。几乎没有柳树，大量多刺灌丛和藜科灌木

可划分为 3 个主要的带状分布区：

（1）河流附近：有狭叶青蒿（*Artemisia dracunculus*）、西北蒿（*A. pontica*）、荒野蒿（*A. campestris*）、甘草属植物（*Glycyrrhiza* spp.，甘草在河漫滩上生长的一种非常普遍但含有高丹宁酸的豆类植物）、拂子茅（*Calamagrostis epigeios*）、无芒雀麦（*Bromus inermis*）和针茅。无芒雀麦草在低地中为优势种。

（2）中部：有沟叶羊茅、*Euagropyron* spp. 和部分冰草属植物（*Agropyron* spp.）长在比较高的地方。大部分冰草属植物在稍低的地方占据优势，在洼地主要是苔属植物。

（3）外围，接近分水岭：有沟叶羊茅、针茅、西伯利亚冰草同各种各样的草本植物及典型草原灌木一样，生长于地势较高且不含盐土的地方，同时伴生有其他草本植物及生长于典型草原上的灌木。在地势比较低的碱土地区，部分地区 *Agropyron pectiniforme*（冰草属）为优势种，或者是甘草属植物、冰草属植物及看麦娘属植物共同为优势植物。在盐土地区多生长着星星草和山道年蒿。

河漫滩草甸是干草的主要来源地。在典型草原中，*Euagropyron* 和碱茅属（*Puccinellia*）草地的干草年产量可达每公顷 1 000 千克。长有高大禾草（无芒雀麦属、偃麦草属、羊茅、看麦娘属及梯牧草属的某些品种）的草甸年干草产量可达到每公顷 5 000 千克；如果有虉草属（*Phalaris* spp.）牧草存在，牧草产量会更高。对草甸资源的过度利用是不可避免的。一般不鼓励在早春和晚秋的枯草地上进行放牧，但鼓励结合草地轮牧给家畜早晚补饲干草。补饲的牧草多为芦苇、蘸草和莎草。在典型草原上，生长有落叶树木（白杨、榆树、橡树）的地方一般紧挨河道。

十一、撂荒地

（一）中期到多年撂荒地

10～15 年的撂荒地，针茅属植物和沟叶羊茅开始占优势，自然景观类似于原生的典型草原。

（二）新撂荒地

第一年与之前耕地着生的杂草几乎没有区别，反映了前作及管理水平。以一年生植物为主，如藜（*Chenopodium album*）、*Salsola kali*（猪毛菜属）、狗尾草属植物（*Setaria* spp.）、中亚苔草（*Artemisia absinthium*）、大花大籽蒿（*A. sieversiana*）、油菜（*Brassica campestris*）、*Sonchus arvensis*（苣荬菜属）、萹蓄（*Polygonum aviculare*）、卷茎蓼（*P. convulvulus*）、野燕麦（*Avena fatua*）、亚麻芥属植物（*Camelina* spp.）、菥蓂（*Thlaspi arvense*）、鹤虱属植物（*Lappula* spp.）、大蒜芥属植物（*Sisymbrium* spp.）、团扇芥属植物（*Berteroa* spp.）、莴苣属植物（*Lactuca* spp.）、蓟属植物、加拿大飞蓬（*Erigeron canadensis*）、麻叶荨麻（*Urtica cannabina*）、窄叶还阳参（*Crepis tectorum*）、旱雀麦（*Bromus tectorum*）和大麻（*Cannabis sativa.*）。随后多年生植物开始发展，并逐渐成为优势植物，如丝路蓟（*Cirsium arvense*）、苦荬菜（*Sonchus arvensis*）、荒野蒿（*Artemisia campestris*）、冷蒿（*A. frigida*）、银蒿（*A. austriaca*）、白花草木樨（*Melilotus alba*）、石头花属植物（*Gypsophila* spp.）、蓍（*Achillea millefolium*）、*Falcaria vulgaris*、大戟（*Euphorbiaceae*）和银背委陵菜（*Potentilla argentea*），并伴生有偃麦草、

A. racemosum、拂子茅（*Calamagrostis epigeios*）和无芒雀麦（*Bromus inermis*）等根茎型禾草。

处于撂荒阶段的草地可以获得更高的牧草产量。据 Larin（1965）报道在撂荒阶段，其鲜草产量可达每公顷 4 000～8 000 千克，干物质产量可达每公顷 1 000～2 000 千克，相对比典型草原的干草产量则不超过每公顷 800 千克。毋庸置疑，与生产力较低的原生典型草原相比，撂荒后第一年就可获得高产的撂荒地是刺激人们开垦原生草原的主要因素，至少可以使土壤变得肥沃和富含水分。

撂荒地着生有不同种类的新鲜草本植物，其中许多杂草不被放牧家畜喜食，如藜、蒿属植物、猪毛菜、遏蓝菜和其他蓟类。草本植物是用于放牧的首选牧草，尤其是其处于开花和成熟的时间范围较长。在夏季干旱时，草本植物成为原生的典型草原的优势种。那时干草就成为一种更好的选择，许多俄罗斯学者认为，当以混合草本植物制成青贮饲料的时候，与放牧利用相比其利用率更高。当冰草属、燕麦属、雀麦属、狗尾草属和诸如苦苣菜、蓼属植物、芸苔之类的草本植物混合生长，则可以提供相对较好的草场，可食鲜草产量可达每公顷 2 500～3 500 千克。

随着撂荒时间的不断延长，根茎型的多年生植物在第 4～5 年开始占据优势地位，如在栗钙土中生长的冰草属植物，在轻质土壤中生长的柞木属植物，及无芒雀麦草和拂子茅属植物等。从草本植物这个角度来看，这个阶段的撂荒地最具有价值。冰草属的干草价值很高，若伴生有 *Achillea* spp.、*Artemisia austriaca* 和 *A. frigida* 等植物则更好。在撂荒地向原生典型草原过渡的最后阶段，根茎型禾草和蒿属植物逐渐被沟叶羊茅和针茅属植物取代。

（三）典型草原改良的途径

典型草原地区的土地和牧草资源都没有被充分利用。大部分的牧场都处于超负荷状态，即使是在条件优越的牧场，牛奶和谷物的产量也不够高。这样的牧场模式造成了土地、营养物质和劳动力的浪费。怎样保护环境资源的争论一直在持续，那么现在正是时候指出，在如此低效率的农作物和家畜生产下造成的土地退化是不可原谅的（Boonman，1993）。

典型草原的改善并不意味着就需要高成本投入，低成本战略也可使现有的成果最优化。选择正确的时间可以使某一投入得到双倍的效果，例如，早播或使用肥料。相反，资金投入不能因为"不经济"或"超出贫穷农民的接受范围"而轻易地取消，众所周知，只有当农民看到改进措施（使用较好的新培育品种）的价值时才会认可并接受它。自从乳制品生产成为牧场多种经营中有利可图的一部分后，全年进行牛奶的生产，则有利于控制产品处于较高的价格并取得固定的资金收入。巨大的进步往往始于简单的措施，特别是在动物营养方面。

天然草地的牧草资源总是被认为无关紧要，对提高畜牧业也没有太大意义。

与优质的栽培草地相比，天然牧草春季返青慢，秋季则枯黄早。然而若给予同等的措施，原来的草地（天然或原生的）完全没有必要用栽培的牧草来补充代替，甚至是豆科牧草。次生草地（撂荒地）不是稳定不变的，会经过各种各样的过渡或演替阶段，与不同的畜牧业系统发展之间并不协调。既然处于根茎型禾草或冰草属演替阶段是生产力最高的阶段，那么尽可能地延长和维持这一阶段将有利于畜牧业的发展。在全年可利用牧草较少的情况下，轮牧利用比持续放牧更有优势。可借助放牧家畜来控制可利用牧草、豆科或禾本科牧草的比例。刈割是另一种有益的工具。对于水分丰富或周期性被洪水淹没的打草场，都是在长期的进行割制干草过程中形成的。除了为冬季提供饲草外，刈割被认为是一种控制灌木生长的自动调节工具。

十二、管理措施

（一）放牧

放牧是最有效的生物因素，很多适口性好的一年生禾本科植物很快就消失了。俄罗斯文献曾经普遍认为较高大的牧草，尤其是大量可再生的牧草可以在刈割草地中保持良好的生长，但在放牧时则优先被采食，在放牧条件下会变少甚至消失。在典型草原中，与 *Festuca sulcata*（羊茅属）、*Euagropyron* spp. 和 *Koeleria gracilis*（落草属）相比，针茅（*Stipa capillata*）就是这样一个例子，毋庸置疑，一些缺乏竞争力的物种可能有较长的花序主枝，然而物种的植株高度和最终的花序主枝高度之间没有必然联系。*Lolium perenne* 和 *Festuca rubra* 就是明显的对比。同时也不能完全排除牧草生长时期、适口性和剩余叶面积及与其他物种之间竞争的互作效应。低茎叶植物在放牧条件下比高茎叶植物是否更具有竞争力仍是存在争论的。基因型的竞争与潜在的禾本科产量之间也没有相互联系（Boonman 和 van Wijk，1973）。另见下节有关刈割牧草和播种牧草的部分。

Poa bulbosa（早熟禾属）（图 10 - 6）在春季就开花，其后也不被家畜采食。银蒿（*Artemisia austriaca*）为莲座型叶丛。随着放牧强度的增加，蓼属植物 *Polygonum* spp. 和其他一年生植物（十字花科、菊科）出现并占据草地。放牧本身并不是必然因素，但与家畜踩踏紧实土地这一现象有关。放牧对土壤的影响，如土壤紧实和土壤的保水性是主要涉及的问题。家畜踩踏是导致苔藓和地衣类从草地中消失的主因。撒播家畜粪尿的实际效果只有在牧场充分潮湿且每公顷至少放牧 0.5 个家畜单位（LU）时才明显存在，家畜粪尿在典型草原的作用是最小的，因为家畜不会采食被粪便污染的饲草。尽管通过家畜及粪尿传播的种子对草地生产力没有多大贡献（Rabotnov，1969），放牧家畜仍然被认为有助于植物授粉和种子传播，传播后的种子大部分以一年生植物为主，以弥补其植被损失。

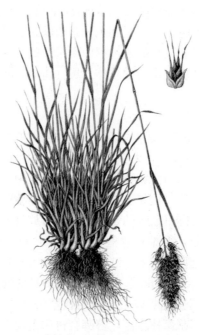

图 10 - 6　*Poa bulbosa*

（二）放牧管理

在俄罗斯文献中普遍认同轮牧的优势。如果最终目标与保持适宜活力的草场或现有的可利用牧草和食草动物的需求之间不匹配，就会存在各种情况。刈割干草是俄罗斯人的优良传统。在美国和澳大利亚等国家存在一些争论，这些争论的焦点在于轮牧和持续放牧谁好谁坏，而这些争论忽略了牧草保存的真正作用和地位。牧草的保存实质上是为了在冬季或干旱季节维持放牧家畜的生产力，割草对鲜草供应的调控来说是一种便利的管理措施，同时可以防止牧草在适宜生长的季节里生长过快（Boonman，1993）。很显然，在持续放牧下将无法获得干草，因此将其与轮牧比较就没有任何直接意义。同时区分二者的分界线也模糊不清。家畜白天放牧，晚上在别处圈养被视为持续放牧呢，还是把 12 个小时放牧和 12 个小时不放牧视作轮牧的呢？如果一块放牧地大部分只在干旱季节持续放牧是不是就将从放牧地中排除呢？放牧地每隔 15 天，甚至是更少的时间放牧一次的话，很难被描述成持续放牧。如果家畜每天被限制在相同的地块上活动该怎么说呢？争论在很大程度上是理论性的，但是在实际生活中的选择往往是简单方便的。

欧洲注重乳品业，这就意味着每天都要与家畜打交道，家畜被控制在面积很小的围栏里进行轮牧。在一个混合型牧场中，轮牧与作物—牧草轮作同时存在，尽可能减少不必要的放牧来保护草地。即便减少了围栏周界的大型的肉牛养殖场，在没有围栏且没有将家畜强迫集聚的情况下放牧，也并不意味着是持续放牧。在自由放牧区域内，轮牧主要受到水分是否缺乏和植被季节性差异等自然因素的影响，因此，轮牧可能只是放牧过程中所采取的一种形式，而并非草地的轮换使用。季节性放牧区域也可作为独立体发展（Boonman，1993）。

（三）制作干草

与放牧一样，刈割也有直接和间接的效果。在俄罗斯，制作干草的季节相对较晚，一般在酷夏中期（7 月）。土壤暴露在外，表层土干燥，随着雨水土壤变得紧实。在混播草地中，喜阴性物种死亡，在林地空隙的次生草地也是如此。生长期较晚的物种也处于劣势。正如上文中所述的，高茎叶植物物种被认为在刈割牧草体系中具有优势。要再三强调的是尽管物种对放牧或刈割的反应不同，但都会产生不同的植物学成分，很难将这些单独归结于是否是由植物的高度所引起的。不论是在刈割或是放牧体制下，红三叶和其他禾本科植物可以分别产生截然不同的早熟和晚熟类型（Shennikov，1941）。刈割日期的变化也会对物种组成产生相当大的影响。如果植被长期被用于晒割牧草的话，土壤将会变得越来越贫瘠，牧草产量也会下降。在森林地区，苔藓会再次出现。叶尼塞河流域的河漫滩平原，柳树和恺木被清除后，在连续的刈割下牧草发生了改变，最初是 *Calamagrostis langsdorffii*（拂子茅属）占优势，5～8 年后被峨参（*Anthriscus silvestris*）所取代，最终草原看麦娘（*Alopecurus pratensis*）将成优势种（Vershinin，1954）。

（四）火烧

火烧是一个附加因素，也可以成为草原和半荒漠地区的一种管理手段。一些人甚至认为稀树草原是火烧的结果而不是由气候或土壤的因素造成的。火烧是处理"starika"——死亡植被或积存多年的立枯物必不可少的手段。燃烧后土壤覆盖的灰分可以使土壤变暖，变得更干燥。土壤氮因此被释放，随后草本植物产量可能不增加反而下降，但是火烧后的再生草营养价值反而更高。相反，冬季若缺乏植被的保护，积雪覆盖也会减少，土壤保水性降低，减少了来年春天再生植被所需的土壤水分。在羊茅—针茅—冷蒿草原，火烧促使针茅属植物（*Stipa* spp.，彩图 10-5）、沙生冰草（*Agropyron desertorum*，图 10-7）和*Festuca sulcata* 增加，但是造成了蒿属植物的减少。

（五）耕作

在所有的管理措施中，耕作对植物的组成成分影响最大。由于典型草原在 10 年内可重新恢复成原生的状态，所以说这种影响是暂时存在的。我们尚不清楚恢复时间的长短与耕作强度和种类之间是否呈线性相关。大部分典型草原

图 10-7　*Agropyrum desertorum*

仍可以看到在某一时期有耕作的痕迹，但是最近也是最主要的一次冲击出现在20 世纪 50 年代，数百万公顷的残存的原生典型草原被贡献出来变成了耕地。然而幸运的是，我们意识到长期的耕作不可避免会损坏到土壤的品质。N. G. Vysotskii 在 1915 年曾明确表示并证明，休耕是"撂荒地演替到原生土地"的一个理想控制手段。不过近十几年来，新政策和繁重的机械化活动，加上施肥、除草剂和灌溉，对撂荒地造成了严重的威胁，就像早期在草原上的耕作一样。随意翻耕撂荒地不利于下茬作物的生长，因为它会刺激一些主要的杂草生长。相反，裸露的撂荒地虽然在一定程度上可控制杂草且可保持水分，但是不利于土壤结构的恢复。

（六）物理改良

典型草原改良的首要措施就是防止劣质或有害的物质和物种入侵造成草原退化。很多情况下，草地优势种无法完全满足单一或不同种类的家畜放牧的需求。有目的地除去少数不令人满意的物种和枯枝残茬成为放牧、刈割甚至是火烧作用的补充。飞播（没有充分的土壤准备）的秧苗很难在草地建植，植被仍然是稀疏的，除非在真正的湿润环境里，否则几乎不起什么作用。应采取的有效措施如下：①移除草丛，灌木和枯枝残茬；②清理洪水过后的枯枝落叶和低矮灌丛；③调节河漫滩草甸上沉积的淤泥；④调节洪水制度（地表积水的排放，洪泛区的灌溉，河漫滩草甸的短暂水淹，建造堤坝，保存积雪）。

大部分的清理工作可以借助适当的机械设备来进行，这样的设备也适用于将土地改造成适宜的割草地。在缺乏湿润和肥沃的土壤环境中，清除工作有利于更有价值的禾草或三叶草得到传播；也适用于其中一块草地为放牧地和割草地轮换使用，而另一块草地一直用作割草地的体制。借助对春季雨水的适当分配，天然洪泛地很容易被改良。不应该对盐土和沼泽地进行灌溉。

在森林典型草原、典型草原和半荒漠地带，通过防风林和现存植被来增加雪的保持量是另一个有效的改良措施。作物产量可以得到显著提高。20世纪30年代，N. G. Andreev在萨拉托夫州的试验表明，撂荒地*Agropyron racemosum*（冰草属）的产量增加了50%～75%（Andreev，1974a，b）。在其他地方，针茅（*Stipa*）-*Festuca sulcata* 牧草产量增加了16%～31%（Larin，1956）。雪的保持力与犁垄和犁沟的分布有关，后者减少了因雪融化而造成的水分流失。

十三、草原管理对植被组成的影响

针茅（*Stipa capillata*）在罗斯托夫、伏尔加格勒和斯塔罗波地区的原生的典型草原和多年的撂荒地非常普遍，自种子芒刺形成后，针茅就变成一种有害的植物，当它勾住羊毛后不仅可以破坏羊毛，还能穿透皮肤，在家畜体内积累到一定数量的时候可以导致山羊和绵羊的死亡。在这里利用火烧去除，被证明是没有用的。一般推荐放牧较大型的草食动物。轻牧（尤其在早期）和过早刈割反而会促使针茅的增加而不是减少。在草原上放牧，不应该早于*Festuca sulcata*（羊茅属）和细叶针茅的抽穗期。抽穗后的*Festuca sulcata* 和细叶针茅（*Stipa lessingiana*）几乎不会被家畜采食，并能结实，而较晚抽穗的针茅将会被家畜选择性采食。必须对针茅属植物在抽穗初期到开花期间进行系统地刈割，刈割后可以放牧利用或在秋季再次刈割。这些草地最好用来放牧牛（马），当针茅属植物较矮的时候可以放羊。可以在增加放牧压的情况下，持续放牧2～3年。

南苜蓿（*Medicago polymorpha*）在欧洲和俄罗斯欧洲境内的草原上的分布非常丰富。尽管采食性好，南苜蓿仍是一种最有害的植物，因为它的豆荚会破坏羊毛。可以通过过度放牧和延长放牧期进行抑制南苜蓿生长，除草剂也有一定的效果。

火烧可以抑制蒿属植物（*A. lercheana*、*A. pauciflora*、*A. astrachanica*）的生长，却能刺激沟叶羊茅、*Euagropyron* spp. 和针茅属植物的生长。

十四、肥料

在这里简要介绍一下典型草原的施肥。氮、磷、钾在牧草产量、品质和植物学组成上的作用已经被充分地肯定（Smurygin，1974），这些作用与有着相似土壤环境的西部地区没有什么不同。和典型草原不同，磷和钾是低地沼泽环境和北部酸性土壤改良的前提条件。最特殊的肥料是氮肥。然而，在俄罗斯大部分地区，土地资本比率是这样的，氮肥的最佳保留得益于以下情形，就是前文所提到的限制因素已经被排除，且潮湿的环境有利于使牧草能够完全受益于肥料供应，而这种的情况是罕见的。肥料产生的利润可以通过牧草饲喂家畜获取畜产品得到反馈。大部分的肥料被用在北部森林区的奶牛场，这一地区靠近主要城市。在图拉和卡卢加地区曾报道过，干物质产量从每公顷 2 吨增加到 8 吨（Larin，1956）。一些文献认为，在俄罗斯，草地和牧场不久就会恢复其应有的地位，但这是以牺牲可耕种的饲料作物为代价的，如用于青贮的玉米。毫无疑问，尤其从其贮存量上来看，可以充分地利用粪便和尿液，这也是目前最容易忽略的资源之一。应该对夜晚放牧（有必要的话可以通过宿营）进行管理，这样有助于将粪肥和尿液留在草地上。

　　在粪肥和化肥平衡的情况下，豆类植物也可以长得很好。一些文献认为，应该对保证白三叶的持续存在给予足够的重视。通过播种或其他的措施增加白三叶建植，不仅成本高且其作用也是暂时的。对氮肥的固定可以抵消对其他肥料的额外需求，特别是磷酸盐。

　　至于典型草原，相同情况下肥料更适合于水分较高的地区，河漫滩通常情况下不缺磷和钾。在典型草原植被中观察到的一些植物学效应值得被提出。在巴斯克尔试验站，Mikheev 和 Musatova（1940）发现施肥（每公顷 30 吨）而促使草地早熟禾（*Poa Pratensis*）取代沟叶羊茅（*Festuca sulcata*）。同样的肥料使干草产量每公顷增加 1 900 千克。莎草有减少趋势，而冰草则增加。

十五、草地退化

　　Vil'yams. 很早就认识到，重新建植的草地在几年之后会趋于衰退。在良好的氮水平下，许多的稳定物种可以减轻这种衰退现象。以速生（偃麦草）为主的典型草原撂荒地具有很高的价值。但是几年之后，则倾向于被价值较小的细叶早熟禾和沟叶羊茅所取代，产量也会减少一半。重新进行的耕种土地，尤其是结合氮肥的施用，在第一次用来收获干草后，随后用于放牧，有助于偃麦草的恢复。相同的方法可以应用于伏尔加格勒地区、西伯利亚和哈萨克西部的 *A. racemosum* 的恢复，这些地区原本覆盖着上百万公顷的 *A. racemosum*。曾经的牧草干物质产量是现在的两倍。提高雪的保持力是最根本的措施。像中耕机这样的机械容易毁坏现有的草地，近来比较有价值的措施是用草甘膦，它被认为是一种有效的但又很安全的除草剂。

十六、饲草种植

　　上文提到的那些措施并不十分有效，其中很多是用于增加饲草生产的。有时候可以尝试单播多年生牧草，或与豆科牧草及作物混播间作。经过调查，在俄罗斯像青贮玉米和燕麦这样的一年生饲草更容易形成产业化生产模式。许多位于俄罗斯北纬55°的玉米种植区，西方国家（例如苏格兰、丹麦）认为这些地区气候太寒冷，很多地区太干旱不适合种植青贮玉米。晚春有晚霜且9月上旬就出现冬霜的情况，进一步缩短玉米的生长季节。现有的商品化的早熟品种对俄罗斯大部分地区来说生长期都不够短，即使不从农业和经济学角度出发，单从环境的观点来看，这一问题仍然没有得到解决。

　　缺乏完整的耕作和补种体系，有时候也推荐飞播。这可能是从一些地区飞播后的实际效果中得到的灵感，这些地区处于更北方的森林地带，树木与灌木被清除掉。尽管这些为草原环境提出的建议，在经济方面存在质疑，仍可以推荐以下物种：无芒雀麦（*Bromus inermis*）、*B. erectus*、*Agropyron pectiniforme*、西伯利亚冰草（*A. sibiricum*）、沙生冰草（*A. desertorum*）、*Euagropyron* spp.、沟叶羊茅（*Festuca sulcata*）、紫花苜蓿（*Medicago sativa*）、黄花苜蓿（*M. s.* subsp. *Falcata*）、白花草木樨（*Melilotus alba*）、红豆草（*Onobrychis viciifolia*）和木地肤（*Kochia prostrata*）。乌拉尔河东部地区夏末有丰富的降水，用一年生饲草，例如燕麦、黑麦、高粱、野豌豆和豌豆等进行飞播试验，但是经过常规的草地播种后列表中推荐的物种得以精减（在适宜的土地耕作后），只剩紫花苜蓿、黄花苜蓿、红豆草、无芒雀麦和*Agropyron pectiniforme*，此外还有用于干旱草原的西伯利亚冰草和沟叶羊茅（Larin，1956）。没有证据能表明这些栽培草地是否能成功商业化，其推广应用范围也受到难以获得某些不常见的种子的影响。需注意的是上述列表中没有出现高羊茅（*Festuca arundinacea*），近来更多的试验表明扁穗冰草（*Agropyron cristatum*）是最佳的栽培饲草（T. Veenstra）。

　　仅从理论上说，人们认为复杂的混播优于单一物种，如可能避免单作所带来的风险。除生物多样性拥护者，更多近代的想法认为竞争力较小的物种，不管生产力怎样，最好在一开始混播就忽略，因为无论如何它们注定会从草地上迅速消失。潜在组合的"生态结合能力"才是选择的目标，这种能力与形态或植物学差异没有太大关系。从减少播种成本上来讲，若复杂混播的优势没有被证实，则应提倡简单混播。前苏联时期，依照全联盟国家标准（Goststandart），在计算每个物种的播种"规程"上花费了相当大的精力。

十七、问题

　　很多观测者认为原生的典型草原没有足够的生产力用于放牧或作为饲草资源。栽培牧草具有很大的潜力，但对专业技术水平的要求很高，且绿期相对较短。持续种植的作物多为小麦，其籽实产量还没有之前典型草原的干草产量高。而有趣的是，在俄罗斯有超过一半的谷物被用于饲喂家畜。一方面典型草原太肥沃而被开垦种植作物和经营牧场，但是另一方面却因为过于干旱而不能集中持续的种植作物。放牧、种植或两者相结合，这 3 种方式在过去都已被研究过，包括以经验为主的和试验为主的研究。一些文献的观点是，土地利用的最好选择是小麦与其休耕期间的牧草进行轮作，或是播种短期饲草作物。紫花苜蓿可单播于肥沃且可灌溉的土地上。河漫滩地可提供干草，贫瘠的土地则最好可以重新恢复成典型草原。

十八、农作物—牧草轮作

V. R. Vil'yams（1922，1951）是最早在杂志（travopol'naya）上发表关于牧草在土壤肥力中的特殊作用研究结果的科学家之一。在苏联时期，作物轮作从理论上说很好，而实践上并没有与 Vil'yams' 实例结合应用。在轮作中，更关注从饲料作物或豆科籽实所获取的价值，却忽略了这些作物每年只能覆盖土壤 6 个月，之后就全部被收获，没有残茬留下或返还土壤的事实。常常优先收获玉米籽实，其次收获茎叶用于青贮。轮作效果多归因于"只是增加了一种作物"，而不是考虑由持久饲草或豆科牧草产生的特殊效果。事实上，影响可能只是对杂草、有害物或是病害的一种简单抑制，这些也可能由其他耕作作物控制。

十九、饲草对土壤的物理效应

俄罗斯的土壤科学非常发达，不仅仅表现在土壤分类上。牧草可恢复土壤在耕作后丧失的土壤品质，是其在土壤中扮演的独特作用，俄罗斯比西方国家更早验证了此观点。这一调查研究是 N. I. Savvinov 在萨拉托夫 Malouzenski 的碱土上完成的，播种 6 个月后，根的长度达到了土壤表层 40 厘米处，几乎 3 次较大的值都发生在*Agropyron pectiniforme*（冰草属）上，而不是处于同时期的紫花苜蓿（Larin，1956）。与长度相比，根的密度被认为是更重要的。

土壤有机质和增加土壤有机质的方法一般与土壤的高品质有关，因为有机质丰富的土壤通常是高产的，且可以维持长期的耕作。这样的土壤可以贮存雨水，阻止雨水侵蚀（Klimentyev 和 Tikhonov，1995）。

相比来说，耕作总是伴随着有机质下降和随后的土壤矿化。没有任何输入的连续耕作下，很少有有机质被增加或返还，反而会造成有机质的更多流失。在适宜气候下有资本投入的农业系统中，由于化学肥料的高输入和机械或化学除草剂的控制，通常不会产生有机质危机，有机质也可以保持自身水平，并通过作物残茬得以维持。在不考虑增加土壤有机质的情况下，尽管不是最高的产量，连作仍可以获得高产。

目前有迹象表明牧草进入作物轮作体系保护了土壤结构，并且加强了营养物质在作物间的流动。改良后的土壤结构不易被侵蚀或利于植被建植，最终获得较高的产量。然而，对表层土结构的直接效果是最明显的。控制侵蚀也可应用于放牧草地，过牧的土地不仅更容易受到侵蚀，而且也更容易遭受由于积雪和雨水流失而导致的干旱。

二十、草田轮作下的多种经营

在俄罗斯，对小规模的农场主来说，如何选择有效的措施来保持土壤质量和减少土壤侵蚀是不容易的，除非该农场具有较好的管理基础，而通常证明其所采取的措施并不经济有效。人们存在一种印象，在大多数土地处于低水平的肥料、生物灭杀剂和机械化投入的情况下，将无法维持持续的耕作。在目前的农业实践中，提高牧草产量并用以饲喂家畜，是促使农民种植牧草的主要原因。如果这种有助于改善土壤肥力的牧草得以保存，那么这对农民自身而言是有利可图的。同样方式下以固氮为主要目的种植豆科植物农民则无利可图。

20 世纪 50 年代和 60 年代，苏联以牺牲草原为代价，在适耕区进行了大规模的开垦运动。开荒后的第一产作物产量很高。因此大部分残留的草地很快被开垦变成了耕地。而几乎从不播种牧草。也许还没有意识到肥力是通过草地而逐渐积聚的。倒是饲草的生产作为改善畜牧业生产的一种手段而得到了促进。这方面的效果被孤立，如，以玉米青贮或零放牧为基础的乳品业，就很少考虑到这种实践造成的土壤退化。

20 世纪 70 年代和 80 年代，苏联的直接放牧变得很罕见，转变成大规模的畜舍饲养和零放牧，这些措施以玉米和燕麦这样的饲草作物为基础。大部分的实施集中在混合经营农场的极端边缘区，反而忽略了农作物—家畜耦合化这一观点。

与过去的几十年相比，农村的牧群日益增加并且开始在农村周围进行散养。公社或公共的放牧资源在私有化的家畜占有下日益受到威胁。可行的解决办法是给予脆弱的草地、家畜、农作物和土壤援助，尤其是小型混合经营的家庭牧场。虽然早前大型苏联集体农庄式的耕地单位作为中央和集体的核心得以保留，家畜生产仍将会变得逐渐以家庭为基础。迟早，家庭牧场畜群不得不依靠自己经营的农场和耕地的副产品进行饲喂。这就为农田—草地轮作提供了坚实的基础。

二十一、结论

过去 15 年来的政策与社会的变化对草地和畜产品生产体系产生了重大影响。依赖于畜舍饲养的大型畜牧单位现在已经很少了，大部分因为经济原因而倒闭。

如今在小型家庭牧场中的大部分反刍家畜通常因数量太少而不能作为经济畜群。因此需要确保一种新的放牧权和家畜管理方法，在这种新的放牧情形下，可以避免过度使用较近区域的草地同时忽略较远区域的草地而造成的环境损害，且可以维持畜产品生产。这就涉及两个方面：首先，促进牧民群体的发展，这样不同的牧民家庭可以共同雇佣一个放牧工人经营他们的畜群；第二，通过对这样一些群体分配放牧权和责任进行草地维护。

许多贫瘠的土地生产的谷物产量很低，大部分谷物被用来饲喂家畜。这样的土地较易恢复为草地，当农田被遗弃为撂荒地的时候，恢复成草原相对容易。在经济条件良好的情况下，可通过飞播技术，选择生态型熟知的牧草进行建植。播种草地可能带来暂时的缓解作用，但是与自然撂荒地上的牧草相比，它们应该更具有持久性和经济性。牧草种植需要精细的管理和大量的专业技术，把大面积无经济效益的农田恢复为草地无论在环境方面还是经济方面都具有意义。

彩图 10-4、彩图 10-7、彩图 10-8 由 S. S. MIKHALEV 提供。

参 考 文 献

Andreev, A. W. 1974a. *Kul'turnie pastbitscha w yushnich rayonach* （Cultivated pastures in southern regions）. Moscow, Russia：Rossel'chozizdat.

Andreev, N. G. 1974b. Potentialities of native haylands and pastures in the Soviet union. pp. 165 - 175, in：*Proceedings of the 12th International Grassland Congress*. Moscow, Russia , 11 - 24 June 1974.

Blagoveshchenskii, G., Popovtsev, V., Shevtsova, L., Romanenkov, V., & Komarov, L. 2002. Country Pasture /Forage Resource Profile - Russian Federation. See：http://www. fao. org/ag/AGP/AGPC/doc/Counprof/russia. htm

Boonman, J. G. 1993. *East Africa's Grasses and Fodders：Their Ecology and Husbandry*. Dordecht, The Netherlands：Kluwer Academic Publishers.

Boonman, J. G. & van Wijk, A. J. P. 1973. Breeding for improved herbage and seed productivity. *Netherlands Journal of Agricultural Science*, 21：12 - 23.

Chayanov, A. V. （1926）. *In*：D. Thorner, B. Kerblay and R. E. F. Smith （eds）. 1966. *A. V. Chayanov on the Theory of Peasant Economy*. Homewood, Illinois, USA：American Economic Association.

Chibilev, A. A. 1998. *Stepi sewernoii Ewrazii* （Steppes of northern Eurasia）. Instutut stepi （Steppe Institute） of UrO RAN, Ekaterinburg, Russia .

Chugunov, L. A. 1951. *Lugovodstvo* （Grassland Husbandry）. Leningrad and Moscow, Russia：Selkhozgiz.

Clements, F. E. 1916. *Plant Succession：An Analysis of the Development of Vegetation* . Carnegie Institute Publication No. 242. Washington D. C. , USA .

Coupland, R. T. 1979. Grassland Ecosystems of the World：Analysis of Grasslands and their

Uses. *Int. Biol. Progr.* 18.

Dmitriev, A. M. 1948. *Lugovodstvo s osnovami lugovedeniya* [Grassland husbandry and its scientific principles] . Moscow, Russia : Selkhozgiz.

Gilmanov, T. G. 1995. The state of rangeland resources in the newly independent states of the former USSR. pp. 10 – 13, *in*: *Proceedings of the 5th International Rangeland Congress*. Salt Lake City, USA .

Gilmanov, T. G. , Parton, W. J. & Ojima, D. S. 1997. Testing the "Century" ecosystem level model on data sets from eight grassland sites in the former USSR representing a wide climatic/soil gradient. *Ecological Modelling*, 96: 191 – 210.

Klimentyev A. I. & Tikhonov, V. Y. 1995. Estimate of erosion losses of organic matter in soils of the steppe zone of the southern Urals. *Eurasian Soil Science*, 27 (6): 83 – 92.

Larin, I. V. 1956. *Lugovodstvo i pastbishchnoe khozyaistvo* [Grassland husbandry] . Leningrad and Moscow, Russia : Selkhozgiz.

Mamin, V. F. & Savel'eva, L. F. 1986. *Limani – kladowie kormow* [Limans'fodder resource]. Nizhne – Volzhskoye knizhnoye Izdatel'stwo, Volgograd, Russia .

't Mannetje, L. & Jones, R. M. (eds) . 2000. *Field and laboratory methods for grassland and animal production research*. Wallingford, UK: CABI.

Maslov, B. S. 1999. *Otcherki po istorii melioratsii w Rossii* [Essays on melioration history in Russia] . Moscow, Russia: GU ZNTI "Meliowodinform" .

Mikheev, V. A. & Musatova, K. M. 1940. Poverkhnostnoe uluchshenie tipchakovomyatlikovogo pastbishcha [Surface improvement of a "tipchak" meadow grass pasture] . *Trudy Bashkir op. st. shivotn*, 1.

Olikova, I. S. & Sycheva, S. A. 1996. Water regime of virgin chernozems in the central Russian upland and its changes. *Eurasian Soil Science*, 29 (5): 582 – 590.

Phillips, J. F. V. 1929. Some important vegetation communities in the Central Province of Tanganyika Territory. *South Africa n Journal of Science*, 26: 332 – 372.

Rabotnov, T. A. 1969. Plant regeneration from seed in meadows of the USSR. *Herbage Abstracts* (Review Article), 39 (4): 28.

Ramenskii, L. G. 1938. *Vvedenie v kompleksnoe pochvenno – geobotanicheskoe issledovanie zemel'* [Introduction to the Complex Soil and geobotanical Investigation of Lands] . Moscow, Russia : Selkhozgiz.

Shennikov, A. P. 1941. *Lugovedenie* [Grassland science] . Leningrad, Russia : Izd. LGU.

Shennikov, A. P. 1950. *Ekologiya Rastenii* [Plant ecology] . Moscow, Russia : Sovetskaya Nauka.

Smurygin, M. A. 1974. Basic trends of grassland research in the USSR. pp. 76 – 88, *in*: *Proceedings of the 12th International Grassland Congress*. Moscow, Russia, 11 – 24 June 1974.

Sorokina, V. A. 1955. Some results of applying the methods of L. G. Ramenskii. *Herbage Abstracts* (Review Article), 25 (4): 209 – 218.

Sukachev, V. N. 1945. Biogeotsenologiya i fitotsenologiya [Biogeocoenology and phytocoenology]. *Doklady An SSSR*, 47.

Vershinin, L. G. 1954. *Sroki senokosheniya na zalivnykh lugakh nizov'ev Eniseya* [Times of haymaking on flood meadow s of the lower reaches of the Yenisey] . Leningrad，Russia：Selkhozgiz.

Vil'yams, V. R. 1922. *Estestwenno - nauchnye osnowy lugowodstwa，ili lugowedeniye* [Natural and Historical Fundamentals of Grassland Husbandry] . Moscow，Russia："Nowaya Derewnya" .

Vil'yams, V. R. 1951. *Izbrannie sotchineniya po woprosam bor'bi c zasuchoi*. *"Klassiki russkoi agronomii w bor'be s zasuchoi"* [Classics of Russian agronomy in combating drought]. Moscow，Russia：Izdatel'stwo Academii Nauk SSSR.

Whyte, R. O. 1974. *Tropical Grazing Lands. Communities and Constituent Species*. The Hague，The Netherlands：W. Junk.

彩图10-1　俄罗斯联邦草原分布

彩图10-5　针芽属植物

彩图10-2　在森林典型草原区的河漫滩地割晒干草

彩图10-3　森林—典型草原的河漫滩草甸

彩图10-4　森林—典型草原河漫滩草甸

第十一章　其他草原

一、引言

如第一章所述，这部分尝试填补草原区域描述中没有提到的部分和存在的问题，同时对在其他章节中未陈述的草原和一些区域内放牧情况进行总结。这些总结的基础是联合国粮农组织（FAO）草原和牧草作物组出版的《国家牧场资源》系列丛书中提供的一些国家牧草和饲草资源的基本信息，这些系列丛书提供了更详细的信息和全面的参考书目＊，因为联合国粮农组织（FAO）主要关心发展中国家，使得这些国家成为主要的报道焦点。

二、非洲

（一）北非

这部分内容描述了阿尔及利亚（Nedjraoui，2001）、摩洛哥（Berkat 和 Tazi，2004）和突尼斯（Kayouli，2000）的牧场概况。这些北非国家拥有广泛的放牧地，具有相似的牧区特征，从东经 12°～13°，北纬 19°～37°19′，该地区南部大部分是沙漠。地势大体分为两类，阿特拉斯和撒哈拉。阿特拉斯大体呈西南至东北走向，邻近且平行于地中海海岸线。它的南部是一系列高地草原，地势逐渐下降延伸至撒哈拉，这是地中海与热带区域之间的巨大屏障。

因为北部获得了大部分的降水，所以农田多集中于此。阿特拉斯最高的地区为森林，是夏季放牧区，典型的地中海式气候，夏季高温冬季多雨。气温受海拔和陆地比例的影响。该地区拥有所有的地中海生物气候，从超湿到超旱的生物气候水平，以及从寒冷到炎热的热量水平。

家畜在整个地区十分重要，在大多数的农业系统中，绵羊是草原上最重要的家畜，多数地区采用小群饲养；人们根据区域适应性饲养一些地方品种。北部的农区主要饲养牛，一般利用作物残茬、副产品和精料饲喂；传统品种以阿特拉斯褐色品种为主，但是现在与许多外来奶牛品种杂交，尤其是黑白花奶牛。山羊虽然比绵羊少得多，但是分布广泛。骆驼则主要分布在沙漠地区。

＊ http：//www. fao. org/ag/AGP/AGPC/doc/pasture/forage. htm 及光盘 "国家牧场概况"（Reynolds，Suttie 和 Staberg，2005）。

山区的北部曾是一个典型的地中海森林植被，但是因为农业和砍伐，其面积大大减少；在一些地区，森林退化成灌丛。草原是最为传统的放牧地，蒿属草原（*Artemisia herba-alba*）广泛分布，还有大量的针茅（*Stipa tenacissima*）和细茎针草（*Lygeum spartum*）。针茅和细茎针草是一般的饲草，但有商业价值，主要用于造纸和编制工艺品，因而种群受到了损害。在摩洛哥西部是摩洛哥坚果（*Argania spinosa*）分布区，山羊啃食灌木，它们爬到树上采食，该区的摩洛哥坚果种子多用于生产食用油。

谷类植物一般伴随休耕轮作，这提供了大面积的优质放牧地。在澳大利亚很多地中海型休耕植物被改良应用，并纳入谷物休耕轮作体系中；现在人们尝试重新引入这些植物，并将相关技术应用到北非，但效果不佳，因为大多种植谷物的农民并不饲养家畜，休耕地作为季节性畜群转场通过的地方，畜群主要在裸露地放牧。休耕地分布有丰富的牧草，包括燕麦属（*Avena* spp.）、雀麦属（*Bromus* spp.）、大麦属（*Hordeum* spp.）、黑麦草（*Lolium rigidum*）、*Hippocrepis* spp.、山藜豆属（*Lathyrus aphaca*）、百脉根属（*Lotus* spp.）、苜蓿（*Medicago ciliaris*）、*M. littoralis*、*M. orbicularis*、多叶苜蓿（*M. polymorpha*）是最常见的种，有许多高产类型）、*M. rugosa*、*M. scutellata*、截形苜蓿（*M. truncatula*）、草木樨属（*Melilotus* spp.）、*Scorpiurus* spp. 和三叶草属（*Trifolium* spp.）等属植物。

人工草地在该地区不常见，但一些珍贵的北非天然草原中的优良牧草已被广泛应用于其他地区，包括鸭茅（*Dactylis glomerata*）、高羊茅（*Festuca arundinacea*）、多花黑麦草（*Lolium multiflorum*）、*L. rigidum*、多年生黑麦草（*L. perenne*）、蔺乌草（*Phalaris aquatica*）、岩黄芪（*Hedysarum coronarium*）、紫花苜蓿（*Medicago sativa*）和草莓三叶草（*Trifolium fragiferum*）（彩图11-1）。

饲草在农区奶牛养殖区种植，燕麦是常用的冬季饲草，夏季饲草是玉米。燕麦干草由大型农场生产出售，由于供给小于需求，价格很高，饲喂成本比较大。Chaouki 等（2004）描述了该地区燕麦和干草的生产。

传统的绵羊饲养基于畜群的季节性迁徙放牧，根据品种不同有所差异，包括夏季迁移到农田进行茬地放牧，冬季迁移到沙漠边缘。近来，畜群的迁移行为减少了。大量的草原被开垦用于雨养谷物生产，甚至开垦到降水量低于 300 毫米的地区，其可持续性受到越来越多的质疑，在降水量低于 300 毫米的地区其持续性则更低，这些开垦措施受到官方鼓励，开垦"发展"草原的人获得所有权。现在很多农村人口都是农牧民，他们拥有少量的农田和畜群。草原上的人口数量激增，阿尔及利亚在 1954 年草原人口数量是 92.57 万，到 2003 年增加到 400 万；在同一时期，游牧民族的数量从仅 59.524 万升高到 62.5 万。现在阿尔及利亚的游牧已很少，饲料短缺只有依靠作物秸秆、茬地放牧和购买谷类来弥补；只有养畜大户还继续长途游牧，而且他们都配有运输工具。

突尼斯也出现了类似的畜群迁移消失的现象。牧民定居点的增加，边际土地绵羊数量的上升，农业的扩大种植和休耕减少，极大地加大了对可利用土地的压力，降低了土壤肥力。放牧地越来越少，同时越来越多的土地被用来生产作物。在中部，传统上冬季是在草原和丘陵区放牧绵羊和山羊，夏季迁移到北部茬地放牧。这些虽仍在继续，但是已大为减少。购买力增加使得对畜产品的需求增加，因此农民转向利用补饲进口谷物饲料进行绵羊集约化生产。

(二) 西非

在西非，南部湿润森林和北部沙漠间有大面积的放牧地。降水量由南向北减少，植被由东向西呈地带性分布。北部撒哈拉地区非常贫瘠，气候极端干旱。作物在特殊条件下才可能种植（彩图 11-2）；畜群的饲养在该地区可行，但没有竞争力。详尽的说明见布基那法索（Kagoné，2002）、马里（Coulibally，2003）、尼日利亚（Geesing 和 Djibo，2002）和吉哈娜（Oppong-Anane，2001）的牧场概况。

萨赫勒地区从大西洋直到乍得，气候干旱。夏季降水量 200~500 毫米，旱季持续 9~11 个月。根据 Wickens（1997）西北部属于 Saharan-Sindian 植物区系的荒漠草原，150 毫米降雨线对应于南部撒哈拉植物 *Cornulaca monacantha*，*Panicum turgidum* 和 *Stipagrostis pungens* 以及北部萨赫勒灌丛植物 *Boscia senegalensis*、*Commiphora africana* 和禾草植物 *Cenchrus biflorus* 等。

萨赫勒南部的边界毗邻苏丹落叶林区系，年降水量在 450~550 毫米。金合欢属和 *Balanites aegyptiaca* 为主要灌木种；*Combretum nigricans*、*Guiera senegalensis*、*Lannea acida* 和 *Sclerocarya birrea* 侵占 laterite outcrops 和 cuirasses。北部沙丘的禾本科组分以 *Cenchrus biflorus*、*Aristida mutabilis* 和 *Schoenfeldia gracilis* 为主。对于南部，*Schoenfeldia gracilis* 是最重要的物种；在河流冲积平原，多年生草地牧草 *Echinochloa stagnina*、稗属（*Oryza barthii*）植物和 *Vossia cuspidata* 在洪水退却后，提供优质的饲草资源。作物偶尔和狼尾草属（*Pennisetum* spp.）植物一同雨后播种，也会再次播种，直到获得一个合适的建植状况。

人口的增长及利用边际地区过度种植以及严重的毁林，使得萨赫勒的放牧地在过去的 50 年内受到了巨大的破坏，这些都加剧了周期性干旱。1968 年的大旱尤为严重，其他的旱情多发生在 20 世纪 80 年代早期。

苏丹地区年降水量在 550~1 100 毫米，这里主要是铁质热带土壤，洼地有沉积层。农业生产活动强烈，作物种植成功的几率大。对于干旱地区的轻质土壤，谷草、豇豆及花生是十分重要的作物，高粱则在重壤土种植。雨水增加，作物种植面积扩大，主要是玉米，棉花作为经济作物也有种植。牲畜饲养形式一般是固定的，在种植季节时迁移到远离耕地的地方。该地区800～1 400毫米年降水量的区域被称为"公园"，这里大量的原始森林被砍伐用于耕地，所幸一些生产上有价值的品种被保护下来，它们以 *Vitellaria paradoxa*、*Parkia biglobosa*、*Lannea acida* 和*Sclerocarya birrea* 为代表。草本植物主要是*Andropogon gayanus*，因为草地开垦为农田，优良牧草被适口性差的植物所取代，草本植物越来越稀少。牧草的质量普遍低于萨赫勒地区。

在半湿润的苏丹—几内亚地区，雨季持续5～7个月，主要种植块茎作物（山药、木薯）和水果。该区域植被属于林地萨王纳（savane arborée，类似于非洲中南部的林地）和疏林开阔森林地。乔木层是*Daniella olivieri* 和*Isoberlina doka*，有关的禾草是*Hyperaemia* spp.、*Schizachryium rupestre*、*S. semi-herbe* 和*Diheteropogon hagerupii*。

西非南部湿润地区是禁牧区。舌蝇（*Glossina* spp.）、锥虫病是发展畜牧业生产的主要障碍，蜱也是一个严重问题。根茎作物是维持生计的重要产品，同时人们种植了许多木本经济作物，包括油棕和可可。

该区域主要有两个饲养家畜的民族，柏柏尔人（Tuareg）和富拉尼人（Fulani, Peul）。柏柏尔人生活于沙漠边缘，并分为许多群体：一些仍然是完全的游牧者，另外一些则定居从事农牧业。北部的农牧民占据不适合作物种植的土地。

富拉尼人（彩图11-3）主要饲养牛，但是小反刍动物（彩图11-4）为家庭提供肉类产品，而牛则是资本、投资和声望的象征。农牧民主要集中在南方的萨赫勒地区，迁移牧民迁移期间在农耕地边缘种植小米。木本和灌丛的清理减少了舌蝇的干扰，越来越多的富拉尼人定居下来，特别是在尼日利亚。

畜群迁移系统穿过耕作社区的土地，他们的畜群放牧于秣草地和休耕的种植地区。很多农民没有牛，迁移性的牧群则帮助他们施肥。这种情况得到改变，农民也开始保存秸秆，甚至会出售给经过的牧群主。

整个萨赫勒地区都喂养骆驼（彩图11-5），但是没有延伸到锥虫病传染的区域。绵羊是地方品种，可挤奶；富拉尼绵羊是北部锥虫病传染区的重要牲畜；在森林地区抗病品种（djallonke）小群饲养。萨赫勒山羊中的长腿类型主要在牧区喂养；红索克托山羊（chèvre rouge de Maradi）是苏丹（Sudanian）和萨赫勒苏丹（Sahelo sudanian）地区逐年减少的品种，因其皮革质量高而被再次关注。由于舌蝇的干扰，抗病的矮型山羊成为主要饲养动物。

萨赫勒地区的牛主要是长角或短角瘤牛，强健型的 Kouri，公牛主要分布于乍得湖周围（彩图11-6）；这些品种不是抗病类型，它们能否穿越布满舌蝇的森林是一个挑战。养牛和畜牧业对供水良好的农业并不是很重要。尽管如此，本地牛、绵羊和山羊抗病品种饲养在种植业的休耕地轮换系统中是很重要的。几内亚的 N'Dama 牛、尼日利亚的 Muturu 牛和科特迪瓦的 Baoulé 牛，都是有名的抗病品种，是强健类型（Bos taurus brachyceros），而不是瘤牛。N'dama 牛被引进到非洲其他舌蝇传染的地区，尤其是刚果民主共和国（Chabeuf，1983），用以建立肉牛生产体系，这在以前是不可能的。中部地区根据舌蝇的感染程度，繁殖生产用瘤牛和强健型牛的杂交种；有些已经形成品种，如桑格牛和 Néré 牛。

（三）马达加斯加

马达加斯加拥有非洲最大的牛群；多数都在天然草原上；FAO 统计给出过去 20 年大约 1 000 万头家畜的数字，但是马达加斯加农业部在 2000 年估计的家畜数量为 726 万，其中 100 万头为役用公牛，50 万头奶牛，剩余的为瘤牛（Rasambainarivo 和 Ranaivoarivelo，2003）；牲畜的统计很复杂，因为安全问题，许多畜主让他们的牲畜生活在半野生状态下。小畜群局限在较为干旱的南部，大约有 100 万头山羊和 50 万头绵羊，在粗放型经营中只有本地品种。在高原和东海岸的湿润地区为农业种植区，水稻是主要的粮食作物。牛作为役畜在水源丰富的农业地区饲养，很少产奶。一些外来品种或者高等级的奶牛在高原附近的村镇喂养，但是马达加斯加没有饮奶的传统习惯。

马达加斯加位于南纬 $11°57'\sim25°29'$，东经 $43°47'\sim50°27'$。高原（海拔 888米）纵贯整个南北轴线。东部斜面突然下降至印度洋；西部具有角度较小的斜坡，被广大的平原占据，并延伸到莫桑比克海峡。典型的单峰热带气候，有明显的雨季（11 月到次年 3 月）和旱季（4～10 月）。季节的长度随地区的变化而变化。海拔也有影响，特别是与温度相关的。高地旱季比较寒冷，会发生霜冻（主要是 Ambatolampy 和 Antsirabe 地区）。

在约 2 000 年左右以前人类才在马达加斯加定居下来，家畜也随之而来。马达加斯加岛大部分曾被森林覆盖，但是森林覆盖率急剧降低，到目前为止仅占22%。萨王纳草原的面积为 378 404 千米^2，占全岛的 68%。大部分的萨王纳草原（62%）位于西部和南部，76% 位于海拔 800 米以下。Bosser 于 1986 年深入调查了马达加斯加的草原。草地十分贫瘠，植物组成简单，没有野生的有蹄类动物，也没有舌蝇，许多非洲大陆上严重的牲畜疾病也不存在。

粗放经营的放牧地主要位于西北部、中西部和南部。每年牧区都会发生灌木火灾。草原区采用传统的土地所有制，管理取决于长久使用者。这种无保障的土地所有制导致草原的粗放经营。放牧地主要是无树或稀疏乔木或灌木的草原，但最南边例外。贫瘠的土壤和频繁的火灾使本该分布萨王纳草原成森林植被的地区维持草地植被。

在萨王纳草原北部，黄茅（*Heteropogon contortus*）为优势种，但是在严重侵蚀的地区被三叶草属植物（*Aristida* spp.）所取代（彩图 11-7）。在斜坡底部和洼地，最常见的禾草为：红苞茅（*Hyparrhenia rufa*）和 *Hyperthelia dissoluta*。底部被稗属植物（*Echinochloa* spp.）和一些次生禾草所覆盖。地势主要为广阔的平原，海拔在 300 米以下，年降水量 1 000 毫米，旱季从 3 月中旬持续到 11 月底。

在中西部，高原和缓坡优势种主要是黄茅和红苞茅，但许多地方，严重侵蚀地方三芒草属（*Aristida* spp.）和 *Loudetia* spp. 植物占据主导。多年生植物覆盖的土壤不超过20％～40％。陡峭的山坡主要分布有 *Aristida rufescens* 和 *Loudetia simplex*。裸土所占的百分比很高（90％），显示严重侵蚀。洼地则被大黍（*Panicum maximum*）和 *Hyparrhenia variabilis* 覆盖。

南部草原面积最大。地形为广阔的平原。该地区降水量低，降水时间短。Toliary 是最干旱的地方，27 个雨天仅有 275 毫米的雨量，年内变率较大。最多雨量的月份在 12 月到次年 2 月间。对牲畜来说，4～11 月水是一个严重的问题。南部以一次饲养大群瘤牛畜群和小群小家畜闻名。人们生活在"牛文化"中。黄茅是最常见的禾草，可防止土壤发生水涝。根据地势和侵蚀程度，一些物种占据优势；如 *Loudetia simplex* 和三芒草占据了退化的斜坡。红苞茅和狗牙根（*Cynodon dactylon*）占据的径流汇集地。仙人掌（*Opuntia* spp.）为饲料植物。在最南端的石灰岩地区，有热带旱生灌丛伴生有许多特有植物，以高大的龙树科（Didieraceae）植物为优势种。

很多牧草可以种植，尽管如此，只有少量的奶农种植牧草。20 世纪 70 年代早期，通过补播笔花豆（*Stylosanthes guyanensis*）和 *S. humilis* 改良中西部大面积草场，但在最初的实践后，豆科植物因感染炭疽病而消亡。

三、南美

（一）利亚诺斯大草原

委内瑞拉的利亚诺斯草原是奥里诺科河盆地 5 000 万公顷萨王纳的一部分。植被区系分为 4 个亚区。

（1）皮德蒙特萨王纳草原　包括大面积的冲积区和原半落叶林覆盖区以及热带草原区，但后者占主导。它们属于东南安第斯山，逐渐下降形成平原。主要有丰富的树种、灌丛和禾草，这些种在其他类型的热带草原都常见。包括 *Andropogon selloanus*（须芒草属）、*A. semiberbis*、*Axonopus canescens*（地毯草属）、*A. purpusii*、*Bulbostylis* spp.（球柱草属）、*Elyonurus adustus*（胶鳞禾属）、*Leptocoryphium lanatum*、*Panicum olyroides*（黍属）、*Paspalum plicatulum*（雀稗属）、*P. gardnerianum*、*Trachypogon plumosus*、*T. vestitus* 和 *T. montufari*。地上最高产量平均可达到每年每公顷 7 吨，是地下产量的两倍。

（2）高平原或者台地萨王纳草原　主要分布于奥利诺科河的北部，海拔150～270米，地势向 Llanos de Monagas 逐渐降低。以草本覆盖为主的落叶稀树草原，优势种主要有 *Trachypogon plumosus* 或 *T. vestitus*、*Andropogon selloanus*、*Axonopus canescens* 和 *Leptocoryphium lanatum* 为亚优势种。

　　Curatella americana、*Byrsonima crassifolia* 和*Bowdichia virgiloides* 构成了木本层。火烧后草层的地上部分产量高达每公顷 3 200～4 200 千克，但是如果保护起来不用火烧管理，产量会降低 30%。火烧是唯一经济可行的管理措施。即使在半干旱季节，火烧在储藏水分允许的情况下也能促进植物再生。

　　（3）洪水泛滥冲积草原（Alluvial Overflow Plains）　位于 Llanos 中部山麓和高平原间，是占据 380 万公顷的盆地，地势平坦，最高点和最低点相差仅仅 1～2 米。地势稍高的部分形成了天然堤坝，土壤为沙质冲积土。黏土分布在地势稍低的部分（盆地），雨水排除慢，地势稍低的部分在雨季大部分时间一直被水淹没，但旱季时家畜的粗放经营区承载能力较强。虽然水豚常和黄牛一起饲养，但这些地区主要为黄牛和水牛（96% 用于放牧黄牛，4% 在森林下放牧）。盆地和堤坝的植物组成不同，但与其他类型的热带稀树草原相比，此类型草原拥有更多适口性好的植物种。这种类型的草原因人为干扰而改变，特别是 25 万公顷的区域被水闸和低矮的堤坝建设来调节水位，占据 3 000～6 000 公顷。堤坝周边草地也以*Axonopus purpusii*、*A. affinis* 和*Leptocoryphium lanatum* 为优势种。洪水泛滥适中区以*Panicum laxum* 和*Leersia hexandra* 为优势种，而洪水泛滥严重的地区主要分布有*Hymenachne amplexicaulus*、*Reimarochloa acuta* 和 *Leersia Hexandra*。莎草科植物也比较丰富。堤坝区域地上部分产量为每公顷 5 吨干物质，而盆地区域产量为每公顷 2～3 吨干物质。据估计，在 Modulos 区调节水位可以增加 5 倍的载畜量。

　　（4）伊奥利亚草原（The Aeolian Plains）　从哥伦比亚安第斯山脉皮德蒙特高原向东北延伸到委内瑞拉南部，以沙丘为特征，植被稀少，基本上无树。优势物种为*Trachypogon ligularis* 和*Paspalum carinatum*（雀稗属），沙丘间的凹地被热带稀树草原*Mesosetum* 属植物占据。这两种植被类型草原的地上部分产量都很低，适口性差。

（二）南美洲亚热带草原 *

　　南美洲亚热带草原地处南纬 17°～33° 和东经 65°～60°，横跨阿根廷北部、玻利维亚东南部、巴拉圭西北部以及巴西西南一小部分的 River Plate 流域。它从北向南延伸了 1 500 千米，从东向西跨越 700 千米，其间没有任何自然屏障。面积约 850 000 千米²。南美洲亚热带草原共有热带和温带两种气候区域，是南美洲主要的疏林草地，但无节制的采伐、清除灌木、重牧和连续单一的栽培模式，导致严重退化。

　　南美洲亚热带草原逐渐向东倾斜，除阿根科尔多瓦廷齿状山脊（Sierras）海拔 2 800 米外，其他区域海拔大约 100～500 米。由于没有天然阻碍，旱季和雨季不会出现突然改变。从南向北温度逐渐升高，从西向东降水逐渐增加。最温暖

---

　　* 本部分参考 Riveros（2002），Garbulsky 和 Deregibus（2004）。

的季节降水最多，极大地促进了 C4 草本植物的生长。

　　大多数早期的定居点位于海岸边或者主要的水路沿岸。铁路和水的补给敲开了移民南美洲亚热带草原的大门。19 世纪肉牛产品贸易发展起来。大量的土地被殖民化后，殖民者以极大的热情开始对南美洲亚热带草原开发。1910—1920 年，巴拉圭亚热带草原东部用于大规模的肉牛生产和甘蔗种植。由于几乎没有放牧管理措施，任意的火烧和伐木使植被逐渐演替为没有利用价值的多刺植被。

　　单独介绍家畜不足以说明植被发生快速而显著的变化。使更多草本植物被采食的最有效方法是通过饮水点的分布，很少或没有余下来的牧草用于火烧。不火烧会导致可用于放牧的饲草减少、适口性差的木本植物的增加。牛、马、山羊、绵羊和驴混合成群，不加控制地在同一块草原上连续放牧，在旱季仅仅根据距离水源的远近来确定放牧地点。夜晚幼畜被关入栏中。放牧区域的边界设置不合理，放牧区域存在重叠。这种放牧制度导致严重的过度利用，使得草地迅速退化。由于缺乏放牧管理，曾经水草丰美的草地在不到 50 年几乎变成了不毛之地。

　　阿根廷亚热带草原主要植被类型有：

　　（1）湿润—半湿润或东部草原类型（Humid to subhumid or Oriental Chaco）由温带草原组成（彩图 11-8），零散分布着红破斧木（*Quebracho Colorado Chaqueño*，*Schinpsis* spp.），森林和草地交替出现。盐分积累较多的湿地也有白蜡棕（*Copernica alba*）的分布。

　　（2）干旱—半干旱亚热带草原类型（Arid and semi-arid Chaco）　　这种类型分布在阿根廷（彩图 11-9）、玻利维亚东部和巴拉圭西部，在巴西西南部也有少量分布。此类型草原地势平坦，面积辽阔，从东向西干旱加剧。通过灌木的清除和火烧，森林演变成开阔的草原（open grassland），与湿润—半湿润地区草原相比，此类草原面积较小。森林以旱生植被建群，比东部的亚热带草原（eastern Chaco）更开阔。树丛和灌木丛里仙人掌分布较多。牧草资源包括数量巨大的树木和灌木，也包括只存在于人工清理过的草场上的牧草。

　　（3）山区草原类型（Montane zone）　　主要分布于阿根廷，延伸到玻利维亚和巴拉圭。这种类型草原上分布有山丘，山丘比海拔低的地方降水丰富。山丘能够聚集来自大西洋的水汽。森林植被种类包括很多在低海拔亚热带草原（Chaco）能找到的种类，以及一些分布于湿润地区的树种。草地覆盖率有限。

　　在巴拉圭，查科草原是指"西部地区"，地势较平坦，大约有 32 000 千米² 的地区适合种植作物，但只有小部分被开垦。放牧区覆盖 124 000 千米²，大部分是天然草地。巴拉圭有两个植被类型：旱生植被形成草原景观，常绿，有刺灌木丛是中部、北部和西部主要的植被；中生植被类型（Mesomorphic vegetation）占据着南部和中东部土壤结构较好的区域，与森林镶嵌分布，森林主要植被是

Schinopsis balinese、*Caesalpinia paraguariensis* 和 *Phyllostylon rhamnoides*；另外还有 palm‐savannahs 的白蜡棕和沼泽分布。

粗放型畜牧业是查科草原主要的土地利用方式，将来仍然可能是这种方式。过度放牧和管理的缺失，导致了灌木侵入，从而引起草原退化，野生动物栖息地减少，极大地降低了家畜生产能力。除草剂和物理法清除灌木的经济可行性还不太清楚。在粗放型经营的亚热带草原，有计划地休牧和控制火烧，是防止灌木入侵唯一经济的方法。

亚热带草原不良的管理措施降低了土壤肥力，导致适口性差的杂草侵入，土壤肥力只有保证在较高水平才能确保引进牧草的生存。适当的调整载畜量也很重要。天然草地比退化草地、杂草地和"改良草地"优良。在阿根廷亚热带草原上，与其他草地相比人工草地起着重要作用。

（三）盘帕斯草原

盘帕斯草原位于 2～13℃等温线间，面积大约 5 000 万公顷，冬季温和没有降雪。降水量从东北部的每年 1 200 毫米下降到与蒙特地区交错地带的每年500 毫米。南美温带草原东部全年降水分布均匀，而西部降水主要集中在暖季。

南美温带草原的特征是本地树种缺少，地势平坦，土壤肥沃，有大面积的天然草地和人工草地。因为土壤肥沃，夏天短暂，较北方温暖，所以在冷季生长很多 C3 禾草和温带豆科牧草，形成 C3 和 C4 植物随着季节更替。物种的更替使得南美温带草原常年保持绿色，对于季节性变化的气候条件，是资源利用的理想之地。C4 禾草很好地克服了夏季水分不足。温带禾草和豆科植物质量好（富含20％的蛋白质，可消化率达到 70％～80％）可在冬季全部利用，所以冬季很少储藏饲草。

天然湿润草地覆盖着南美温带草原洪泛区、Entre Ríos 省的一些地区和大部分河流沿岸。暖季草地主要由黍亚科、虎尾草族、禾本科须芒草族和禾本科稻族植物组成。随着季节的变更，剪股颖族、燕麦族、羊茅族、䅟草族和针茅族植物逐渐繁荣。随着巴拉那河西部向拉普拉塔河南部土壤肥力逐渐增加，生长有大量豆科草本植物（*Cassia* spp.、*Crotalaria* spp.、*Desmanthus* spp.、*Phaseolus* spp.、*Vicia* spp. 等）。

（四）洪泛盘帕斯草原

尽管是半湿润气候，但平原上非常微小的坡面会导致土壤排水的变化。这种地形学上的特征导致在降水丰富的季节大范围长时间的洪水泛滥（每 20 年一次），在人类活动影响显著的地区造成巨大的破坏和损失。冬末和早春季节洪水较少是这一地区的显著特征。

洪泛区南美温带草原的典型地貌是广阔的无树草原，植物群落以毛花雀稗（*Paspalum dilatatum*，彩图 11 - 10a、b）、*Bothriochloa laguroides* 和 *Briza subaristata* 为优势种。*P. quadrifarium* 和 *Stipa trichotoma*（针茅属）是在洪泛区南美温带草原西南部建群的丛生禾草。

非盐碱化草地产量为每年每公顷 5 吨干物质，夏季有一个明显的高峰，这种模式与地上部分鲜草产量变化小有关。冬季（7 月）牧草产量为每天每公顷 5 千克干物质，12 月和翌年 1 月牧草产量为每天每公顷 30 千克干物质。100 年前引进风车和围栏后，连续过度放牧家畜导致冷季牧草枯竭，使得冬季产草量不足。暖季牧草的优势和氮肥缺失，进一步限制了秋季冷季牧草的建植。冬季牧草的低产量限制了载畜量，决定了这个地区的生产体制为：母牛＋小牛的生产方式。大约 350 万头牛放牧在 600 万公顷的洪泛区南美温带草原上，每年有 200 万头母牛产犊，犊牛在农区或养殖场饲养。估计第二性生产力为每年每公顷 90 千克。

早秋季节放牧或喷洒暖季草的除草剂，然后施用氮肥，可以显著增加冬季牧草产量。这种管理措施提高了多花黑麦草的生长，促进其建植，多花黑麦草是一种质量非常好的外来牧草，在中生群落生长良好。施用磷肥可提高豆科植物细叶百脉根（*Lotus tenuifolius*）和白三叶的密度，这两种植物能增加土壤固氮能力，从而提高冷季牧草的产量。

（五）盘帕斯农田-栽培草地

最著名的南美温带草原围绕在洪泛区盘帕斯草原的周围，呈环形，这也是阿根廷主要的耕作区。阿根廷 77% 的牛、70% 的人口、主要城市和工业区分布在这一地区。最原始的丛生草原现在变成了雨养农业，以大豆、玉米和向日葵为主要栽培作物。耕作多年后推行改良草场，推行 4～5 年的轮作，以保持土壤肥力。建植草地时，季节性牧草生产在苜蓿、禾草和三叶草间更替，暖季苜蓿生长，冷季禾草和三叶草生长。燕麦也是一种广泛种植的牧草。

人工建植的草地（彩图 11 - 11）主要用于放牧肉牛、犊牛和奶牛。豆科牧草主要有紫花苜蓿（*Medicago sativa*）、白三叶（*Trifolium repers*）、红三叶（*T. pretense*）和百脉根（*Lotus corniculatus*），禾本科牧草有高羊茅（*Festuca arundinacea*）、虉草（*Phalaris arundinacea*）、扁穗雀麦（*Bromus catharticus*）、鸭茅（*Dactylis glomerata*）、多年生黑麦草（*Lolium pererne*）、多花黑麦草（*L. multiflorum*）和长穗偃麦草（*Elytrygia elongatum*）。合理施肥（特别是磷肥）后，草地的初级生产力可以达到每年每公顷 12～15 吨干物质或更多。这样的初级生产力可以每年每公顷提供 500 千克牛肉或每年每公顷 200 千克乳脂。

目前，经济作物的价格高和追求更高的利润，使这一区域牛的数量减少了。转基因大豆和现代免耕技术的应用，减少了通过草地—经济作物轮作来保持土壤肥力的技术需求。

（六）蒙特灌丛

蒙特植物地理亚区带环绕着长尔登和半干旱亚热带草原（Chaco）地区，一直延伸到丘布特省的大西洋岸边，面积约 5 000 万公顷。以 *Prosopis alpataco*、*P. flexuosa*、*Larrea divaricata*、*L. cuneifolia* 和 *L. nitida* 等组成的高灌木层所覆盖。饲料灌木种类包括滨藜属植物。蒙特省往北，灌木层中 *Prosopis* spp. 为建群种，而最南部为 *Larrea* spp.。禾草层由 C3 和 C4 植物混合组成，是最重要的饲草资源。向北 C4 植物（*Panicum urvilleanum*、*Chloris castilloniana*、*Pappophorum caespitosum* 和 *P. phillippianum*）占优势，向南 C3 植物种（*Stipa tenuis*、*S. speciosa*、*Poa ligularis* 和 *P. lanuginosa*）重要值增加。牧豆树属（*Prosopis* spp.）的灌木植物和豆荚蛋白质丰富，被山羊等小型反刍动物大量采食。

四、亚洲

中亚

描述的草原包括吉尔吉斯斯坦（Fitzherbert，2000）和乌兹别克斯坦（Makhmudovich，2001）。Gintzburger（2003）等详尽描述了乌兹别克斯坦牧场。Ryan，Vlek，Paroda（2004）和 Gintzburger（2004）讨论了中亚地区集体经济解体后农业和畜牧业的转变问题。中亚包括哈萨克斯坦、吉尔吉斯斯坦、土库曼斯坦、乌兹别克斯坦，是一个面积辽阔的低海拔平原，与南部帕米尔高原的山脉接壤。阿富汗北部边缘和中国新疆维吾尔自治区在地理上也是属于这一草原区，但是其近代历史和草地管理措施已与前苏联等国家不同。直到 20 世纪，这些干旱-半干旱草原的主要利用方式仍然是游牧，农业主要集中在绿洲和流向地中海的大河河谷区。

中亚草原海拔 500 米以下，大部分区域海拔 200 米以下，向海拔 53 米的咸海倾斜。从放牧的角度来看，乌兹别克斯坦植被区是各种中亚草原类型的结合带。其领土可分为两部分：

沙漠带，主要是卡拉库耳羊饲养和灌溉农业区，年降水量 100～250 毫米，年均温约 15℃。植物类型有沙漠灌木、沙生灌木和短命半灌木。

丘陵带，雨养农业区，降水量低。主要的雨养区域和大的绿洲灌溉区集中在沙漠带。年均温 13℃，而南部的年均温 14～16℃，年降水量 200～545 毫米；主要的土壤类型是轻质典型灰钙土，广泛分布着短命植物。山区中部地带降水与塔什干、撒马尔罕和苏尔汉地区的正常水平相当，年降水量 400 毫米，年平均气温 8~11℃，和雨养粮食生产区一样，山区中部地带非常适合建立果园和葡萄园。高山带是夏季牧场。

中亚大部分低地属于不同低温程度的地中海干旱、半干旱气候。纬度范围（35°~46°）与西亚北部斯太普大草原相似，西至马格里布和西班牙，东至戈壁和蒙古。降水以冬、春季的雨和雪为主，冬季温度会达到最低温 −20℃以下。

小型反刍动物绵羊是这一地区的主要家畜；在苏联时期细毛羊品种得到巨大发展，细羊毛价格现在不高，细毛羊品种的发展也不比本地品种好，大尾品种与细毛羊同样常见。在乌兹别克斯坦，卡拉库尔羊被用来生产毛皮。骆驼被用于交通运输，南部和东部是单峰驼，哈萨克斯坦是双峰驼。马也很重要。牛主要饲养在农区和山区，牦牛在吉尔吉斯斯坦很重要。

俄国革命以前，草原由牧民开发利用，他们只关注草场资源。牧民和他们的家畜季节性的在夏季牧场和低地的冬季牧场间迁徙。19 世纪 30 年代，牧民们定居实行集体经济，停止了在不同生态区之间的迁徙。这种集体农场、合作社、集体服务与第十章介绍的苏联时期草地中的模式相似。社会主义计划体制被强行执行，包括育种改良和饲养。后来，认识到季节性迁徙的徒劳，不同季节区域的土地被分配到集体农场和合作社。

重牧和烧材的采集显著地降低了植被盖度，天然草地退化，生产力下降，沙漠化增加，森林和灌木的破坏导致了风蚀。草地恢复技术有所发展，并大范围应用，Gintzburger 等（2003）介绍了相关情况。集体经济化解体后，家畜和草地所有权分开，牧民缺少保护草地资源的意识，草地恢复技术的应用大量减少。

集体经济解体对家畜生产系统草地管理和牧民生活都产生很大影响（AwHassan 等，2004）。大型的农业复合体被拆散，合作农场私有化。市场体系崩溃，很多传统市场消失。制度上的变化跟不上生产系统的变化，结果导致一些国家的家畜数量，特别是绵羊数量急剧减少，且在哈萨克斯坦、吉尔吉斯斯坦和塔吉克斯坦尤为显著。Fitzherbert（2000）报道吉尔吉斯斯坦绵羊数量从 1990 年的 950 万只减少到 1999 年的 325 万只。

改革使得家畜集体所有转变为家庭私有。家庭家畜数量少，不能构成一个独立的畜群，所以公共或家庭家畜群还没有发展；导致家畜在定居点附近放牧，而且无人监管，造成定居点附近的草场过牧，但远处的草场几乎未被利用（Iμguez 等，2004）。过去人们种植了相当数量的饲草，保存以备冬季饲用。现在由于国家致力于谷物自给自足，饲草种植面积大量减少，谷物不能再从其他地方获得。缺少储备饲料和家畜的移动性，加剧了冬季饲料严重不足的问题。

五、中国其他草原①

在第八章介绍了青藏高原，Nyima（2003）详尽描述和讨论了西藏自治区的家畜情况。Ruijun（2003a）讨论了青藏高原管理，介绍了牦牛营养的具体信息（Ruijun，2003b）。Wang（2003）介绍了新疆的轮牧系统和牧民冬季饲草的生产。中国牧区面积辽阔，主要集中在6个省（自治区）：内蒙古（彩图11-12，彩图11-13和彩图11-14）、新疆（彩图11-15）、西藏、青海（彩图11-16和彩图11-17）、四川和甘肃，这些省（自治区）家畜粗放型经营是主要生产方式。6个省（自治区）饲养着中国70%的绵羊、100%的骆驼，25%的牛和山羊，44%的马和39%驴。

相对小型的家庭农场的混合牧业是中国其他省份主要的农业生产方式，家畜的地位很重要，但主要饲喂作物秸秆、一些人工草地所有限的粗饲料。家庭牧场的草地所有权仍然属于国家，家庭根据与国家签订长期草地使用合同付费，家畜属于家庭所有。在过去的几十年里，政府努力推行"草地长期使用合同"，在这一措施的指导下，将草地生产力通过草地分区利用而提高，根据家庭人口数分配草地放牧权，围栏（彩图11-18）、宅基地、畜棚、建立人工草地、水电等基础设施的建设。在一些地方，摩托车已经代替了马（彩图11-19）。

尽管地域辽阔，但是地形和气候条件的影响，只有三种气候区：东部季风区，西北干旱—半干旱区，青藏高原区。中国可以分为3个自然区域，也是东部季风区，占总面积的45%；西北干旱内陆区占总面积的30%；青藏高原区，占总面积25%。东部季风区是农区，西北干旱—半干旱区和青藏高原区以牧业为主。

牛（*Bos taurus* 和 *Bos indicus*）在海拔2 000米以下随处可见，牦牛主要生活在青藏高原海拔3 000～5 000米的地方（彩图11-20）。中国一共有1 500万头牦牛，主要分布在青海、西藏、四川、甘肃、新疆和云南，占世界牦牛总数量的90%。沼泽地生活的水牛分布在潮湿的热带和亚热带地区。水牛圈养主要是为了更好地用作役畜和肉生产。绵羊是主要的放牧家畜，主要饲养在北纬30°～50°、东经75°～135°之间的温带地区。山羊是中国分布最广泛的放牧家畜，它们适应多种气候和草地条件。马是海拔4 000米以下的传统的驮畜和耕畜。在温带荒漠地区骆驼非常重要。新疆的南部有许多单峰骆驼，但是双峰骆驼数量仍然占主体。

北部家畜饲养方式与西部不同。内蒙古草原平坦，环境条件比较简单；如果

①　本节参考 Pasture Profile for the People's Republic of China（Hu 和 Zhang，2003a）和 Hu 和 Zhang（2003b）。

水源充足，草场在任何季节都可以放牧。家畜在一定的范围内，按常规方法实行轮牧。在新疆的沙漠地区，有两个季节性放牧带：洼地和山地。家畜冬天在洼地放牧，春天转移至山上，夏天移至高山上，秋季又返回到盆地，这是严格的季节性放牧系统。家畜从冬季草场转移到夏季草场需要 1～2 个月的时间。在青藏高原，家畜在海拔 3 000 米以上的地区放牧，但是草地仍然被划分为季节性放牧带：主要为冷季型低矮草场和暖季型高草草场。

1994 年中国总的草原面积为 39 300 万公顷，占世界草地面积的 12%。可用的草地面积是 33 100 万公顷，占全国陆地面积的 35%。大部分草地在北方干旱寒冷气候区。6 个最主要的畜牧省份占全国草地面积的 75%，放牧家畜占全国放牧头数的 70%。草地面积大且分布纬度、海拔、降雨的范围广造就了中国丰富的草地类型。根据植被——生境分类系统，中国的草地分为 9 类，296 个型；温性草原类有 69 个型，温性荒漠类有 39 个型，暖性灌草丛类有 25 个型，热性灌草丛类有 39 个型，温性草甸类有 51 个型，高寒草甸类有 24 个型，高寒草原类有 17 个型，高寒荒漠类有 24 个型，沼泽类有 8 个型。

就如此大范围的草地和各种各样的草地类型的覆盖范围和草产量来说，许多植物在草地群落形成的过程中起着重要的作用。不同草地类别中最重要的物种如下：

（1）温性草原类代表性的植物是羊草（彩图 11 - 21）、贝加尔针茅、大针茅、克氏针茅、本氏针茅、短花针茅、沙生针茅、石生针茅、针茅、羊茅、糙隐子草、线叶菊、冷蒿、差吧嘎蒿、黑沙蒿、褐沙蒿、百里香和灌木亚菊。

（2）高寒草原类的植物具有抗寒性，主要是禾本科和菊科植物。最重要的植物有紫花针茅、座花针茅、穗状寒生羊茅、固沙草、青藏苔草、冻原白蒿和藏沙蒿。

（3）温带荒漠类主要的优势植物是超级耐旱的灌木和半灌木，最重要的植物有白茎绢蒿、博洛塔绢蒿、准格尔沙蒿、珍珠柴、松叶猪毛菜、合头藜、盐生假木贼、红砂、驼绒藜、圆叶盐爪爪、绵刺、泡泡刺、膜果麻黄、小梭梭和白梭梭。

（4）高寒荒漠类从生态学上讲是最严酷的生态环境，这里的优势植物有着超强的忍受寒冷和干旱的能力。最重要的植物有唐古特红景天、高山绢蒿、垫状驼绒藜。

（5）暖性灌草丛类优势种是一些中等高度的禾草和一些阔叶类草本植物。最重要的植物是白羊草、黄背草、白草、大油芒、白茅和银毛委陵菜。

（6）热性灌草丛类的优势植物几乎都是耐热性的草类植物。最重要的植物是五节芒、芒、白茅、黄茅、刺芒野古草、野古草、旱茅、画眉草、棕茅、四脉金茅和芒萁。

（7）温带草甸类主要以多年生的温性且湿度适中的中性草为主，其中的一些是盐生植物或者杂类草。最重要的植物有芨芨草、野古草、巨序翦股颖、拂子茅、无芒雀麦、小叶樟、野青茅、草地早熟禾、细叶早熟禾、荻、芦苇、短柄草、羊茅、寸草苔、鹅绒委陵菜、地榆、马蔺、碱蓬和苦豆子。

（8）高寒草甸类的优势植物主要是耐寒的多年生植物。大多数为蒿草属植物和杂类草。最主要的植物有高山蒿草、矮蒿草、线叶蒿草、北方蒿草、藏北蒿草、藏蒿草、黑褐苔草、喜马拉雅苔草、西果苔草、华扁穗草、高山早熟禾、珠芽蓼和圆穗蓼。

（9）沼泽类主要是莎草科和禾本科植物。最重要的植物有乌拉苔草、木里苔草、灰脉苔草、柄囊苔草、荆三棱、藨草、芦苇和水麦冬。

草地退化已成为一个世界性问题，这一现象在中国也十分严重。1994 年发表的数据显示，到 20 世纪 80 年代末退化草地面积已达到 6 800 万公顷，占全部草地面积的 27.5%。在过去的 10 年里这个数字仍在显著增加。目前，有 90% 的草地已经出现退化的迹象了，这其中中度退化草地的面积达 13 000 万公顷（占总面积的 32.5%），并且以每年 2 000 万公顷的速度增长。

政府正在采取有力措施应对草地退化现象。根据国家生态环境建设的计划项目以及第十五个十年计划纲要，接下来的工作应该在 2010 年前完成。

● 人工草地和改良草地面积增加 5 000 万公顷；
● 改良 3 300 万公顷退化草地和 2 000 万公顷荒漠化土地；
● 使 60 万公顷水土流失的土地得到控制；
● 670 万公顷的耕地（大于 25°坡度）实行退耕还林、还草。

通过禁牧、补播或退耕等大型项目结合进行草地改良。

六、南亚

（一）喜马拉雅—兴都库什山脉

喜马拉雅—兴都库什地区的草地和与此相关的放牧系统已经在联合国粮农组织最近发表的一篇文章中谈到了（Suttie 和 Reynolds，2003），里面包括 5 个国家的草地现状，分别是阿富汗、不丹、印度、尼泊尔、巴基斯坦（Thieme，2000；Wangdi，2002；Misri，1999；Pariyar，1999；Dost，1998）。喜马拉雅山脉是中国西藏高原与印度和巴基斯坦平原之间的一个屏障，从西北到东南延伸 2 500 千米（彩图 11-22）。喜马拉雅山脉有世界上最高的山脉，保护次大陆免受来自北方冷空气的侵袭。放牧区域超出喜马拉雅山脉这个范围，从喀啦昆仑山脉的山脚到兴都库什山脉，以及大部分的阿富汗国家的山脉，一直到帕米尔高原的上部；在巴基斯坦的西面还包括俾路支省（Balochistan）的高地。尼泊尔和不丹的放牧地位于该区域的最东侧。

这是一个海拔跨度较大的草原，海拔 200～300 米从平原到雪线，雪线在夏季超过 5 000 米。往东南方向降雨量增加，最北边的半干旱地区属于喜马拉雅山脉的雨影区，随草地迎来季风，尼泊尔和不丹十分湿润。温度也随着纬度的降低而升高，从北纬 27°～37°均有草地分布。因此，草地植被的种类有很大区别，随着海拔高度的不同而不同，从北到南也不同。

半干旱西部的植物区系表现出受西亚和中亚的影响是相当大，向东一直延伸到影响尼泊尔西部的野生橄榄的生长。喜马拉雅山脉紧邻冲积平原，但在低海拔地区植物也有变化。在巴基斯坦，山麓丘陵地带为阿拉伯树胶森林；在尼泊尔的山麓高草沼泽地带有一种龙脑香林，表明这里有很高的降雨量和温暖的气候。

阿富汗属于地中海、青藏和喜马拉雅植被类型汇聚的地方，其接近巴基斯坦边境地区受季风的影响。因为大多数的放牧地降雨量很少及冬灾问题，主要的放牧植被类型为蒿属植物草原。这部分地区的主要植被类型就是蒿属植物，放牧地区的主要植物类型就是蒿海（海艾草）；蒿属植物草原分布在海拔高度范围在 300～3 000 米的地区。在毗邻的土库曼斯坦和乌兹别克斯坦地区，有青蒿草、黄蒿和 *A. maikara*。蒿海跟鳞茎早熟禾遍及这个区域的大部分地区，针茅属植物是十分常见的。在春季一年生植物有很短暂的旺盛生长，但很快就干死了。其他与蒿属植物共生的半灌木包括刺矶松属、刺叶属、黄芪属、刺头菊属和麻黄属植物。在离巴基斯坦最近的东部地区，降雨量十分充足，物种有香茅属、金须茅属、黄茅属、三芒草属和其他在季风区发现的禾本科草类，经常与阿拉伯树胶（*Acacia modesta*）和尖叶木樨榄伴生在一起。到 2002 年，阿富汗进入第 9 个干旱年（彩图 11 - 23），畜群差不多都没有了，草地也处于一种很糟糕的状态。尽管在 2003 年状况有所好转，但是 2004 年的降雨仍然低于正常水平；然而，在 2004—2005 年间冬天的降雪量比较多，因此 2005 年的前景还是值得期待的。由于小型和大型的反刍动物数量的急剧减少，使得大量的放牧地开垦成农田，尤其是在北方，家畜的恢复速度非常慢。

降雨比较充沛草原的另一边是尼泊尔，其热带草场上主要生长着芦、甜根子草、白茅、辣薄荷草和臭根子草。由于人类活动的影响，血草成为整个区域的优势种，杂草紫茎泽兰正在逐渐替代许多适口的植物。喜马拉雅长叶松林下的亚热带草地属于过牧地区，已经遍布紫茎泽兰、蕨、圆果苎麻、北艾。主要的牧草种是孟加拉野古草、石芒草、臭根子草、孔颖草、竹节螅、狗牙根、黄茅、水蔗草、臂形草、白茅和画眉草。生长栎树和混合有阔叶树或者松树的温带草原，由于重牧，适口性较好的物种已经越来越少了，例如西南野古草。常见的牧草有西南野古草、须芒草、早熟禾、竹节螅、鸭茅、细柄茅、硬羊茅、香水茅、孔颖草、山蚂蝗和小花翦股颖。亚高山草甸生长着大量的灌木。常见的属有小檗属、锦鸡儿属、沙棘属、刺柏属、忍冬属、委陵菜属、蔷薇属、绣线菊属和杜鹃属。在许多地方，黄花木冬瓜侵入具有生产力的以扁芒草属植物为主的草地。常见的草种有披碱草属、羊茅属、针茅属、喜马拉雅雀麦、竹节螅、蔺花香茅和落草。

垂穗披碱草是高海拔地区重要的草种。高寒草甸生长着杜鹃。主要的放牧植被类型是蒿草属、喜峰芹以及薹草属、画眉草属和早熟禾属植物的混生。

草地被定居利用和游牧利用（彩图 11-24），后者一般为少数民族。整个区域的人口压力非常大，所有适合开垦的土地都已经开垦了（除了大部分不适宜开垦的土地）。迁徙畜群冬天在平原采食，夏天移动到高寒草甸采食。家畜夏天向上转移到能提供更加优质饲草的较寒冷地区，使季节性高山和亚高山的草场得到利用。这对于小户家庭家畜饲养也是必不可少的，因为牲畜在天气炎热和非常潮湿的季风来临期间留在平原上，就要遭受到严重的疾病和寄生虫的危害。在温暖平原的耕地里或耕地附近越冬有以下几点好处：放牧者可以购买作物残茬（彩图 11-25），用谷粒、草料和残茬来饲喂牲畜，他们靠近市场方便他们储藏和生产，并且可以找到季节性的工作。固定式的放牧家畜可以在邻近的夏季草场放牧。而游牧必须赶畜群穿过农场和林地，到达季节性牧场放牧。在季风区，有一个指定的区域来度过季风期，下雨后，再将成熟的牧草制成的干草。尽管干草质量很低，但是这种做法也是很有效的。草地，包括干草生产地，都是极其陡峭的，徒步行走非常困难。

牧民和放牧民族都倾向于以大型或小型的反刍动物作为饲养对象，在干旱地区小型家畜显得更为重要。在阿富汗和巴基斯坦的俾路支省，人们养骆驼，是作为高山放牧的运输工具，但并没有推广应用到远东地区。在印度的拉达克、尼泊尔和不丹，牦牛是很重要的牲畜，但是在阿富汗和巴基斯坦最冷的地方现在只有一少部分牦牛还存在。在不丹和印度东部，饲养的是亚洲野牛和他们与其他牛的杂交品种。在农作区饲养水牛，尤其在平原地区更为重要。除了一些城市地区，地方品种的应用十分广泛，如基达，在这里，阿富汗难民引进黑白花牛和良好的管理技术。

在尼泊尔和不丹，水牛采食最低矮的草地，普通牛采食稍微高一些的草，牛跟牦牛杂交后代采食更高一些的草地，纯种牦牛采食的草地高度最高。季节性转移意味着某群牲畜的冬季牧场有可能是他们下一次的夏季牧场。

有关该地区草地状况的资料不多，但目前普遍认为喜马拉雅地区草地放牧过度且已经退化（见彩图 11-23）。在 19 世纪末，印度（包括现在的巴基斯坦）在关于森林放牧、放牧牲畜数量、季节性利用不同草地以及放牧费用等方面已经制订了法律法规，但是随着人口压力和政治压力的增大，这些法规能否顺利执行还存在变数。

（二）印度

喜马拉雅地区已经在前面介绍过了。这些数据来源于 Misri（1999）。印度有最大的放牧牛数量，FAO（FAOSTAT，2004）的数据统计是 22 600 万头，还有 9 700 万头水牛，主要为半舍饲饲养，饲喂作物残茬，在某些地区通常是灌溉饲草料。在印度北部的灌溉区域，有集约化的饲草生产进行舍饲饲养，同样的情况也出现在巴基斯坦的灌溉区域。

放牧牲畜出现在多种放牧草场。牧场和草地是草地的退化和森林消失直到热带稀树草原形成之后产生的。草原真正的顶级植被仅在喜马拉雅高海拔的亚高山草甸和高山草甸才找得到。Dabadghao 和 Shankaranarayan（1973）将草地分成五类。

● 沟颖草属（*Sehima*）-双花草属（*Dichanthium*）草地：分布在整个印度高原中部、焦达讷格布尔高原和阿拉瓦里山谷。海拔范围在 300～1 200 米。

● 双花草属（*Dichanthium*）-蒺藜草属（*Cenchrus*）-*Lasiurus* 属草地：分布在古杰拉特北部、拉贾斯坦邦、阿拉瓦里区域、北方邦的西南部、德里和旁遮普。海拔高度范围在 150～300 米。

● 馥兰属（*Phragmites*）-甘蔗属（*Saccharum*）-白毛属（*Imperata*）草地：分布在恒河平原，巴拉哈木普特拉河流域和旁遮普平原地区。海拔高度在 300～500 米。

● 菅属（*Themeda*）-野古草属（*Arundinella*）草地：分布在曼尼普尔区、阿萨姆邦、西孟加拉、北方邦、喜马偕尔邦、查谟和克什米尔。海拔高度在 350～1 200 米。

● *Temperate - Alpine* 草地：在海拔 2 100 米以上及查谟、克什米尔、喜马偕尔、北方邦、西孟加拉邦和东北部地区一些邦的温带及干旱寒带。

游牧盛行于喜马拉雅地区，但也出现在某些平原区，例如拉贾斯坦邦（与巴基斯坦荒漠地带接壤）、马德雅、泰米尔纳德邦、古吉拉特和北方邦。

农业系统包括有公共放牧地和林地的自由放牧系统及农田栽培青饲料的补饲系统。在干旱季节，如夏季和秋季，树叶也作为饲料被利用。这些受季风影响的草原只有在雨季才会高产，且旱季又长又严酷。所以饲草质量，像所有草原的干湿季一样，属于中等。

（三）巴基斯坦

喜马拉雅地区上文已经描述过。在巴基斯坦干旱地区（Dost，1998）放牧系统的特点是复杂性、多变性以及不确定性。塔尔、科希斯坦、塔尔帕卡沙漠地区的家畜放牧规律类似。在初冬季节，人们离开他们的村庄来寻找更好的放牧地，并迁徙到水分充足的地方。在雨季初期，牧草充足的 7～11 月，他们返回原来居住的村子放养家畜。在象征性的交付放牧税后，私人家畜可以在公有牧场放牧。黄牛、绵羊、山羊和骆驼在塔尔帕卡和科希斯坦地区放牧，但水牛却并不常见。然而，大部分大型反刍动物并不在放牧地放养，而是在灌溉农田中放养，农作物收割后家畜可以在农田中采食（彩图 11 - 26）。通常情况下，家畜利用作物残茬（彩图 11 - 27）、种植的饲草（大范围种植，比如饲草燕麦，彩图 11 - 28）进行舍饲饲养，如果为商业乳制品用，则会饲喂些精饲料。Dost（2003）描述了集约化饲草生产系统。巴基斯坦有 2 500 万头水牛（印度与巴基斯坦交界处有全球71%的水牛），2 300 万头黄牛（FAOSTAT，2004），主要饲养在农区。

七、中东

（一）叙利亚阿拉伯共和国

叙利亚阿拉伯共和国以畜牧业生产为主，其中 45%的土地为放牧地或牧场，20%的土地为沙漠（Masri，2001）。叙利亚气候为典型的地中海气候，降雨量较小，而且越向内陆降雨量越少。大部分放牧地分布在半沙漠和沙漠地区（巴迪亚），年降水量均小于 200 毫米。其中也有一小部分山区放牧。年降水量大于200 毫米的平原地区以旱作作物为主。黄牛饲养在农业区域而不是主要放牧地。

直至第二次世界大战结束之前，叙利亚的放牧地均为部落所管理和控制，人口密度较低，牧民携其牲畜作季节性游牧。按照牧区的法律法规、习俗和部落组织的发展应以家庭关系为基础。每个部落在他们传统的土地资源上都有放牧权，比如 bema（即为干旱或紧急情况备用的牧场）。在干旱季节，部落间可通过协商将家畜移动到气候条件更好的地区。部落首领拥有至高权利，部落成员则需要无条件对其尊敬服从。畜牧部落的社会结构与合作社有着相似之处。

秋季降雨后，大面积放牧地才得以允许进入。而当地表水流尽时，牧民必须将其家畜赶离这片地区，以确保放牧地每年有相当长的一段休整期。由于没有外部饲料来源，家畜数量被限制在歉收季节牧场和水源能够承载的范围内。边际土地不进行旱作耕种。

第二次世界大战之后，放牧情况迅速变化。中央政府势力变得更为强大，部落系统瓦解。战争期间引入的车辆运输可保证货物、水和饲料在一年大部分时间内供给在牧区生活的人们。放牧地是公有的，由于没有对其利用进行监管，公共放牧地成了开放的利用资源。贝都因人（沙漠地带从事游牧的阿拉伯人）的定居变成政府政策。这种定居形式使得他们的医疗、教育、饮水及其他服务水平都得到了很大提高。同时，这种情形一方面导致了人口的增长，另一方面也导致了游牧的大幅减少。廉价谷物使数量增多的家畜能够熬过歉收季节。

旱作作物的种植，使得边际土地逐渐减少，但其产量较低且不稳定。若因干旱导致产量过低或作物可能无法成熟，农民会在该土地上放牧让其家畜采食。土地归于其开发者所有，通过这项使用权来鼓励清除放牧地。

绵羊是主要的放牧家畜，是唯一的当地品种，Awasii 是一种乳用绵羊。这种绵羊能够适应严酷的沙漠环境，它们肥大的尾巴在饲料短缺时期可起到营养贮藏的作用。在巴迪亚，绵羊从晚秋放牧至第二年晚春，并且补饲，而后迁徙到雨养和灌溉地区，在返回巴迪亚前采食作物残茬（谷物、棉花、甜菜和夏季蔬菜）。限制绵羊生产的主要因素是放牧地的退化（彩图 11-29），这使绵羊对补饲饲草的依赖性增强了。

由于政府的饲料补贴政策，致使那些以精料为主但仍以可用饲草为食的绵羊数量增长，这给本身已经有所退化的牧场造成更大压力。绵羊的数量在 1961 年时为 290 万只，在 1971 年时增长到 550 万只。1981 年时为 1 050 万只，到 1991 年达到峰值 1 550 万只，随后降至 1 000 多万只，在过去的 7 年里一直维持在 1 300万只多一些（FAOSTAT，2004）。山羊数量排在第二位，从 1961 年的 43.93 只增加到 1981 年的 100 万只，并一直保持在这个水平。饲养的山羊主要有两种：沙米尔山羊是一种乳用品种，饲养在农庄周围；另一种是高山山羊，在山地牧场放牧。

第二次世界大战之前，叙利亚巴迪亚地区环境适宜，顶级植物例如*Salsola vermiculata*、*Atriplex leucoclada*、*Artemisia herbaalba* 和*Stipa barbata* 分布广泛，并且生活着瞪羚羊群。牧民在秋季雨期来临时前往巴迪亚，并于晚春水源干涸之前离开。1958 年引入精饲料之前，牧区家畜主要依靠放牧。精料比例由 20 世纪 60 年代和 70 年代的 25％和 50％，增加到 80 年代的 75％。

（二）约旦

约 90％的国土面积，或者说80 771 千米^2 为放牧用地。其中69 077 千米^2 的土地年降水量均小于 100 毫米，1 000 千米^2 的边际放牧地年降水量在 100～200 毫米。在已登记的 1 300 千米^2 森林中，天然与人造林面积为 760 千米^2（Al-Jaloudy，2001）。多山地区也有约 500 千米^2 的国有土地被用于放牧。

高原牧场的平均海拔由北部地区的 600 米上升至中部地区的 1 000 米，直至南部地区的 1 500 米。大部分地区为半干旱地带（年降水量 350～500 毫米），只有一小部分为半湿润地带（年降水量大于 500 毫米）。干旱地区包括巴迪亚与高原间的平原，降雨范围在东部的 200 毫米至西部的 350 毫米之间。旱地作物主要为大麦（种植在降水量 200～300 毫米的地区）、小麦和果树（种植在降水量 300～350毫米的地区）。巴迪亚地区（东部沙漠）面积为 800 万公顷，占国土面积的 90％，植被覆盖稀少，年降水量小于 200 毫米。该地区过去只用来放牧，然而在最近的 20 年间，人们利用地下水灌溉了 2 万公顷的土地。

约旦地处地中海气候带的东部边缘。这种气候以夏季干热、冬季湿冷为主要特点。国家多于 90％的地区年降水量小于 200 毫米。

主要分为以下 4 种生物气候区：

● 地中海区：该区域处在海拔 700～1 750 米的高原，年降水量在 300～600 毫米。年最低气温在 5～10℃。

● 伊朗—吐兰区：该地区是包围在地中海生态区（除北部）外的一条狭窄无

树地带。植被以小型灌木和灌丛为主，如*Artemisia herba - alba* 和*Anabasis syr-iaca* 。海拔 500～700 米，降水量 150～300 毫米。

● 撒赫勒—阿拉伯区（Saharo - Arabian）：该区域处在占约旦面积80％的东部沙漠和巴迪亚地区。除少量小山和小型火山外，大部分地区地势平坦。海拔在500～700 米。年均降水量范围为 50～200 毫米，年均最低气温范围在15～2℃。植被主要为小型灌木和生长于干涸河床的一年生植物。

● 苏丹尼亚区：该地区起于死海北部，止于亚喀巴湾顶端。特征是以热带树木为主的植被，如阿拉伯树胶（*Acacia* spp. ）和*Ziziphus spina - christi* ，也有一些灌木和一年生草本植物。

巴迪亚（半沙漠地区）

该地区主要放牧利用。雨季过后荒漠草原生长的饲草供绵羊和山羊短暂的采食。该地区年降水量小于 100 毫米，由东至南逐渐减少至 50 毫米或更少。土地大部分为国有。*Artemisia herba - alba*、*Retama raetam*、*Achillea fragrantissi-ma* 和*Poa bulbosa* 在干涸河床广泛存在，而适口性较差的假木贼属植物（*Anab-asis* spp. ）则在大部分地区生长。虽然已经退化，但这里仍是约旦主要的放牧地。在正常情况下，年均干物质产量为每公顷 40 千克，在保护区和饲草储备区，这一数字可以上升至每公顷 150 千克。草原过去通常用作放牧，但据估计已有90％的草原被私有化，并被开垦种植大麦。

据估计，约旦约有 220 万头绵羊和山羊。不到 5％的牧民手中游牧的绵羊和山羊的比例已经下降至不足 10％。绵羊与山羊的半游牧畜群比例增加至 70％以上。其余小型反刍动物（约 20％）与农业混合饲养，尤其在西部地区。

小型反刍动物生产系统在 20 世纪中叶稳步发展，主要是以下几个变化的结果：游牧的贝都因人在边缘地区定居数量增加、绵羊和山羊取代骆驼的数量增加、传统放牧系统的衰退（东西走向）、广泛使用机动车运输家畜和设备、对外来饲料依赖性增强。

（1）传统的游牧系统在干旱和半干旱的西部和南部地区较为盛行。畜群徒步或乘卡车从一处移动到另一处寻找牧草或水源。天然饲草为绵羊饲料的主要来源，此外，冬季也会随可用牧草的变化来适当搭配些饲料进行饲喂。

（2）在半游牧系统中，绵羊部分依赖于放牧采食以及农副产品。冬季移动到农田附近，并在房屋周围依靠饲料的饲喂来度过冬季。

（3）在固定（半粗放养殖）系统中，家畜圈养在圈舍中，早上放出下午才会回到圈舍。这些家畜饲喂农副产品，且接近天然牧场。按需求补饲。

（4）在集约系统中，绵羊被圈养在具现代化设备和工具的长期农场中。他们在那里得到膳食的平衡和健康关注。

统计数据表明，有 220 万的小型反刍动物其食物需求量的一半依赖于进口饲料。由于天然草场的生产力降至潜在能力的一半，区域面积也有所减少，所以只能提供牲畜需求量的 25%~30%。过去，可用的草料和水源，以及对草料和水源的寻找都是对牧民活动的限制因素。现如今食物和水可以被运送到牧民所在的任何地方，同时牧民本身的快速运送也已实现。1930 年有 229 100 位的牧羊者，一直到 1950 年也都维持着相似的水平；1970 年数量翻倍；到了 1990 年则已达到了 150 万人，保持到现在也如此。1930 年山羊数量是 289 500 只，近几年来数量有所上升，1990 年达到了 479 000 只，2003 年已达到 547 500 只，但并没有像绵羊那样形成更适合集中管理饲养的规模。

现有的政策对于国家的需要和发展计划来说不够全面且矛盾。自 20 世纪 80 年代开始到 1997 年间的饲料津贴政策引发了绵羊、山羊数量的不正常增长和当地饲料生产的衰退。同时，广阔优良草地的私有化分配也引发了土地的退化和荒漠化。

牧区社团非正式提出要求公平的部落权利，并享受自由进入以及使用他们牧场的自然资源的权利，而这种要求只在定居地区得到认可。在所有无人居住的地区，国家不顾惯有的部落权利而宣称其对此处的所有权。国家声称过度放牧草场改变传统的福利保障系统，使得资源配置结构崩溃，将使用权转换成为占有权。因此，惯有的管理条例通常不再被强制执行。国家拨款并不拒绝当地机构使用于它们的传统型牧场，但却更倾向一种开放使用草场和大面积种植草地。

八、欧洲

土耳其

土耳其位于北纬 36°~42°，东经 26°~45°，其草原面积 124 000 千米²，但呈下降趋势（Karagoz，2001）。草原属于国家公有，通常开放使用。根据草原法（1998），一旦确定了界线并证实有效，放牧活动将由市政当局或者村民社区决定，随后各地区将根据面积决定放牧率和放牧时间，而后村庄可以在规定时间、规定区域放牧指定数量的动物。

土耳其的平均海拔 1 131 米，低海拔地区（0~250 米）、中海拔地区（250~1 000 米）和高海拔地区（>1 000 米）分别占该国面积的 10.0%、34.5% 和 55.5%。欧洲部分是肥沃的丘陵地，亚洲部分含有内陆高原，北部和南部沿海有高山山脉。

南海岸年平均温度在 18~20℃，西海岸降至 14~15℃，这取决于海拔，内陆地区温度在 4~18℃。绝大部分温度变化在冬季内陆和沿海之间较大。东部地区和内陆地区的冬季寒冷，但是南海岸相对温暖。东部 1~2 月份的平均温度在 0℃ 左右，北部和西部海岸在 5~7℃，南部海岸在 8~12℃。

大的降雨主要集中在沿海山脉。内陆降水逐渐减少。马尔马拉、地中海和爱琴海沿岸的降雨始于秋季并会持续到晚春时候。内陆地区和安那托利亚东南部的降雨主要在春季。

反刍家畜包含 1 100 万头牛、2 940 万只绵羊和 806 万只山羊。在过去 30 年内，牛的数量没有变化，绵羊、山羊和水牛的数量平稳下降。大多数牲畜依然处于粗放型放牧的经营。牧场小而零散，85％都在 10 公顷以下。约 71％的纯种牲畜分布在中北部、爱琴海、马尔马拉和中南部地区，其他地区也粗放经营当地绵羊和牛品种。地中海地区畜牧业不太发达，但拥有 25％的山羊。

20 世纪初，土耳其人口为 1 200 万，牲畜数量很低且并不面临严峻的放牧管理问题。第一次世界大战后有 440 000 千米² 的天然牧场和约 2 000 万头的家畜，第二次世界大战后家畜数量保持不变，但牧场面积减少到 430 000 千米²，随后动物数量急剧上升草原面积急剧减少。这种趋势的继续，使得现今土耳其草原上放养的牲畜量是其可承受能力的 3～4 倍（图 11 - 1 表明土耳其放牧区域的变化）。

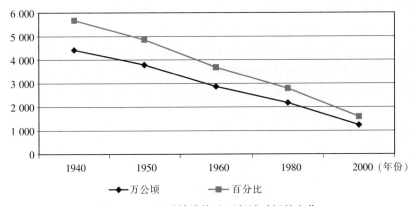

图 11 - 1　土耳其放牧地面积随时间的变化

大部分具有生产能力的草原位于黑海东部地区，那里的牧民在草原低地和高地之间做季节性移动。东安那托利亚有 37％的草场，放牧压力较低，因此草场状况有所改善，这里季节性游牧发展得也很成熟。安那托利亚东南部是放牧程度最重的地区之一，6 月末草场变得干旱，一些牲畜被送到安那托利亚的东部或托罗斯山脉的东南部高山区。地中海和爱琴海地区，500 米以上地区的主要植物是灌木，并不适合牛的采食。约有 1/4 的山羊是在这个地区并被带到高海拔地区7～8 个月。马尔马拉是畜牧业发展较密集地区。安那托利亚中部放牧地生产力最低，年平均降水量 250～500 毫米，草场干旱得非常快，放牧压力大，为斯太普草原。安那托利亚中部为少高山高原，因此夏季牲畜在休耕地和残茬地放牧。

土地所有制系统是限制草原管理的主要因素。公共草场免费放牧，导致无法得到适当管理。既没有明确草场界线，也没有分配到各村社。

2000 年，从事农业的人口比例降至 34％。年轻农村劳动力每年有 10 个月的时间在城市打工。农村劳动力的需求靠雇羊倌或者调整系统劳动效率来满足。随着农村人口的下降，家畜生产者增大了他们的畜群规模。轮牧需要额外的投入，因此农民一般不采用这种放牧方式。牧民十分关注收益，但仍然是从春季到冬季在整个草原上放牧。

　　减少休耕地成为政府在过去 25 年来关心的主要问题并已取得良好的成效，如饲草和谷物及豆科作物的产量增加。休耕地的面积在 1979 年时为 840 万公顷，到 1998 年时降至 490 万公顷。

　　土耳其是遗传多样性的中心之一，紫花苜蓿（*Medicago sativa*）在土耳其已有悠久的种植历史。在土耳其东部拥有 50 年历史的苜蓿地。Kayseri 是最早的登记品种，并广泛栽培，在灌溉条件下每年刈割 3～4 茬。紫花苜蓿年均干草产量约为每公顷 7 吨，它是灌溉地区主要的饲料作物，也是土耳其东部雨养条件下的栽培作物。在雨养条件下，紫花苜蓿（彩图 11 - 30）被产量更高、种子生产更容易的红豆草（*Onobrychis viciifolia*）（彩图 11 - 31）替代。

　　这章涵盖了一些重要草原地区，旨在为主要章节做补充。欲了解详细情况，请参考本章第一段提到的 FAO 网站或相关 CD。

参 考 文 献

Al - Jaloudy, M. A. 2001. Pasture Profile for Jordan . See：http：//www. fao. org/ag/ AGP/ AGPC/doc/Counprof/Jordan. htm.

Aw - Hassan, A. , Iñuez, L. , Musaeva, M. , Suleimenov, M. , Khusanov, R. , Moldashev, B. , Ajibekov, A. & Yakshilikov, Y. 2004. Economic transition impact on livestock production in Central Asia：Survey results. *In*：Ryan，Vlek & Paroda，2004，q. v.

Berkat, O. & M. Tazi. 2004. Pasture Profile for Morocco . See：http：//www. fao. org/ag/AGP/ AGPC/doc/Counprof/Morocco/morocco. htm.

Bosser, J. 1969. Graminées des pâturages et de cultures à Madagascar . *Mémoires ORSTOM*，No. 35. 440 p.

Chabeuf, N. 1983. Trypanotolerant cattle in West and Central Africa. *Journal of the South African Veterinary Association*，54（3）：165 - 170.

Chaouki, A. F. , Chakroun, M. , Allagui, M. B. & Sbeita, A. 2004. Fodder oats in the Maghreb. pp. 53 91，*in*：Suttie and Reynolds，2004，q. v.

Coulibally, A. 2003. Pasture Profile for Mali . See：http：//www. fao. org/ag/AGP/ AGPC/ doc/Counprof/Mali/mali. htm.

Dabadghao, P. M. & Shankarnarayan, K. A. 1973. *The Grass Cover of India* . New Delhi，India：ICAR.

Dost, M. 1998. Pasture Profile for Pakistan . See：http：//www. fao. org/ag/AGP/ AGPC/doc/Counprof/Pakistan. htm.

Dost, M. 2003. Fodder prod uction for peri - urban dairies in Pakistan . Available from：http://www. fao. org/ag/AGP/AGPC/doc/pasture /dost/fodderdost. htm.

FAOSTAT. 2004. Data downloaded from < http：//www. fao. org/waicent/portal/ statistics _ en. asp>.

Fitzherbert, A. R. 2000. Pastoral Profile for Kyrgyzstan . See：http：//www. fao. org/ ag/AGP/ AGPC/doc/Counprof/kyrgi. htm.

Garbulsky, M. F. & Deregibus, V. A. 2004. Pasture Profile for Argentina . See：http：// www. fao. org/ag/AGP/AGPC/doc/Counprof/Argentina/argrentina. htm.

Geesing, D. & Djibo, H. 2001. Pašture Profile for Niger . See：http：//www. fao. org/AGP/ AGPC/doc/Counprof/niger. htm.

Gintzburger, G. 2004. Agriculture and Rangelands in Middle Asian Countries. *In*：Ryan，Vlek &. Paroda，2004，q. v.

Gintzburger, G. , Toderich, K. N. , Mardonov, B. K. & Mahmudov, M. M. 2003. Rangelands of the Arid and Semi – Arid Zones in Uzbekistan . Published jointly by CIRAD，France，and ICARDA，Syria . 426 p.

Hu, Z. & Zhang, D. 2003a. Pasture Profile for China . See：http：//www. fao. org/ ag/AGP/ AGPC/doc/Counprof/china/china1. htm.

Hu, Z. & Zhang, D. 2003b. China's pasture resources. pp. 81 – 113，*in*：Suttie &. Reynolds，2003，q. v.

Iñguez, L. , Sulemenov, M. , Yusopov, S. , Ajibekov, A. , Kineev, M. , Kheremov, S. , Abdu- sattarov, A. & Thomas, D. 2004. Livestock production in Central Asia ：constraints, and re- search opportunities. *In*：Ryan，Vlek &. Paroda，2004，q. v.

Kagone, H. 2002. Pasture Profile for Burkina Faso . See：http：//www. fao. org/ag/ AGP/ AGPC/doc/Counprof/BurkinaFeng. htm.

Karagöz, A. 2001. Pasture Profile for Turkey . See：http：//www. fao. org/ag/AGP/ AGPC/ doc/Counprof/Turkey. htm.

Kayouli, C. 2000. Pasture Profile for Tunisia . See：http：//www. fao. org/ag/AGP/ AGPC/ doc/Counprof/TUNIS. htm.

Makhmudovich, M. 2001. Pasture Profile for Uzbekistan . See：http：//www. fao. org/ag/AGP/ AGPC/doc/Counprof/uzbekistan. htm.

Masri, A. 2001. Pasture Profile for Syria . See：http：//www. fao. org/ag/AGP/ AGPC/doc/ Counprof/syria. htm.

Misri, B. K. 1999. Pasture Profile for India . See：http：//www. fao. org/ag/AGP/ AGPC/doc/ Counprof/India. htm.

Nedjraoui, D. 2001. Pasture Profile for Algeria . See：http：//www. fao. org/ag/ AGP/AGPC/ doc/Counprof/Algeria. htm.

Nyima, T. 2003. Pastoral systems ，change and the future of the grazing lands in Tibet . pp. 151 – 187，*in*：Suttie &. Reynolds，2003，q. v.

Oppong – Anane, K. 2001. Pasture Profile for Ghana . See：http：//www. fao. org/ag/ AGP/ AGPC/doc/Counprof/Ghana. htm.

Pariyar, D. 1999. Pasture Profile for Nepal . See：http：//www. fao. org/ag/AGP/ AGPC/doc/

Counprof/Nepal. htm.

Rasambainarivo, J. H. & Ranaivoarivelo, N. 2003. Pasture Profile for Madagascar . See: http: // www. fao. org/ag/AGP/AGPC/doc/Counprof/Madagascar/madagascareng. htm.

Reynolds, S. G. , Suttie, J. M. & Staberg, P. 2005. Country Pasture Profiles, CDROM, FAO, Rome, Italy.

Riveros, F. 2002. The Gran Chaco . Available at: http: //www. fao. org/ag/AGP/ AGPC/doc/ Bulletin/GranChaco. htm.

Ruijun, L. 2003a. Alpine rangeland ecosystems and their management in the Qinghai Tibetan plateau. Chapter 13. *In*: Wiener, Jianlin &. Ruijun, 2003, q. v.

Ruijun, L. 2003b. Yak nutrition-a scientific basis. *In*: Wiener, Jianlin &. Ruijun, 2003, q. v.

Ryan, J. , Vlek, P. & Paroda, R. 2004. *Agriculture in Central Asia : Research and Development*. Proceedings of a Symposium held at the American Society for Agronomy Annual Meetings, 10 – 14 November 2002. ICARDA: Aleppo, Syria .

Suttie, J. M. & Reynolds, S. G. (eds) . 2003. *Transhumant Grazing Systems in Temperate Asia. FAO Plant Production and Protection Series*, No. 31. 331 p.

Suttie, J. M. & Reynolds, S. G. (eds) . 2004. *Fodder oats: a world overview. FAO Plant Production and Protection Series*, No. 33. 251 p.

Thieme, O. 2000. Pasture Profile for Afghanistan . See: http: //www. fao. org/ag/ AGP/AGPC/doc/Counprof/AFGAN. htm.

Vera, R. R. 2003 Pasture Profile for Venezuela . See: http: //www. fao. org/ag/AGP/ AGPC/ doc/Counprof/venezuela. htm.

Wang, W. L. 2003. Studies on traditional transhumance and a system where herders return to settled winter bases in Burjin county, Altay prefecture, Xinjiang , China .. *In*: Suttie &. Reynolds, 2003, q. v.

Wangdi, K. 2002. Pasture Profile for Bhutan . See: http: //www. fao. org/ag/AGP/AGPC/doc/ Counprof/Bhutan. htm.

Wickens, G. E. 1997. Has the Sahel a future? *Journal of Arid Environments*, 37: 649 – 663.

Wiener, G. , Jianlin, H. & Ruijun, L. 2003. *The yak*. 2nd edition. FAO/ RAOP publication 2003/ 06. FAO Regional Office for Asia and the Pacific, Bangkok, Thailand. See: http: //www. fao. org/documents/show _ cdr. asp? url _ file＝/DOCREP/006/AD347E/AD347E00. htm.

彩图11-1　草莓三叶草（*Trifolium fragiferum*）

彩图11-2　稷为干旱和半干旱地区的主要作物

彩图11-3　沃达贝部落的男子和他的牧群，沃达贝（Wodaabe）人是游牧者，属于富拉尼族的一部分

彩图11-4　移动中的小反刍动物

彩图11-5　单峰骆驼是穿越沙漠的交通工具，同时也产奶

彩图11-6　库里牛是一个独特的品种，能很好地适应乍得湖的半水生环境

彩图11-7　马达加斯加高原草原

彩图11-8　查科省(Chaco)东北部的公园草地，夏季景色。

彩图11-9　察科省南部一种热带稀树草地类型的冬季景象

彩图11-10a　优势植物为毛花雀稗的草原的夏季景象

彩图11-10b　优势植物为毛花雀稗的草原的冬季（水淹）景象

彩图11-11　盘帕斯草原上的牛群

彩图11-12 中国内蒙古海拉尔附近放牧地景象（6月份）

彩图11-13 中国内蒙古牧人与羊群

彩图11-14 中国内蒙古海拉尔附近马群（6月份）

彩图11-15 中国新疆阿尔泰夏季牧场的小型家畜

彩图11-16　中国青海夏季牧场

彩图11-17　中国青海夏季
牧民营地

彩图11-18　中国青
海冬季围栏封育

彩图11-19　中国青海摩托车取
代了马

彩图11-20　中国西藏自治区海拔4300米的林周县的牦牛，
距拉萨约70千米

彩图11-21　羊　草

Pakistan

India

Nepal

Bhutan

Notes :
Data subsetted from ESRI's World Worldsat Color Shaded Relief Image.
Based on 1996 NOAA weather satellite images, with enhanced shaded
relief imagery and ocean floor relief data (bathymetry) to provide a land
and undersea topographic view. ESRI Data and Maps 1999 Volume 1.
Projection = Geographic (Lat/Long)

FAO Disclaimer
The designations employed and the presentation of the material in the maps
do not imply the expression of any opinion whatsoever on the part of FAO
concerning the legal or constitutional status of any country, territory or sea
area, or concerning the delimitation of frontiers.

彩图11-22　喜马拉雅—兴都库什山脉和西藏高原地区

彩图11-23　阿富汗法利亚布省严
重退化的草地

彩图11-24　阿富汗坎
大哈附近雨后移库畜群

彩图11-25　尼泊尔特莱靠
近Tarahara的传统的储存平台和
水牛棚

彩图11-26 巴基斯坦旁遮普省绵羊采食农田边缘的阿拉伯银合欢残茬

彩图11-27 巴基斯坦旁遮普省为城市里的家畜运送饲料

彩图11-28 巴基斯坦旁遮普省收获燕麦草料

彩图11-29　过度放牧
造成叙利亚草原退化

彩图11-30　紫花苜蓿
(*Medicago sativa*)

彩图11-31　红豆草(*Onobrychis
viciifolia*)

第十二章　草原展望

一、引言

当今大部分高品质草原转变为农田、混合农业或人工草地。因此，粗放型放牧成为草地经济利用的手段，但这并不适用于集约化的农业企业。无论对草原进行商业化管理还是传统管理，投资至少应维持家畜生产的最低利润和可持续利用。

二、草地生产系统

在主要章节中已介绍了从寒冷大陆到赤道的一系列气候条件下广泛和有代表性的各种草地类型，其中5类——非洲东部、南非、蒙古、青藏草原、俄罗斯草原，均是古老的放牧地。其他4个地区人类定居和放牧时间相对较晚：巴塔哥尼亚、南美坎普斯、北美和澳大利亚。有些仍按照传统方式利用，一些是自给自足系统、东部非洲和南部非洲部分为传统管理、蒙古又回到自给自足放牧。巴塔哥尼亚、南美草原、美国大草原和澳大利亚都采取商业化管理。20世纪，蒙古、中国青藏高原和俄罗斯先后实行集体经济和私有化管理。所述的绝大部分生产系统都与作物生产、饲草生产或农牧业相互作用，因为在农场或区域水平上，放牧地和作物生产常常是相互依存的，但在蒙古、中国西藏自治区这种相互依存的程度较小，巴塔哥尼亚则完全是牧业。

在第11章简述的系统中，西非和马达加斯加属热带，为传统放牧系统；北非、叙利亚、阿拉伯共和国和约旦为亚热带、半干旱区，游牧为传统生产方式，但牧民定居、廉价谷物及汽车运输，使传统管理的权威和放牧系统崩溃，导致严重的草地退化。南美系统——亚热带草原，盘帕斯草原和利亚诺斯草原——是相对较晚建立的商业生产系统。中亚和中国（至少是其北部和西部的放牧地）两个区域相邻，属季节性游牧区。生产被集体经济化和私有化，已在两个区域形成不同生产模式。兴都库什—喜马拉雅山区，该区在同一草地上既有定居也存在游牧，随着人口的增加而承受着巨大压力。土耳其是牧业国家，但许多草地都已经发展成为经济作物生产，家畜数量已经降低。

三、草原状况

世界草原状况各种各样。在许多情况下，与理想状况相距甚远。在绝大多数地区，长期的草原历史数据缺乏，因此变化或退化程度只能从现有条件推断。总体而言，除了极其寒冷和干旱的地区，大面积的草地都被开垦为作物利用，剩下贫瘠的草原进行粗放经营；传统的自给农业区域是由于农业群体中人口增加，在其他区域的边际土地上进行农业生产，以获得利润，但这并不成功。世界绝大多数草地的土地贫瘠：Buringh 和 Dudal（1987）认为，世界草原中仅有 1/6 是中或高等土地，而剩余的 5/6 等级在低等到零之间，所以，进一步开垦草原为农田的可能性看起来很低。

草地开垦的农田会带来一系列的问题，如家畜和野生动物的水源问题，旱季放牧损失，阻碍迁徙路线并使野生动物的生境破碎化。人口压力和贫困的加剧，尤其在非洲热带稀树草原，促使耕作者为了生存还需进一步向旱地扩展。通常最好的土壤及沿河道或其他水源的地区最先被开垦，但这些地区通常也是牧民的旱季或紧急放牧地，它们的开垦会扰乱放牧系统，导致剩余草地退化。

作物生产并不是唯一侵蚀草地的途径，造林会阻碍迁徙路线就像围栏可以杜绝（或保护）狩猎一样，草原狩猎保护区会影响放牧，采矿和采油同样会对草地造成损害。

（1）在非洲东部，由于种植作物造成草地系统萎缩，草地逐渐和作物系统耦合在一起。全国土地法没有涉及传统放牧权，使畜牧业与种植业相比处于不利地位。然而，干旱后草地植被会较好恢复。

（2）南非也是同样的，商业生产区许多优良草原都被开垦种植一年生作物，在公共区，水分较好的土地变成作物和灌木地。通常草地植被会恢复，尽管在最干旱的区域有一些退化。在许多植被类型中都存在灌木侵蚀的问题。干旱地区粗放畜牧业经济回报率低导致人口数量减少，在某些情况下，畜场转变为狩猎场。

（3）西非的人口增长十分迅速，因此草地减少，几乎所有水资源较好的地方进行开垦种植，也包括广大的半干旱边缘土地，现在都种植自给作物。当这些国家一旦获得自主，调节放牧行为的部落权威在许多国家被打破，草原成为开放资源。

（4）在北非，人口数量急剧上升，传统的管理权和放牧权被破坏。许多半干旱土地开垦种植不可持续的一年生作物。在缺粮季节通过一次性补贴购买谷物和精料，牲畜存栏数增加并可以进一步提高。游牧范围大部分急剧缩减或者改为定居。挖灌木根作燃料造成了严重的草地破坏。所有放牧地都因为过牧而退化，有时非常严重。

（5）巴塔哥尼亚的情况与东部和南部非洲形成鲜明对比。从绵羊牧场的引入开始，一个多世纪，主要是在过去的 50 年中，过牧导致植被发生巨大变化。建立在私有土地的大牧场上很少控制放牧。牧场管理的原则仅在 20 世纪 80 年代有所发展，但已经产生强烈影响。

（6）南美坎普斯草原水资源条件相对较好，所有家畜都是商业化养殖。草地技术较发达。无论是采用建植人工草地还是补播，引进牧草减轻了饲料供应和质量的季节性波动。人们越来越意识到天然草地适当管理的价值，草地状况良好。

（7）盘帕斯草原排水性好的部分现在是农田，而且农作物与人工草地经常轮作。有灌溉的盘帕斯草原仍然用作放牧地，实行异地育肥家畜生产模式。

（8）20 世纪，南美亚热带草原大部分严重恶化。1920 年前，它几乎是无管理的完全粗放式经营。通过建立水点，利用较远的难利用的草原。仅少部分草地采用火烧管理。无节制砍伐森林导致带刺的不良植物入侵。过度放牧和缺乏放牧管理所带来的灌木入侵后果十分严重，导致水土流失，野生动物栖息地丧失，并大大降低了家畜生产力。除草剂和机械防除是否经济尚不清楚。在大多数亚热带地区粗放经营、休牧策略和火烧管理是唯一能阻止灌木入侵的经济方式。

（9）北美中部草地、灌溉良好的高草草原现在几乎都在种植作物；大面积的较干旱土地也开垦用作栽培作物；许多与作物生产毗连地区经受周期性干旱，导致了 30 年代的沙尘暴。由于政府的大力支持，许多农田边缘地区都重新播种或植树。低回报率的农业以及许多农村与外界隔离，造成向城市转移人口。现代趋势趋向更大范围的景观管理，因为信息采集和处理技术已经成熟。

（10）中亚是传统的季节性迁徙放牧国家，一直到 20 世纪初。但是集体游牧在 20 世纪 30 年代就停止了。在前苏联游牧时期，细毛羊很受欢迎，但是本地品种更耐寒。后来季节性的游牧受到认可，不同季节放牧的土地合并给合作社和国家农场。重度放牧和拾柴严重减少了植被覆盖。自然放牧削弱，生产力降低，土地沙漠化。森林和灌木遭到破坏，导致土壤风蚀。集体经济解体对家畜生产系统、草地管理和牧民生计都有负面影响。大型的农业食品综合体被废除，合作农场被私有化。市场体系瓦解，很多传统市场都消失。一些国家家畜的数量急剧下降。这些改革导致了集体畜牧业向家庭畜牧业的转变。家庭畜牧业家畜数量一般太少，在社区和家庭畜牧业都没有发展起来，无法保证独立家庭畜牧业。这导致了家畜无人监督，靠近农场饲养，造成附近的草地被过度放牧，但较远的草地又很少被利用。

（11）蒙古国基本上是牧业国。在集体经济时期，小农田因为经济原因基本上被荒废了。私有化运动把家畜分配给了合作成员，但并没有明确放牧权利，造成了很大的混乱，草地资源也缺乏全面的管理。人们回归游牧，集体经济时期只有本地品种可以维持生产。农村基础设施被破坏，使得人们（尤其是来自西部的牧民）不得不大范围地迁徙，他们的家畜向中心省份转移，主要公路和居留地旁边局部地区放牧过度，而较远的草地则利用不足。尽管最近几年连续干旱，但是草地的总体状况和植被的恢复能力还是令人满意的（彩图 12-1）。在一些大的区域用泵抽水因失修而失败（彩图 12-2），因此这些大片的土地都很少被牧民利用，从而留给野生动物（彩图 12-3）。

（12）20 世纪 50 年代，中国的畜牧业包括粗放型经营，都是集体经济，实行季节性畜牧业。改革开放后，根据 1985 年的法律，家畜和放牧地都被分配给了家庭。一些家庭分配到了相对较小的半干旱草地。双承包限制了家畜的流动性，这可能是中国放牧草地严重退化的一个主要因素。现在，90%的草地都有退化的迹象，中度退化的草地占到了 32.5%。政府通过全国生态环境建设规划方案和第十个五年计划采取了很多有力的措施来应对草地退化。和中国的其他地方一样，在 20 世纪中期集体经济开始的时候，青藏高原的草地家畜头数急剧上升。之后草地被分配给家庭这样相对较小的单元，在一些地区可以看到对这些小的半干旱草地有效的保护。

（13）在兴都库什—喜马拉雅地区，粗放经营放牧地载畜压力仍然极大。高山草地在雪覆盖后有季节性的休牧期，但是其他地方定居的牧民仍可以连续放牧（除了季节性关闭的打草场），或被游牧者季节性放牧。因为人口很多，所有可以开垦的土地都被用作作物生产。

（14）中东的情况和北非的情况相似，部落权威的崩溃导致传统放牧权和迁徙模式破坏。可购买饲料、交通便利和有供给水源极大地扩大了缺草季节畜群的数量，当地表水用完时草原也不再休牧。人口和畜群数量增加数倍，许多半干旱草原耕作种植非生产性作物。灌木根系作燃料对草地植被危害巨大。

（15）过去的半个世纪中，土耳其从以牧业为主转变为作物生产占重要地位的国家。这意味着草地面积的骤减，但家畜并未随之减少，在数量上反而增加。随后作物生产系统利用豆类和其他经济作物取代休耕地放牧，进一步减少了放牧资源。现在土耳其的草原载畜量远高于其承载能力。土地所有制是草地管理的主要限制。公共区域为自由放牧，因此管理不当。牧场界线划分不清晰或没有分配给农村社区。人们迁移到城镇，草原地区劳动力缺乏，对放牧不利。

（16）20 世纪，俄罗斯草原日益被开垦种植作物，最初，作物与休耕轮替，但随后作物循环种植逐渐加强。漫滩草地和洼地为重要的干草来源地。在集体经济时期，畜群主要是马。私有化后系统尚未稳定，但畜群被分配，并随意放牧，导致离家近的草原过牧，距离远的草原利用不足。

研究多集中在家畜上，但许多都提到其他在天然草地生态系统中重要的食草动物，从大型反刍动物到有袋动物，以及啮齿动物和兔类是在凉爽半干旱环境下主要的食草动物。野生动物在草地维持中起着重要作用，如东非大象的存在对草原非常重要。

四、草地开发、改良及恢复

大部分草地，无论是从事商业生产或者传统经营管理，都需要开发投入，以保证家畜饲养的可能性或有效性。不仅草本植物，所有的放牧资源都应计算在内。

（一）草地资源

1. 水

对于大部分粗放经营放牧地来说，水是家畜管理的主要决定因子，在季节性地表水的地区，当水干涸，家畜就必须迁移。供水点设置或改进已有供水点，可以改善水供给。同时清除不利植被，可以使家畜自由进出，也能促进牧草生长，这在畜牧业经济和传统经营两个生产体系都是一样的。此外也常供给矿物质或传统的舔盐。水分供给是游牧系统中迁移模式的决定因子。在东部非洲和西非非常干旱的地区，水资源的管理比放牧更为重要。冬季非常寒冷的地区，如在蒙古的研究中表明地表水冻结时，用井提供水，但如果没有井，牧民必须在冰下取水，融化冰雪或让家畜吃雪以获取水，冬季气候严峻的情况下，脱水和缺乏食物一样会伤害家畜。

不开发水源，整个旱季家畜都将被限制在靠近永久水源的区域放牧，大面积草地将不能被家畜利用。从古代开始，就已经建立家畜水点以保证放牧区全年水供给，水被认为是南非放牧区利用的一个限制因素。根据南美的研究，在巴塔哥尼亚和 the Gran Chaco 大面积草原建立水点，使家畜饲养成为可能。澳大利亚非常重视水资源的开发。相反的，草原私有化后，机井的破坏使蒙古大面积草地无法利用。家畜种类影响水利用；骆驼是迄今为止最顽强的，大多数牛和小家畜在炎热干燥气候下，远离水源仅能放牧约两天。

商业生产中的技术根据可利用水源供应而不同，其中包括：井和地上凿洞（自流井或用泵抽水）、水坝和池塘以及从水体中用泵和管道输水。传统利用体系包括井，这在西非荒漠草原及东非部分极为重要，在博洛南（Borana）发展非常好。在半干旱地区所采用的获取和存储水的方法各种各样，包括索马里的比尔卡（水塔）和一些阿拉伯国家的挖掘蓄水池（hafir）。

建立饮水点被广泛使用，尤其是在非洲，它作为为传统放牧开发新的可利用放牧地的手段，其目的常常是减轻现有草地的压力。即使拟订了水的使用和放牧管理规则，但执行也非常困难，尤其在压力大的时期。在永久水源周围集中放牧在许多研究中被作为草场退化的原因，无论在商业还是传统系统中。

有时用卡车运输水，这是昂贵的，但在叙利亚和约旦，草地作为牛羊育肥场，无论对植被有任何影响，远水放牧饲养家畜是有利润的。

在一些情况下（蒙古、俄罗斯）浇水有时被用于促进草的生长，尤其对干草加工来说。尤其在商业系统中，灌溉频繁，用以生产储存草料。

2. 自然舔盐

自然盐舔（动物舔矿物质或盐）对粗放草原地区是有价值的，它被用于家畜和放牧野生动物。例如，非洲亚撒哈拉和蒙古的牧民长距离放牧畜群并以定期进行舔盐。盐单独饲喂或包含在其他矿物中喂给动物。在牧草缺乏矿物质地区，矿物质对动物生长极为重要，动物健康和生产力受到影响。缺磷较为普遍，尤其在非洲亚撒哈拉地区特别严重。局部地区可能缺乏一些微量元素：众所周知纳库鲁和奈瓦沙间肯尼亚峡谷的草地家畜生产性能差，Nakuritis（一种病）被诊断为钴缺乏，在其他许多草地也发现这种情况。

3. 树和灌木

树和灌木是许多草原的重要特征，尤其是萨王纳热带稀树草原。其中一些是非常有益的，而另一些则是入侵物种。树木在气候炎热的季节提供宝贵的树荫，在冬季提供宿营场所。一些树可供放牧，能砍伐做饲料，它们的果实同样可以作为有用的饲料。人们对有大量种的草地管理知之甚少、尽管对银合欢（*Leucaena*）已经进行了大量的研究，但对绝大多数木本植物的家畜饲喂制度和耐牧性仍需要进一步研究。木本植物提供树枝和树干用于建造畜栏及提供薪材。在薪材缺乏的地方，过度的砍伐导致严重的环境破坏，例如在斯太普草原，许多损害是由拔除亚灌木做燃料引起的。许多树为当地居民提供有益的水果，这些树会被有选择地保留和保护。然而，木本植被常常具有入侵性，尤其在热带及亚热带环境下；灌木侵占常作为管理不善和过度放牧标志，在下文进行论述。

（二）草地开发技术

1. 清除

清除工作是粗放型草原放牧工作中很平常的一部分。在土地被开发种植作物或建植人工草地的地方，清除包括移除石头、白蚁丘及其他障碍物，但对粗放型经营放牧来说，清除工作通常包括清除或间伐木本植被以改善草的生长或减少舌蝇的栖息地。在传统系统中，火是最常用的清除或控制乔木和灌木的手段。商业化清除采用大型特殊工具——推树机、拖链、推土机、根犁和根耙，对灌木有不同的辊子和撕碎机，残骸被焚烧。清除和间伐的程度取决于原始植被及其利用，但这通常是片面和有选择性的，留下有用的树木、树荫和掩蔽处。选择性清除被用于减少舌蝇的栖息地。现在人们认为破坏林地发展草原对环境是不可取的，但在亚马孙流域这仍然在大规模继续。有计划地砍伐木本植物，在草地建设和改良中有一定作用，但必须在生态系统范畴内进行。澳大利亚的研究指出，现在一些租用草地限制清除树木，原因是用作物和一年生草地取代树木，使生态系统的水文循环发生重大变化，并导致严重的土壤盐碱化。

2. 灌木控制

在许多草地类型中都需要控制灌木，这是维持草地状态的一种管理活动。灌木入侵草地常常预示管理失败并与高强度放牧有关，根据植被类型和管理系统涉及不同的机制。当适口性好的灌木过度放牧，适口性差的灌木就会增加；如果在非生长季剩余的干草很少，火烧不能控制灌木。与牛相比，山羊采食灌木较多，单独放牧牛对灌木的控制不如混合放牧，山羊可用于火后放牧。在一些商业化系统中采用除草剂，它们在南非很受欢迎，用于草原补播准备。许多研究中都提到灌木入侵。通常涉及本地植物，但外来灌木和乔木入侵性很强；澳大利亚的研究中提到阿拉伯树胶（*Acacia nilotica*）在非洲、巴基斯坦和印度备受关注的是灌木和豆类植物资源；仙人掌属植物（*Opuntia* spp.）在其本土外的许多地区是草原杂草；在非洲部分地区，印度北部和巴基斯坦退化干旱地区广泛用于植被再生的 *Prosopis velutina*，在侵蚀放牧地形成密集的灌木丛；在湿润地区，马缨丹属（*Lantana camara*）是广泛分布的有害生物；在高降水地区，番石榴属植物（*Psidium* spp.）侵入放牧地。

3. 火烧

火烧管理取决于草原组成及其范围，是草地管理中的有效手段。其效果取决于强度、季节性、频率和种类。强度取决于燃料的种类、结构和数量。除了气候较干旱的地区，在绝大多数的研究中均有谈到火烧的文章。火可用于去除适口性差的草并通过放牧家畜促进植被再生和新草本植物的出现。当然需要火烧来改进植被状况时，火烧可促进植物再生和提供新鲜绿色植物。如前文所述，火也可以用于控制木本植被。燃烧草原必须谨慎同步控制，否则会造成严重的损害，这在所有研究中均未涉及，尽管计划燃烧和控制火势是非常困难并且消耗劳动力的。由于有如此显著的效果，燃烧必须考虑到整个生态系统，不仅只是草原和放牧牲畜。不合时宜的火对野生动物有破坏性的影响，包括筑巢和幼鸟。大部分发达国家都制定了相关制度对自然植被的火烧实施管理。例如周期性的火烧对维持英国以帚石楠属植物为优势种的草原是非常必要的；不同年份燃烧所形成的带状区域产生不同年龄的石楠属植物镶嵌性组合。燃烧依据法律进行管理，季节依据"烧荒守则"（苏格兰管理者，2003）使野生动物的损害降至最小。未受控制的火在许多地区无疑是危险的。它会在闪电时自然发生，但在许多时候，它是由于因狩猎点火或纵火等疏忽产生的草原火灾。蒙古的研究中提到草原牧民为避免火灾所采取的措施，在蒙古寒冷的冬天没有再生和烧毁牧草不会造成损失。虽然过于频繁燃烧是不可取的，在某些情况下火烧间隔时间长，导致可燃物质堆积，如着火，将导致非常猛烈和破坏性强的火灾。

4. 围栏

围栏在商业放牧企业广泛使用，发展过程中用于划定界限并细分以易于管理。低产草原小区面积通常较大，因为围栏和围栏维护费用很高，这会导致家畜分布不均。围栏也可用于保护饲草和干草地特性。巴塔哥尼亚的研究为个人管理保护高质量草地提供了很好的例子。传统的放牧者不使用围栏，但专家有时会在传统放牧地建立围栏防控疾病。

5. 草地改良

通过引进选育的本地或外来禾草和豆草来"改良"粗放的天然草地，绝大部分供水良好的地区都开展过这方面的实验，同时也用于一些商业系统中，在商业混合农业和集约化管理的人工草地中也普遍应用。通常其技术至少包括暂时抑制现有植被生长（采用火、重牧、除草剂或机械，单独或相互联合使用）并不同程度地干扰土壤表面，化肥常常被使用，当豆科植物第一次引入某地区，对其种子接种适当的根瘤菌是一项明智的措施。

选择适合的气候、土壤条件、种和品种是非常重要的，虽然可供利用的草原作物遗传品种范围广泛，但让其适应新的地区也许会很难。寻找可商业化大量生产的并适合当地条件的品种和生态型的种子往往是很困难的。考虑到管理问题常常需要确保引进种的寿命，并必须保持肥力。部分需要补播，其成功不仅取决于气候和土壤，还取决于天然植被的活力和侵入。涉及商业系统的研究都提到了补播。巴塔哥尼亚在实验水平上，利用本地和外来材料补播是成功的，但在如此干旱的条件下，经济上未必可行。在南美草原，补播是成功的，尤其是外来的温性种，主要是豆科植物，温性豆科植物的引进对冬季草原产生了非常有利的影响。在澳大利亚草原改良应用非常普遍，并且在地中海气候区每年的自然落种（尤其是苜蓿属和三叶草属）非常重要；热带草原柱花草自然落种的补播更新非常重要，直到由于病害柱花草被完全清除。南非和北美的研究中论及休闲地再生的补播是下文讨论的主题。

人们对天然草地生态系统补播和引进外来草原植物的态度正在发生变化。放牧条件下植物的扩展和繁殖能力，对草原改良来讲是一个有益的植物特性，现在这样的植物可能被认为是外来入侵种。

如果草地植物组成适当，并且经济允许，无论是否补播，均可施肥，有时可砍去粗老的植被层。

6. 草地恢复

草地退化是放牧生产系统变差的征兆，必须在采取进一步行动前加以确定和处理。通过管理手段进行草地恢复而不需要灌水是理想的草地恢复方法。补播退化草地并非良策，必须依靠天然植被的恢复。确保区域内均匀放牧，保持载畜量在合理范围之内，并防止局部过牧，这些都有助于植被恢复。

草地退化的影响远超出放牧可利用量的减少带来的影响；径流的增加会导致洪水、淤积、流域下部结构降低。在这种状况下应采取措施减少径流，情况严重的草场是径流和侵蚀的中心，这样的草场必须暂时或永久关闭，进行造林或不造林，这在中国大规模的执行，以黄河和长江流域最为显著。许多草原有良好的恢复能力，通过休养能从退化中恢复。然而，如果退化已经非常严重，草原的恢复途径会有所改变，休养能使某些植被恢复并生长，但已无法恢复到原有草原植被的状态。

有两种情况与草地修复密切相关，分别是旧采矿地和工业区，另外就是农田撂荒地。采矿点的治理是一个专业问题。撂荒的边际土地在东南非、北美和俄罗斯曾讨论过。若有适合的草种，补播植被很差的休耕地也许是一个更好的选择，因为撂荒地不会自然转化为草地而是变成杂草或灌木丛。

五、畜群管理

在商业系统中管理一般针对提高动物性能，并且常常集中在一个或最多两个种。为此管理方法通常包括：将畜群分类以便使其得到适当的管理，避免年龄过小和不合季节的饲养；控制寄生虫和食肉动物；有兽医照顾；使用和维持适宜该地区和能满足市场的品种。草地通常围栏，并分成小区，以便对畜群进行划分，有些情况下，进行轮牧或对部分草地休牧。

种和品种的选择部分取决于草场和气候，但在商业系统中，市场需求是最重要的，在粗放放牧中，绝大部分是肉牛和绵羊。在温暖气候下，当地选育的瘤牛或具有一些瘤牛血统的肉牛越来越受欢迎。牛通常是专一品种，而不是两个或多种个品种。在大洋洲，通常饲养绵羊品种，并控制了其他商业领域的相关研究。

传统体制下出售牲畜和畜产品的主要目的是给牧民提供生存与保障。牲畜通常是多用途的，产肉、奶、纤维、皮，运输，役力及施肥，在没有树木的地方家畜粪便还用做燃料。牧民往往饲养可单独放牧的几个畜种，这有助于生产较丰富的畜产品。在非洲撒哈拉以南地区，许多牧民饲养牛、绵羊和山羊，但在较干旱的地区饲养小家畜，或在东北非饲养骆驼和小家畜。在北非和西亚，小家畜特别是绵羊和骆驼，常常是粗放放牧，但随着汽车运输的增加，骆驼越来越不那么普遍。在印度和巴基斯坦，也放牧美洲野牛，但牧群倾向于保持较窄的家畜范围，主要是小型或大型反刍动物。在中亚和蒙古大部分地区，放牧涉及五种动物——马、骆驼、牛、绵羊和山羊。饲养多个种，除了扩大产品的范围外，还有许多其他原因：这样可以比单一放牧更为有效地利用放牧资源，例如，山羊、马和骆驼能比牛或绵羊能更好地利用灌木；如果包含了多个物种，草地条件将能较好维持，多物种也可减少风险。

传统体制使用耐性强的当地品种，通常也是多用品种，它们在恶劣环境条件下无需外部投入亦可生存。将高产良种引进放牧系统影响甚微，因为这些动物在放牧条件下很快就会被淘汰；前苏联时期，私有化后饲养"改良"品种的国家，绵羊数量急剧下降，与之相反，维持本地品种的蒙古，在同一时期家畜数量增加。市场需求对传统系统的影响，远低于商业系统。约旦 badia 地区主要家畜是骆驼，但经过一些年后，被舍饲的绵羊取代；蒙古家畜私有化后，羊绒价格提高，使山羊数量的增加远快于其他家畜。

（一）放牧率和家畜分布

调整放牧率和家畜时空分布是放牧管理的基础（彩图 12-4）。一定面积草地可承载的家畜总数并非仅取决于其植被组成，而要考虑放牧者的管理目的，以及其他草地相关资源的供给和位置，特别是水源。广阔的草原各不相同，但常常因水分和土壤肥力梯度变化出现空间异质性。放牧往往集中在条件较好的草原而忽略了较贫瘠的地区或远离水源的地方。有的草地只在特定季节适于放牧，或只有可供利用的季节能放牧，例如高山草原。放牧应着眼于全部可利用的区域，根据当地实际情况制定管理决策，另外，牧场主熟知自己草地资源或畜群，并具有与其放牧地相关的传统知识，粗放放牧是在景观尺度管理而不是局域尺度。

由于天然草地各年份之间生产力差异很大，特别是在干旱气候下，因此天然草原最大。载畜数量也随之变化。商业系统通常将家畜放在围栏内，而传统的牧民每天随着牧场数量和质量的变化迁移家畜。应急饲喂或缩减家畜数量花费很大，与传统的流动放牧相比，商业企业一般采用比较保守的放牧率；传统放牧可承受较大风险，并且可以迁移以避免严重的牧草或水源短缺。

研究显示，各区域间所使用或提倡的放牧率范围变化很大。采用最先进的技术，大部分商业化区域现在都可以在大面积内更准确地评估牧草供给力和草原状况，更好地估计安全放牧率并监控其影响。巴塔哥尼亚的研究表明，早期放牧率过高，导致资源严重退化。澳大利亚的研究表明退化率高得惊人，澳大利亚北部草原一半以上退化或恶化。商业系统的其他一些研究中，过牧并不是一个严重的问题。东非有许多关于承载力和草地退化评估的研究相互矛盾。然而，这些并非与商业领域一样基于详细调研工作。蒙古的传统放牧系统遵循四季模式，每个季节在不同的草原上放牧，从而分散了草地负荷，通过有策略的短距离迁移到其他牧场，饲养不同种的动物，同样有助于分散放牧，最有效地利用资源。

在许多放牧地，政策变化影响家畜的迁移和管理。私有化影响了中亚和俄罗斯广大面积的放牧地。在蒙古，农村基础设施和水泵供水跟不上，使许多地区至今仍不能放牧，缺乏冬季放牧区的保障限制了长距离迁移。在中亚和俄罗斯草原，现在家庭牧群太小而不能得到放牧许可，因而家畜只能关在住地，而较远的牧场却得不到利用。在土耳其，城市化导致没有人愿意做牧民。此外，远距离的草地未充分利用。在非洲，存在公民安全和偷盗家畜的问题。

（二）季节不平衡

一般情况下，植物生长季节的长短受降雨或气温的限制，导致草原上的动物可利用的食物在不同月份间分布非常不均匀。对于所有上文提到的各种生产系统而言，由于季节不平衡如何管理好家畜是需要考虑的主要问题。传统的或商业性的畜牧主都掌握一定技巧尽量减轻季节性饲料短缺的冲击。根据食物的缺乏的原因和食物种类的变化，应对策略也要相应改变。

在暖季和热带气候条件下，食物匮乏主要出现在旱季。食物匮乏不仅仅由于地上生物量变少，同时，许多热带草地牧草一旦成熟，其营养价值就很低。在传统的牧场几乎没有储备草料的概念，在草料丰富的季节，家畜尽可能地采食牧草，增加体重，在草料匮乏的旱季，家畜体重就降低。在西非和南非，牧民群体通常在他们自己的疆界内放牧，虽然有时候牧民会进行季节性迁移，但是他们很少有机会接触种植农作物的农民。在西非，牧民通常在沙漠边缘和森林边缘之间游牧。这些游牧牧民经常接触种植农作物的农民。在干旱季节，能吃上草是非常重要的，这点在非洲草原的章节没有详细的论述。在干旱季节，水是很缺乏的。传统牧业中水与饲料同等重要。这些牧民的饲养策略中不包括储藏饲草料。

在许多传统草地农业系统，尤其是农牧交错系统中，农作物残茬具有重要作用。农作物残茬（处理过或未处理）广泛应用于许多商业性的农业系统或养殖场。干草和秸秆的保存和利用已经在其他出版物中讨论过了（Suttie，2000），而 t'Mannetje（2000）讨论了青贮的制作。在寒冷的地方，解决饲料季节供应不平衡的策略取决于冬天是否干旱和地面积雪的厚度。当降雨主要出现在夏季时，如蒙古、中国北部的草地和青藏高原地区，在这些地方家畜整个冬天都可以放牧。当然，极端天气也可能导致严重的损失。通常，牧民确保家畜可以过冬的办法就是让家畜在夏季和秋季尽量多吃，使家畜的体况达到最佳状态。在蒙古，至今牧民仍然在 3 或 4 个季节牧场间游牧。冬季牧场是一年系统的关键。这种游牧方式使牧民有可能躲开不利的气候条件。所谓季节性缩减家畜数量是指牧民通过出售多余的家畜、屠宰和冷冻一定的畜肉以供冬季到春季冰雪融化之前整个家庭的食用，从而减少过冬的家畜的数量。当然也打少量的干草，只提供给少数的一些较为瘦弱的家畜。Wang（2003）描述了一个放牧与灌溉种植牧草结合产生很好结果的案例（彩图 12-5）。在夜晚和恶劣天气时，在室内或畜棚里饲养家畜。对于仅能维持生存的经济，选择这样的经济体制是必然结果。在这种经济情况下，无法得到补饲牧草或者其价格很贵。但是，这说明选育家畜时要更注重其耐久性，而不是只追求高生产力，同时，家畜达到屠宰体重时，家畜也要足够成熟。同样处于寒冷、半寒冷地区的巴塔哥尼亚绵羊业，全年完全依靠天然草地固定放牧，没有任何的补饲措施。

在北美洲中部地区偏北地方的肉牛育肥系统，其饲养策略有别于传统系统。冬季饲养被广泛应用，这不仅是因为恶劣的天气可能使放牧无法进行，而且因为在生长季节过后牧草品质急剧下降。许多情况下，将天然草地与耕地结合经营，在牧场上种植过冬的干草料。大量的苜蓿和一些谷类残茬也被用于冬季饲喂。

　　对于地中海气候地区，干热的夏季是比较贫瘠的季节。许多情况下，游牧系统可以用来减轻这种影响。这种情况已经改变很多了，在北非和西亚地区许多半干旱土地改为耕地，使草地面积减少。这些地区的许多国家用出售谷物的钱补助牧民。肉价格很高，购买谷物很普遍，同时，放牧率远远高于草地可以承受的极限。应用大量饲料和提供足够饮水（或者卡车运水）将对草地植物造成灾难性的后果。在讨论干旱地区的可持续发展时，国际粮农组织（1993）指出，不恰当的饲养管理可能对草地造成非常严重的破坏。

　　"对于畜牧生产而言，干旱或旱季补饲是有效措施。但是如果购买饲料用以维持草地上超负荷的放牧压力，这可能导致过度放牧或者草地破坏。所以，最好是在一个放牧系统内自己储存饲料，而不是从外部购买。尤其是组织饲草料补贴干旱地区，这对该地区的破坏性很大，最好避免这种情况发生"。

（三）区域化

　　畜产品区域化生产在商业养殖系统中很常见，一般情况下，家畜育肥需要更为优越的条件，需要给动物提供饲草饲料。这样，就可以减少在牧草缺乏的季节草地上的家畜数量。同时，家畜的层次化生产也加快了家畜生产系统的周转速度。如果家畜被转移到条件比较好的草地或者饲育场，那么在牧草缺乏的季节，就可以避免由于草料不足和质量下降而导致的家畜生长停滞和体重损失。市场对于快速育肥家畜的肉产品的需求量在不断增加。家畜层次化生产系统通常与商业化家畜养殖联系在一起。通常，传统的牧民没有育肥家畜的条件，而且与改良品种相比，许多当地品种的家畜对于集约化饲养的反应比较迟钝。不同系统的层次化生产和养殖场，在南非、坎普斯（更多的是在条件较好的草地上完成作业）、北美和澳大利亚章节中都提到过，在俄罗斯室内饲养是惯例。将来自粗放式放牧系统的肉牛在养殖场进行育肥的养殖手段，在肯尼亚已经实施多年。当然，在许多农牧系统和农业系统中小规模的育肥是很常见的。在中国，不断繁荣发展的城市地区对肉产品的需求在不断增加，因此，出现了将粗放式放牧系统的家畜放到养殖场进行集约化育肥的方式。育肥一般是在比较靠近城市的牧场进行，在这些牧场，稻草（用氨或者尿素进行发酵）是日粮的主要成分，谷物和工农业的副产品也可以用来饲养家畜（Dolberg 和 Finlayson，1995；Simpson 和 Ou，1996）。育肥的家畜要么来自本地牧场，要么来自北部和西部牧场。中国不仅具备不断扩大的肉牛市场，而且在草地与育肥地区之间拥有完善的交通系统。

　　虽然本文中相关方面的讨论很少，但是在欧洲的许多地方可能也包括世界的其他地方，绵羊层次化生产是很常见的。来自苏格兰山地的绵羊一般在低地上育肥，山地母羊与其他品种的杂交后代用于生产低地肉产品。绵羊育肥在近东地区比较广泛，有时进口一些羔羊进行绵羊育肥，通常利用谷物和精料，这与减少放牧率没有关系。在许多伊斯兰国家，存在有专门为宗教节日服务的季节性绵羊和山羊育肥。

六、人工草地和饲草

在商业化养殖系统中，人工草地通常是天然草地的补充，例如，主要作为特定季节、畜肥或维持的战略性饲料。在许多土壤和气候条件都很理想的地方，人工草地（通常与作物轮作）已经代替了天然草地，但是，这不是本节要讨论的主题。商业化饲养系统的大型牧场均采用人工草地。虽然改良草地与人工草地之间的界限不是很明显，草地改良（包括清理枯落物、补播等）将在下面部分讨论。拥有少量土地和未围栏耕地的传统养殖系统不适合作为人工放牧草地，虽然他们可能利用收割和运输来的草料。在肯尼亚，农业结构调整导致大型奶牛农场数量急剧减少。在这之前，人工草地在商业化饲养部分发展很好。这个技术也记载在Bogdan（1977）的经典文章"热带草地和饲草植物"中（*Tropical pasture and fodder plants*）。在南非商业化饲养部门，在水分条件比较理想的地方人工草地利用比较多。在非洲的其他地方（包括马达加斯加岛和北非）不使用人工草地。在中东和亚洲也不使用人工草地。在中国，人工草地更多地作为一种术语在使用，但通常指种植苜蓿干草和每年收割与运输的饲草料。与蒙古和中国西藏一样，巴塔哥尼亚的气候条件不适合发展人工草地。坎普斯草原的水分条件比较好，所以该地区发展了具有夏季生长牧草和冬季生长牧草的人工草地。人工草地在盘帕斯草原业很重要。在北美中部地区，人工草地（通常与作物轮作）在家畜生产系统中扮演重要角色。当然，在北美的其他地方和西欧，特别是新西兰，人工草地也非常重要。

人工草地在澳大利亚水分条件比较好的地区得到广泛应用，特别是地中海气候和温带气候地区，虽然在热带地区也有应用。在地中海气候区，具有产籽能力的一年生牧草与一年生作物轮作模式被广泛应用。这些牧草大部分起源于地中海地区，且这个系统与该地区古代的谷类—放牧—休耕循环模式很相似。只是在初次播种和建植后，施肥和放牧管理的目的是使一年生牧草可以产籽和繁殖，每年轮作的草地面积（当地叫做"leys"）在减少，取而代之的是谷类与其他一年生经济作物包括豆类作物的轮作，因为这能够带来更好的经济利益。对于热带草地的研究也做了很多工作，这些工作具有一定的重要性。但是，需要豆科植物的耐牧能力。在80年代，柱花草曾经是人工草地和改良热带草地的主要牧草，但其容易感染炭疽病。补播也是改善草地质量的重要手段。就在私有化之前，人工草地在俄罗斯草甸中并不重要。第十章的作者持相同的观点。

人工草地饲草

本文中所指的饲草是指牧草的整个植株，不管是新鲜植株或者是青贮，均可以作为家畜的饲料。这种饲草在许多系统中通常用于放牧补饲催肥或者用于奶牛生产。在撒哈拉以南的非洲地区，传统放牧系统很少用饲草补饲家畜。但是，由于自由放牧逐渐消失，利用饲草料补饲家畜的做法在农牧业和作物生产系统中越来越普遍。在非洲东部和南部，大型奶牛场均种植饲草（彩图12-6），但是，牧场大小和牧场系统的变化大大缩小了饲草的分布范围。象草作为割运饲草广泛应用于小型牧场（彩图12-7和彩图12-8）。南非的商业化放牧系统采用一些饲草，包括一些能够在极端环境生长的饲草，但是大部分的饲草需要有灌溉条件的土地，以便获得更大的利润。在北非种植的一些饲草，如少量灌溉的苜蓿和加工干草的燕麦更重要，因为它们通常被卖给来自更干旱地区的牧民（Chaouki 等，2004）。近东（Near East）的沙漠放牧地区不种植饲草。但是，北非的埃及例外，因其几乎所有的家畜都是舍饲，种植饲草来补充作物残茬是非常重要的。这个生产系统与印度旁遮普的灌溉地区很相似，埃及三叶草（*Tri-folium alexandrinum*）（彩图12-9）是主要的冬季饲草，而粗加工谷类是夏季主要饲草料。

寒冷半干旱的巴塔哥尼亚适合饲草生产的地方很少，且有灌溉条件的土地都用来种植经济作物。南美稀树草原主要的家畜生产系统也是全年放牧。横跨阿根廷、玻利维亚、巴拉圭的南美洲亚热带地区的冲积平原，苜蓿用于调制干草。一些地方的小农户主调制干草供销售，这在 Suttie（2000）有介绍。

饲草广泛种植于北美中部地区和欧洲以及北美的商业化混合牧草系统。加拿大 Fraser 和 McCartney（2004）介绍了一种方法，使牛能够吃到被雪覆盖的燕麦草。"收割后放牧"使得肉牛在晚秋和早冬可以放牧采食（彩图12-10）。早秋时收割播种较晚的谷类，从抽穗期开始收割到蜡熟期结束。然后，在整个下雪期，家畜可以采食这些残茬。前面已经提到在苏联时期饲草比放牧重要。在土耳其，草料的种植和保存是古老的传统。

澳大利亚水分条件比较好的地方广泛利用饲草料，用于牧场、地方销售或出口（Armstrong 等，2004）。新西兰也广泛种植饲草料。正如第10章讨论，在集体制时期，饲草料是家畜生产的支柱，但是在放牧阶段饲草料就没有那么重要。在经济压力下，情况有所改变。

亚洲中部，在集体制时期广泛种植饲草料（特别是苜蓿）用于冬季储备。私有化时期，由于这些地方需要将具有灌溉条件的土地种植谷类作物以确保当地的谷物需要，饲草种植面积显著下降，家畜数量下降也很明显。中国种植了大面积的饲草料。Hu 和 Zhang（2003）指出中国种植苜蓿的土地面积为1 804 700公顷，种植饲用玉米570 500公顷和饲用燕麦274 400公顷。中国西藏草甸和蒙古国的气候不适合种植饲草料，西藏牧民利用补贴获得的种子种植了一些燕麦。蒙古国在集体制时期种植饲用燕麦，但是由于经济原因，这种做法已经停止，只有在西部具有灌溉条件的边远地区，种植一些苜蓿用于调制干草。

在兴都库什—喜马拉雅地区，特别是阿富汗和巴基斯坦，普遍种植饲草料；

重要的牧草种类是苜蓿（彩图 12-11）和三叶草（彩图 12-12），但是该地区土地面积有限。在巴基斯坦、印度以及面积更小的尼泊尔等具有灌溉条件的平原地区大面积地种植饲草料，这些饲草料与作物残茬结合作为大量的舍饲肉牛和水牛的饲料。三叶草和燕麦（彩图 12-13）是冬天的主要作物，而谷物是夏天的主要作物。

七、社会和经济因素

通常，草地及其使用者的问题多数是社会经济问题而不是技术问题。只有解决了与牧民（尤其是传统畜牧）相关的法律、社会和经济的问题，才可能取得较好的管理并改善生活。许多项目建议"培训牧民"，但是当牧民没有土地的所有权保证时，试图给牧民传授技术的做法都是徒劳的。许多技术在当地都没有得到具有说服力的验证，贫困和人口压力使牧民不会随便冒险去尝试新技术和措施。

（一）土地所有权

如果希望牧民的生活有保障，以草地可持续发展的方式投资和管理草地，那么必须确保牧民拥有对土地的所有权或者放牧权。纯粹商业性的草地生产系统（正如在本书南非、巴塔哥尼亚、坎普斯和北美中部章节中商业化部分的研究）均拥有土地所有权或者长期的租用权。因此，商业化家畜饲养者可以进行基础设施投资，尤其是供水和建设围栏，围栏的一个主要作用也许是为该饲养者的土地财产划定界限。因为企业可以利用其所拥有的土地作为担保，向银行贷款。

在草原生产系统中，放牧权利很不清晰。很早以前，这些土地一直是传统的当权者拥有，如果其他牧民组织或农民对这些土地的所有权有争议，就会用战争来解决。随着时间和政策的改变，留下许多使用权不明确的放牧地。除了以放牧为主业的少数几个国家，如蒙古和索马里，在其他地方使用权不明确的放牧地已经很少了。在传统观念里，放牧权利是指广义上的畜牧资源，包括家畜饮水和舔盐砖。在大部分国家，某个牧民长期在特定土地上经营其牧场，就认为该牧民对这块土地具有使用权。对于游牧牧民，因为他们不同季节使用不同的草地，所以不好确定其对草地的放牧权利。如果有人在这些游牧民放牧的草地耕作、种植作物，虽然这样的做法不能持续，但是很可能被认为是发展的标志。那么这种情况下游牧民就很难保护其放牧权利。而且在面对国家利益时，牧民的草地使用权就显得很脆弱，无法阻止国家在开矿、基础设施建设和建设自然保护区时对部分草地的占用，有时候这种占用没有任何补偿。可以方便地将耕地划分成不同的大小分配给个体农户，但是草地面积大、产量低，有移动的畜群，且人们希望以景观尺度来管理草地，这使得将草原分配给个体牧户时会出现很多问题（虽然在中国已经这样分配草原）。将草地分配到集体比较理想，但是具体到个人时，如何确定放牧范围和由谁利用时又问题重重。

（二）市场和贸易

商业化畜牧系统是以市场为导向的，但是现在大部分传统畜牧系统也出售他们的剩余畜产品，东非的研究表明，甚至以前不出售畜产品的保守民族，现在也开始出售他们剩余的畜产品。大部分的研究表明草原产品的价格很低，毛产品受影响最严重，前苏联的解体扰乱了中亚和蒙古市场，至今这些国家还没有找到新的出路。世界自由贸易对天然草原产品的影响仍然存在，如传统牧民远离城市消费者，他们的肉产品在市场上处于劣势，尤其是城里的消费者对牛肉产品的需求不断增加，而肉牛可以舍饲育肥或不需要好的草场。

（三）牧民组织和团体参与

政权和政治变化扰乱了原有的牧民组织和等级制度，私有化留下大量组织混乱的畜牧部门。通常，牧民拥有的畜群比较小，不能带来太多经济利益。所以牧民不愿意投入太多劳动力，牧民组织也不完整。半干旱草地可持续管理，必须在景观尺度上制定一些合理的计划。目前被广泛接受的农村发展，包括草原的发展，需要由最终使用者参与。社区参与是有效的，而且是必须的，这不仅是说说而已，应该优先确定一些方法将牧民组织起来，形成决定当地畜牧政策的大型团体，并能与当地政府协商及共同承担畜牧生产任务。

（四）大众因素

许多传统地区提到人口压力和不断增加的人口使放牧资源不断减少的问题。单位面积的天然草地可持续饲养家畜的数量是有限的。如果牧区人口的数量增加到大于其放牧资源可以承受的范围，那么任何技术措施也无法解决这个问题。

（五）多样化

许多研究表明，由于畜牧行业经济回报低，所以许多国家的企业都在寻找其他能够带来更多经济利益的使用草地的方法。野生动物喂养和狩猎已经在东非和南非实践了，而且有发展其他项目的可能——提供特种肉产品、旅游和游猎。有些研究提到有机肉食品。

旅游和生态旅游是另一种利用草原的方式。在商业区，会给土地所有者带来很多收益。因为许多草原地区都很偏远，基础设施不发达，除非具有很好的风景或者野生动植物，否则草原区旅游就不会很重要。各地政府都鼓励发展旅游业，因为旅游业可以增加税收。但是，在传统牧区，旅游业必须使牧民认识到是可以带来利益的；在仍保存传统畜牧生产系统时，游客如果对当地生活水平没有贡献的话，就会被视为讨厌的人。从 Time（2004）的部分游记文章就有相关记载：在蒙古有驯鹿地区的人们认为旅游业威胁到他们的生活方式。207 位来自 Tsaganuur 地区的人们说，"数量不多但却日益增加的游人破坏了针叶林地带的宁静，该地区是驯鹿漫步的地方。"

八、环境中的草原

虽然草原是最主要的环境，不仅仅涉及集水区和生物多样性的就地保护，但是环境保护论者和政府官员却较少关注草原的保护和适宜的管理。这些环境保护论者和政府官员通常认为传统牧业给草原带来很多问题，而不是将传统牧业看作保护草地及其物种多样性的一个重要组成部分。已经有许多自然保护区和国家公园，而且其数量还在增加；管理者通常以牺牲传统牧业用地为代价，而很少考虑或没有考虑这些草地传统使用者的利益。这种保护草地的方式是为了野生动植物、生物多样性而最终常常引进旅游业，但是草地上生物群落的生存需要合适的放牧管理。这些在草原保护区很少被提及：中国有 11 个这样的草原保护区，包括 200 万公顷的土地（Hu 和 Zhang 2003）。

人们一般不注意草原上的非家畜产品，但是这些产品对地方社会是非常重要的。人们采摘许多野生植物作为水果或者蔬菜。野生草种子可以用作谷物（彩图 12 - 14 和彩图 12 - 15）。许多当地使用或出售的药用植物来自草原，草原也生产木材和燃料。Batllo，Marzot 和 Toure（2004）报道了乍得湖地区一个有趣的事例。

在一些国家和地区，如尼泊尔或中国西藏自治区纳木错湖附近地区（彩图 12 - 16a，b），草原就具有特别的宗教重要性。在一些特定节日，大量的旅游者和朝圣者聚集到纳木错湖附近的草原上，从中心点向周围地区均铺满了帐篷。

九、一些结论

前面的章节涵盖了非常广泛的草地类型和生产系统，清楚地表明广阔的草原类型多样，在许多方面有待开发利用，每个类型都有各自的管理方式。本章不总结从上文得出的所有结论，仅给出一些重要的结论：

● 许多草原状况很差。大多数集体所有或用传统方式进行管理的草原出现某种程度的退化，许多遭受严重的破坏。

● 现代技术可对草本植物的可利用性和草场覆盖度做出相对快速的评价，同时可以快速处理这些相关资料。这可以应用于商业管理的草原，但是传统牧民如何得到和利用这样的资料，仍存在许多逻辑、社会和经济上的问题。

● 草原占陆地表面的比例大，是环境的根本。因此，它们的可持续管理引起了广泛的关注，而不是局限于那些生活在草原上的人们。对流域、野生动植物景观、旅游、保护生物多样性、娱乐和狩猎的妥善管理使一般公众受益，但是管理成本却落到了牧民身上，包括从事传统牧业的牧民和从事商业化牧业的牧民。在很多地方，脱离草原的商业化放牧大多发生在经济困难时期，传统放牧的牧民大部分变得更为贫穷。怎样才能鼓励草地管理者去做维护共同利益的事，对于通过调整管理方式使其生产更有利于环境的牧民，对他们又要怎么补偿呢？

● 一般来说，管理公共草原的困难很大。明确放牧权利，建立适当的法律框架应该考虑现有权利，在牧民开始对他们现有体制进行中期到长期的改革之前，必须制定一些能够确保长期安全的制度。只有在明确土地所有权后，对草地进行技术干预才可能奏效。

● 粗放放牧土地的总体管理工作应在一个大的景观尺度框架范围内，这可以有效地处理整个一系列的牧场资源和产品，涵盖了季节性牲畜移动的范围以及野生动植物保护区和流域。在传统地区，牧民通常是较小的、缺乏组织性的群体。如果协助放牧人口组成更大的群体，能够与其他群体、政府部门进行对话，不仅能够参与决策而且能在规划和管理进程中发挥主导作用。只有更好的规划和管理才可能取得成功。

● 家畜数量很大，而且往往还在继续增加。这通常与可利用放牧面积减少以及所报道的草原退化相关。在放牧系统中，家畜数量的增加往往与人口增长联系在一起。在粗放经营的草原强化和提高牧草产量不一定实际或经济。当人口数量明显超过土地的承载能力时，没有更多的牧场能被开发利用，必须考虑可以谋生的替代资源。

● 许多研究提及本地牧场的过度放牧以及对偏远牧场的忽视（包括大围栏中家畜分布不均匀）。对一些经历了私有化且拥有大面积草原和高山牧场的国家来说，这是一个新的且严重的问题。此外，帮助牧区建立牧民组织，分配前集体放牧权利和恢复牧区基础设施非常重要。

● 在饲草不足季节给家畜补充饲料是许多粗放生产系统的重要组成部分。在冬、春季节实行家畜圈养的做法很好。然而，通过购买补充饲料维持的家畜数量远远超过了草原承载能力，这样的做法具有极大的破坏性，对牧民补贴精饲料和谷物不利于草原的可持续使用。

● 改善牧区的草原植被主要应通过控制放牧和有计划地利用火烧。在土壤贫瘠和降水量不稳定的地区，补种牧草通常不能成功，认为这种做法对环境不利；当然，在条件比较好的农牧生产系统中，补种措施是非常有用的。

● 虽然已经收集和筛选了各个种、栽培种、不同生态型草种以及豆科植物的遗传材料，但是，只有非常有限的一部分可供商业利用。

● 放牧和刈割的人工草地在大规模和中等规模的商业化混合牧场中起了非常重要的作用，如果利润允许，应当鼓励使用多年生牧草，因为相比于一年生的割运牧草，多年生牧草对环境更有利。

● 饲料作物在条件较好的粗放家畜生产系统中具有战略意义，尤其是用于调制青贮或给家畜补饲。饲料作物不仅适合小牧户，也适用于大型混合农场企业，并且日益受到在市场上销售牛奶和育肥家畜的小牧户欢迎。虽然饲料技术普遍应用，仍有很多工作要做，包括确定适合当地小牧户使用的本地草种，确保种子供应和培训牧户。

● 草原多样化使用的潜力如何？商业生产者正在尝试，例如，旅游和狩猎牧场。这样的管理是否可以维持草原的生物群系？

● 草原保护区的面积不断增加，用以保护野生动植物和生物多样性，以及鼓励发展旅游业，但往往没有考虑现有的放牧功能。若建立类似草原保护区时，能够考虑它们对动物迁移路线和获得基本草地资源的影响，以及在何种程度上允许或鼓励家畜牧食和可控火烧，就更好了。

除了为家畜提供食物外，草原还是许多产品的来源，但是草原科学家们倾向于仅仅关注放牧资源，希望这些科学家能够更多地关注更为广泛的民族植物学问题。

参 考 文 献

Armstrong, K. , de Ruiter, J. & Bezar, H. 2004. Fodder oats in New Zealand and Australia-history, production and potential. pp. 153 – 177, *in*: Suttie & Reynolds, 2004, q. v.

Batello, C. , Marzot, M. & Touré, A. H. 2004. *The Future is an Ancient Lake: Traditional knowledge, biodiversity and genetic resources for food and agriculture in Lake Chad Basin ecosystems*. FAO, Rome, Italy.

Bogdan, A. V. 1977. *Tropical pasture and fodder plants*. London, UK: Longmans. 474 p.

Buringh, P. & Dudal, R. 1987. Agricultural land use in space and time. *In*: M. G. Wolman and F. G. A. Fournier (eds) . SCOPE vol. 32. Chichester, UK: John Wiley and Sons.

Chaouki, A. F. , Chakroun, M. , Allagui, M. B. & Sbeita, A. 2004. Fodder oats in the Maghreb. pp. 53 – 91, *in*: Suttie & Reynolds, 2004, q. v.

Dolberg, F. & Finlayson, P. 1995. Better feed for animals: more food for people. *World Animal Review*, No. 82.

FAO. 1993. Key aspects of strategies for sustainable development of drylands. FAO, Rome, Italy. 60 p.

Fraser, J. & McCartney, D. 2004. Fodder Oats in North America. pp. 19 – 36, *in*: Suttie & Reynolds, 2004, q. v.

Hu, Z. & Zhang, D. 2003. China's pasture resources. pp. 81 – 113, *in*: Suttie & Reynolds, 2003, q. v.

t'Mannetje, L. 2000. Silage making in the tropics with particular emphasis on smallholders. *FAO Plant Production and Protection Paper*, No. 161. 180 p.

Shu, W. 2003. Fodder oats in China : an overview. pp. 123 – 144, *in*: Suttie & Reynolds, 2004, q. v.

Simpson, J. R. & Ou Li. 1996. Feasibility analysis for development of Northern China's beef industry and grazing lands . *Journal of Range Management*, 49: 560 – 564.

Suttie, J. M. 2000. *Hay and straw conservation for small – scale farming and pastoral condi-*

tions. FAO *Plant Production and Protection Series*, No. 29. 303 p.

Suttie, J. M. & Reynolds, S. G. (eds). 2003. Transhumant grazing systems in temperate Asia. FAO *Plant Production and Protection Series*, No. 31. 251 p.

Suttie, J. M. & Reynolds, S. G. (eds). 2004. Fodder oats: a world overview. FAO *Plant Production and Protection Series*, No. 33. 251 p.

Scottish Executive. 2003. **The Muirburn Code.** See: http: //www. scotland. gov. uk/library3/environment/mbcd - 00. asp.

The Times. 2004. No tourists say nomads. Travel Section, The Times (London) . p. 2. 20 November 2004.

Wang, W. L. 2003. Studies on traditional transhumance and a system where herders return to settled winter bases in Burjin county, Altai Prefecture, Xinjiang , China . pp. 115 - 141, *in*: Suttie & Reynolds, 2003, q. v.

彩图12-1　蒙古国阿克格善放牧景观

彩图12-2　蒙古国骆驼饮水

彩图12-3　蒙古国大面积野生动物栖息地（有盐湖）

彩图12-4　中国内蒙古围栏封育示范草场

彩图12-5　中国新疆阿尔泰地区收获苜蓿干草——用于冬季饲喂家畜

彩图12-6　南非灌溉的多花黑麦草草地

彩图12-7　象草

彩图12-8　肯尼亚
农户奶牛青饲象草

彩图12-9　埃及
三叶草

彩图12-10 加拿大雪地上给牛饲喂燕麦，燕麦在抽穗期收割

彩图12-11 紫花苜蓿

彩图12-12 波斯三叶草

彩图12-13 尼泊尔
燕麦种子生产

彩图12-14 乍得湖地区仍
食用的混合谷物

彩图12-15 牧
民会商同意留出草
地生产种子

彩图12-16a　中国西藏纳木错湖附近草地

彩图12-16b　中国西藏纳木错湖的朝圣